VERTÉBRÉS SAUVAGES

DU

DÉPARTEMENT DE L'INDRE

PAR

René MARTIN et Raymond ROLLINAT

MEMBRES DE LA SOCIÉTÉ ZOOLOGIQUE DE FRANCE

PARIS

SOCIÉTÉ D'ÉDITIONS SCIENTIFIQUES

4, RUE ANTOINE-DUBOIS

PLACE DE L'ÉCOLE-DE-MÉDECINE

1894

VERTÉBRÉS SAUVAGES

DU

DÉPARTEMENT DE L'INDRE

CHATEAUROUX. — TYP. ET STÉRÉOTYP. A. MAJESTÉ ET L. BOUCHARDEAU.

VERTÉBRÉS SAUVAGES

DU

DÉPARTEMENT DE L'INDRE

PAR

René MARTIN et Raymond ROLLINAT

MEMBRES DE LA SOCIÉTÉ ZOOLOGIQUE DE FRANCE

PARIS

SOCIÉTÉ D'ÉDITIONS SCIENTIFIQUES

4, RUE ANTOINE-DUBOIS

PLACE DE L'ÉCOLE-DE-MÉDECINE

1894

A LA MÉMOIRE

DE

M. Jean MERCIER-GÉNÉTOUX

1797-1866

PRÉFACE

Situé à peu près au centre de la France, le département de l'Indre se trouve, en droite ligne, à 160 kilomètres environ de l'Océan, mais les eaux de ses rivières, toutes affluents ou sous-affluents de la *Loire,* entraînées au milieu de vallées sinueuses vers le fleuve, n'atteignent la mer qu'après avoir parcouru plus de 300 kilomètres.

Au nord, il s'étend en longues plaines basses où serpentent au milieu des prés des ruisseaux endormis; au centre, à l'est et au sud-ouest, il est, en beaucoup d'endroits, couvert de vastes forêts de chênes, de bois ombreux et d'arbres épars, tandis qu'au sud, du côté où il touche les départements de la Creuse et de la Haute-Vienne, il s'élève en hautes collines coupées de profonds ravins. Là, les rivières et les ruisseaux descendent en bouillonnant sur des pentes rapides, au milieu de rochers énormes, en des vallées parfois si étroites que le torrent semble tout au fond d'un gouffre, enserré entre deux murailles de granit.

A l'ouest enfin, entre les rivières l'*Indre* et la *Creuse,* se dresse un grand plateau à sous-sol argileux, d'environ

cent mille hectares, parsemé de vieux arbres, de brandes
et d'étangs : c'est la Brenne, qui forme la moitié nord de
l'arrondissement du Blanc et confine du côté de l'ouest au
département d'Indre-et-Loire, du nord et de l'est à l'arrondissement de Châteauroux sur lequel elle se prolonge, du
midi à la *Creuse*. Contrée sauvage, médiocrement peuplée,
mal cultivée, elle déroule aux yeux du voyageur des plaines
ondulées, couvertes d'arbres aux troncs énormes, de joncs
et de marécages, des bois et une chaîne irrégulière de
petits monticules coniques d'origine naturelle, élevés de
quinze à quarante-cinq mètres, où les pointes du roc percent au milieu des ajoncs et des bruyères.

Il y a, en Brenne, plus de trois cents étangs de un à
deux cents hectares : les petits sont le plus souvent tout
recouverts de roseaux, de joncs en touffes, de carex et
d'iris ; les grands présentent , à la bonde que l'on peut appeler la tête de l'étang, une nappe d'eau plus ou moins
large et profonde, et s'étendent au milieu d'une ceinture
de plantes aquatiques de la bonde à une ou plusieurs
pointes, pénétrant dans les terres et appelées « queues ».

Avec ses marais, ses bruyères, ses vieux chênes, le pays
de Brenne est un séjour de prédilection pour une foule
d'animaux sédentaires et un attrait pour les espèces voyageuses ; tous les Oiseaux d'eau y font station, soit pour y
nicher, soit pour s'y reposer aux deux époques de la descente et de la remontée. Peut-être aussi le défrichement des
brandes du midi de la France a-t-il contribué à faire re-

monter jusqu'à nous certains Oiseaux, habitants des contrées incultes, car on trouve en Brenne, sous un climat moyen, nombre d'animaux de la zone méridionale mêlés aux espèces des régions du nord et du centre.

De même que la Brenne est chère aux Oiseaux, la vallée de la *Creuse*, au Pin, à Gargilesse et à Châteaubrun, merveilleuse contrée couverte de rochers, coupée de ravins profonds sur les pentes desquels s'enchevêtrent d'inextricables fouillis de végétaux, est le pays préféré des Sauriens et des Ophidiens.

En dehors de la Brenne aux eaux stagnantes, le département est fortement arrosé :

Par le *Cher*, qui, au nord, le sépare du Loir-et-Cher sur une longueur peu considérable, et par l'*Arnon*, la *Théols*, l'*Herbon*, le *Fouzon*, le *Nahon*, le *Modon*, ses affluents ou sous-affluents de gauche ;

Par l'*Indre*, qui le traverse entièrement du sud-est à l'ouest et qui reçoit à droite l'*Igneraie*, l'*Angolin*, la *Trégonce* et quelques autres ruisseaux, tandis qu'à gauche elle recueille les eaux de la *Vauvre*, de l'*Ozance* et de plusieurs petits affluents ;

Par la *Creuse*, qui court à travers ses plus belles contrées et se jette dans la *Vienne* hors de ses limites, avec la *Gargilesse*, la *Bouzanne*, le *Bauzanteuil*, le *Suin* et la *Claise* pour afflents de droite, et pour affluents de gauche une quantité de petits ruisselets inconnus ;

Enfin par l'*Anglin*, qui, affluent de la *Gartempe*, reçoit

-lui-même les eaux de l'*A bloux*, de la *Sosne*, de la *Benaize*, du *Salleron*, ruisseaux où s'épanouissent les nénuphars entre d'épaisses forêts de roseaux.

Quelques-uns de nos cours d'eau, aux eaux claires et vives, sont fréquentés par la Truite et le Saumon ; d'autres, herbus et à fond vaseux, sont plutôt habités par la Tanche et le Brochet. Nous essayerons d'indiquer, avec l'habitation de chaque Poisson, le degré d'abondance ou de rareté de l'espèce dans telle ou telle rivière, bien que ce soit souvent fort malaisé. En effet, tel Poisson, commun en amont d'un endroit désigné, se fait rare en aval ; dix ans après, il est devenu commun en aval et rare en amont ; il peut même devenir très abondant durant une période de quelques années, puis disparaître pendant une autre période et redevenir commun plus tard.

Dans les généralités données sur chaque Classe, il n'est question que des animaux observés dans le département ; sur chaque Ordre sont notés quelques caractères sommaires ; une diagnose sur chaque Genre ; enfin, chaque Espèce est décrite d'après les sujets que nous avons eus en mains et qui figurent soit dans la collection Mercier-Génétoux, à Argenton, soit dans la collection René Martin, au Blanc, ou dans la collection Raymond Rollinat, à Argenton. Le nom de certaines espèces qu'on pourrait trouver dans l'Indre, mais qui n'y ont point encore été observées, est précédé d'une étoile ; le nom de celles que nous y avons acclimatées, de deux étoiles ; pour tous les

animaux de notre faune, le nom est précédé d'un numéro
d'ordre. En traitant les Passereaux, nous avons, certainement à tort, laissé pêle-mêle dans un même Ordre une
foule d'Oiseaux bien différents de caractères et de formes.
Mais les coupes que nous n'avons pas faites sont, et c'est
là notre excuse, extrêmement difficiles à bien faire, et nous
avons, suivant un commun proverbe, préféré nous abstenir
et laisser dans l'Ordre des Passereaux tous les Oiseaux qui
n'ont pas trouvé leur véritable place ailleurs.

Nous avons dédié ce livre à la mémoire de M. Jean
Mercier-Génétoux, ce savant modeste qui a laissé une
magnifique collection d'Oiseaux tous préparés par lui d'une
façon remarquable. Cette collection, commencée en 1823
et à laquelle il travaillait encore la veille de sa mort,
renferme environ 1.200 sujets, presque tous tués dans
l'Indre et représentant près de 300 espèces. On y voit
beaucoup d'Oiseaux rares, conservés avec intelligence et
soin par MM. Mercier-Génétoux, ses fils, qui font toujours
les honneurs de cette collection avec une extrême amabilité
et qui, chasseurs émérites et excellents observateurs, nous
ont donné maintes fois des renseignements précis sur tel
ou tel de nos grands Mammifères ; qu'ils soient assurés de
notre affectueuse reconnaissance. En même temps qu'une
collection, M. Mercier-Génétoux a encore laissé un volumineux et très intéressant manuscrit sur les Oiseaux du
département ; nous y avons puisé à l'occasion.

La collection René Martin contient quelques Oiseaux et

les œufs de toutes les espèces de France. Depuis vingt ans,
l'auteur a parcouru la Brenne en tous sens, observant les
espèces indigènes, notant les passages des émigrantes,
cherchant les nids de celles qui se reproduisent dans
le pays.

La collection Raymond Rollinat se compose de tous les
Mammifères sauvages qu'on rencontre dans l'Indre, de tous
les Reptiles, de tous les Batraciens Anoures et Urodélés,
de leurs œufs et de leurs larves aux différents degrés de
développement, et de presque tous les Poissons. Chaque
espèce est représentée par de nombreux sujets, montés ou
en alcool, préparés par l'auteur. Même les jeunes Reptiles
et les larves de Batraciens qu'on y voit en grand nombre
ont été non seulement préparés, mais encore élevés par lui,
et il a travaillé pendant près de quinze années à observer,
capturer et conserver les animaux qui figurent aujourd'hui
dans sa galerie zoologique.

Peut-être trouvera-t-on la partie traitant des Batraciens
Anoures un peu trop développée. C'est que nous avons
été les amis et les élèves d'un savant batrachographe,
M. Héron-Royer, qui nous a appris à connaître les pontes
et à élever les Têtards. Notre regretté maître, décédé le
15 décembre 1891, à Amboise, a laissé, sur les Anoures,
des travaux considérables et a inculqué à ses élèves le goût
des observations patientes et minutieuses. Nous saluons
respectueusement sa mémoire.

Nous adressons aussi l'expression de notre sincère

gratitude à notre collègue René Parâtre, qui a toujours été pour nous un ami dévoué et parfois un véritable collaborateur.

En résumé, nous avons beaucoup observé les bêtes à l'état sauvage, nous avons eu un grand nombre d'espèces en captivité et nous avons pu étudier minutieusement leurs mœurs; la partie la plus intéressante de ce travail est donc faite d'observations personnelles qui jetteront un jour nouveau sur quelques animaux encore peu connus.

La faune des Vertébrés de l'Indre s'enrichira peut-être encore; on constatera l'apparition d'un Oiseau, on découvrira quelque petit Mammifère, quelque Poisson non encore observés. Par contre, plusieurs de nos grands Mammifères disparaîtront dans un bref délai, et si, dans le siècle à venir, il faut ajouter ou retrancher quelques espèces, la liste de nos Vertébrés ne variera pourtant guère en nombre; ce sont plutôt les habitudes de telle ou telle espèce qui changeront.

RENÉ MARTIN   RAYMOND ROLLINAT
Le Blanc (Indre).   Argenton (Indre).

Mai 1894

VERTÉBRÉS SAUVAGES

DU

DÉPARTEMENT DE L'INDRE

Les Vertébrés sont les animaux qui ont un squelette intérieur dont les parties principales sont le crâne et la colonne vertébrale, protégeant l'encéphale et la moelle épinière ; ils ont le sang rouge et respirent au moyen de poumons ou de branchies.

L'*Embranchement des Vertébrés* a été divisé en cinq Classes : *Mammifères, Oiseaux, Reptiles, Batraciens, Poissons*.

CLASSE DES MAMMIFÈRES

Les Mammifères ont le sang chaud, la peau garnie de poils, les mâchoires armées de dents ; ils sont vivipares et ont des mamelles ; leurs membres sont organisés pour le vol (Chiroptères) ou pour la marche (Insectivores, Rongeurs, Carnivores, Ongulés).

Nous avons observé, dans le département de l'Indre, 51 espèces de Mammifères :

Chiroptères,	14	espèces.
Insectivores,	6	»
Rongeurs,	15	»
Carnivores,	12	»
Ongulés,	4	»

ORDRE I. — CHIROPTÈRES

Les Chiroptères, désignés sous le nom vulgaire de Chauves-souris, ont les doigts des membres antérieurs, sauf le pouce, très allongés et réunis par une membrane mince et souple qui s'étend ensuite entre le cinquième doigt et les flancs, reliant entre eux les membres antérieurs et postérieurs ; ces derniers sont réunis à la queue par la membrane interfémorale.

Ces Mammifères sont organisés pour le vol, plus ou moins rapide selon les espèces ; ils marchent assez facilement en s'aidant de leurs quatre membres.

Leurs canines sont très développées et leurs molaires surmontées de tubercules aigus, ce qui leur permet de broyer facilement les Insectes, base de leur nourriture ; un espace assez considérable sépare les incisives vers le milieu de la mâchoire supérieure.

Leurs mamelles sont pectorales ; leurs yeux petits.

Nos Chiroptères sont des animaux crépusculaires et nocturnes. Pendant le jour, ils se tiennent dans les endroits obscurs où ils s'accrochent au moyen des ongles de leurs membres postérieurs, la tête en bas ; le soir, ils sortent de leur demeure et se mettent en chasse. Vers la fin de l'automne, ils tombent dans un engourdissement plus ou moins profond et passent une grande partie de la mauvaise saison sans prendre de nourriture.

FAMILLE DES RHINOLOPHIDÉS

Genre Rhinolophe, *Rhinolophus* E. Geoffroy.

Museau surmonté d'un repli cutané garni de quelques poils ; dessus du museau couvert par une peau nue ayant la forme d'un fer à cheval. L'oreille a son sommet aigu et dirigé en dehors et n'a pas d'oreillon. Les membranes et les oreilles ont une teinte brune.

1. — Rhinolophe grand fer-à-cheval. *Rhinolophus ferrum equinum* Schreber.

Pelage brun roux foncé en dessus, brun très pâle en dessous ; sommet de la sella (repli de peau s'élevant entre les narines) arrondi. L'aile s'insère au talon. Envergure : 0 m. 360 ; tête et corps : 0 m. 065 ; queue : 0 m. 035.

Nos trois espèces de Rhinolophes habitent, en toutes saisons, les caves, les cavernes et les souterrains, où on les trouve suspendues aux voûtes ou aux parois, le corps presque entièrement enveloppé par leurs membranes ; elles ne se glissent pas dans les interstices et les fentes comme les Vespertilions. Lorsqu'on les dérange ou qu'on les irrite, les Rhinolophes agitent vivement leurs oreilles, tournent la tête de tous côtés et montrent les dents. L'été, ils sont assez difficiles à capturer et s'enfuient souvent à l'approche d'une lumière ; pourtant, leur sommeil étant très lourd, il arrive parfois qu'on peut les surprendre et s'en emparer. Dès le mois d'octobre, lorsque la température se refroidit, et pendant l'hiver, ils dorment du sommeil hibernal et il est alors très facile de les capturer. On peut les prendre, les examiner, puis les remettre en place ; on les voit s'envelopper de leurs ailes et continuer leur repos interrompu ; les jours suivants, il n'est pas rare de les retrouver exactement au même endroit. En juin et juillet, parfois plus tôt, les femelles se rassemblent en troupes nombreuses pour mettre bas et élever les jeunes en commun ; elles font chacune un petit qui grandit très vite, car nous avons pris, dans les premiers jours de septembre, des jeunes aussi forts que les adultes.

Le Rhinolophe grand fer-à-cheval est très commun dans les souterrains et les caves des châteaux de Chabenet, de Prunget, du Collier, de Bournoiseau, aux environs d'Argenton ; on le rencontre aussi dans toutes les cavernes situées sur les bords de la *Creuse* et de la *Bouzanne*. On le trouve seul ou par petites bandes ; en mai, juin, juillet, août et septembre, on rencontre des troupes assez considérables composées principalement de femelles et de jeunes. Le 22 juillet 1892, nous avons trouvé, dans une cave du château de Chabenet, une colonie formée de quelques mâles, de nombreuses femelles et de jeunes déjà forts ; quelques femelles seulement avaient encore leur petit cramponné à leur corps lorsqu'elles se déplaçaient ; cette espèce vivait là en compagnie de Rhinolophes Euryales et de Vespertilions échancrés.

Durant la belle saison, il erre d'un vol bas le long des maisons, des haies et des rivières, et poursuit les Insectes nocturnes. Aussitôt qu'une proie volumineuse est capturée, l'animal vient s'accrocher, la tête en bas, à un tronc d'arbre ou à l'entrée de sa demeure et dévore le produit de sa chasse ; si la proie est petite, il ne s'arrête pas et la mange en continuant ses évolutions. Il n'est pas rare de voir à l'entrée des cavernes fréquentées par ces animaux de nombreux débris d'Insectes mêlés à des déjections ; l'examen de ces débris nous a prouvé que le Grand fer-à-cheval s'attaque souvent aux Coléoptères de forte taille et aux grandes espèces de Lépidoptères crépusculaires et nocturnes.

D'un naturel farouche, ce Rhinolophe s'accommode mal de la captivité ; il se jette avec violence sur les barreaux de sa cage et finit par se briser les membres antérieurs ; il refuse toute nourriture et ne tarde pas à mourir.

Dès les premiers jours d'octobre, il dort du sommeil hibernal et sort de sa léthargie lorsque le temps devient assez chaud ; rien n'est plus variable que ce sommeil, car nous avons rencontré en octobre, par une température douce, des sujets profondément endormis, alors qu'en novembre, par un temps froid, d'autres Rhinolophes de la même espèce se mettaient à voltiger aussitôt qu'ils apercevaient la lumière.

2. — Rhinolophe petit fer-à-cheval, *Rhinolophus hipposideros* Bechstein.

Pelage brun en dessus, d'une teinte plus claire en dessous ; sommet de la sella arrondi. L'aile s'insère au talon. Envergure : 0 m. 220 ; tête et corps : 0 m. 040 ; queue : 0 m. 020.

Le Rhinolophe petit fer-à-cheval est commun. Nous l'avons capturé à maintes reprises, aux environs d'Argenton, dans les ruines de Bournoiseau, dans les chambres souterraines du château de Prunget, dans les cavernes des bords de la *Creuse* et de la *Bouzanne*. Il vole avec lenteur, par la nuit noire, dans les campagnes, autour des bois et des buissons, et dort, le jour, enveloppé de ses ailes. Nous avons pris en juillet, dans la même caverne, de nombreuses femelles pleines et d'autres accompagnées de jeunes plus ou moins forts ; dans nos cages, les petits allaient souvent d'une femelle à l'autre et étaient toujours parfaitement accueillis.

L'hiver, il s'engourdit comme le Grand fer-à-cheval, plus complètement peut-être.

Nous avons remarqué que lorsqu'on rencontre une de ces Chauves-souris seule, dans une caverne ou un souterrain, c'est presque toujours un mâle.

3. — Rhinolophe Euryale, *Rhinolophus Euryale* Blasius.

Pelage brun en dessus, brun clair en dessous ; sommet de la sella en pointe. L'aile s'insère au tibia. Envergure : 0 m. 280 ; tête et corps : 0 m. 055 ; queue : 0 m. 025.

Cette espèce est assez rare et localisée. Le 16 août 1888, nous avons trouvé, dans une cave du château de Chabenet, une colonie d'environ 250 ou 300 individus serrés les uns contre les autres, accrochés à la voûte par leurs membres postérieurs, et occupant un espace d'environ un mètre carré. A la vue d'une lumière, ils commencèrent à voler pêle-mêle, puis se groupèrent à un autre endroit de la voûte, d'où ils s'envolèrent encore pour se grouper de nouveau ailleurs. Enfin, pourchassés, ils finirent par s'enfuir à travers les soupiraux et se mirent à voltiger, sous un soleil ardent et sans aucune gêne, autour des grands sapins du voisinage, puis se réfugièrent presque tous dans un souterrain où nous en prîmes six : quatre mâles et deux femelles. Parmi les mâles, trois étaient adultes ; le quatrième, un jeune aussi grand que les adultes, avait l'estomac rempli de lait. Le 22 août, la colonie occupait la même cave ; le 10 septembre, elle n'y était plus.

Pendant les années suivantes, en juillet et août, nous avons souvent rencontré cette troupe dans la même cave.

Ordinairement, les femelles de l'Euryale et du Grand fer-à-cheval mettent bas avant la femelle du Petit fer-à-cheval.

FAMILLE DES VESPERTILIONIDÉS

Genre Oreillard, *Plecotus* E. Geoffroy.

Museau assez allongé ; oreilles très grandes, d'environ 0 m. 035 de longueur et de 0 m. 020 de largeur, munies d'un oreillon long de 0 m. 017 et assez étroit. Les membranes et les oreilles ont une teinte brune.

4. — Oreillard commun, *Plecotus auritus* Geoffroy.

Pelage brun grisâtre en dessus, gris en dessous. L'aile s'insère à la base des doigts. Envergure : 0 m. 260 ; tête et corps : 0 m. 050 ; queue : 0 m. 045.

Espèce très commune qui, le jour, dort cachée dans les trous de murs, les carrières, les greniers, parfois dans l'espace situé entre les vitres et les contrevents d'une fenêtre, et qui, dès le crépuscule, s'envole à la recherche des petits Insectes nocturnes Son vol est assez rapide, très

coupé, très capricieux. Nous l'avons vue voler dès la fin de
janvier et pourtant elle est assez frileuse. Au mois de
mai, l'Oreillard circule à travers les branches des arbres
et se frôle à tous les rameaux, comme s'il saisissait des
Insectes posés sur les fleurs ; pendant les beaux jours, des
individus de cette espèce venaient souvent, à la nuit tombante, visiter les bassins dans lesquels nous élevions nos
larves de Batraciens et capturaient les minuscules Insectes
qui voltigeaient près de la surface de l'eau. En hiver, on le
trouve, seul ou par petites bandes, suspendu aux voûtes des
cavernes et des souterrains, dans des endroits bien abrités,
ou enfoncé profondément dans les fissures ; il a alors les
oreilles repliées le long du corps, les oreillons seuls restant
droits. Nous l'avons capturé dans les caves des ruines des
châteaux de la Prune, de Bournoiseau, dans les souterrains
du château de Chabenet, au Châtelier, au Blanc, au Bouchet,
et même dans un grenier, à Argenton, où l'animal s'était
placé entre les plis d'une couverture de laine jetée sur une
corde tendue.

Les femelles se réunissent en bandes pour élever leurs
petits.

Genre Barbastelle, *Synotus* Keyserling et Blasius.

Museau large ; oreilles à peine de la longueur de la tête,
larges, fortement dentelées à leur bord externe ; oreillons
assez allongés et triangulaires. Les membranes, les oreilles
et la face ont une teinte noirâtre.

5. — Barbastelle commune, *Synotus barbastellus* Keys. et Blas.

Pelage brun foncé, presque noir en dessus, un peu plus
clair en dessous et parfois blanchâtre vers l'anus. L'aile
s'insère à la base des doigts. Envergure : 0 m. 280 ; tête et
corps : 0 m. 048 ; queue : 0 m. 044.

La Barbastelle est assez commune dans notre département. Elle habite, le jour, dans les greniers, les clochers et les combles des vieux édifices ; elle sort le soir de bonne heure et parcourt, d'un vol rapide, élevé et capricieux, les abords des villages et des vieux bâtiments, même les jardins des villes, poursuivant les Insectes qui lui servent de nourriture. Son sommeil hibernal est peu profond, on la voit souvent voltiger en plein hiver ; elle se retire dans les souterrains et les cavernes pendant les grands froids seulement. On la trouve ordinairement isolée, suspendue aux voûtes de sa demeure, parfois exposée à de violents courants d'air, car elle est peu frileuse. Il nous est arrivé plusieurs fois d'en rencontrer deux, l'une à côté de l'autre, enfoncées dans la même fissure.

Nous avons capturé cette espèce, pendant les hivers rigoureux, dans les tours du château de la Prune, dans les caves de Bournoiseau, dans celles du château de Chabenet, dans les souterrains de Prunget, dans les carrières des environs d'Argenton et du Blanc et dans les cavernes des bords de la *Bouzanne*. En août, nous avons tué des jeunes déjà forts ; leur coloration est moins sombre que celle des adultes.

Genre Vespérien, *Vesperugo* Keys. et Blas.

Museau peu allongé, assez large ; oreilles ordinairement assez courtes, larges ; oreillons peu allongés. Ailes longues, ayant une teinte presque noire ; membrane interfémorale, oreilles et museau noirâtres.

6. — Vespérien noctule, *Vesperugo noctula* Keys. et Blas.

Pelage brun foncé légèrement roussâtre en dessus, d'une teinte un peu plus claire en dessous ; poils lustrés, fins et serrés. Oreilles courtes et larges; oreillon court et arrondi extérieurement. L'aile s'insère au talon. Envergure : 0 m. 350 ; tête et corps : 0 m. 072 ; queue : 0 m. 042.

Les Vespérjens ont le vol rapide. Ils craignent moins le froid que les Rhinolophes, l'Oreillard et les Vespertilions ; depuis dix ans, nous n'avons trouvé qu'un seul Vespérien (une Sérotine) dans les cavernes, caves ou souterrains que nous avons explorés. On les rencontre dans les arbres creux, les clochers, les greniers, où ils se cachent dans les trous des charpentes.

Le Vespérien noctule, qui est commun dans l'Indre, est le plus joli de nos Chiroptères. Le soleil est à peine couché que l'on aperçoit, ordinairement à une hauteur prodigieuse, de grandes Chauves-souris qui volent lentement sans beaucoup changer de place. Ce sont des Noctules qui, à mesure que l'obscurité devient plus épaisse, se rapprochent de terre et finissent par prendre leurs ébats le long des rivières, des bois, dans les parcs, les jardins, les avenues, aussi bien à la campagne que dans l'intérieur des villes. Il nous est arrivé plusieurs fois de prendre des sujets entrés dans des appartements éclairés. Le jour, la Noctule habite les greniers, les clochers et les arbres creux, seule ou par petites troupes. Son sommeil hibernal dure longtemps et ne cesse qu'aux premiers beaux jours. La femelle, de même que celles des autres Vespériens, met bas un et parfois deux petits.

Cette espèce atteint souvent une taille considérable : nous avons eu entre les mains une femelle mesurant 0 m. 460 d'envergure ; elle avait été capturée près d'Argenton. Cette bête était assez tranquille, mais elle prenait une attitude menaçante toutes les fois qu'on s'approchait de sa cage ; elle montrait ses crocs redoutables et faisait entendre une stridulation rauque suivie d'une ou deux notes très aiguës.

7. — Vespérien pipistrelle, *Vesperugo pipistrellus* Keys. et Blas.

Pelage brun noir en dessus, un peu plus clair en dessous ; oreilles assez courtes et larges ; oreillons arrondis au sommet, peu allongés et presque droits. L'aile s'insère à la base des doigts. Envergure : 0 m. 180 à 0 m. 200 ; tête et corps : 0 m. 038 ; queue : 0 m. 032. C'est la plus petite Chauve-souris de nos pays ; elle est très commune partout.

La Pipistrelle vole le soir de très bonne heure, parfois même en plein soleil, autour des maisons des villages et des villes, donnant la chasse aux Insectes, faisant maintes fois les mêmes demi-voltes agrémentées de cabrioles rapides. Elle sort quelquefois l'hiver, en plein jour, car son sommeil hibernal est peu profond ; le froid arrivant avec le soir, elle regagne son abri, le plus souvent un trou de charpente, dans lequel il n'est pas rare de trouver plusieurs sujets entassés les uns sur les autres.

Durant le jour, pendant la belle saison, elle reste ordinairement cachée dans une maison, un grenier de ferme, une écurie, un trou d'arbre ou de muraille, seule ou par bandes ; nous avons souvent vu des Pipistrelles sortir du même grenier en nombre considérable. Elle entre dans les appartements éclairés, circule autour des lampes ou des becs de gaz et, éblouie, ne retrouvant plus son chemin, elle décrit de fantastiques arabesques jusqu'à ce qu'elle trouve une issue pour s'enfuir.

En captivité, cette espèce est assez calme et, malgré sa petite taille, il faut lui donner une abondante nourriture si on veut la conserver en bonne santé. Une de nos Pipistrelles, placée seule dans une cage, mangeait de 20 à 30 Sauterelles chaque nuit ; un soir, elle dévora 274 Mouches domestiques ; le lendemain soir, elle en mangea 280.

En hiver, son pelage est moins sombre et plus long qu'en été.

8. — Vespérien sérotine, *Vesperugo Serotinus* Blasius.

Pelage brun en dessus, plus clair et d'un brun jaunâtre en dessous. Oreilles un peu plus courtes que la tête, paraissant plus longues que chez les deux espèces précédentes ; oreillons assez longs mais peu larges, arrondis à leur extrémité. L'aile s'insère près de la base des doigts. Envergure : 0 m. 350 ; tête et corps : 0 m. 070 ; la queue, qui mesure environ 0 m. 050, dépasse de quelques millimètres la membrane interfémorale.

Cette espèce, très commune, a un sommeil hibernal assez long et ne sort que lorsque les belles soirées commencent à revenir. Pendant le jour, elle demeure isolée ou par paire, cachée dans les arbres creux, les clochers et les combles des vieux bâtiments. Au crépuscule, elle part de sa retraite, s'élance invariablement dans la même direction et en suivant le même itinéraire, ce que font du reste beaucoup de Chauves-souris, puis parcourt, d'abord d'un vol assez haut et lent, plus tard d'un vol bas et vif, les jardins, les avenues, les rues des villes et des villages, la lisière des bois, les bords des ruisseaux et des rivières, à la recherche des Insectes. Elle ne se montre que lorsque la température est douce et paraît craindre beaucoup les intempéries, car nous avons trouvé des Sérotines, surprises par l'orage loin de leur demeure, gisant à terre, tuées par la grêle ou par de fortes pluies. Sa voix est un grésillement assez aigu, impossible à confondre avec les notes perçantes de la Noctule.

Nous avons souvent tué la Sérotine à coups de fusil, le soir, à Argenton, où elle est abondante. Elle sait bien se défendre ; nous en avons vu une, blessée, lutter vigoureusement contre des Chats et les mettre en fuite ; nous avons également observé le combat de deux mâles qui s'attaquaient et se culbutaient en l'air avec beaucoup d'acharnement.

Le 8 janvier 1892, nous avons trouvé une grande Sérotine profondément enfoncée dans une fissure d'une chambre souterraine du château de Prunget.

Il nous est arrivé de tuer, en juillet, des jeunes déjà très forts.

Genre Vespertilion, *Vespertilio* Keys. et Blas.

Museau assez allongé ; oreilles plus ou moins longues et larges ; oreillons longs et étroits. Les membranes, le nez et les oreilles ont une teinte plus ou moins brune. Les ailes sont larges ; le vol est moins rapide que celui des Chauves-souris du genre précédent.

9. — Vespertilion de Daubenton, *Vespertilio Daubentonii* Leisler.

Pelage brun foncé en dessus, d'un gris roussâtre sombre en dessous. Oreilles plus courtes que la tête et assez étroites ; oreillons assez droits et atteignant la moitié de l'oreille. L'aile s'insère au métatarse. Envergure : 0 m. 230 ; tête et corps : 0 m. 050 ; queue : 0 m. 036.

Les Vespertilions sont frileux et se réfugient dans les caves, cavernes et souterrains pour y passer la mauvaise saison. C'est là qu'on les trouve, suspendus aux voûtes, mais le plus souvent enfoncés dans les fissures de leur demeure et profondément endormis. Pendant la belle saison, ils habitent les arbres creux, les clochers, les greniers des vieux bâtiments et aussi les cavernes et les souterrains. Les femelles mettent bas un petit, très rarement deux.

Le Vespertilion de Daubenton est rare dans l'Indre ; nous ne l'avons capturé qu'une dizaine de fois, pendant l'hiver, dans les souterrains des châteaux de Chabenet, dans les caves de Bournoiseau et dans les grottes des bords de la *Bouzanne* et de la *Creuse*, enfoncé dans des fentes. L'été, il habite les arbres creux et les greniers.

10. — Vespertilion murin, *Vespertilio murinus* Linné.

Pelage brun roux en dessus, gris très pâle en dessous. Oreilles de la longueur de la tête ; oreillons longs, étroits et pointus. L'aile s'insère près de la base des doigts. Envergure : 0 m. 380 ; tête et corps : 0 m. 085 ; queue : 0 m. 045.

Le Murin est très commun ; il vole à la nuit close, tantôt lentement, tantôt avec une certaine rapidité, à une faible hauteur, et passe la journée, souvent par troupes nombreuses, dans les greniers, les clochers et les arbres creux ; le soir, il entre parfois dans les appartements éclairés. Il aime aussi à se réfugier dans les puits, même dans ceux qui sont recouverts d'une dalle et dans lesquels il s'introduit par la moindre fissure. En automne, il se retire de fort bonne heure dans sa retraite d'hiver, puisque nous l'avons trouvé, le 21 septembre, déjà blotti dans une fente d'un souterrain et tout à fait endormi ; une autre fois, nous l'avons pris, le 9 octobre, dormant du sommeil hibernal. Pourtant, lorsqu'à cette saison la température devient douce, il sort de sa demeure et vole à la recherche des Insectes. Pendant la mauvaise saison, il s'enfonce dans les fissures des voûtes ; c'est là qu'il faut le rechercher, car on le trouve rarement suspendu à la façon des Rhinolophes ; nous l'avons cependant pris plusieurs fois dans cette attitude. Il se place de préférence dans une fente étroite où il peut se suspendre par ses membres postérieurs et prendre une position à peu près verticale.

Nous avons eu pendant longtemps un Murin en captivité ; il nous connaissait parfaitement, mangeait dans notre main et ne cherchait pas à nous mordre ; à notre approche, il faisait parfois entendre de petits cris peu bruyants. Il était très tranquille, se tenait presque toujours suspendu, la tête en bas, dans un angle du haut de sa cage, et avait le sommeil si profond, même en été, qu'il lui fallait quelques instants pour se bien réveiller. Il jouissait d'un appétit formidable : un jour, il mangea 35 Sauterelles et en absorba 80 la nuit suivante ; une autre fois, il dévora 67 Sauterelles de suite et en mangea 30 autres pendant la nuit. En une seule nuit, il engloutit 1,000 Mouches domestiques et 1,455 la nuit suivante ; il n'était pas rassasié malgré ces copieux repas, car il dévora encore 300 Sauterelles pendant les quarante-huit heures qui suivirent ! Nous avons toujours fourni à cette Chauve-souris de nombreux Insectes et elle était extrême-ment grasse lorsque nous lui rendîmes la liberté.

Parfois, notre Murin saisissait mal une proie assez volu-mineuse ; il inclinait alors vivement la tête, recourbait le corps et, prenant un point d'appui sur son ventre ou la base de sa queue, il saisissait de nouveau l'Insecte. Il buvait en trempant sa mâchoire inférieure dans l'eau, puis il levait vivement la tête et avalait le liquide. Lorsqu'il voulait uriner, il soulevait son corps en s'accrochant au moyen de l'ongle d'un de ses membres antérieurs, levait la queue et, le besoin satisfait, reprenait sa position première et s'endor-mait bientôt.

Nous avons souvent pris cette espèce, aux environs d'Ar-genton, dans les souterrains du château de Prunget, les cavernes des bords de la *Creuse* et de la *Bouzanne*, les arbres creux des bois de la Martine, où elle habite en troupes nom-breuses.

Les femelles mettent bas assez tôt et les petits sont déjà forts à la fin du printemps ; ces derniers ont une teinte plus claire que les adultes. Le 8 juillet, des couvreurs nous ont apporté un grand nombre de Murins capturés dans les combles de l'église de Parnac ; il y avait beaucoup de vieilles femelles, dont quelques-unes nourrissaient encore, et des jeunes de l'année très grands et très forts.

11. — **Vespertilion de Bechstein,** *Vespertilio Bechs-teinii* Leisler.

Pelage brun roux en dessus, gris en dessous. Oreilles plus longues que la tête ; oreillons longs et pointus. Ses longues oreilles le font ressembler un peu à l'Oreillard. L'aile s'insère à la base des doigts. Envergure : 0 m. 260 ; tête et corps : 0 m. 050 ; queue : 0 m. 037.

Très rare. Le premier sujet de cette espèce qui fut pris dans l'Indre a été capturé devant nous, en avril 1888, dans une fissure d'une chambre souterraine du château de Prunget, par M. A. Lardeau, qui d'habitude nous accompagnait dans nos excursions. En avril 1889, nous en avons pris un autre dans les ruines de Bournoiseau ; il était enfoncé dans une fente de la voûte d'une cave et il avait dû se placer là depuis peu, car dans le courant de l'hiver nous avions souvent regardé dans cette fente sans y rien rencontrer. En avril 1890, un ouvrier nous apportait une femelle capturée dans une carrière, près Tendu. Enfin, le 15 janvier 1892, nous avons capturé un beau mâle dans un souterrain du château de Chabenet.

Notre ami le Dʳ Trouessart, dans son excellent livre sur les Mammifères de France, lui donne les arbres creux comme habitat d'été.

12. — Vespertilion de Natterer, *Vespertilio Nattereri* Kuhl.

Pelage brun en dessus, gris blanchâtre en dessous. Oreilles aussi longues que la tête, étroites ; oreillons très longs et très étroits. L'aile s'insère à la base des doigts. Envergure : 0 m. 260 ; tête et corps : 0 m. 045 ; queue : 0 m. 035. La membrane interfémorale est frangée de poils courts et raides.

Le Vespertilion de Natterer n'est pas rare ; nous l'avons pris dans les souterrains du château de Prunget, dans les caves des ruines de Bournoiseau, dans les cavernes des bords de la *Creuse* et de la *Bouzanne ;* nous l'avons tué au fusil, le soir, sur le bord de plusieurs étangs.

Pendant la belle saison, il habite les arbres creux, les clochers, les greniers, se mettant en chasse lorsque commence la nuit, volant autour des villages; des bois, près des ruisseaux et des étangs, en rasant les eaux. Il est frileux, aussi le trouve-t-on, en automne et en hiver, enfoncé dans les fissures des voûtes des caves, cavernes et souterrains. Nous ne l'avons rencontré qu'une seule fois suspendu à la façon des Rhinolophes ; il se loge ordinairement dans les fentes.

13. — Vespertilion échancré, *Vespertilio emarginatus* Geoffroy.

Pelage légèrement laineux, roux en dessus, un peu plus clair en dessous. Oreilles à peu près aussi longues que la tête, échancrées à leur bord supérieur externe ; oreillons longs et pointus. L'aile s'insère à la base des doigts. Envergure : 0 m. 210 ; tête et corps : 0 m. 045 ; queue : 0 m. 037.

Nous avons capturé cette espèce assez souvent, en hiver, dans les souterrains du château de Prunget et dans les grottes des bords de la *Bouzanne* ; nous l'avons rencontrée, par un temps très froid, accrochée aux voûtes de sa demeure, ce qui laisse supposer qu'elle a un tempérament peu frileux, mais nous l'avons aussi trouvée profondément enfoncée dans les fissures. En été, le Vespertilion échancré habite les greniers, les clochers et quelquefois les souterrains, car nous avons trouvé, en cette saison, d'assez nombreux sujets dans les caves du château de Chabenet, où ils vivaient en compagnie de Rhinolophes.

14. — Vespertilion à moustaches, *Vespertilio mystacinus* Leisler.

Pelage brun roussâtre très foncé en dessus ; gris roussâtre plus ou moins foncé en dessous, avec la gorge parfois assez pâle. Oreilles de la longueur de la tête ; oreillons étroits et terminés en pointe. L'aile s'insère à la base des doigts. Envergure : 0 m. 220 ; tête et corps : 0 m. 040 ;

queue : 0 m. 036. Oreilles, nez et membranes d'une couleur assez sombre ; quelques poiles raides sur le museau.

Ce Chiroptère est très commun. Pendant la belle saison, on le voit, de bonne heure dans la soirée, voler au-dessus des étangs et des ruisseaux, autour des bois et des fermes, à une faible hauteur, d'un vol souple et assez rapide. Il se retire, pendant le jour, dans les trous des murs, les arbres creux, les greniers, les clochers et même dans les souterrains. L'hiver, il habite les cavernes, carrières et souterrains ; il n'est pas très frileux, car nous l'avons pris bien plus souvent suspendu aux voûtes qu'enfoncé dans les fissures. Nous l'avons capturé, isolé ou par petites troupes, dans les caves du château du Cellier et des ruines de Bournoiseau, dans les souterrains du château de Chabenet, dans les carrières des bords de la *Creuse* et de la *Bouzanne* et à la ferme de Lérignon.

Cette espèce se laisse prendre, probablement dans des cavités d'arbres peu profondes plutôt qu'au vol, par les Pies et les Rapaces nocturnes ; nous l'avons trouvée plusieurs fois, plus ou moins déchiquetée, dans l'estomac de ces Oiseaux.

Nos Chauves-souris sont très utiles en raison de la quantité d'Insectes qu'elles détruisent. Kuhl a vu une Noctule manger 13 Hannetons de suite ; nous-mêmes avons été témoins de la guerre acharnée que fait la Sérotine aux Hannetons, et nos expériences sur la voracité du Murin et de la Pipistrelle, le plus gros et le plus petit de nos Chiroptères, prouvent l'utilité de ces animaux.

Les cas d'albinisme sont très rares chez les Chiroptères. Une Chauve-souris entièrement blanche a été vue souvent, le soir, près du château de Chabenet, dans les tours ou les souterrains duquel elle habitait il y a quelques années.

ORDRE II. — INSECTIVORES

Les Insectivores ont les incisives assez longues chez quelques genres, les canines plus ou moins développées et les molaires surmontées de tubercules aigus. Leurs oreilles sont petites, leur museau allongé, leurs yeux généralement petits. Ils ont quatre pattes et cinq doigts pourvus d'ongles à chaque patte. Leurs mamelles, plus ou moins nombreuses, sont situées à l'abdomen.

FAMILLE DES ÉRINACÉIDÉS

Genre Hérisson, *Erinaceus* Linné.

Tête large à sa base, conique ; yeux petits ; oreilles petites, arrondies, dépassant les poils ; incisives médianes longues, les inférieures peu recourbées ; cou court ; corps trapu ; queue très courte ; membres assez forts ; ongles robustes.

15. — Hérisson d'Europe, *Erinaceus europæus* Linné.
Sur la tête, les membres, la queue et les parties inférieures, le pelage se compose de longs poils durs d'un brun jaunâtre, plus clairs sous la poitrine et l'abdomen, plus sombres et aussi plus courts sur le museau, l'extrémité des membres et la queue ; sous ces poils, se trouve une fourrure de même couleur, grossière et peu épaisse. Les parties supérieures, de l'occiput jusque près de la queue, et les flancs, sont couverts de piquants serrés, longs de 23 à 26 millimètres, aigus, d'un blanc jaunâtre à la base et jusqu'à la moitié de leur longueur, noirâtres ensuite, et blancs à leur extrémité. A la moindre alerte, l'animal place sa tête,

ses membres et sa queue sur l'abdomen, se replie et forme ainsi une sorte de boule hérissée de piquants. Tête et corps : 0 m. 24 ; queue : 0 m. 017.

Le Hérisson est très commun partout, principalement dans les fortes haies où les Chiens couchants l'arrêtent à chaque instant. C'est là, ou dans un taillis, un roncier, un tas de grosses pierres, qu'il passe la journée et on ne le voit presque jamais circuler au soleil. La nuit venue, il se met en quête et dévore tout ce qu'il trouve : Orthoptères, Coléoptères morts ou vivants, Limaçons, Lombrics, Grenouilles, Reptiles, Mulots et Campagnols, petits Lapins au nid, œufs et jeunes Oiseaux, fruits et racines. Nous l'avons vu, enfermé dans une écurie où nichaient des Pigeons, dévorer en une nuit deux œufs et deux Pigeonneaux. En captivité, nous l'avons nourri avec de la viande, de la soupe et des pommes, lorsque nous n'avions pas de Reptiles, de Mollusques ou d'Insectes à lui donner ; il s'apprivoise facilement. Pendant la belle saison, principalement de juin à août et même à septembre, la femelle construit, au pied d'une forte haie, sous un rocher, dans une brande ou en plein champ de céréales, un nid grossier formé d'un amas de longues herbes ou de feuilles, dans lequel elle met bas de trois à six petits qui grandissent assez vite. Les piquants des jeunes, d'abord mous, deviennent bientôt durs et en état de les protéger ; ils sont alors beaucoup plus effilés que ceux des adultes et, à la moindre pression, entrent dans la chair de l'imprudent qui les touche. Vers la fin de l'automne, le Hérisson se cache sous les racines, les rochers et les tas de pierres, s'ensevelit sous un lit d'herbes et de feuilles mortes et tombe dans un engourdissement assez profond ; aux premiers beaux jours, il sort de sa retraite. Il ne court pas vite et n'a d'autre défense que ses piquants. Peu d'animaux peuvent le capturer ; malheureusement, l'Homme le tue presque toujours, soit simplement pour le plaisir de tuer, soit pour le manger.

FAMILLE DES SORICIDÉS

Genre Crocidure, *Crocidura* Wagler.

Dents blanches, les incisives médianes supérieures assez développées et très recourbées, les inférieures longues et peu recourbées ; canines petites ; molaires surmontées de tubercules aigus. Yeux très petits ; oreilles petites, arrondies ; museau long, mobile ; corps allongé ; membres courts ; queue moins longue que le corps.

16. — Crocidure aranivore, *Crocidura araneus* Schreber.

Pelage brun roux en dessus, gris clair en dessous et blanchâtre vers l'extrémité des membres ; oreilles peu velues, non cachées sous les poils ; queue couverte de poils courts, et parsemée çà et là de quelques longs poils. Tête et corps : 0 m. 075 ; queue : 0 m. 038. Une glande, située sur les flancs, répand une odeur fade chez le mâle ; les poils sont blancs et très courts sur la peau qui recouvre la glande.

La Crocidure aranivore est très commune dans tout le département. On la trouve partout, mais ses lieux de prédilection sont les étables et principalement les fumiers où elle trouve une habitation chaude et une nourriture abondante. En écoutant attentivement près des endroits qu'elle fréquente, on entend de petits cris qui indiquent sa présence à l'observateur.

Très active, il lui faut tous les jours une quantité considérable de nourriture. Elle dévore les Lombrics, les Insectes et leurs larves, les petits Mammifères, les Oiseaux, les cadavres de toute sorte et même ses semblables lorsque la disette se fait sentir.

Elle fait plusieurs portées par an, car nous avons trouvé

des femelles pleines et des jeunes de la fin de février à la fin d'octobre. Il y a ordinairement, par portée, trois ou quatre petits qui grandissent vite et sont bientôt en état de reproduire.

Dans nos cages, nous avons souvent eu des sujets de cette espèce et nous avons pu les observer facilement. Nous les nourrissions avec de la viande hachée et des cadavres de petits Mammifères. Lorsqu'il nous arrivait d'oublier de leur donner à manger à l'heure habituelle, il était rare que l'un d'eux ne fût pas mis à mort et dévoré par ses compagnons de captivité. Ces animaux faisaient une large déchirure à l'abdomen des Rats ou des Campagnols que nous leur donnions, dévoraient les viscères, s'introduisaient dans le corps de leur proie, mangeaient les muscles et ne laissaient que la peau et les gros os. Ils étaient vifs, remuants, tournaient de tous côtés leur long museau et grimpaient facilement à la toile métallique de leur prison. Lorsqu'il nous arrivait de renverser la petite boîte pleine de foin haché qui leur servait d'abri, on pouvait assister à un curieux spectacle : au moyen de ses mâchoires, un jeune saisissait sa mère à la naissance de la queue, un second petit s'accrochait au premier de la même façon, et ainsi de suite ; alors la mère se mettait en mouvement et traînait sa progéniture dans la grande cage, cherchant un endroit où cacher son précieux fardeau ; ce manège ne se faisait plus lorsque les petits étaient devenus forts. Malgré de grands soins de propreté, ces animaux répandaient une odeur désagréable.

Nous pensons que cette espèce est monogame, car on trouve ordinairement un mâle et une femelle ensemble. ⚊

17. — Crocidure leucode, *Crocidura leucodon* Hermann.

Pelage brun foncé en dessus, blanc en dessous, oreilles peu velues, non cachées sous les poils ; queue plus courte

que chez l'espèce précédente, couverte de poils courts, brune
en dessus, blanche en dessous et parsemée de longs poils.
Tête et corps : 0 m. 075 ; queue : 0 m. 029.

La Crocidure leucode est rare ; nous ne l'avons trouvée
qu'aux environs du Blanc.

Elle s'approche moins des habitations que l'Aranivore,
habite les broussailles, les vieilles murailles et, d'après le
Dr Fatio, elle a des mœurs assez semblables à celles de
l'espèce précédente.

Elle vit de Lombrics, d'Insectes de tous ordres et de leurs
larves, de cadavres de petits Mammifères et d'Oiseaux.

★ Nous n'avons pas rencontré dans le département la Crocidure étrusque, *Crocidura etrusca* Savi. D'après le Dr Trouves-
sart, la taille de ce Mammifère est très petite ; la queue est
aussi longue que le corps sans la tête, couverte de poils
courts, avec des poils plus longs, clairsemés ; les oreilles
sont assez grandes et il n'y a pas de glandes sur les flancs.
Le pelage est d'un gris cendré roussâtre en dessus, d'un gris
blanchâtre en dessous ; la tête et le corps ont 0 m. 035 de
longueur ; la queue, 0 m. 025. Cette espèce est commune
dans les départements méridionaux ; le point le plus rapproché de l'Indre où elle a été capturée est Gannat (Allier),
où elle a été signalée par E. Ollivier.

Genre Musaraigne, *Sorex* Linné.

Dents d'un rouge orangé foncé à l'extrémité, les incisives
supérieures médianes assez développées et très recourbées,
les inférieures très longues et peu recourbées, canines
petites, molaires surmontées de tubercules aigus. Museau
allongé, mobile ; yeux très petits ; oreilles petites, velues et
presque cachées sous les poils ; corps allongé, membres
courts ; queue plus ou moins courte.

18. — Musaraigne carrelet, *Sorex vulgaris* Linné.

Pelage d'un brun noirâtre en dessus, gris très clair en dessous ; pieds d'un brun clair ; queue brune dessus et dessous, couverte de poils fins, ne portant pas de longs poils épars comme chez les Crocidures et terminée par des poils très raides de coloration un peu plus claire. La glande des flancs est recouverte de poils plus longs que chez la Crocidure aranivore. La queue est moins longue que le corps. Tête et corps : 0 m. 068 ; queue : 0 m. 037.

Cette Musaraigne est commune dans les jardins, les champs entourés de haies, sur la lisière des taillis. Elle chasse jour et nuit aux abords de son trou et, le soir principalement, court de tous côtés, en quête d'Insectes, faisant entendre une petite stridulation qui annonce sa présence. Elle attaque tous les petits animaux, Souris, Mulots, Campagnols, Oiselets, Grenouilles, Lombrics ; elle-même est souvent capturée par les Chats, les Belettes et les Putois qui la tuent et semblent hésiter à la dévorer à cause de sa forte odeur. Cette odeur, qui ne la protège pas toujours, peut lui être utile en ce que les Carnivores qui la tuent à l'occasion la recherchent avec moins d'ardeur.

D'après les observations du Dr Trouessart, la femelle bâtit un nid de mousse et de feuilles dans un trou de mur ou sous des racines et, en mai, juin ou juillet, met bas de cinq à dix petits.

★ Nous n'avons pas observé dans l'Indre la Musaraigne pygmée, *Sorex pygmæus* Laxmann et Pallas. Cette Musaraigne est d'un tiers plus petite que l'espèce précédente, elle a les oreilles proportionnellement un peu plus grandes que chez la Musaraigne carrelet et sa queue est plus longue que son corps sans la tête ; ses dents sont d'un rouge orangé foncé à leur pointe.

Le Dr Trouessart a capturé la Musaraigne pygmée dans

le Maine-et-Loire, Gentil l'a observée dans la Sarthe ; nous ne désespérons pas de la trouver dans notre département.

Genre Crossope, *Crossopus* Wagler.

Dents d'un rouge orangé foncé à leur pointe ; les incisives médianes supérieures assez développées et très recourbées, les inférieures longues et peu recourbées, canines petites, molaires surmontées de tubercules aigus. Museau allongé, mobile ; yeux très petits ; oreilles petites, arrondies, velues et presque cachées par les poils ; corps allongé ; membres courts ; queue presque aussi longue que le corps sans la tête.

19. — Crossope aquatique, *Crossopus fodiens* Pallas.

Pelage brun foncé presque noir en dessus, avec une petite tache blanche peu allongée en arrière de l'œil ; d'un blanc légèrement grisâtre en dessous ; pieds d'un brun grisâtre, bordés de poils courts et très raides ; queue brune dessus, blanche dessous. Tête et corps : 0 m. 087 à 0 m. 095 ; queue : 0 m. 055 à 0 m. 060.

Le Crossope aquatique est commun sur le bord des rivières, des étangs et des ruisseaux marécageux ; on le trouve en abondance dans les fossés situés entre Argenton et le Pêchereau. Il se creuse, dans les berges, des terriers à plusieurs ouvertures, s'empare de ceux du Rat d'eau après en avoir chassé les habitants. Il circule le jour et la nuit, sur terre comme dans l'eau, avec une rapidité telle, qu'il nous est arrivé bien des fois de l'affûter sans pouvoir parvenir à le viser et à lui lâcher le coup de fusil. Il donne mal dans les pièges les plus subtils et nous n'avons pu nous procurer des sujets adultes qu'au moyen de filets à mailles très fines placés devant les ouvertures des terriers ; en introduisant une baguette dans un des trous, ou en défonçant les terriers, il arrive souvent que l'animal, en cherchant à s'échapper, tombe dans les filets. Parfois, plusieurs individus se poursuivent en poussant de petits cris et, à la moindre alerte, sautent à l'eau, plongent avec une vitesse extrême et ne tardent pas à rentrer dans leur trou.

Il se nourrit de petits Rongeurs et de très jeunes Oiseaux, de larves de Batraciens, de Tritons palmés, de Grenouilles, de Poissons, d'Insectes et de leurs larves, d'Ecrevisses, de Lombrics. En mai, la femelle construit un nid d'herbes sèches, dans son terrrier, et y dépose ses petits, au nombre de huit ordinairement ; il y a plusieurs portées de mai à octobre.

Il est dévoré par les Busards et les Hérons, dans l'estomac desquels nous l'avons trouvé.

Nous avons pris, près d'Argenton, la variété *Remifer* ou *Ciliatus* qui diffère du type de l'espèce par ses parties inférieures qui sont grisâtres au lieu d'être blanches.

Nous n'avons pas vu les Soricidés des différentes espèces sortir au moment des grands froids, aussi pensons-nous qu'ils s'engourdissent pendant les plus mauvais jours de l'hiver.

FAMILLE DES TALPIDÉS

Genre Taupe, *Talpa* Linné.

Tête large à sa base, sans oreilles apparentes ; museau allongé, conique, terminé par un boutoir ; canines supérieures bien développées ; yeux très petits, parfois cachés sous la peau ; cou court et robuste ; corps allongé ; membres antérieurs très courts terminés par des sortes de mains larges, presque nues, armées d'ongles longs et forts ; membres postérieurs courts, à pieds étroits ; queue courte.

20. — Taupe commune, *Talpa europæa* Linné.

Pelage noir, parfois légèrement cendré, brillant, fin et

serré ; beaucoup d'individus ont une tache jaunâtre vers le milieu de l'abdomen. Tête et corps : 0 m. 150 ; queue 0 m. 030.

Talpa europæa Linné existe seule dans l'Indre ; *Talpa cæca* Savi y est inconnue. L'œil de *Talpa europæa* est extrêmement petit, mais ouvert et muni de paupières. Pourtant il n'en est pas toujours ainsi, car nous avons souvent capturé, dans les mêmes endroits que ceux où nous trouvions le type de l'espèce, des sujets dont les yeux étaient entièrement recouverts par la peau, très mince et presque transparente en face de ces organes mais n'ayant aucune ouverture palpébrale visible au microscope. C'est donc une espèce qui se transforme et dont les sens s'approprient de plus en plus au genre de vie de l'animal ; le sens de la vue, presque inutile, diminue, l'œil s'atrophie, alors que le museau s'allonge et que le sens olfactif, très utile, se développe. Dans le département de la Creuse, cette espèce subit la même transformation ; nous avons pu nous en assurer sur une vingtaine d'individus, 11 mâles et 9 femelles, qui nous avaient été envoyés de Boussac par M. E. Trébuchet. Trois de ces Taupes avaient les yeux ouverts et munis de paupières ; quatre avaient un seul œil ouvert, l'autre était entièrement caché sous une peau mince et transparente mais sans aucune ouverture ; treize avaient les deux yeux sous la peau et on ne voyait aucune trace d'ouverture en face du globe de l'œil qu'on apercevait, noirâtre, sous la mince peau qui le recouvrait. Cinq mâles et deux femelles avaient, vers le milieu de l'abdomen, une assez grande tache d'un jaune orangé. A cette époque, 12 février, nous n'avons pas trouvé d'embryons dans le corps des femelles, mais l'examen des organes génitaux des sujets des deux sexes nous a permis de constater que l'accouplement allait bientôt se produire.

La Taupe est très commune dans les prairies, les champs, la lisière des bois et des brandes et même sur les bas-côtés des routes. On reconnaît facilement sa présence aux monticules nombreux, souvent très rapprochés, formés par la terre tirée de ses galeries et qu'elle rejette au dehors en s'aidant de ses membres postérieurs et de son dos. Les cultivateurs profitent souvent de l'instant où la Taupe soulève ainsi la terre, pour l'enlever d'un vigoureux coup de pelle et la tuer ensuite.

Elle circule vivement sous terre, et creuse ses galeries avec rapidité en s'aidant de ses membres antérieurs, aux mains puissantes munies d'ongles énormes. Il est rare de la voir sur le sol ; elle s'agite alors avec vivacité et s'enfouit le plus tôt possible.

Elle se nourrit de Lombrics, de larves de Coléoptères et de la plupart des êtres qui vivent sous terre ; elle dévore les Campagnols et Mulots qu'elle rencontre en creusant ses galeries. Pressée par la faim, elle mange ses semblables, ainsi que nous l'avons vu bien des fois lorsque nous avions cette espèce en captivité. Elle parcourt ses couloirs et travaille aussi bien la nuit que le jour, même pendant les hivers les plus rigoureux, puisque sur une couche épaisse de neige tombée de la nuit, les taupinières fraîches apparaissent comme des taches obscures dès les premières heures du matin. Pendant la belle saison, la femelle choisit, dans ses galeries, un endroit sec qu'elle élargit et garnit de quelques brins d'herbes sur lesquels elle met bas trois à six petits, qui grandissent assez vite, comme nous avons pu le constater en prenant des jeunes pouvant se passer des soins de leur mère, en les plaçant dans notre jardin et en les reprenant six mois après.

La Taupe est utile parce qu'elle détruit beaucoup de larves d'Insectes nuisibles, mais elle fait le désespoir des faucheurs qui, gênés par ses nombreux monticules, ne peuvent raser l'herbe près de terre. C'est pourquoi les propriétaires de prairies lui font une guerre acharnée en l'empoisonnant au moyen de Lombrics saupoudrés de strychnine et placés dans ses couloirs, ou en employant des pièges spéciaux ;

quelques individus font métier de détruire les Taupes et emploient différents moyens.

Les mâles sont plus nombreux que les femelles, ainsi que le remarquent les *taupiers* et ainsi que Darwin l'a constaté en Angleterre.

Les cas d'albinisme ne sont pas rares dans l'Indre. La Taupe au pelage noir de velours est un des animaux qui deviennent le plus souvent blancs ou isabelle ; les sujets à parties inférieures jaunâtres se rencontrent très communément.

ORDRE III. — RONGEURS

Les Rongeurs ont les incisives très développées, et les molaires à tubercules plus ou moins aplatis ou à proéminences formant des lignes brisées ; ils n'ont pas de canines. Les oreilles, le museau et les yeux varient comme longueur ou grandeur selon les différentes espèces. Chaque patte a quatre ou cinq doigts pourvus d'ongles ; le pouce est parfois rudimentaire.

FAMILLE DES SCIURIDÉS

Genre Écureuil, *Sciurus* Linné.

Tête large, museau court ; oreilles de moyenne grandeur, couvertes de poils très longs en hiver ; yeux grands. Deux incisives légèrement brunâtres à chaque mâchoire, molaires blanches. Corps assez allongé ; queue longue, couverte de longs poils, distique ; membres de moyenne grandeur, terminés par des doigts allongés munis d'ongles longs, aigus et recourbés ; le pouce des membres antérieurs est très petit.

21. — Ecureuil commun, *Sciurus vulgaris* Linné.

Pelage roux vif, roux brun, brun noirâtre ou grisâtre,
avec les longs poils des oreilles et de la queue plus foncés;
gorge, dessous de la poitrine et abdomen blancs. En été,
le pelage est plus court, souvent plus roux, et les oreilles
ne portent pas leurs longs poils. Tête et corps : 0 m. 25 ;
queue : 0 m. 23.

L'Ecureuil est commun dans la plupart de nos bois. Vif,
souple, agile et gracieux, il passe la plus grande partie de
son temps sur les arbres, juché sur une branche ou bien
encore blotti dans un de ses nids. Découvert, il se livre aussitôt
à une gymnastique effrénée, fantastique, saute de branche en
branche et d'arbre en arbre avec une rapidité vertigineuse
et finalement s'allonge derrière une branche élevée, reste
dans cette position tant qu'il y a du danger, et tourne autour
de la branche de façon à être toujours caché si l'ennemi se
déplace. Blessé, il se défend avec rage et mord cruellement.
A terre, il court avec rapidité, mais comme il est essentiellement arboricole, il grimpe avec célérité le long des troncs
et se réfugie sur les hautes branches dès qu'il est effrayé.
Chaque couple bâtit cinq ou six nids qu'ils placent à la naissance d'une grosse branche ou au sommet d'un arbre. Le
nid se compose de trois sortes de matériaux : une grande
quantité de filaments très souples, arrachés à l'écorce des
arbres, tapisse l'intérieur ; une épaisse couche de mousse
entoure ces filaments; enfin des ramilles, souvent encore
couvertes de leurs feuilles, sont fixées dans la mousse et
donnent une certaine solidité à l'édifice. Une petite ouverture
est ménagée sur l'un des côtés du nid, non loin du sommet.
Nous avons capturé le mâle et la femelle dans le même nid,
mais ordinairement ils habitent chacun de leur côté. Nous
avons tué des quantités d'Écureuils ; dans les nombreux nids
que nous avons détruits, nous trouvions parfois un seul sujet,
rarement le couple ; au moment des grands froids, il n'en

est pas ainsi, et il nous est arrivé de rencontrer jusqu'à cinq individus bien adultes dans le même abri. Nous n'avons jamais trouvé de provisions dans les nids. A l'automne, l'Écureuil ramasse les cônes de pin, les glands, les faînes, les châtaignes, les noix, les noisettes dont il se nourrit pendant la mauvaise saison, et c'est dans un arbre creux, sous les racines, dans de fortes haies, sous des pierres, qu'il établit sa cachette ; il lui rend de nombreuses visites, ainsi que le témoigne son estomac toujours plein. Assis sur le derrière, avec ses membres antérieurs il porte la graine à sa bouche, la tourne et la retourne, enlève rapidement l'enveloppe et mange le contenu en poussant de petits soupirs de satisfaction. Si les provisions s'épuisent, il fait de longues courses à la recherche de sa nourriture ; sa piste, sur la neige, nous a souvent entraînés fort loin. Il ne s'engourdit pas l'hiver et déguerpit aussitôt qu'il entend monter à son arbre ; pourtant, avec de minutieuses précautions, il nous est arrivé de le surprendre pendant son sommeil, mais alors il se réveille aussitôt, et gare aux morsures !

L'accouplement a lieu en février, mars et avril. En examinant au microscope les organes génitaux de quelques femelles tuées dans les premiers jours de mars, nous avons vu des spermatozoïdes provenant d'un accouplement récent ; à la même époque nous avons trouvé des femelles sur le point de faire leurs petits. Après une gestation d'environ un mois, la femelle met bas, dans un de ses nids, de trois à cinq petits dont les yeux ne s'ouvrent qu'au bout de quelques jours et qui grandissent assez vite.

Depuis quelques années, les Écureuils sont bien plus répandus qu'autrefois en Poitou et en Berry ; leur nombre ne cesse d'augmenter, car on les pourchasse peu, et ils se défendent à merveille contre les Oiseaux de proie, les Chats et les Martes.

Ce Rongeur est nuisible. Il dévore les bourgeons, souvent

même les jeunes pousses des conifères et arrête leur développement normal ; il recherche les nids d'Oiseaux et détruit les œufs de la Perdrix rouge, à tel point qu'en certains pays cette Perdrix a à peu près disparu à mesure que les Écureuils se multipliaient.

En captivité, il reste farouche s'il a été capturé quelques semaines après sa naissance ; s'il a été pris très jeune, il devient familier. Nous avons gardé, pendant plus de huit ans, des Écureuils que nous avions élevés au biberon ; ils nous suivaient comme des Chiens dans notre maison et notre jardin, et avaient la curieuse habitude de s'installer au sommet de notre tête pour grignoter les noisettes que nous leur donnions.

FAMILLE DES MYOXIDÉS

Genre Loir, *Myoxus* Schreber.

Deux incisives parfois légèrement teintées de brun à chaque mâchoire ; molaires blanches. Tête assez forte ; museau peu allongé ; oreilles de moyenne grandeur chez le Loir commun et le Muscadin, assez longues chez le Lérot ; yeux assez grands ; corps peu allongé ; queue longue et velue chez les trois espèces, distique et couverte d'assez longs poils chez le Loir commun ; membres de moyenne longueur, terminés par des doigts assez allongés munis d'ongles courts et crochus ; le pouce des membres antérieurs est très petit.

22. — Loir commun ou Loir gris, *Myoxus glis* Schreber.

D'un gris à peine teinté de roussâtre, avec le dessous de la tête et du corps d'un blanc immaculé ou parfois très légèrement brunâtre sur le bas des flancs. Tête et corps : 0 m. 14 ; queue : 0 m. 12.

Ce Loir n'est pas très rare dans l'Indre ; on le voit peu,

parce qu'il ne quitte guère les grands bois ou les ravins broussailleux et se montre le moins possible. Pourtant, on nous en a apporté un, pris en plein jour sur un cerisier isolé, au moulin de Naillac, près d'Argenton ; ce Rongeur avait peut-être élu domicile dans les rochers des rives de la *Creuse*.

En septembre 1889, on nous a vendu un beau sujet capturé près d'Usseau, aux environs de Saint-Gaultier. Nous connaissons trois ou quatre captures faites dans la forêt de la Luzeraise, une près de Mézières-en-Brenne, d'autres à Bélàbre.

Il vit de fruits, d'œufs et même de très jeunes Oiseaux, grimpe bien aux arbres et se retire dans les cavités des vieux chênes. Plusieurs personnes nous ont affirmé avoir pris son nid, qui ressemble un peu à celui de l'Écureuil, dans les bois de la Martine, aux environs d'Argenton.

23. — Loir lérot, *Myoxus nitela* Schreber.

Parties supérieures d'un brun roussâtre ayant une teinte légèrement violacée ; une tache noire allongée part du museau, enveloppe l'œil, se bifurque en arrivant à l'oreille et se termine au cou ; une tache blanche devant l'oreille, une autre derrière ; queue noire vers sa partie postérieure et blanche à son extrémité. Parties inférieures blanches ou légèrement grisâtres. Tête et corps : 0 m. 12 ; queue : 0 m. 10.

Le Lérot est très commun dans les jardins des campagnes et des villes ; il habite alors dans les trous des vieilles murailles et s'y arrange une couchette composée d'herbes et de plumes. Il est commun dans les bois et les fortes haies ; il aime les contrées couvertes de rochers, dans les cavités desquels il se cache. Lorsqu'il habite les bois ou les haies, il se bâtit un nid de mousse qu'il façonne en forme de grosse boule ; il en tapisse l'intérieur de plumes, s'il se trouve dans un endroit fréquenté par les volailles, et y ménage une petite ouverture bien dissimulée, par laquelle il s'introduit dans sa moelleuse demeure. Comme il est fort intelligent et très paresseux, il recherche les vieux nids de Merle ou de Pie, et c'est presque toujours là qu'il construit son édifice ; souvent aussi il dépose ses matériaux dans une cavité d'arbre.

Nous avons trouvé dans son estomac des fruits, des graines et des Coléoptères ; il mange aussi les œufs des Oiseaux. Il circule ordinairement à la nuit tombante, mais nous l'avons vu en plein jour sur les espaliers qu'il met au pillage, et la présence de l'Homme ne l'effraie pas toujours, car il ne remue pas s'il s'aperçoit qu'il est observé ; comme il est habitué à être fort mal reçu par les jardiniers, il s'enfuit prestement si on fait le simulacre de ramasser une pierre ou si on le menace d'un bâton.

En mai ou juin, la femelle fait de trois à cinq petits qui grandissent assez vite, sont d'abord d'un brun grisâtre et ne tardent pas à prendre la coloration de leurs parents.

A l'automne, le Lérot mange beaucoup, devient très gras et fait ses provisions pour l'hiver ; il se réfugie dans un arbre creux ou dans un trou de mur, s'y engourdit aux premiers froids et passe ainsi toute la mauvaise saison, se réveillant de temps à autre lorsque la température est assez douce et profitant de l'occasion pour grignoter sa réserve. Les maçons qui démolissent les vieux bâtiments trouvent souvent, au plus épais des murs, un interstice rempli de foin, et sur ce lit d'herbes deux ou trois Lérots endormis, absolument inertes et qui ne sortent de leur engourdissement qu'au bout de quelques instants. Nous avons pris des quantités de Loirs de cette espèce au moyen d'assommoirs amorcés avec des prunes sèches ; c'était surtout à la fin d'avril ou au commencement de mai, lorsque le sommeil hibernal était terminé et qu'ils avaient besoin de reconstituer leurs forces, qu'ils donnaient bien dans nos pièges.

Nous avons capturé plusieurs fois des Lérots à queue très courte, large et pourvue de longs poils ; cette monstruosité n'est pas rare chez les sujets que nous prenons à Argenton.

24. — **Loir muscardin,** *Myoxus avellanarius* Linné.

Parties supérieures d'un beau roux clair ; parties inférieures d'un blanc roussâtre. Tête et corps : 0 m. 07 ; queue : 0 m. 06.

Rare. On l'observe de temps en temps dans les bois qui bordent la *Creuse*, à Oulches ; on l'a même capturé sur les coteaux boisés qui entourent la ville du Blanc. Il ne quitte pas les fourrés d'une certaine étendue, y vit de baies, de noisettes, châtaignes et glands ; à la moindre alerte, il court avec vivacité sur les branches et disparaît dans un trou d'arbre. Il s'engourdit l'hiver dans l'intérieur d'un tronc et peut-être dans le petit nid rond qu'il construit dans les branches des taillis.

FAMILLE DES MURIDÉS

Genre Rat, *Mus* Linné.

A chaque mâchoire, deux incisives souvent teintées de brun et six molaires à tubercules assez arrondis ; tête assez grosse, museau assez allongé ; oreilles velues et de moyenne grandeur chez le Surmulot et le Rat nain, plus grandes et presque nues chez le Rat noir, le Mulot et la Souris ; yeux de moyenne grandeur, plus ou moins proéminents ; corps assez allongé. Queue longue, annelée, écailleuse ; velue et ayant à peu près la longueur du corps, sans la tête, chez le Surmulot ; peu velue et plus longue que la tête et le corps chez le Rat noir ; velue et un peu moins longue que la tête et le corps chez la Souris ; velue et presque aussi longue que la tête et le corps chez le Rat mulot ; peu velue et un peu moins longue que la tête et le corps chez le Rat nain. Membres assez courts, les antérieurs ordinairement plus courts que les postérieurs ; doigts munis de petits ongles courts et crochus ; le pouce des membres antérieurs est très petit.

25. — Rat surmulot, *Mus decumanus* Pallas.

Parties supérieures brunes ou d'un brun roussâtre ou noirâtre ; parties inférieures blanchâtres ; queue d'un brun roussâtre. Tête et corps : 0 m. 25 ; queue : 0 m. 18. Beaucoup de sujets atteignent une plus forte taille.

Le Surmulot, qu'on croit originaire de l'Asie, est très commun dans les villes et rare dans les compagnes. Il fréquente les égouts, les abattoirs et les moulins où il trouve une nourriture abondante. Il est omnivore, circule la nuit et souvent pendant le jour, nage facilement, mange tout ce qu'il trouve, le Poisson, les provisions de ménage, les petits Poulets, les jeunes Pigeons ; il s'introduit dans les clapiers et y dévore les petits Lapins ; il poursuit le Rat noir jusque dans les greniers et le tue sans pitié. Il habite partout où il peut se cacher suffisamment, dans les cavités des parois des égouts, dans les amas de pierres ou de bois, dans les vieux bâtiments, dans les trous de terre qu'il creuse lui-même ; il s'introduit aussi dans le terrier du Campagnol amphibie et, s'il visite ce Rongeur, c'est sûrement pour le voler et au besoin le massacrer, car l'audacieux Surmulot ne vit que de rapines. Très brave, nous l'avons vu, enfermé dans une chambre, se jeter sur des Chiens, les mordre cruellement et les intimider par son attitude. Il ne redoute ni Chat, ni Belette, et comme son habitat le met hors des atteintes des Rapaces, il pullule effroyablement si on ne prend la précaution de le détruire.

On le capture facilement à l'aide de pièges assommoirs amorcés d'un morceau de lard, ou au moyen de nasses en fil de fer dans lesquelles on place un peu de lard ou de pain beurré ; on le détruit aussi à l'aide de Chiens de petite taille dressés pour cet usage.

Nous avons à maintes reprises trouvé, dans des amas de bois ou de paille, le nid avec quatre à douze petits qui grandissent très vite. La femelle fait plusieurs portées par an ;

d'après M. Mailles, elle porte vingt jours et demi. Les jeunes naissent nus et n'ouvrent les yeux que le quinzième jour ; ils sont adultes à trois mois.

26. — Rat noir, *Mus rattus* Linné.

Parties supérieures noirâtres, parties inférieures d'un gris noirâtre. Tête et corps : 0 m. 20 ; queue : 0 m. 22.

Très commun dans les greniers des villes et des campagnes ; on croit qu'il est aussi originaire d'Asie. Il ne s'éloigne guère des maisons, mange les grains, les provisions, les cuirs, ronge le linge et le papier.

La femelle fait plusieurs portées par an et met bas, chaque fois, de cinq à neuf petits qui, d'abord nus, se couvrent bientôt de poils noirâtres et ont très souvent quelques poils blancs sur le sommet de la tête.

C'est ordinairement le soir et la nuit que ce Rat circule ; il est alors la proie des Belettes, des Fouines et des Chats.

Nous avons observé dans le département plusieurs individus présentant des cas d'albinisme partiel. Enfin, nous avons pris à Argenton des sujets d'un gris brunâtre en dessus et blancs dessous.

27. — Rat souris, *Mus musculus* Linné.

Parties supérieures d'un brun noirâtre ou grisâtre ; parties inférieures d'un gris plus ou moins clair et plus ou moins fauve. Tête et corps : 0 m. 08 ; queue : 0 m. 075.

Très commune dans la plupart des maisons, la Souris pullule partout, malgré ses nombreux ennemis. Elle est omnivore, fait plusieurs portées par an et met bas, sur un nid composé de matériaux de toutes sortes, de six à neuf petits qui grandissent vite. D'après le Dʳ Trouessart, la gestation est de vingt-deux à vingt-quatre jours et les jeunes peuvent reproduire dès l'âge de trois semaines.

Nous avons pris à Argenton et au Blanc des individus

albinos. D'autres sujets de couleur isabelle ont été capturés
à Saint-Gaultier ; un certain nombre d'individus ayant cette
coloration ont été pris dans la même maison.

28. — Rat mulot, *Mus sylvaticus* Linné.

Parties supérieures d'un brun foncé sur le dos, plus claires
sur les flancs ; queue d'un brun noirâtre dessus, blanchâtre
dessous ; une marque noirâtre au talon. Parties inférieures
blanches chez les adultes, grisâtres chez les jeunes. Tête et
corps : 0 m. 095 ; queue : 0 m. 09.

Extrêmement commun dans les campagnes en certaines
années, assez commun seulement en d'autres ; nous avons
remarqué que ce Rat, ainsi que les différentes espèces de
petits Rongeurs qui vivent dans des terriers, était plus
abondant pendant les années sèches que pendant les années
humides.

Le Mulot habite les bois, les haies, les champs, vit dans les
terriers qu'il se creuse et dans lesquels il amasse des graines
en prévision des mauvais jours. C'est un véritable pillard
qui dévaste les blés sur pied, les avoines et, après les
récoltes, déterre les glands et les châtaignes semés par
l'Homme, mange les fruits, les Insectes, et dévore les œufs et
les petits des Oiseaux. Il circule aussi bien l'hiver que l'été
et nous l'avons souvent pris dans nos pièges pendant la
mauvaise saison. Une nuit, dans l'un de nos engins, un Mulot
tua son compagnon, lui ouvrit les flancs et dévora une
partie des viscères de sa victime. Par un froid intense, par la
neige, nous avons vu souvent sa piste facilement reconnaissable : comme il avance par bonds, on remarque l'empreinte
de son corps, puis l'endroit où il est retombé et ainsi de
suite ; deux petites lignes marquent la place où s'est fait
l'effort des membres postérieurs pour porter le corps en
avant et, lorsque le saut est peu élevé, la queue qui traîne
forme parfois une petite ligne reliant les empreintes succes-

sives ; les pistes aboutissent ordinairement aux terriers, aux tas de fumier et de débris. Il quitte ses galeries lorsque la terre gèle profondément et va s'établir dans les fortes haies broussailleuses, sous les tas de fagots, dans les meules de paille, dans les écuries et les maisons, en un mot dans les endroits où il peut trouver un abri contre la rigueur de la température.

Dès les premiers jours de mars, nous avons trouvé son nid sous un tas de fumier, dans une légère excavation qu'il avait creusée et dans laquelle il avait entassé des brins de paille et des herbes sèches, formant ainsi une sorte de boule ; ce nid, près duquel nous avons tué la femelle, contenait quatre petits nus et dont les yeux étaient encore fermés ; près de là gisait une Grenouille agile en partie dévorée. Dans l'estomac de la femelle, nous avons rencontré les débris du Batracien, et dans ses organes génitaux nous avons trouvé quatre embryons minuscules ; cette bête, quoique nourrissant ses petits, s'était accouplée de nouveau. On voit par cette observation que la femelle du Mulot doit faire de nombreuses portées chaque année, la gestation étant de courte durée chez cette espèce.

Ce Rat devient la proie d'une foule de Carnivores et de Rapaces, de quelques Ophidiens et des Chats errants.

29. — Rat nain ou Rat des moissons, *Mus minutus* Pallas.

Parties supérieures fauves, plus claires sur les flancs ; gorge, dessous de la poitrine et ventre blancs ; queue brune ; pieds d'un fauve brun. La coloration fauve est nettement tranchée de la coloration blanche. Tête et corps : 0 m. 070 ; queue : 0 m. 064.

Les jeunes ont un costume un peu plus sombre que les adultes.

Habite les champs et les taillis où il n'est pas rare. Il se loge parfois dans un trou de terre, mais vit le plus sou-

vent dans les fourrés, les fortes haies, sous les tas de paille ou
de fumier et même dans les granges. Il'mange des graines
et des Insectes. Pendant la belle saison, il se construit un
nid de forme ronde qu'il suspend à plusieurs tiges de seigle,
de froment ou d'avoine, à une branche d'aubépine ou à un
brin de taillis. Aux environs d'Argenton, nous avons plusieurs fois trouvé son nid, fixé à 40 ou 50 centimètres du
sol, formé d'herbes sèches entrelacées et tapissé dans l'intérieur de bourre végétale ; il contenait ordinairement de
quatre à six petits.

La queue de ce Rat étant en partie prenante, il s'en sert
pour se soutenir sur les tiges glissantes des céréales.

D'après le Dr Trouessart, la femelle fait plusieurs portées
par an, la gestation dure vingt et un jours et à six semaines
les petits peuvent se reproduire.

Genre Campagnol, *Arvicola* Lacépède.

A chaque mâchoire, deux incisives souvent teintées de
brun et six molaires munies de proéminences formant des
lignes brisées. Tête plutôt grosse ; museau un peu moins
allongé que chez le genre précédent ; oreilles plus ou moins
velues, de moyenne grandeur et apparentes chez le Roussâtre, le Rat d'eau et le Campagnol des champs, petites et
presque entièrement cachées sous les poils chez le Souterrain ; yeux assez petits chez le Roussâtre, le Rat d'eau et le
Campagnol des champs, très petits chez le Souterrain ; corps
assez allongé ; queue assez courte, peu écailleuse et couverte de poils courts ; membres courts ; doigts munis d'ongles peu recourbés ; le pouce des membres antérieurs est
très petit.

30. — Campagnol roussâtre, *Arvicola rutilus* Pallas.

Parties supérieures d'un roux foncé, flancs d'un brun gri-

sâtre ; parties inférieures d'un blanc parfois grisâtre et très
légèrement teinté de roux ; queue d'un brun noirâtre en
dessus, blanchâtre en dessous. Tête et corps : 0 m. 105 ;
queue : 0 m. 045.

Nous avons capturé assez souvent ce Campagnol aux environs d'Argenton et du Blanc, mais il est peu commun.
Il habite les bois, les haies, les champs cultivés, les prés ;
nous l'avons pris jusque dans notre jardin. Il fréquente les
abords des étangs herbeux, où il devient la proie des Hérons,
car on trouve son crâne (facilement reconnaissable des crânes
des autres espèces du genre par la présence de racines aux
molaires) sur les îlots de joncs secs habités par les Hérons
gris et pourprés. Il se cache dans les amas de bois, de pierres,
dans les trous des rochers et des vieux murs ; les terriers
qu'il se creuse sont peu compliqués et, d'après le Dr Trouessart, il place son nid dans une petite cavité ou à la surface
du sol, dans les broussailles ; la femelle fait de quatre à huit
petits et a plusieurs portées par an.

Il se nourrit de bourgeons, de fruits et de racines, mange
parfois des graines, des Insectes, et dévore les œufs et les
petits des Oiseaux qui nichent à terre.

31. — Campagnol Rat d'eau, ou Campagnol amphibie, *Arvicola amphibius* Pallas.

Brun noirâtre en dessus, gris foncé en dessous. Tête et
corps : 0 m. 20 ; queue : 0 m. 12.

Très commun le long des rivières et ruisseaux, sur les
rives des étangs et des grandes mares, au bord des fossés et
des fontaines. Il n'a pas l'air affairé du Surmulot ; il est moins
vif et moins sauvage que ce dernier. Juché sur quelque
racine ou gravement assis sur le derrière à l'entrée de son
terrier, il digère en paix et laisse ordinairement passer près
de lui, sans se déranger, le bateau silencieux qui frôle la
rive ; parfois, si on le surprend brusquement, il disparaît

dans sa retraite, ou, se laissant choir dans l'eau, il nage doucement le long du bord et va se réfugier sous des racines ou
dans un trou ; poursuivi, il déguerpit au plus vite, plonge et
nage avec une certaine rapidité. Il se défend énergiquement
et n'a pas beaucoup d'ennemis en dehors des Martes et des
Putois. Son terrier est peu compliqué et établi non loin de
la surface de l'eau ; chaque Campagnol a plusieurs trous
qu'il fréquente, et ces retraites sont souvent reliées entre
elles par des sentiers battus qui passent sous les racines ou
les obstacles, formant ainsi des tunnels plus ou moins longs
creusés par le Rongeur.

Il se nourrit d'Insectes, d'Ecrevisses, parfois de Poissons
et de Grenouilles, mais il mange surtout des racines et des
herbes. Le mâle vit souvent en compagnie de deux femelles
qui mettent bas plusieurs fois chaque année ; nous avons
ordinairement trouvé sept petits dans les organes génitaux
de la femelle.

32.— Campagnol des champs, *Arvicola arvalis* Pallas.

Brun en dessus, gris clair en dessous. Tête et corps : 0 m. 09 ;
queue : 0 m. 03.

Très répandu dans tous les champs, où il vit par troupes
plus ou moins considérables. Dans les endroits qu'il fréquente
on peut remarquer son terrier, muni de plusieurs ouvertures,
dans lequel il passe la plus grande partie du jour. Sa nour
riture consiste en graines et racines ; il coupe les tiges du
froment, dévore les carottes et autres racines potagères tout
en creusant ses galeries ; de même que les autres Campagnols,
il accumule dans son terrier des provisions pour les mauvais
jours. Nous l'avons souvent pris en amorçant nos pièges
d'une prune sèche. Les fortes gelées le chassent de son terrier
et il va se réfugier dans les granges, les meules de paille et
les haies ; il circule par les grands froids, car nous avons
vu bien des fois, sur la neige, sa piste continue, non inter-

rompue comme celle du Mulot, car il trottine et n'avance pas par bonds comme ce dernier. La femelle met bas plusieurs fois par an et fait cinq à sept petits qui sont bientôt en état de se reproduire ; elle construit ordinairement un nid hors de son terrier, dans les fortes haies ou les broussailles.

Ce Campagnol est dévoré par un grand nombre de Carnivores, d'Oiseaux de proie et par quelques Reptiles ; ses ennemis les plus terribles sont la Belette, les Rapaces nocturnes et la Vipère.

33. — Campagnol souterrain, *Arvicola subterraneus* Sélys.

Parties supérieures brunes ou d'un brun grisâtre ; parties inférieures d'un gris cendré ; queue d'un brun noirâtre dessus, grisâtre dessous. Tête et corps : 0 m. 09 ; queue 0 m. 03.

Pas rare, mais localisé. Il vit presque continuellement sous terre et ne sort guère au soleil, aussi a-t-il un faciès en rapport avec son genre de vie : presque pas d'oreilles, yeux très petits, pelage gris terreux. Nous l'avons observé dans les potagers et dans les prairies des bords de la *Creuse* et de l'*Anglin* ; nous l'avons trouvé, à certaines époques, dans la plaine située entre Argenton et le Pêchereau où il se nourrissait de racines de céleri, de carottes et de quelques autres plantes. Il pullulait dans les queues de plusieurs étangs des communes de Lingé et de Rosnay, au milieu des mottes, dans un terrain très humide, où il vivait de racines de plantes bulbeuses ; après avoir été très commun pendant plusieurs mois, il disparut subitement, détruit par un ennemi spécial, peut-être par les Taupes, devenues très nombreuses au même endroit, ou par les Belettes qui visitaient fréquemment le marais où se trouvait la colonie.

Les Oiseaux de proie le prennent peu souvent, à cause de ses habitudes souterraines, mais il doit souffrir du froid ou des inondations, car il n'est pas très répandu.

La femelle fait plusieurs portées par an et met bas, chaque fois, dans son terrier, trois ou quatre petits qui grandissent vite.

Tous les Rongeurs de la famille des Muridés sont des animaux nuisibles.

FAMILLE DES LÉPORIDÉS

Genre Lièvre, *Lepus* Linné.

Douze molaires et quatre incisives à la mâchoire supérieure, les deux petites incisives en arrière des deux grandes; dix molaires et deux incisives à la mâchoire inférieure; tête assez grosse; oreilles très longues, surtout chez le Lièvre commun; yeux assez grands; museau court, velu à son extrémité; corps assez allongé; queue très courte; membres antérieurs de moyenne grandeur, munis de cinq doigts; membres postérieurs plus longs que les antérieurs, munis de quatre doigts; ongles assez forts et peu arqués; pieds très velus en dessous.

34. — Lièvre commun, *Lepus timidus* Linné.

Pelage fauve brunâtre en dessus, composé de poils noirs et de poils fauves sous lesquels on trouve une fourrure d'un blanc grisâtre; flancs fauves, avec de longs poils noirs et blancs; dessous de la poitrine et ventre blancs; oreilles noires à leur extrémité; des poils blancs se montrent parfois sur les côtés de la tête; bout du museau fauve; menton blanc; gorge et devant de la poitrine fauves; membres fauves; queue noire dessus, blanche dessous. Tête et corps : 0 m. 60; queue : 0 m. 07.

Le mâle est plus fauve que la femelle; cette dernière a plus de poils grisâtres. Il a les membres un peu plus longs, la tête plus large, les oreilles moins longues et moins larges que la femelle.

Le Lièvre est encore commun dans le département, malgré la chasse acharnée que lui fait l'Homme avec le fusil, les collets, les Chiens courants, et bien que les Chiens errants, tous les Mustélidés, les Chats, les Renards, les Loups, les Rapaces diurnes et nocturnes en détruisent d'immenses quantités, surtout des jeunes.

Il habite toutes nos campagnes, les champs et les bois, et, suivant la température et la saison, se gîte en des endroits variés. Il aime les contrées saines ; pourtant, il se cache parfois dans des endroits tellement marécageux qu'il est presque couché dans l'eau. Il reste ordinairement en repos pendant le jour, tapi dans un sillon ou sous les broussailles ou bien encore dans un taillis ; à la nuit tombante, il circule à la recherche de sa nourriture qui se compose de végétaux. Plusieurs jours de suite, s'il n'est pas dérangé, il retourne, dès les premières lueurs du jour, à l'endroit exact qu'il a choisi pour domicile ou à quelques mètres près de là. Il se déplace par bonds plus ou moins allongés, s'éloigne peu du lieu qu'il habite, et, s'il s'absente pendant quelques jours, il ne tarde pas à revenir dans la contrée.

Le Lièvre est polygame ; les mâles se livrent de violents combats, car ils sont plus nombreux que les femelles. Le rut dure toute l'année, aussi trouve-t-on des femelles pleines en toutes saisons et souvent une femelle s'accouple lorsqu'elle nourrit encore ses petits ; il peut aussi y avoir superfétation. Chaque femelle fait trois ou quatre portées par an, et les jeunes sujets nés en janvier et février reproduisent quelquefois en septembre de la même année. La femelle porte un mois environ ; elle choisit un endroit sec autant que possible et s'arrache quelques touffes de poil sur lesquelles elle dépose deux, trois ou quatre petits velus, dont les yeux s'ouvrent au bout de quelques instants ou de quelques heures. Elle allaite à peine un mois ; pendant ce temps, elle habite à cent ou deux cents mètres de sa progéniture et ne se rend à son nid que pour nourrir ses petits, qu'elle abandonne dès qu'ils sont sevrés. Les jeunes Lièvres, quelques jours après leur naissance, se dispersent, sans toutefois s'éloigner beaucoup du nid, et la mère, la nuit, fait entendre un cri particulier pour les rassembler et les allaiter.

Dans l'Indre, on a constaté plusieurs fois des cas d'albinisme complet ou partiel chez le Lièvre.

35. — Lièvre lapin, *Lepus cuniculus* Linné.

D'un brun noirâtre en dessus, d'un brun grisâtre sur les flancs ; extrémité du museau d'un brun noirâtre ; gorge d'un blanc légèrement grisâtre ; dessous du cou et devant de la poitrine d'un brun grisâtre ; dessous de la poitrine et ventre blancs, ainsi que la face interne des membres ; queue noirâtre dessus, blanche dessous. Tête et corps : 0 m. 40 ; queue : 0m.06. La femelle est plus grise et a la tête moins large que le mâle.

Excessivement commun en quelques endroits, rare ou n'existant pas en d'autres, le Lapin se creuse des terriers à plusieurs ouvertures dans les endroits secs où la terre peut être travaillée facilement et il y vit en société plus ou moins nombreuse ; il aime aussi à se cacher dans les cavités des rochers.

Là où ils ne sont pas inquiétés par les Renards et les Chiens, et là où foisonnent les Belettes et les Putois, les Lapins ont pris l'habitude de vivre sans terrier ; s'ils sont poursuivis, ils rusent au milieu des buissons ou se jettent dans un trou de hasard.

Le Lapin se nourrit de végétaux, et quoiqu'il circule la nuit comme le Lièvre, il a des habitudes moins nocturnes que ce dernier. Il est polygame, reproduit en toutes saisons, et les mâles étant plus nombreux que les femelles, il y a parfois de terribles batailles. La femelle porte un mois environ ; quelques jours avant la mise bas, elle creuse un trou au fond duquel elle entasse parfois quelques herbes sèches et qu'elle garnit toujours d'une épaisse couche de ses poils ; c'est là-dessus qu'elle fait de trois à sept petits qui naissent presque nus, n'ouvrent les yeux qu'au bout de quelques jours, et restent plus longtemps au nid que les jeunes Lièvres. Elle nourrit à peine pendant un mois, s'éloigne peu de son trou, et, avant de sortir, elle a soin de recouvrir sa progéniture au moyen des poils qui tapissent son nid. Elle fait de quatre à six portées par an; les jeunes peuvent se reproduire au bout de quelques mois.

Nous ne connaissons pas d'exemple de Lapin sauvage blanc ; en revanche, les Lapins noirs ne sont pas excessivement rares; nous en avons pris et vu prendre à Lérignon, à Mérigny, au Blanc, à Luant, à Saint-Marcel et à Argenton.

On chasse le Lapin au fusil, à l'aide de Chiens courants ; lorsqu'il se terre, on le fait sortir au moyen de Furets dressés pour cet usage.

En captivité, le Lièvre lapin peut reproduire avec le Lièvre commun.

ORDRE IV. — CARNIVORES

Les Mammifères de cet ordre ont une mâchoire puissante, armée de canines très développées et de molaires plus ou moins tranchantes; ils ont les incisives petites. Les uns sont semi-plantigrades, les autres digitigrades; quelques espèces ont les ongles rétractiles. Ils ont quatre ou cinq doigts à chaque pied.

La chair des autres animaux compose leur principale nourriture; certaines espèces, le Blaireau et la Marte par exemple, mangent aussi des fruits.

FAMILLE DES MUSTÉLIDÉS

Genre Blaireau, *Meles* Brisson.

Tête de moyenne grosseur, museau assez allongé ; yeux petits ; oreilles peu développées, arrondies ; corps allongé ; membres courts et forts, armés d'ongles longs et robustes ; marche semi-plantigrade ; queue courte.

36. — Blaireau commun, *Meles taxus* Schreber.

Corps couvert de poils longs et durs, blancs à leur base, noirs dans leur tiers supérieur et blancs à l'extrémité ; sous ces poils se trouve une fourrure grossière de couleur blanche. Membres, dessous de la gorge, du cou et de la poitrine noirs ; tête blanche, avec une large bande noire de chaque côté ; oreilles noires, bordées de blanc sur leur bord interne ; pelage de la queue moins foncé que celui du corps. Une poche placée sous la queue répand une odeur désagréable. Tête et corps : 0 m. 76 ; queue : 0 m. 17.

Le Blaireau est très commun dans le département. Il habite les bois, les vignes où se trouvent des carrières crevassées, et les coteaux couverts de rochers où il rencontre des cavités profondes et saines. Fouisseur de premier ordre, il se creuse de longs terriers, au besoin s'empare de ceux des Lapins, les agrandit pour son usage et tapisse sa couche d'herbes et de feuilles sèches. Il y vit seul ou en compagnie de sa femelle ; parfois les grands terriers sont occupés par plusieurs couples. Nous supposons qu'il est monogame, car on rencontre souvent, en toutes saisons, le mâle et la femelle de compagnie ; sur une centaine de Blaireaux que nous avons observés, il y avait à peu près nombre égal de mâles et de femelles.

En décembre, janvier ou février, la femelle met bas quatre ou cinq petits.

Le Blaireau est omnivore et se nourrit d'Insectes, Vers,

Reptiles, Oiselets, œufs de Perdrix et d'Oiseaux qui nichent à terre ; il dévore aussi les jeunes Lièvres, les jeunes Lapins et les petits Rongeurs, mais préfère les fruits sans dédaigner les racines et les graines. Tel Blaireau, tué un matin de juin, avait dans l'estomac un kilogramme de cerises, cinquante *Gryllus campestris*, un Mulot et un Lézard ; tel autre, en août, avait dévoré une Vipère, une Souris et une forte quantité de raisin ; tel autre avait l'estomac rempli de fraises, avec quelques fragments de Vers de terre. Après avoir fureté toute la nuit à la recherche de sa nourriture, il rentre en son terrier le matin de très bonne heure et n'en ressort que le soir à la nuit close.

On le chasse à l'aide de Chiens terriers qui vont l'attaquer dans sa demeure et on s'en empare en démolissant le terrier si la chose est possible. Attaqué par les Chiens, il se défend avec une extrême vigueur, se servant avec rage de ses ongles énormes et de sa mâchoire puissamment articulée et bien armée. On le tue au fusil, à l'aide de Chiens courants devant lesquels il fuit lourdement, lorsqu'on a la chance de le rencontrer hors de son trou, ce qui est rare pendant le jour. Très défiant à l'instant de la sortie et de la rentrée au terrier, il devient, une fois en quête, assez peu craintif, marche avec grand bruit et s'arrête, comme étonné, devant l'Homme. Il semble ne redouter le piège ou l'affûteur qu'autour de sa retraite. Aussi la façon de l'observer et de le tirer de beaucoup la plus facile est-elle une sorte d'affût mobile : le chasseur se rend au bois au crépuscule, suit les Blaireaux au bruit qu'ils font dans les taillis et les aperçoit souvent, au clair de lune, traverser les allées à quelques pas de lui, posément et sans s'effrayer.

Nous avons eu bien souvent des Blaireaux en captivité, mais comme nos sujets avaient tous été pris alors qu'ils étaient adultes ou âgés de quelques mois, ils montrèrent toujours un caractère exécrable.

Genre Marte, *Martes* Ray. *Mustela* Linné.

Tête assez large ; museau de moyenne longueur ; yeux de moyenne grandeur ; oreilles courtes et arrondies ; corps allongé ; queue longue ; membres plutôt courts, armés d'ongles aigus et recourbés ; marche semi-plantigrade, presque digitigrade.

La fourrure des Mammifères de ce genre a une assez grande valeur. Elle se compose de poils longs et fins, de couleur brune, sous lesquels on trouve d'autres poils très fins et très serrés, de couleur ordinairement plus claire.

37. — Marte fouine, *Martes foina* Gmelin.

Tête et corps bruns, avec les membres un peu plus foncés ; gorge, dessous du cou et partie antérieure de la poitrine d'un blanc pur ; queue garnie de poils longs, d'un brun très foncé. Tête et corps : 0 m. 48 ; queue : 0 m. 25.

Très commune, la Fouine vit isolée ou par couple, dans les greniers des fermes et des villages, les arbres creux, les cavernes et les fentes de rochers. On la trouve jusque dans l'intérieur des petites villes. Elle chasse la nuit et se nourrit d'Oiseaux, de petits Mammifères, de volailles et d'œufs ; elle s'introduit même dans les jardins pour y manger les fruits. Très agile, elle grimpe facilement aux arbres et aux murailles.

On la prend à l'aide de pièges amorcés d'un œuf ou d'une pomme ; on la chasse aussi au fusil, à l'affût, ou à l'aide de Chiens courants. Poursuivie, elle grimpe sur un arbre, se fourre dans une cavité, se dissimule sur une branche très élevée ou dans un vieux nid de Pie, quelquefois dans un trou de Renard ou de Lapin.

C'est en avril, mai ou juin que la femelle met bas deux à cinq petits, sur un nid de mousse, de feuilles et d'herbes, établi dans un grenier, un arbre creux ou un tas de fagots.

Une Fouine presque entièrement blanche a été tuée dans les bois de Thenay.

38. — **Marte vulgaire,** *Martes vulgaris* Griffon.

Tête, corps, membres et queue d'un brun foncé ; gorge, dessous du cou et partie antérieure de la poitrine d'un jaune clair orangé. Les poils de la queue sont plus longs que chez la Fouine, les pieds plus velus en dessous, les membres plus robustes. Tête et corps : 0 m. 48 à 0 m. 50 ; queue : 0 m. 26.

La Marte n'est pas très rare dans les forêts de l'Indre. Elle ne se rapproche guère des habitations, demeure dans les endroits les plus sauvages, passe la journée dans un fourré de brandes ou une cavité d'arbre. La nuit venue, elle chasse aux Oiseaux, aux petits Mammifères et recherche le miel et les fruits ; nous avons trouvé dans l'estomac d'une Marte des Mulots et des fragments de pommes. Plus arboricole que la Fouine, elle grimpe avec agilité.

Elle vit ordinairement par couple, mais, après l'époque des amours, le mâle abandonne parfois la femelle pour vivre solitaire. C'est le plus souvent dans un arbre creux que la femelle met bas trois à cinq petits, en avril ou mai.

Notre ami, le Dr Trouessart, cite le cas de Martes à poitrine blanche et suppose l'accouplement des deux espèces ; or, nous avons remarqué des Martes à pelage plus clair que la robe ordinaire des Fouines, alors que, de règle, la Marte est d'un brun plus foncé. Il y a donc souvent un mélange de caractères distinctifs de deux espèces pourtant franchement séparées.

Tous les ans on tue quelques Martes dans les grands bois d'Oulches, de Bélâbre, des environs d'Argenton et de Châteauroux.

Nous avons acheté à Châteauroux une Marte de couleur sabelle, probablement tuée dans les environs.

Genre Putois, ou Belette, *Mustela* Linné.

Tête et queue un peu plus courtes que dans le genre précédent ; oreilles courtes et arrondies ; yeux de moyenne grandeur ; corps très allongé ; membres courts ; marche presque
digitigrade. Les femelles sont ordinairement plus petites que
les mâles.

39. — Belette commune, *Mustela vulgaris* Brisson.

D'un brun roux, avec la gorge, la poitrine, le ventre et la
partie interne des membres antérieurs blancs. Tête et corps :
0 m. 20 ; queue : 0 m. 06.

Extrêmement commune partout. On trouve la Belette principalement dans les fortes haies, les ronciers, les tas de
pierres, même aux environs des fermes dans lesquelles elle
pénètre pour y poursuivre les Souris et les Rats. Très cou-
rageuse, elle attaque le Lapin et le Lièvre qu'elle parvient à
terrasser. Elle chasse aussi bien le jour que la nuit, visite les
terriers des Mulots et des Campagnols, massacre les habitants,
les emporte dans son trou et les dévore en deux ou trois jours ;
on reconnaît l'endroit qu'elle a choisi pour y entasser ses provisions, par les nombreux excréments qu'on trouve près du
trou, et, si on explore la cavité, il n'est pas rare d'y rencontrer
les cadavres frais de huit ou dix petits Rongeurs. Elle visite aussi les galeries des Taupes ; elle mange les Oiseaux,
les Grenouilles et des quantités de Lézards. Lorsque la neige
couvre la terre, elle s'approche des lacets tendus par les oiseleurs et vole les Alouettes qui y sont prises ; il arrive parfois
qu'elle s'empêtre dans les boucles de crin et elle est bientôt
victime de son audace.

En mai ou dans les premiers jours de juin, la femelle met
bas trois à six petits, ordinairement dans un arbre creux. On
la prend au piège ; sa fourrure n'a aucune valeur. Nous pos-

sédons deux sujets albinos, l'un tué à Saint-Gaultier, l'autre près de Châteauroux.

40. — Belette hermine, *Mustela herminea* Linné.

Pelage d'été : d'un brun un peu moins roux que chez l'espèce précédente, avec la gorge, la poitrine, le ventre et la partie interne des membres antérieurs blancs ; le bout de la queue est noir.

Pelage d'hiver : blanc, sauf le bout de la queue qui reste noir. Tête et corps : 0 m. 28 ; queue : 0 m. 12.

Sur une centaine d'Hermines examinées pendant la saison des froids, nous n'en avons trouvé que deux dont la robe était entièrement immaculée ; ordinairement quelques poils bruns forment de très petites taches, principalement sur la face ; nous ne parlons pas de l'extrémité de la queue, qui, comme nous l'avons dit, reste toujours noire.

L'Hermine n'est pas rare aux environs d'Argenton, mais elle est beaucoup moins commune que la Belette. On la trouve dans les taillis rocailleux, les haies larges et touffues, parfois même, comme l'espèce précédente, dans les tas de cailloux déposés sur les bords des routes. Elle s'introduit dans les greniers des fermes et des villages pour y donner la chasse aux petits Rongeurs. Elle se nourrit de Mammifères, d'Oiseaux, de Lézards, elle aime aussi les œufs, mais ne recherche guère les volailles adultes, bien qu'elle attaque des animaux plus difficiles à capturer, le Lapin et le Lièvre par exemple. Aux Lapins surtout elle fait une guerre implacable, à tel point qu'elle les détruit presque entièrement en certains endroits ; puis, une fois les Rongeurs exterminés, l'Hermine émigre et se fait plus rare.

La femelle met bas, en avril ou mai, cinq à six petits ; elle choisit souvent un arbre creux pour y déposer sa progéniture.

On la capture à l'aide de pièges ; sa fourrure d'hiver a une très grande valeur.

La taille de cette espèce augmente à mesure qu'on s'avance vers le nord de la France : M. L. Ducluzeau, capitaine au 21ᵉ Dragons, à Saint-Omer, nous a envoyé un sujet beaucoup plus fort que les nombreux adultes que nous avons observés dans l'Indre.

41. — Putois commun, *Mustela putorius* Linné.

Pelage composé d'assez longs poils noirs laissant apercevoir une fourrure jaunâtre, principalement sur le dos et les flancs ; oreilles bordées de blanc ; une grande tache blanchâtre entre l'œil et l'oreille ; une bande blanche entoure les lèvres et s'élargit un peu de chaque côté du nez et sous le menton.

Des glandes situées près de l'anus répandent une odeur infecte. Tête et corps : 0 m. 40 ; queue : 0 m. 17.

Commun dans les greniers des fermes, les bois, les contrées couvertes de rochers et les carrières abandonnées. Le mâle et la femelle vivent ensemble pendant la plus grande partie de l'année.

C'est surtout la nuit que le Putois sort de l'arbre creux, du trou de rocher ou du terrier de Lapin qui lui sert de demeure, pour aller à la recherche des Rongeurs, Oiseaux, Grenouilles et même Mollusques aquatiques qui composent sa nourriture. Il s'introduit dans les poulaillers pour y manger les œufs dont il est très friand.

En mai, juin ou juillet, la femelle fait de quatre à sept petits dans un tas de fagots, un arbre creux ou un terrier.

On s'empare du Putois à l'aide de pièges et sa fourrure a une certaine valeur.

En captivité, il conserve son naturel farouche. Nous avons élevé un mâle pris très jeune que nous n'avons jamais pu dompter ; il se jetait sur quiconque se présentait devant lui, même sur la personne qui d'habitude lui portait sa nourriture.

Un Putois ayant la tête blanche a été tué dans les bois de Luant.

42. — Putois vison, *Mustela lutreola* Linné.

Très brun, la queue presque noire ; une bande blanche autour de la bouche, cette bande s'élargissant un peu de chaque côté du nez et sous le menton ; pieds demi-palmés. Le pelage de cette espèce se rapproche beaucoup de celui de la Loutre. Il est impossible de confondre le Vison avec le Putois commun. Il sent aussi mauvais que ce dernier. --

Tête et corps : 0 m. 33 ; queue : 0 m. 14.

Le Vison est un Putois adapté à la vie aquatique. On le tire de temps en temps le long des étangs, surtout dans les marais entourés de bois épais. Il nage et plonge à la perfection et s'il est inquiété se jette immédiatement à l'eau, à la manière de la Loutre, tandis que le Putois commun hésite et préfère se cacher dans les buissons. Nous l'avons observé et tué aux étangs des Héraudins, de Fontenette et de la Mer-Rouge. Assez commun en Brenne, il est beaucoup plus rare dans les autres contrées du département ; dernièrement, on a tué un sujet dans un bois des environs d'Argenton. Il existe aussi dans la Vienne et le Loir-et-Cher.

D'après le Dr Trouessart, le Vison se nourrit de Poissons, Grenouilles, Écrevisses et Rats d'eau. Il se creuse une sorte de terrier entre les racines des arbres qui baignent dans les rivières ou les étangs, ou bien encore il habite quelque vieil arbre creux des rives. La femelle met bas, au printemps, de quatre à cinq petits. La fourrure du Vison a plus de valeur que celle du Putois commun.

Genre Loutre, *Lutra* Brisson.

Tête large ; oreilles très petites et arrondies ; yeux plutôt petits ; museau assez court et très large ; corps long ; membres courts ; pieds palmés ; ongles peu recourbés ; marche semi-plantigrade ; queue longue, robuste, large à sa base.

43. — Loutre vulgaire, *Lutra vulgaris* Erxleben.

Parties supérieures et queue brunes ; gorge, joues et mu-

seau grisâtres ; poitrine et ventre d'un brun grisâtre. Tête et
corps : 0 m. 80 ; queue : 0 m. 40.

Commune aux environs d'Argenton et du Blanc, sur la
Creuse, la *Bouzanne* et l'*Anglin*, bien plus commune encore
aux pays d'étangs où elle capture si aisément les Carpes et les
Brochets. En quête d'une proie, elle s'aventure jusque dans
l'intérieur des villes : un chasseur a tué deux Loutres, la
même nuit, sur la *Creuse*, en pleine ville d'Argenton. Elle
s'introduit dans les grandes nasses pour y voler le Poisson,
mais lorsque l'engin de pêche est solide elle se trouve prise et
meurt axphyxiée ; plusieurs fois on nous a apporté des Loutres
qui avaient péri de la sorte. Les Loutres de rivière ont parfois un terrier à deux ouvertures dont l'une donne sous l'eau ;
celles qui habitent les vastes marais n'ont pas de trou. De
même que les premières sortent rarement le jour, la Loutre
d'étang fait, dans la journée, sa sieste sur une motte herbue
où on peut la surprendre surtout par un temps chaud. Elle
nage avec rapidité et peut rester plusieurs minutes sous l'eau.
Elle semble vivre principalement de Poissons, qu'elle chasse
dans nos marais et rivières ; une fois la proie saisie, elle va
la dévorer sur le rivage prochain. Très nomade, elle change
souvent de domicile et si, dans ses excursions, elle rencontre
de jeunes Oiseaux ou de jeunes Lièvres, elle fait son possible
pour s'en emparer.

On nous a apporté ses petits pendant la belle saison et
aussi pendant la mauvaise. On croit qu'elle fait deux portées par
an ; elle met bas deux ou trois petits par portée. Le 31 décembre 1892, un de nos amis, M. Picaud, a trouvé, sur l'étang
de la Feuillée, près Tendu, deux très jeunes Loutres au nid.
La mère avait fait ses petits sur une grosse motte creusée par
elle, et elle les avait recouverts d'une grande quantité d'herbes aquatiques ; la motte était entourée d'eau, l'étang était
gelé, et la femelle avait fait un trou dans la glace, tout près
du nid ; c'est par là qu'elle disparut.

On prend la Loutre au moyen de pièges à planchette habilement tendus sur son passage ; on la tue à l'affût ou bien à l'aide de Chiens courants dressés pour cet usage, mais ce dernier genre de sport paraît inconnu dans le département. Sa fourrure est très belle et très recherchée.

En captivité elle devient familière et peut se dresser à la pêche.

Une Loutre albinos a été vue maintes fois sur un petit cours d'eau des environs d'Orsennes, mais il a été impossible de la tuer.

FAMILLE DES VIVERRIDÉS

Genre Genette, *Genetta* Cuvier.

Tête fine ; oreilles assez allongées et un peu arrondies ; yeux de moyenne grandeur ; museau de moyenne longueur ; corps allongé ; pattes plus longues que chez les Martes, ongles demi-rétractiles, aigus et recourbés ; marche digitigrade ; queue très longue.

44. — Genette vulgaire, *Genetta vulgaris* G. Cuvier.

Pelage gris cendré, parfois très légèrement fauve, marqué de nombreuses taches noires, sauf sous la gorge, le devant de la poitrine et le ventre ; une raie noire sur le dos ; queue annelée de noir, sans raie dessus ; menton et museau noirs ; une tache grise de chaque côté du nez. Deux glandes placées près de l'anus répandent une forte odeur de musc. Tête et corps : 0 m. 47 ; queue : 0 m. 41 ; hauteur au garrot : 0 m. 19.

La Genette est extrêmement gracieuse, vive, légère et vigoureuse. Nous connaissons une vingtaine de captures faites depuis quinze ans, dans l'arrondissement du Blanc, par exemple dans les bois d'Oulches et de Bélâbre, à Cochet, à la

Bezarde, à Prissac où la bête a été tuée devant des Chiens courants, à Saint-Nazaire, au bois Sergent où nous l'avons observée. En décembre 1888, un Homme de Saint-Aigny, près le Blanc, traversait les bois de Rochefort quand une Genette passa près de lui et, effrayée par sa présence, grimpa sur un gros chêne isolé. Cet Homme courut chercher un fusil à six cents mètres de là, et, à son retour, il retrouva et abattit la Genette qui n'avait pas quitté le chêne protecteur. Derniè- rement, M. le vicomte Olivier de Bondy nous a donné une magnifique Genette tuée près de Ciron.

Cette espèce se trouve aussi dans les départements de la Vienne et du Cher ; M. Videau nous a envoyé, en avril 1888, un beau mâle tué sur sa propriété des Bordes, aux environs de la Guerche (Cher).

La Genette sort rarement de la forêt et fuit les habitations. Elle vit à la façon des Martes, se glisse dans les fourrés, grimpe aux arbres et chasse les Oiseaux et les petits Mam- mifères. Surprise par les Chiens ou par l'Homme, elle se perche immédiatement et cherche à se dissimuler dans le feuillage, ce qui lui est facile à cause de la couleur de ses mouchetures. Parfois elle se laisse chasser un instant et ne tarde pas à se cacher dans la cavité d'un vieux chêne. D'après le Dr Trouessart, elle fait deux petits par portée; nous pensons qu'elle ne fait qu'une portée par an.

FAMILLE DES FÉLIDÉS

Genre Chat, *Felis* Linné.

Tête large ; yeux grands ; museau court ; oreilles de moyenne longueur, pointues ; corps assez allongé : pattes de moyenne longueur ; ongles aigus, très recourbés, rétrac- tiles ; marche digitigrade ; queue moins longue que chez le genre précédent.

45. — Chat sauvage, *Felis catus* Linné.

Pelage épais, assez long, fauve, marbré de bandes noirâtres ; une raie noire sur le dos ; museau roux, blanchâtre de chaque côté du nez ; menton blanc ; gorge légèrement blanchâtre ; une tache blanche à l'abdomen ; queue annelée et terminée de noir, n'ayant pas de raie noire dessus. Tête et corps : 0m.70 ; queue : 0 m. 33 ; hauteur au garrot : 0 m. 35.

Le Chat sauvage existe dans toutes les forêts du département, mais il est partout devenu rare. Il était encore commun en Brenne il y a un demi-siècle : nous tenons de M. Boistard, de Mézières, qu'avant l'exploitation des futaies de la terre de Lancosme, l'espèce était répandue dans tous les bois des environs, mais au moment de l'abatage d'une grande quantité de vieux arbres, on tua plus de trente Chats dont quelques-uns d'une taille énorme, et l'espèce est, depuis cette époque, devenue plus rare. Aujourd'hui, on le trouve de temps à autre dans les bois de Bélâbre, de Châteauroux, d'Argenton. Il existe aussi dans le département du Cher, d'où un énorme mâle et une femelle nous furent envoyés par M. Herpin.

Au printemps, on découvre parfois son nid contenant trois ou quatre petits, placé à terre dans un fourré impénétrable de hautes brandes, en fin fond de forêt, ou bien encore dans un arbre creux.

Pendant l'hiver, il reste caché tout le jour dans les trous d'arbres, les rochers, ou dans un terrier ; en décembre, MM. Mercier-Génétoux, chassant dans les bois de la Martine, près d'Argenton, firent terrer un Renard dans un trou où se trouvait un Chat d'environ six kilogrammes ; à la suite d'une bataille, le Renard finit par étrangler le Chat.

Les mâles adultes pèsent jusqu'à douze kilogrammes ; les femelles, toujours plus petites et plus fauves, ne dépassent guère la moitié de ce poids ; en forêt de Châteauroux, M. de Lesparda a tué un mâle pesant près de vingt livres.

C'est un animal polygame et, d'après nos observations et

renseignements, les mâles sont beaucoup plus nombreux que les femelles, puisque sur une vingtaine de sujets dont le sexe a été constaté, tués ces temps derniers, les mâles étaient au nombre de dix-sept.

Chassé par les Chiens, le Chat se fait battre pendant une demi-heure, puis grimpe sur un arbre pour se cacher derrière une grosse branche, dans une cavité du tronc ou même dans un vieux nid de Pie. Il sait alors se ramasser et se dissimuler si bien, que, malgré sa grande taille, il est difficile de l'apercevoir. Blessé, il devient redoutable et se défend avec énergie.

Il se nourrit de Lièvres, Lapins, Rats, Écureuils, d'Oiseaux et attaque les jeunes Chevreuils, mais on ne constate pas ses déprédations dans les fermes, parce qu'il n'ose pas s'aventurer hors des endroits les plus retirés, au contraire des Chats demi-sauvages. Ceux-ci sont des bêtes domestiques qui ont délaissé les habitations de l'Homme pour chasser les Lapins et les Oiseaux et ont fini par élire domicile dans les bois. Là, ils vivent à la manière des Chats sauvages, mais, même lorsqu'ils reproduisent, soit entre eux, soit avec les vrais Chats des bois, la race ne se propage jamais au delà d'une ou deux générations et tous les individus périssent de male mort, parce qu'ils sortent volontiers dans les campagnes et s'y font tuer.

FAMILLE DES CANIDÉS

Genre Chien, *Canis* Linné.

Tête large; museau allongé; yeux assez grands; oreilles de moyenne longueur, se terminant en pointe; corps peu allongé; queue longue et touffue, principalement chez le Renard; membres assez longs; ongles non rétractiles, moins aigus que dans le genre précédent; marche digitigrade.

46. — Loup commun, *Canis lupus* Linné.

Parties supérieures mélangées de poils fauves et de poils
noirs; parties inférieures d'un fauve clair; gorge blanche;
pattes fauves, les antérieures ayant une raie noire en avant;
queue garnie de longs poils principalement en dessous, fauve
noirâtre dessus, fauve clair dessous jusqu'aux deux tiers de
sa longueur et noirâtre jusqu'à l'extrémité. Le pelage blanchit
un peu lorsque l'animal devient vieux. Tête et corps : 1 m. 15;
queue : 0 m. 35; hauteur au garrot : 0 m. 60. L'empreinte de ses
pieds est plus allongée que celle du Chien. Son hurlement
sinistre s'entend de très loin.

Le Loup était assez commun il y a quelques années dans les
départements de l'Indre, de la Vienne et de la Creuse ; il est
devenu beaucoup plus rare par suite de la guerre acharnée
qu'on lui fait, surtout depuis qu'un Homme habitant dans
l'arrondissement du Blanc fait métier de rechercher et de
détruire les nichées.

Il se tient solitaire ou par deux ou trois, tantôt dans les
forêts, tantôt dans les petits bois fourrés. Il se nourrit de
Lièvres, Chevreuils et, en cas de disette, mange des Colimaçons, des Grenouilles et même des fruits ; mais ses victimes
les plus ordinaires sont les Chiens, les Moutons, les Oies et
les Dindons ; il s'attaque aussi aux Anes, aux jeunes Bœufs
et aux jeunes Chevaux. Il se jette rarement sur l'Homme, à
moins qu'il ne soit enragé.

C'est à tort que l'on dit que la rage se développe sponta-
nément chez le Chien ou chez le Loup; cette maladie ayant
une origine microbienne, il faut toujours qu'il y ait inocula-
tion du virus pour qu'elle puisse se déclarer chez un sujet.
Le Chien atteint d'hydrophobie quitte ses maîtres et s'en va,
droit devant lui et sans but, mordant bêtes et gens ; il peut
arriver que dans ses pérégrinations il devienne la proie d'un
Loup, mais dans la lutte il aura inoculé à son agresseur le
terrible microbe et, au bout de quelques jours, le bourreau

deviendra victime à son tour. Dans les environs d'Argenton,
personne n'a oublié le drame qui se déroula un jour de
juillet 1878 : un Loup de forte taille parcourut les communes
de Tendu et de Mosnay, mordit sept personnes et de nombreux
animaux et, finalement, fut tué à coups de fourche par un
courageux garçon, au moment où il attaquait un troupeau
de moutons ; un Homme, une Femme et un Enfant, blessés au
visage et aux mains, moururent hydrophobes et on dut
abattre une quantité de bestiaux.

Il paraît y avoir chez le Loup égalité des sexes ; il est polygame ; la gestation dure un peu plus de trois mois. En mai
ou juin, la Louve choisit, pour mettre bas, un fourré impénétrable ou une forte brande, parfois même un champ de
seigle. Elle fait cinq à neuf petits, dont les yeux ne s'ouvrent
qu'au bout de quelques jours, et allaite pendant six ou sept
semaines ; c'est le plus souvent au loin de son liteau qu'elle
exerce ses déprédations lorsqu'il lui faut apporter une proie à
ses Louveteaux.

La variété noirâtre n'est pas très rare dans la France centrale et on ne prend guère de portée sans que sur cinq ou six
petits il y en ait au moins un presque noir.

En captivité, le Loup et la Louve peuvent reproduire avec
la Chienne et le Chien ; mais en est-il de même dans l'état
sauvage ? Le besoin de s'accoupler est-il assez puissant pour
faire disparaître un instant l'animosité qui existe entre les deux
espèces ? Cela est bien douteux ! Pourtant, il est arrivé à des
chasseurs de tuer des Loups ayant quelque ressemblance avec
le Chien mâtin : le 15 février 1883, un Loup noir argenté,
ayant le crâne moins large et les oreilles un peu plus longues
que chez le type ordinaire de l'espèce, a été tué près de
Lothiers, au moment où il venait de s'emparer d'une Oie ; le
pied de ce sujet était absolument conforme à celui du Loup
commun.

Extrêmement méfiant et rusé, le Loup est difficile à tuer

aux Chiens courants ; il débuche immédiatement et entraîne au loin la meute qui le poursuit. Il faut des Chiens de premier ordre pour le forcer.

Pris jeune, il s'apprivoise et devient assez familier.

47. — Renard commun, *Canis vulpes* Linné.

Pelage fauve en dessus, quelquefois parsemé de poils noirs et de poils blancs, gris blanchâtre en dessous ; oreilles blanchâtres devant, noires derrière ; membres plus sombres que le dessus du corps, à extrémités presque noires ; queue très touffue, de couleur foncée et terminée par des poils blancs. La variété à pelage sombre dite « Renard charbonnier » est presque aussi commune que le type. Tête et corps : 0 m. 70 ; queue : 0 m. 42 ; hauteur au garrot : 0 m. 32.

Très commun dans tous les bois, le Renard se creuse un terrier profond et ayant plusieurs ouvertures, s'empare des habitations des Lapins ou des Blaireaux et les façonne à sa fantaisie. Si, dans les endroits qu'il fréquente, il trouve des crevasses de rochers ou des cavernes, c'est là qu'il élit domicile. Il se nourrit de Mammifères, d'Oiseaux, d'œufs et même de Grenouilles, d'Insectes et de fruits ; il ne dédaigne pas le Poisson et visite tous les étangs en pêche. Dès qu'il s'est emparé d'une Carpe ou d'un Brochet, il l'emporte et va au loin le dévorer, au contraire de la Loutre qui mange sa proie sur le bord de l'eau. Souvent les paysans de la Brenne découvrent, sous un buisson, trois ou quatre Poissons bien cachés ; c'est le Renard qui a fait un riche butin et qui a enfoui sous les herbes une partie de sa chasse.

Il a une préférence marquée pour la volaille : Dindes et Poulets sont souvent ses victimes. Chasseur passionné, il poursuit le Lièvre et l'effraye par ses glapissements pendant que sa femelle ou un compère va, paraît-il, se poster au bon endroit et tombe, au moment opportun, sur le dos du gibier.

C'est en avril ou mai que la femelle met bas, dans la partie la plus saine du terrier, cinq à huit Renardeaux qui grandissent assez vite et au bout de huit semaines suivent déjà la mère à la maraude. Alors père et mère ne se gêneront pas pour piller les poulaillers du voisinage afin de subvenir aux besoins de la famille. Ils feront même d'épouvantables massacres : nous avons vu une bande de Dindons presque entièrement anéantie par un couple de Renards ; 54 sujets sur 60 furent tués en quelques instants.

Nous ne savons trop si le Renard est polygame, on serait tenté de le croire, et pourtant le mâle et la femelle vivent ensemble et élèvent leurs petits en commun. La gestation est d'environ deux mois ; les petits n'ont les yeux ouverts qu'au bout de quelques jours.

Moins rusé que le Loup, il est beaucoup plus facile à tromper, mais devient de jour en jour, dans nos pays où il est fort pourchassé, extrêmement circonspect ; un tout jeune Renardeau se montre déjà, vis-à-vis de l'Homme et des pièges, de la plus extrême défiance.

Poursuivi par les Chiens, il se fait chasser un certain temps s'il n'est pas mené trop vite et finit toujours par se terrer.

On a tué dans le département un Renard blanc, variété albine de l'espèce commune.

En captivité, il devient extrêmement familier s'il a été pris jeune, mais il reste farceur et voleur, tuant les Poules, dérobant les œufs et cachant tout, même les choses qui ne se mangent pas ! Nous avons eu des Renards qui vivaient dans une liberté presque complète ; ils nous étaient très attachés et ne cherchaient jamais à nous mordre, mais leur caractère pillard nous a causé bien des désagréments.

ORDRE V. — ONGULÉS

Les Ongulés ont les doigts pourvus d'une corne dure ou sabot. Ces Mammifères se nourrissent principalement de végétaux et dans le sous-ordre des Ruminants l'estomac présente une conformation particulière dont nous parlerons.

Dans le sous-ordre des Porcins il y a des incisives aux deux mâchoires, les canines sont très développées et les molaires ont des tubercules arrondis.

Dans le sous-ordre des Ruminants les incisives manquent à la mâchoire supérieure, les canines sont petites où n'existent pas et les molaires ont des saillies anguleuses.

SOUS-ORDRE DES PORCINS OU PACHYDERMES

FAMILLE DES SUINIDÉS

Genre Sanglier, *Sus* Linné.

Tête plutôt grosse ; museau allongé, se terminant par un boutoir ; yeux petits ; des incisives aux deux mâchoires ; les canines ou défenses, très développées chez le mâle adulte, sortent de la bouche et ont leur extrémité dirigée en haut ; les prémolaires sont assez tranchantes et les arrière-molaires pourvues de tubercules arrondis ; oreilles de moyenne grandeur ; corps peu allongé, robuste ; queue petite ; membres assez courts, munis de quatre doigts à chaque pied. Les doigts du milieu portent sur le sol, les deux autres, plus petits, situés en arrière des premiers, ne touchent terre que lorsque l'animal se trouve sur des terrains mous ou lorsqu'il descend une forte pente.

48. — Sanglier commun, *Sus scrofa* Linné.

Pelage brun noirâtre ou grisâtre; oreilles, tour des yeux, bout du museau, menton, pattes et queue noirs. Sous les soies, dures et raides, se trouve une fourrure grossière composée de poils bruns et frisés. La peau est très épaisse sur le cou, la partie antérieure du dos et les côtés de la poitrine. Tête et corps: 1 m. 55; queue: 0 m. 38; hauteur au garrot: 0 m. 90. La femelle est plus petite que le mâle.

Jusqu'à l'âge de cinq ou six mois, les jeunes ont une livrée composée de raies longitudinales brunes sur fond fauve.

Le Sanglier est assez commun dans les grands bois. Il se déplace volontiers et après avoir été très abondant dans une forêt il se fait tout à coup rare, pour redevenir abondant plus tard.

Il reste couché pendant la plus grande partie du jour au plus épais des fourrés, et quelquefois dans les grands joncs serrés et sur les mottes des étangs; le soir venu, il va à la recherche de sa nourriture, fouillant de son boutoir les champs de pommes de terre et de topinambours, dévastant les moissons, car il ne dédaigne pas les graines des céréales, mangeant les glands, les châtaignes, les faînes, les racines de fougères, les œufs, les jeunes Lapins, les Levrauts, les Vers et les Colimaçons.

On le trouve souvent par bandes; les vieux mâles vivent solitaires. Le rut est en octobre, novembre et décembre, mais quelques femelles s'accouplent plus tôt; à ce moment, les solitaires s'approchent des bandes, tombent sur les mâles plus jeunes, les bousculent dans de furieux combats et s'emparent des Laies. Mais le vainqueur est à peine accouplé que les vaincus reviennent à la charge et lui labourent, à coups de boutoir, les flancs et les cuisses. Nous avons vu un magnifique mâle de 315 livres, tué en novembre, dont l'arrière-train était horriblement balafré en plus de vingt endroits.

En février, mars ou avril, la femelle met bas de cinq à huit petits qui restent avec leur mère pendant un an environ; généralement il y a plus de femelles que de mâles.

Le sanglier est extrêmement défiant, a l'ouïe excellente et l'odorat très fin. On le chasse à l'aide de Chiens courants; blessé, il se défend courageusement, éventre les Chiens et se jette au besoin sur les chasseurs. Après l'Homme, son seul ennemi est le Loup; encore ce dernier n'attaque-t-il que les Marcassins.

Le Sanglier pris jeune s'apprivoise facilement.

Deux sujets albinos ont été tués près d'Argenton par MM. Mercier-Génétoux; un autre individu de même coloration a été pris près de Neuvy.

Il n'est pas rare de voir le Sanglier s'accoupler avec la Truie; dans le département, des accouplements de ce genre ont donné des résultats. Un cultivateur des environs d'Argenton avait même mis à profit cette passion du Sanglier pour la femelle du Cochon domestique: lorsque ses Truies étaient à l'époque des *chaleurs*, il les menait dans les bois et, se plaçant à l'affût à proximité de ses bêtes, il tuait les sauvages amoureux. Il est moins commun de voir le Verrat s'accoupler avec la Laie; pourtant le fait s'est présenté plusieurs fois dans quelques-uns de nos grands bois, où les Porcs reproducteurs vivent dans une liberté presque complète à certaines époques de l'année, car nous avons vu tuer des Sangliers qui, certainement, étaient des hybrides des deux espèces. En mars 1894, nous avons rencontré, dans un bois des environs d'Oulches, une Laie ayant avec elle six jeunes de l'année précédente. Après trois heures de chasse, l'un des Marcassins fut tué; cet animal, tout en ayant les oreilles, les pieds et les soies du Sanglier, était absolument blanc par tout le corps et sa chair ressemblait beaucoup à celle du Cochon.

A la même époque, MM. Mercier-Génétoux tuèrent, dans les bois de Luant, un Sanglier mâle d'environ cent kilogrammes, qui avait les soies blanchâtres, les flancs roussâtres, les oreilles plus longues et plus larges, l'arrière-train proportion-

nellement plus fort que les individus de son espèce; ce sujet
n'était pas un métis direct, mais il avait certainement un
Cochon domestique parmi ses ancêtres; cela prouve que l'hybride peut se reproduire.

SOUS-ORDRE DES PÉCORIENS OU RUMINANTS

FAMILLE DES CERVIDÉS

Genre Cerf, *Cervus* Linné.

Tête du mâle portant des cornes appelées bois; oreilles
longues; yeux grands; museau allongé; cou long; corps
robuste; queue courte; membres longs et grêles, munis à
chaque pied de deux doigts portant sur le sol. En avant des
yeux, une fente ou larmier assez longue chez le Cerf, plus
petite chez le Daim et qui disparaît presque chez le Chevreuil.

Les bois tombent chaque année, puis repoussent enveloppés
d'une peau mince et couverte de poils courts et épais ; lorsque leur développement est terminé, cette peau sèche. A ce
moment les Cervidés débarrassent leurs bois de l'enveloppe qui
se lève par plaques en *touchant au bois*, c'est-à-dire en frottant leurs cornes contre les arbres. L'estomac des Ruminants
se compose de quatre parties : la panse, le bonnet, le feuillet
et la caillette. Ces animaux ont la faculté de faire remonter
leurs aliments dans la bouche pour les broyer une seconde fois.

Dans le genre Cerf, les femelles sont ordinairement plus
petites que les mâles.

49. — Cerf d'Europe, *Cervus elaphus* Linné.

Pelage brun foncé dessus, moins sombre en été; une raie
noirâtre sur le cou et une partie du dos; queue fauve ; fesses
blanchâtres, bordées de noir ; parties inférieures grisâtres,
plus claires ou blanchâtres sous le ventre. Chez le mâle, les
poils du cou sont plus allongés que chez la femelle.

Les jeunes Faons ont des taches presque blanches ou d'un fauve clair qui disparaissent vers l'âge de six mois. Pendant la deuxième année, chez le mâle, les bois poussent droits et sont appelés dagues ; les dagues tombent en avril ou mai de l'année suivante, et les bois repoussent avec une telle rapidité qu'en juillet et août ils sont développés et portent chacun une et quelquefois deux branches ou andouillers. Tous les ans, en avril, les bois tomberont, seront reformés en juillet et août, et porteront ordinairement une branche de plus chaque année jusqu'à l'âge de huit ou neuf ans. C'est pendant la dernière quinzaine d'août que les cerfs frottent leurs bois contre les arbres pour les débarrasser de leur enveloppe.

Dans l'Indre, il est rare de trouver des Cerfs portant plus de neuf branches à chaque perche. Les bois du mâle adulte sont cylindriques et arqués.

Tête et corps : 2 mètres ; queue : 0 m. 15 ; hauteur au garrot : 1 m. 30.

Les Cerfs du pays sont de splendides animaux, énormes de taille, d'encolure et de mufle, mais leur tête n'est pas toujours en rapport avec leur beauté et les bois sont souvent maigres et mal fournis. Cela n'a rien d'étonnant, car ces bêtes ne jouissent pas d'une quiétude parfaite dans nos forêts ; elles sont souvent dérangées, chassées, tourmentées, et il arrive parfois qu'un sujet, blessé ou maladif, porteur de cinq ou six branches à chaque perche, n'en ait plus que quatre ou cinq l'année suivante lorsque ses bois repoussent.

Depuis longtemps cette espèce aurait disparu si elle n'était protégée par les grands propriétaires ; mais le jour où cette protection cesserait, le Cerf serait rayé à bref délai de la liste de nos Mammifères.

Le département de l'Indre, et surtout l'arrondissement du Blanc, est un des pays de France le plus peuplé de Cerfs. On les trouve en grand nombre dans les forêts sises entre Bélâbre et Argenton et dans celle de Lancosme ; on les ren-

contre aussi dans la forêt de Valençay et dans quelques autres
de nos grands bois. De là, des sujets se répandent dans les
campagnes avoisinantes, y commettent quelquefois des dé-
gâts, et sont presque toujours immédiatement mis à mort. Ces
magnifiques bêtes, destinées à succomber après une course
furibonde et une lutte désespérée dans de brillantes chasses à
courre, tombent bien souvent sous les balles des chasseurs
ou des cultivateurs du voisinage.

Le Cerf vit solitaire, par deux ou par hardes de cinq à huit
animaux ; il sort à la nuit noire dans les champs de céréales
et les pâturages et rentre au bois avant les premières lueurs
du jour. Il vit de bourgeons, de feuilles, de céréales, d'herbes,
de légumes, de fruits, et il lui faut une quantité considérable
de nourriture.

Il est polygame ; les mâles se livrent, à l'époque du rut, du
15 septembre à la fin d'octobre, d'effroyables combats dans
lesquels ils finiraient par s'estropier si le vaincu ne prenait
assez facilement la fuite. La Biche met bas au mois de mai et
fait un petit, rarement deux, avec lequel elle demeure au
moins jusqu'à l'hiver et qu'elle réussit à élever parce que,
en dehors de l'Homme et du Loup, ces animaux n'ont pas
d'ennemis. Il y a autant de femelles que de mâles.

Les Cerfs s'apprivoisent facilement lorsqu'ils sont pris jeunes, mais les mâles finissent toujours par devenir dangereux.
Nous possédons, depuis une quinzaine d'années, une Biche
extrêmement familière et très intelligente que nous laissons
dans une liberté presque complète et qui n'a jamais cherché
à reprendre sa liberté.

Des Cerfs captifs ont vécu plus de trente ans.

50. — Cerf Daim, *Cervus dama* Linné.

Pelage fauve, avec des taches blanchâtres plus ou moins
apparentes sur le dos, les flancs et les fesses, une raie longitudinale de même couleur sur les flancs et une autre, verticale,

sur la cuisse ; parties inférieures blanchâtres ; queue noirâtre dessus, blanchâtre dessous. En hiver, le pelage devient beaucoup plus sombre.

Vers l'âge d'un an chez le mâle, les dagues poussent, puis tombent en mai de l'année suivante ; les bois sont entièrement repoussés à la fin de juillet ou en août avec un andouiller à chaque perche ; pendant les années suivantes, la corne deviendra plate au sommet et formera une empaumure dentelée qui s'élargira et s'échancrera de plus en plus ; il se formera aussi un second andouiller à chaque corne.

Tête et corps : 1 m. 40 ; queue : 0 m. 20 ; hauteur au garrot : 0 m. 85.

Dans l'Indre, le Daim existe dans le parc du château de Valençay et nulle part ailleurs. La variété albine, de couleur isabelle et un peu plus forte de taille, habite le même parc en compagnie du type de l'espèce avec lequel elle s'accouple parfois.

Le Daim est polygame et vit en général par hardes composées d'un vieux mâle, de jeunes et de femelles. Il se nourrit de feuilles, d'herbes, de légumes et de fruits. Du 15 septembre au 15 octobre, à l'époque du rut, les mâles deviennent batailleurs, les vieux chassent les jeunes et on est souvent obligé de détruire les sujets qui montrent une humeur par trop belliqueuse. En mai, la Daine met bas un et quelquefois deux petits qui sont ordinairement de sexe différent, mais peuvent être aussi assez souvent deux mâles ou deux femelles.

On chasse le Daim à tir ou à courre ; il est assez facile à prendre, est peu rusé et peu sauvage puisqu'il vit presque à l'état de domesticité.

Quelques naturalistes disent qu'il est originaire de l'Europe tempérée, d'autres prétendent qu'il nous vient d'Afrique ou même d'Asie. Cette espèce, parfaitement acclimatée en France depuis très longtemps, n'y est pas encore naturalisée, c'est-à-dire qu'en dehors des parcs où on la tient confinée, elle n'existe pas à l'état absolument sauvage.

51. — Cerf Chevreuil, *Cervus capreolus* Linné.

Pelage fauve brun, très foncé en hiver, plus clair en été ; le dessous de la poitrine, le ventre et les membres plus clairs ; bout du museau noir ; une large tache blanchâtre sous la gorge, une autre semblable sous le milieu du cou ; fesses blanches.

Les jeunes ont une livrée fauve clair avec des taches blanchâtres.

A un an environ, la tête du jeune mâle porte de petites dagues qui seront remplacées l'année suivante par des bois portant un andouiller. A trois ans, le Chevreuil porte deux andouillers à chaque perche, à quatre ans, trois andouillers ; à cinq ans, l'andouiller moyen se bifurque et souvent il en pousse un autre en arrière de la perche ; puis, plus l'animal vieillit, plus le bois devient rugueux et plus les perlures grossissent. Les bois des Brocards tombent de fin octobre à fin novembre et sont entièrement reformés en mars et avril ; à ce moment ces animaux *touchent au bois*.

Tête et corps : 1 m. 10 ; hauteur au garrot : 0 m. 70. La queue, extrêmement petite, mesure un ou deux centimètres et est à peine visible à l'extérieur.

Très commun autrefois dans nos forêts, le Chevreuil devient de plus en plus rare et n'existe que sur les grandes propriétés gardées, d'où il s'échappe et va peupler de quelques sujets les grands bois du voisinage.

A l'état adulte, il a pour ennemis l'Homme et le Loup, mais ce sont surtout les jeunes qui, durant les premiers mois de leur vie, sont, malgré le dévouement de leur mère, capturés par les Loups, les Chiens, les vieux Renards et les Chats sauvages.

Il se nourrit de feuilles, d'herbes et de légumes ; au printemps, il absorbe une telle quantité de bourgeons que, par suite de la fermentation de cette nourriture dans l'estomac, il semble ivre et devient imprudent.

Il est monogame et vit par couple, avec sa jeune famille, ou bien par petites troupes. Il n'abandonne jamais sa femelle et de vieux chasseurs nous ont dit qu'il lui est attaché à un tel point, que si une Chevrette vient tenir compagnie au couple elle n'est pas fécondée à l'époque du rut. Nous doutons de cette fidélité extraordinaire chez un animal et nous croyons plutôt à la fécondation des deux femelles. Le rut du Chevreuil est en juillet et août, mais la plupart des chasseurs disent qu'il est en octobre. A cette époque, les mâles errants s'approchent des couples, et il en résulte de violents combats dans lesquels il n'est pas rare de voir succomber un des adversaires. Des observateurs distingués ont dit qu'il y avait bien un rut en août et que l'accouplement qui en résultait était improductif, mais que le rut véritable commençait à la fin d'octobre et durait environ quinze jours ; d'autres, nombreux, ont dit qu'il n'y avait qu'un seul rut, en octobre et novembre. Le professeur Bischoff a découvert que la fécondation avait lieu en août, mais que l'embryon restait très petit et ne commençait à se développer qu'en décembre ; le Dr Ziegler a démontré que les organes du mâle n'étaient propres à la reproduction qu'au printemps et surtout en été pendant les mois de juillet et d'août.

A la fin d'avril ou au commencement de mai, la Chevrette met bas deux petits. A un an environ, quelquefois même avant, les jeunes quittent leurs parents et, s'ils sont de sexe différent, ils restent ensemble et forment un nouveau couple.

On chasse le Chevreuil à tir ou à courre ; il est rusé, rapide dans sa course et met souvent les Chiens en défaut.

Il s'apprivoise facilement ; pourtant, les mâles deviennent dangereux à l'époque du rut et on est obligé d'avoir recours à la castration. Nous avons vu le crâne d'un sujet captif qui avait subi cette opération au moment où il refaisait sa tête : ses bois se sont recouverts d'excroissances énormes et bizarres et ne sont plus tombés ; il existe donc une affinité intime entre les bois, ornements des mâles, et les organes génitaux.

Un Chevreuil albinos a été vu dans la forêt de Châteauroux.

CLASSE DES OISEAUX

Les Oiseaux ont un bec corné dépourvu de dents, la peau couverte de plumes, le sang chaud, les membres antérieurs, ou ailes, organisés pour le vol, les postérieurs pour la marche ou la nage. Ils sont ovipares. L'œuf, à enveloppe dure, est couvé par la femelle, en certains cas, alternativement par le mâle et la femelle.

Nous avons observé dans l'Indre 272 espèces d'Oiseaux :

Rapaces.	26 espèces;
Passereaux	127 espèces;
Colombiens.	4 espèces;
Gallinacés	6 espèces;
Limicoles	38 espèces;
Fulicariens	7 espèces;
Hérodions	12 espèces;
Odontoglosses.	1 espèce;
Steganopodes	2 espèces;
Tubinares.	2 espèces;
Gaviés.	13 espèces;
Ansériens.	28 espèces;
Brachyptères	6 espèces.

ORDRE I. — RAPACES

Les Rapaces, ou Oiseaux de Proie, se nourrissent de la chair des autres animaux.

Leur bec est fort et crochu. Leurs yeux, situés sur les côtés de la tête chez les espèces Diurnes, sont, chez les Nocturnes, très grands, placés de face et entourés de plumes raides formant un disque facial.

Leurs ailes sont bien développées, avec de grandes plumes ou rémiges longues et fortes; leur vol est puissant, principalement celui des Diurnes.

Leurs pattes ont un doigt en arrière et trois en avant, mais chez quelques espèces un des doigts d'avant peut être dirigé en arrière; tous sont terminés par des ongles aigus, longs, forts et recourbés. Suivant les espèces, les tarses sont nus ou couverts de plumes.

Les rectrices ou plumes de la queue sont ordinairement assez longues et fortes chez les Diurnes, plus courtes et plus faibles chez les Nocturnes.

RAPACES DIURNES OU FALCONIDÉS

FAMILLE DES AQUILIDÉS

Genre Aigle, *Aquila* Brisson.

Bec fort, assez long, mais plus court que la tête, commençant à se recourber à une petite distance de sa base; tarses et doigts forts, ongles puissants; queue peu allongée, légèrement arrondie.

1. — Aigle fauve, ou Royal, *Aquila fulva* Linné.
Couleur générale d'un brun foncé; côtés de la tête, nuque

et dessus du cou d'un blond roux; rémiges plus ou moins blanchâtres à leur base, très brunes à l'extrémité; queue marbrée de gris sombre chez les adultes, à demi blanche chez les jeunes; tarses recouverts de plumes blanchâtres, jusqu'aux doigts; membrane de la base du bec, ou cire, jaune; doigts jaunes; bec gris noirâtre; ongles noirs; iris brun rougeâtre. Taille : 0 m. 95 à 1 m. 15, du bout du bec au bout de la queue.

Ce Rapace se montre accidentellement dans le département de l'Indre. Nous avons acheté, chez un naturaliste de Châteauroux, un superbe Aigle fauve de 2 m. 10 d'envergure, tué en 1877 dans les environs de Buxières-d'Aillac. Nous tenons de M. de Lesparda qu'un autre sujet a été tué vers 1878 à Herblay, près de Vatan.

Genre Pygargue, *Haliætus* Savig.

Bec fort, un peu moins long que la tête, d'abord droit, puis recourbé à l'extrémité; tarses et doigts forts, ongles robustes; queue peu allongée, arrondie.

2. — Aigle Pygargue, *Haliætus albicilla* Leach.

Couleur d'un brun cendré, ou variée de brun et de roussâtre, avec les grandes rémiges plus sombres; queue blanchâtre chez les adultes; tarses non emplumés dans leur partie inférieure, jaunes ainsi que les doigts; cire jaune, bec brun clair; iris jaunâtre ou brun clair.

Taille : 0 m. 80 à 0 m. 95.

Cet Aigle visite presque tous les ans la Brenne, en décembre et janvier, surtout par les froids rigoureux, mais sans y séjourner longtemps. De beaux sujets figurent dans la collection Mercier-Génétoux, à Argenton; dans l'œsophage d'un de ces Oiseaux, tué en Brenne, on a trouvé l'os maxillaire d'un énorme Brochet. En 1870, 1873, 1874, 1875, 1878, 1892, on a observé le Pygargue dàns nos marais. Vers la mi-décembre 1879, un couple demeura pendant quatre ou cinq jours sur les bords de l'étang de la Gabrière; ils se tenaient ordinairement à terre, dans la neige, où ils laissaient partout les larges empreintes de leurs pieds. Ils ne parurent pas avoir fait de capture autour des étangs glacés et déserts, et pourtant la durée de leur séjour indiquerait qu'ils avaient tout d'abord trouvé quelque nourriture. Un autre sujet que nous avons vu monté au Blanc, chez M. David, avait été tué le long d'un étang voisin de Bélâbre. En décembre 1886, un jeune sujet fut abattu au Bouchet, au moment où il se perchait sur un chêne, par le garde de M. Fombelle. En décembre 1890 et janvier 1891, huit ou neuf Pygargues ont été tués aux environs du Blanc, de Bélâbre, de Mézières; en janvier 1893, nous avons vu planer deux magnifiques sujets au-dessus d'un étang de la Brenne; enfin, en novembre 1893, M. Brouard, de Tournon, a tué sur les bords de la *Creuse* un Pygargue de 2 m. 30 d'envergure. Cet Aigle, qui avait l'estomac vide, planait en compagnie d'un autre sur les bois, le long de la rivière.

Genre Balbuzard, *Pandion* Savig.

Bec de la longueur de la moitié de la tête, tarses et doigts robustes; ongles forts, très recourbés; queue de moyenne longueur, un peu arrondie.

3. — Balbuzard fluviatile, *Pandion haliætus* Lesson.

Plumes de la tête et de la nuque effilées, blanches, tachetées de noirâtre; du bec aux côtés du cou une large bande d'un brun foncé; parties supérieures du corps d'un brun noirâtre, inférieures blanches avec quelques taches d'un brun clair sur le haut de la poitrine; cire, tarses et doigts bleuâtres; bec noirâtre; iris jaune.

Taille: 0 m. 55 à 0 m. 65.

Le Balbuzard n'est pas sédentaire en Brenne, mais on l'y tire, chaque année, soit en février et mars, soit en octobre, jamais en grand nombre. Dans les premiers jours de mars 1883, deux Balbuzards ont séjourné pendant une semaine sur l'étang de Lérignon.

Nous l'avons vu en février planer sur la Gabrière, en octobre sur l'étang de la Mer Rouge.

Un chasseur a tué, dans les premiers jours d'octobre, un magnifique mâle qui habitait depuis quelque temps les hautes roches de granit qui bordent les rives de la *Creuse*, près le village du Pin; cet Oiseau figure aujourd'hui dans la collection Mercier-Génétoux. Enfin, à Châteauroux, nous avons vu un beau sujet tué dans les environs.

Le Balbuzard se nourrit principalement de Poissons, aussi de Grèbes, de Canards et de Poules d'eau.

Genre Circaëte, *Circaëtus* Vieillot.

Tête grosse; bec moitié moins long que la tête; tarses, doigts et ongles proportionnellement moins forts que chez les espèces précédentes; queue de moyenne longueur, arrondie.

4. — Circaëte Jean-le-Blanc, *Circaëtus gallicus* Vieillot.

Corps brun cendré en dessus, blanc en dessous avec des taches oblongues brunes; rémiges noirâtres; queue blanchâtre en dessous; cire, tarses et doigts jaunes; bec gris noirâtre; iris jaune.

Taille : 0 m. 65 à 0 m. 70.

Le Jean-le-Blanc est rare et sédentaire en Berry, de même qu'en Poitou et en Anjou. Nous savons qu'il a été tué en Brenne sur les bords de l'étang de Missiaume en juillet 1874. D'après M. de Lesparda, cette espèce est tuée presque chaque année aux environs de Châteauroux; ce chasseur émérite, autant qu'intelligent et sérieux observateur, a tué deux beaux sujets, dont une femelle sur son nid, le 27 avril 1875, dans les bois de Laleuf. Cette femelle couvait un seul œuf blanchâtre de la grosseur d'un œuf de Dindon, mais moins allongé ; le nid était construit sur un gros chêne.

Une autre personne surprit un bel exemplaire dans les vignes de Mérigny, en septembre 1876. En 1877, M. Beucher, d'Argenton, tua ce Rapace dans les bois des Prunes ; il en fit don à M. Alfred Mercier-Génétoux qui le monta et le mit dans la collection de son père.

Le Jean-le-Blanc se nourrit surtout de petits Mammifères, d'Oiseaux et de Reptiles.

FAMILLE DES BUTÉONINÉS

Genre Buse, *Buteo* G. Cuvier.

Bec plus long que la moitié de la tête, se recourbant depuis sa base qui est couverte de poils raides ; tarses nus et forts, doigts et ongles assez robustes ; queue allongée, arrondie.

5. — Buse vulgaire, *Buteo vulgaris* Bechstein.

Plumage brun foncé, très riaavble ; tantôt entièrement brun avec la gorge blanche rayée de brunâtre, tantôt roussâtre avec du blanc sur la poitrine, tantôt roux clair tapiré de blanc, ou même presque entièrement blanc ; cire tarses et doigts jaunes ; bec brun cendré ; iris brun, quelquefois jaunâtre.

Taille : 0 m. 60 à 0 m. 65.

Sédentaire et extrêmement commune. On la voit, à chaque instant, planer d'un vol bas au-dessus des champs et des brandes, se poser sur une grosse pierre au milieu de la plaine ou se percher sur la branche morte d'un gros arbre et même sur les poteaux du télégraphe. Elle vit ordinairement solitaire ou par couple. Mais, au mois d'octobre, les Buses se réunissent parfois en troupes assez nombreuses et entreprennent des excursions dans les pays de plaines. Il est un petit bois de dix hectares où, il n'y a pas longtemps, on tuait tous les ans durant le mois d'octobre 50 à 80 Buses ; il n'était pas rare d'en tuer 4 ou 5 le même soir, au coucher du soleil.

Au printemps, elle construit, ordinairement sur un gros arbre, un nid grossier et volumineux dans lequel elle pond deux ou trois œufs arrondis, d'un blanc sale légèrement maculé de brun très clair, et mesurant 54 millimètres de longueur. A la sortie de l'œuf, le jeune sujet est recouvert d'un duvet blanchâtre.

La Buse se nourrit de petits Mammifères, de Reptiles, d'Insectes et quelquefois d'Oiseaux.

Elle se fait facilement à la captivité, et nous avons gardé, pendant de nombreuses années, des sujets pris très jeunes et qui étaient devenus assez familiers.

Genre Archibuse, *Archibuteo* Brehm.

Bec un peu plus long que la moitié de la tête, se recourbant depuis sa base qui est couverte de poils raides, principalement sous la mandibule inférieure ; tarses robustes, emplumés jusqu'aux doigts ; ongles plus forts que chez l'espèce précédente ; queue assez allongée, peu arrondie.

6. — Archibuse pattue, *Archibuteo lagopus* Brehm.

Plumage brun foncé, tirant parfois sur le gris roussâtre, avec quelques plumes blanchâtres au-dessus de la mandibule supérieure ; occiput roussâtre ; plumes des tarses légèrement roussâtres ; cire et doigts jaunes ; bec noirâtre ; iris brun.

Taille : 0 m. 55 à 0 m. 60.

La Buse pattue se montre accidentellement dans le département. Elle habite les régions boréales et émigre au moment des froids rigoureux. Elle visite alors l'Europe centrale et hiverne quelquefois en France; aux premiers beaux jours elle disparaît.

Nous l'avons vue, venant du Blanc, chez un naturaliste de Paris, et nous l'avons observée à Anvault, sur les bords de la *Creuse*, en décembre 1879, où nous eûmes l'heur d'abattre l'un de deux individus perchés au sommet d'un grand chêne. Ces Buses vivaient depuis plusieurs jours près de la rivière où elles ramassaient les Canards abattus par les chasseurs et demeurés perdus au milieu des glaces.

A la fin de l'année 1889, un mâle a été tué dans la forêt de Châteauroux, par un garde qui en fit don à MM. Mercier-Génétoux. En préparant ce Rapace pour leur collection, nous avons trouvé, dans le tube digestif, des débris d'Oiseaux impossibles à déterminer.

Genre Bondrée, *Pernis* G. Cuvier.

Bec plus long que la moitié de la tête, moins brusquement recourbé que chez les espèces précédentes; paupières et base du bec garnies de petites plumes au lieu de poils; tarses robustes, nus dans leur partie inférieure; ongles longs et forts; queue allongée, arrondie.

7. — Bondrée apivore, *Pernis apivorus* Cuvier.

Dessus du corps brun foncé ou brun roussâtre, avec la tête d'un gris bleuâtre chez le mâle, brune chez la femelle; dessous blanchâtre ou roux clair, avec de nombreuses taches d'un brun plus ou moins foncé; tarses et doigts jaunes; cire brune ou jaune; bec noirâtre; iris jaune, parfois brun.

Taille : 0 m. 55 à 0 m. 60.

La Bondrée est assez commune dans nos grands bois; elle y est sédentaire et nous n'avons jamais observé que des voyageuses eussent, à certaines époques, augmenté le nombre des Bondrées du pays.

Elle niche sur les arbres et pond, en général, deux œufs d'un roux mêlé de brun foncé et parfois de blanchâtre, moins gros et moins arrondis que ceux de la Buse vulgaire et d'une longueur de 51 millimètres.

Elle se nourrit de grosses Chenilles rases et poilues, de petits Mammifères, de Lézards, d'Orvets, de Grenouilles, proies faciles, très rarement d'Oiseaux, quelquefois de Poussins pris autour des fermes. Elle recherche aussi les Orthoptères, les Coléoptères et les nids des diverses espèces de Guêpes, dont elle avale les larves et à l'occasion les Insectes parfaits. Nous avons gardé pendant longtemps un sujet qui, pris jeune, était devenu assez familier.

FAMILLE DES MILVINÉS

Genre Milan, *Milvus* G. Cuvier.

Bec un peu plus court que la tête, commençant à se recourber à partir de sa base, mais moins brusquement que chez la Buse vulgaire. Tarses courts et robustes; doigts et ongles forts; queue longue, très fourchue.

8. — Milan royal, *Milvus regalis* Brisson.

Plumage roux vif, flammé de brun noirâtre; tête et cou d'un blanc cendré strié de brun presque noir; grandes rémiges très sombres; cire, tarses et doigts jaunes; bec brun noirâtre; iris jaune.

Taille : 0 m. 65 à 0 m. 75.

Le Milan royal passe en assez grand nombre en octobre et en mars; nous l'avons souvent vu planer à de grandes hauteurs par les belles journées d'automne et de printemps, en troupes de dix, douze ou quinze individus; un jour même, M. de Lesparda en compta vingt-sept. Sa queue fourchue le fait facilement reconnaître lorsqu'il vole à 3 ou 400 mètres en l'air.

On voit dans la collection Mercier-Génétoux de beaux sujets tués dans les environs de Saint-Benoît et d'Argenton ; on nous a apporté deux magnifiques exemplaires pris au piège, l'un près d'Argenton, l'autre près de Saint-Gaultier.

Il niche rarement dans nos grandes forêts ; pourtant on nous a donné un œuf sur trois qui avaient été pris dans un nid découvert aux environs de Saint-Gaultier. Cet œuf est blanc sale et maculé de quelques taches d'un brun très clair ; il est plus allongé que celui de la Buse vulgaire et mesure 58 millimètres de longueur.

Le Milan se nourrit de Mulots, de Campagnols, de Reptiles, de Poissons, de jeunes Volailles et de charognes.

9. — Milan noir, *Milvus niger* Brisson.

Plumage brun noirâtre en dessus, brun roussâtre en dessous ; tête et gorge blanchâtres, fortement marquées de brun noir ; rémiges presque noires ; cire, tarses et doigts d'un jaune orangé ; bec noirâtre ; iris rouge.

Taille : 0 m. 55 à 0 m. 62.

Rare dans nos contrées où il se montre de loin en loin et où il niche exceptionnellement. On nous l'a signalé plusieurs fois en septembre aux environs du Blanc.

Dans la collection Mercier-Génétoux figure un mâle tué à Diors, près Châteauroux, le 23 mars 1857, pendant qu'il cherchait sa nourriture sur un tas de fumier et avalait des Lombrics dont son œsophage était rempli.

M. de Lesparda a trouvé, dans le bois de Laleuf, près Luant, le nid du Milan noir placé sur un chêne et a tiré la femelle au moment où elle en partait.

L'œuf de ce Milan est plus maculé de brun que celui de l'espèce précédente.

Ce Rapace se nourrit ordinairement de petits Mammifères, de Reptiles, de Grenouilles et de Poissons.

FAMILLE DES FALCONINÉS

Genre Faucon, *Falco* Linné.

Bec moitié moins long que la tête, se recourbant dès sa base; tête assez grosse; tarses et doigts assez robustes, ongles forts; queue allongée, un peu arrondie.

10. — Faucon commun, ou Pèlerin, *Falco communis* Gmelin.

Dessus du corps cendré bleuâtre; tête plus sombre ainsi que les rémiges; gorge, côtés du cou et poitrine d'un blanc légèrement roussâtre, moustaches noires; abdomen et cuisses blanchâtres, striées de noir; cire, tarses et doigts jaunes; bec gris jaunâtre vers sa base, brun noir à l'extrémité; iris brun sombre.

Taille: 0 m. 36 à 0 m. 45.

Ce Faucon apparaît dans le département aux mois d'octobre, novembre, décembre et janvier. Il est toujours solitaire et son gibier de prédilection paraît être le Vanneau. A la vue d'une bande de ces Oiseaux, il se précipite, s'attache à une proie et la capture, à moins que le Vanneau ne parvienne, en s'élevant toujours vers le ciel, à se maintenir au-dessus du chasseur. La lutte dure au plus cinq à dix minutes: le Vanneau est bousculé et saisi, ou le Faucon lassé redescend lentement pour chercher un gibier plus facile. Ceux que nous voyons traverser la Brenne, en automne, semblent s'en tenir au gibier d'eau. Ils chassent pourtant au besoin les Perdrix, les Pigeons, les Poulets, voire les Corneilles, plus rarement les Lièvres. Un individu tenu en captivité a toujours refusé de toucher aux Rats morts ou vivants qui lui étaient offerts.

11. — Faucon hobereau, *Falco subbuteo* Linné.

Plumage noir bleuâtre en dessus, avec la tête presque

noire; moustaches noires; deux taches d'un blanc roussâtre
à la nuque et une de même couleur au-dessus du bec;
gorge et cou blancs; poitrine et abdomen blancs, marqués
de grandes taches noirâtres très nombreuses; bas-ventre
roux; jambes d'un roux vif; cire, tarses et doigts jaunes; bec
bleuâtre; iris brun foncé.

Taille: 0 m. 30 à 0 m. 38.

Joli petit Faucon à la robe élégante qui vient, sous le fusil
du chasseur, poursuivre l'Alouette épouvantée ou enlever le
gibier abattu. Il n'est pas rare dans l'Indre où il demeure
toute l'année, mais il paraît être plus commun au printemps,
c'est-à-dire que des individus voyageurs viennent à cette époque, et probablement aussi à l'automne, augmenter le nombre des représentants de l'espèce. En février et mars, on le
rencontre le long des étangs où il poursuit les Bergeronnettes, Alouettes et Bécassines. Il est alors d'une audace in-
croyable. Parfois, le chasseur a tiré au cul levé une Bécassine; elle est à peine tombée à quelques mètres du fusil, que
sur elle s'abat, comme un éclair, un objet tombé verticalement
et avec une telle vitesse qu'il en paraît informe. C'est un
Hobereau, qui tout aussitôt s'enlève avec la Bécassine dans ses
serres. Plus tard, tout en continuant la chasse aux Oiseaux,
il fait une énorme consommation de Libellules. Lancé comme
une flèche, à deux ou trois mètres de hauteur, il parcourt d'un
vol horizontal les rives d'un étang, à trois ou quatre mètres
du bord. Dix fois, vingt fois il en fait le tour sans s'arrêter et
l'observateur a peine à comprendre un pareil manège. Mais
si on parvient alors à le tuer, on trouve son estomac bondé
de grandes OEschnes, « *formosa, parthenope, rufescens!* »
Nous avons bien souvent été témoins de cette curieuse chasse
autour des étangs du Coudreau, de Lérignon, de la Gabrière.
Nous l'avons vu bien des fois, entre les gares de Luant et de
Châteauroux, se livrer à un exercice qui montre son intelligence remarquable. Il suivait les trains express, placé de

l'autre côté de la haie, se maintenait à hauteur de la locomotive, et capturait les petits Oiseaux que le bruit du train faisait sortir de leur retraite. M. de Lesparda, à qui nous citions le fait, nous a dit l'avoir également constaté.

Le Hobereau niche sur les peupliers ou sur la partie la plus élevée des grands chênes, ou bien encore dans un nid de Pie. Cinq ou six nids pris par nous en juillet et août, à Lérignon, contenaient chacun trois petits. Les alentours étaient remplis de pattes de jeunes Perdreaux gris et rouges et d'une énorme quantité d'ailes d'Odonates.

L'œuf a 38 millimètres de longueur, est blanc roussâtre ou rougeâtre, avec des taches et des plaques brunâtres.

12. — Faucon Kobez, *Falco vespertinus* Linné.

Plumage gris bleuâtre, légèrement roussâtre et marqué de taches sombres sur le dessus du corps ; tête et nuque d'un roux foncé ; moustaches noirâtres ; roux clair en dessous, avec la gorge blanchâtre ; cire, tarses et doigts d'un jaune très foncé ; bec noir bleuâtre ; iris brun.

Taille : 0 m. 30 à 0 m. 33.

Ce petit Faucon est très rare. Nous avons tué, le 29 avril 1878, dans les grands chênes qui avoisinent le bourg de Migné, une femelle adulte, et le 15 avril 1881, sur les bords de l'étang de la Chaînerie, un mâle que nous avons envoyé à M. Fairmaire.

Nous ne connaissons pas d'autre capture dans le département.

13. — Faucon émérillon, *Falco lithofalco* Gmelin.

Parties supérieures d'un brun noirâtre marqué de roux ; front et nuque marqués légèrement de blanc roussâtre ; parties inférieures d'un blanc roussâtre fortement tacheté de brun sombre ; gorge blanchâtre ; cire, tarses et doigts jaunes ; bec bleuâtre ; iris brun.

Taille : 0 m. 30 à 0 m. 32.

On trouve l'Émérillon dans tout le département, mais il est peu commun, sauf aux environs du Blanc où il est sédentaire. Il a niché en 1878, 1888, 1889, dans les rochers de Fontgombault, rive gauche, où du reste il doit nicher tous les ans. Nous l'avons tué près du Blanc, le 1er décembre 1879 et en novembre 1885 ; nous l'avons aussi observé en Brenne.

L'Émérillon se nourrit d'Oiseaux, de petits Mammifères, de Reptiles et d'Insectes.

On trouve ordinairement dans le nid de ce Rapace trois à quatre œufs ressemblant à ceux de la Cresserelle et ayant 35 millimètres de longueur.

14. — Faucon cresserelle, *Falco tinnunculus* Linné.

Dessus du corps d'un brun rougeâtre, clair, marqueté de noir ; tête d'un gris bleuâtre, moustaches noirâtres ; queue d'un gris clair bleuâtre, bordée de noir et de blanc ; dessous blanc roussâtre marqué de noir sur les flancs, la poitrine et l'abdomen ; cire, tarses et doigts jaunes ; bec noir bleuâtre ; iris brun.

Taille : 0 m. 35 à 0 m. 38.

Ce Faucon est sédentaire et extrêmement commun. On le voit à chaque instant planer à une faible hauteur, fouiller du regard les moindres replis du terrain et s'arrêter tout à coup, presque immobile dans l'espace, soutenu seulement par de légers battements d'ailes au-dessus de sa proie tapie dans le sillon et sur laquelle il se laisse tomber brusquement. Moins audacieux que le Hobereau, il ne s'approche pas du chasseur. Mais au moment des neiges, lorsque les oiseleurs tendent leurs lacets pour prendre les Alouettes, il les observe et parvient souvent à leur dérober quelques Oiseaux.

La Cresserelle se construit quelquefois un nid sur les

arbres, mais le plus souvent elle niche dans les vieux nids de Pie, les trous des vieilles·murailles et les tours des châteaux. Nous avons pris ses œufs, au nombre de quatre ou cinq, ou ses petits, placés sur la pierre même dans des trous de murs en ruine, au bas desquels nous avons trouvé bien souvent des débris de Lézards et d'Oiseaux. Ce Faucon poursuit aussi les petits Mammifères et surtout les Insectes, Coléoptères et Orthoptères. L'œuf de cette espèce est roussâtre, avec des taches brunes ; il a 40 millimètres de longueur.

Nous avons eu des Cresserelles captives qui étaient devenues très familières.

Ce petit Rapace, comme le Hobereau, l'Autour et l'Épervier, peut se dresser à la chasse ; il est toutefois beaucoup moins adroit que les trois autres espèces.

FAMILLE DES ACCIPITRES

Genre Autour, *Astur* Lacépède.

Bec de la longueur de la moitié de la tête, fort et se recourbant à partir de sa base ; tarses, doigts et ongles robustes ; queue allongée, arrondie.

15. — Autour ordinaire, *Astur palumbarius*, Bechstein.

Mâle adulte : parties supérieures d'un brun foncé, cendré, légèrement bleuâtre ; un large sourcil blanc au-dessus et en arrière des yeux, des marques blanches à la nuque ; parties inférieures blanches, avec plusieurs raies transversales et une bande longitudinale d'un brun presque noir sur chaque plume, sauf sur celles du dessous de la queue ; iris, cire, tarses et doigts jaunes ; bec noirâtre.

Taille : 0 m. 60 à 0 m. 65.

Jeune : parties supérieures d'un brun foncé marqué de

quelques taches roussâtres ; parties inférieures rousses, avec des taches allongées d'un brun très foncé ; iris blanc.

On prétend que l'Autour est sédentaire dans les départements de la Vienne et de Maine-et-Loire ; nous ne le croyons pas, comme nous ne croyons pas qu'il soit, à proprement parler, sédentaire dans l'Indre, où on le voit de loin en loin, surtout au commencement de l'hiver. En été, il est fort rare et ne paraît nicher qu'exceptionnellement. Nous pensons qu'il faut le classer parmi les Oiseaux passant dans le département en novembre et en décembre, puis en mars, et n'y demeurant l'été que par accident.

La collection Mercier-Génétoux possède de beaux sujets tués à Luzeret et à Luant. Aux environs d'Argenton, on a trouvé son nid construit sur un chêne, et contenant quatre petits que M. Mercier-Génétoux parvint à élever. D'autre part, M. de Lesparda a tué l'Autour deux fois sur son nid : le 30 avril 1873, dans le bois Ramier, près d'Ambrault, et le 11 mai 1877, dans le bois Labiche, près de Neuillay ; chaque fois la femelle couvait quatre œufs d'un blanc grisâtre, azuré ou légèrement verdâtre, maculé de taches brunes peu apparentes. L'œuf a 52 millimètres de longueur.

L'Autour se nourrit de Mulots, de Campagnols, de Lièvres, d'Oiseaux et de Volailles. On l'a vu attaquer un Chat.

Genre Épervier, *Accipiter* Brisson.

Bec moins long que la moitié de la tête, se recourbant dès la base ; tarses et doigts grêles, assez allongés ; queue longue, très peu arrondie.

16. — Epervier ordinaire, *Accipiter nisus* Pallas.

Même plumage que l'Autour adulte, avec les joues légèrement roussâtres et les rayures des parties inférieures

moins foncées ; cire jaune verdâtre ; tarses et doigts jaunâtres ; iris jaune orangé.

Taille : 0 m. 35 à 0 m. 38.

Sédentaire et très commun, l'Epervier vit de petits Oiseaux,
surtout d'Alouettes, de Traquets et de Merles. Brave et audacieux, nous l'avons vu souvent poursuivre les Moineaux dans
l'intérieur des villes. Un de nos amis d'Argenton, M. A. Sain-
son, nous apporta un jour un sujet vivant qu'il venait de
prendre dans un wagon de marchandises resté ouvert et dans
lequel picoraient des moineaux ; l'Epervier était tombé sur l'un
d'eux avec une telle rapidité qu'il avait donné de la tête dans
le fond du wagon et était demeuré étourdi sur le plancher.

De même que le Hobereau, il se précipite parfois sur le
menu gibier que tue le chasseur : en 1878, chassant aux
environs d'Argenton, nous fîmes coup double sur des Caïlles ;
pendant que nous ramassions l'une de nos victimes, un
Epervier tomba sur l'autre et l'emporta. Nous eûmes heureusement le temps de glisser une cartouche dans notre
fusil et d'abattre le ravisseur.

Il niche sur les grands arbres, dans les bois, le plus souvent sur les pins, et pond cinq à six œufs d'un blanc légèrement bleuâtre maculé de larges taches d'un brun foncé.
L'œuf a 38 millimètres de longueur.

FAMILLE DES CIRCINÉS

Genre Busard, *Circus* Lacépède.

Bec moins long que la tête, assez fort, se recourbant dès
sa base, mais moins brusquement que dans le genre précédent ;
tarses et doigts allongés, ongles forts ; queue longue et un
peu arrondie.

17. — Busard harpaye, ou de marais, *Circus æru-ginosus* Savig.

Dessus du corps brun foncé; tête roussâtre, une très légère collerette sur les côtés de la tête ; grandes couvertures des ailes et queue d'un cendré bleuâtre ; dessous roux clair, avec des taches brunes allongées; abdomen et cuisses roux vif; cire, tarses et doigts jaunes ; iris jaune ou brun rougeâtre; bec noirâtre. Le mâle très adulte a une coloration plus sombre.

Taille : 0 m. 55 à 0 m. 60.

Le Busard harpaye habite les plaines de bruyères et les marécages. Il est rare dans les lieux secs et bien cultivés, il ne fait qu'apparaître de temps en temps sur les étangs isolés, il est très commun dans les marais vastes et sauvages.

Il se plaît beaucoup dans les arrondissements du Blanc et de Châteauroux, pays remplis de brandes et d'étangs ; on l'y voit toute l'année en nombre, et s'il y a, à certains moments, émigration individuelle, l'espèce demeure aussi nombreuse en toutes les saisons; il est de même probable qu'il ne quitte pas son pays de chasse ordinaire et ne fait qu'exceptionnellement des excursions peu lointaines; on voit toujours les mêmes Busards sur les mêmes étangs.

C'est un Oiseau assez vigoureux, bien armé, défiant, extrêmement vorace. Il chasse presque tout le jour, seul ou à deux, explorant d'un vol tranquille et peu élevé les joncs et les touffes d'herbes aquatiques, visitant l'un après l'autre ses étangs habituels, en suivant les mêmes coulées et la même route, se posant parfois sur une motte ou dans l'eau peu profonde. Il passe alors près des Foulques ou des bandes de Sarcelles sans faire mine de les attaquer ; il sait qu'il aurait de la peine à les saisir et qu'il faudrait vivement les poursuivre ; le gibier qu'il recherche, ce n'est pas le gibier vivant, valide et vigoureux.

Au moment des passages, il se nourrit presque exclusivement d'Oiseaux morts ou blessés qu'il trouve sur le bord de l'eau. Dès qu'il apparaît au-dessus d'un étang, il aperçoit bien vite le cadavre de Canard ou de Bécassine qui flotte sur les vagues ou qui s'est échoué sur la rive et il découvre presque toujours le Vanneau blessé, tapi dans les herbes : il s'abat obliquement sur cette proie et la dévore sur place. Nous ne l'avons jamais vu emporter un animal, soit pour le dépecer au loin, soit pour le porter à sa femelle. Un de nos amis a pourtant abattu, le 17 septembre, une grosse femelle qui emportait un petit Poulet.

La chasse consiste pour lui à battre soigneusement le marais, à laisser de côté les Oiseaux capables de fuir, et à poursuivre ceux privés de leurs moyens de défense, à ramasser les morts et à finir les blessés.

En certaines circonstances, le chasseur de marais perd, comme chacun sait, une énorme quantité de gibier, parce que l'animal atteint va tomber mort au loin ou conserve assez de force pour échapper au Chien. Presque tout ce gibier devient la proie du Busard. La rive des étangs de la Brenne est toujours jonchée de débris de Canards, de Vanneaux et de Foulques qu'il a ainsi dévorés. Le voyez-vous, rasant le sommet des grands joncs et brodant avec son vol les sinuosités du rivage. Bien rarement il se précipitera sur la Foulque qui plonge à son approche ou sur les troupes de Sarcelles babillardes ; mais si vous l'apercevez tout à coup fondre sur un Oiseau, tenez pour certain que le malheureux est malade ou blessé. Le Busard l'a reconnu sien et il le prendra infailliblement.

Il ne faudrait pourtant pas nier que, poussé par la faim, il n'essaie jamais de capturer un Oiseau valide, mais ce doit être rare parce que les Oiseaux d'eau ne paraissent pas le redouter beaucoup et ne plongent ou s'envolent que pour éviter son atteinte immédiate. Les Poules d'eau, ces Oiseaux qu'on dirait toujours blessés, sont peut-être le seul gibier qu'il sait capturer ; c'est en effet le seul qui semble craindre beaucoup le Busard.

A défaut d'Oiseaux morts ou blessés, le Busard harpaye se

nourrit de Poissons morts, de Mulots, de Campagnols et de Grenouilles. Nous avons fréquemment trouvé deux ou trois Mulots dans l'estomac des Busards que nous avons ouverts, plus rarement des Grenouilles et des Orvets.

Dans la saison des nichées il devient un forcené destructeur d'œufs et de jeunes Oiseaux. Il trouve là un gibier sans défense qu'il ne ménage pas, avalant en leur entier les petits œufs, brisant à coups de bec ceux des Canards et des Foulques, saisissant les petits dans les nids et parmi les herbes. Aussi, est-ce probablement à cause de lui, comme le fait remarquer Brehm, que la plupart des Oiseaux de marais cachent soigneusement leurs œufs dans les matériaux du nid.

Ses habitudes sont bien caractéristiques : il n'aime point à poursuivre un voilier, il préfère l'office de croquemort et se plaît aux pays d'étangs parce qu'il y trouve une pâture plus abondante que partout ailleurs. Du reste il est partout le même : dans les garennes il se nourrit presque exclusivement de Lapins égorgés par les Belettes et les Hermines.

Il crie rarement. Son nid est construit avec des bûchettes et quelques débris de roseaux. Il le place presque toujours dans une brande épaisse ou un buisson ; quelquefois il le bâtit dans les joncs. Le 21 juillet 1874, M. de Lesparda a tué, sur l'étang de la Feuillée, près Tendu, une femelle s'élevant de son nid établi sur l'eau au milieu d'une grosse touffe de joncs. Ce nid contenait un seul petit, avec un jeune Merle mort que la mère y avait apporté.

Il pond trois, quatre ou cinq œufs d'un blanc sale, très rarement tachés de brun pâle, et mesurant 50 millimètres de longueur.

Les jeunes Harpayes semblent beaucoup plus communs que les vieux ; d'abord parce que ces Oiseaux ne prennent que fort tard la livrée d'adultes et parce que les très vieux sont tellement méfiants et rusés qu'il est très difficile de les approcher. La collection Mercier-Génétoux possède de ma-

gnifiques sujets adultes, dont deux mâles entièrement d'un
noir de velours.

18. — Busard Saint-Martin, *Circus cyaneus* Boïe.

Mâle : parties supérieures d'un cendré clair bleuâtre ;
grandes rémiges noirâtres ; une légère collerette ; parties
inférieures blanches, avec la gorge et la poitrine d'un cendré bleuâtre clair ; cire, tarses, doigts et iris jaunes.; bec
noirâtre.

Taille : 0 m. 50 à 0 m. 60.

Femelle : brune en dessus avec des taches rousses ; une
collerette bien marquée ; yeux entourés de plumes blanchâtres ; fauve en dessous, avec des taches brunes allongées.

Le Busard bleuâtre n'est pas rare dans l'Indre en toutes les
saisons. Il n'émigre pas, et nous connaissons tel Busard de
cette espèce que nous avons vu cent fois, en hiver et en été,
le soir et le matin, pendant trois ans, chasser près de la même
route. Ce Busard était évidemment un seul et même individu,
il ne changeait pas de pays de chasse ; nous ne sommes
jamais passés sur son territoire sans le rencontrer deux fois
sur trois et nous avons été étonnés de voir combien peu ce
Rapace étendait ses excursions.

Le Saint-Martin chasse seul ou à deux, crie rarement, vole
avec grâce et lenteur à une faible élévation, et bat soigneusement le terrain à la manière des chercheurs de Lièvres.

Nous n'avons jamais vu le Harpaye attaquer la Perdrix
valide, nous avons vu bien des fois le Saint-Martin fondre sur
les compagnies adultes, qui le craignent et à son approche se
précipitent dans les buissons épais. Il serait toutefois plus
hardi qu'adroit, car il manque presque toujours son coup. Si
nous l'avons surpris en train de plumer de grosses Perdrix
rouges qu'il avait pu trouver blessées, nous n'avons pas eu
l'heur de l'en voir capturer une. Ce qui paraît certain, c'est
qu'il prend facilement les petits Perdreaux et que, comme il

arrive à tous les chasseurs, il a beaucoup de peine à réussir à l'arrière-saison.

Il fait son nid dans les brandes épaisses des bois; ses œufs, au nombre de trois à cinq, sont d'un blanc bleuâtre sale, quelquefois tachés de brun pâle, et ont 42 millimètres de longueur.

Il est encore plus défiant que le Harpaye. Il paraît dédaigner les Insectes et chasser surtout les Cailles, les Bécassines, les Râles, les Poules d'eau, les Sarcelles, les Alouettes, les jeunes Oiseaux, les Campagnols, les Lézards et les Orvets. Il dévore peu d'Orthoptères, quoi qu'on ait dit, il laisse cette nourriture à son voisin, le Montagu. Vingt fois, nous avons disséqué en même temps un Saint-Martin et un Montagu tués dans les mêmes parages, dans la même saison ; nous avons toujours constaté, chez le premier, l'absence complète d'Orthoptères et la présence de débris d'Oiseaux, tandis que l'estomac de l'autre contenait, avec une Alouette, une provision de Grillons des champs. M. Fellot, un ornithologiste du Lyonnais, passionné et savant, a fait les mêmes observations.

Le Busard bleuâtre habite nos plaines et nos forêts, il est surtout commun dans les bois de Bélâbre, de Lafa, du Bouchet, de Vendœuvres et des environs d'Argenton.

19. — Busard de Montagu, ou Cendré, *Circus cineraceus* Naumann, ex Montagu.

Plumage du mâle d'un brun cendré légèrement bleuâtre en dessus; une collerette à peine apparente; blanc en dessous, avec des taches rousses allongées ; cou et poitrine d'un cendré bleuâtre ; cire, tarses et doigts jaunes ; iris jaune et quelquefois brun ; bec noirâtre.

Taille: 0 m. 50 à 0 m. 52.

La femelle a les parties supérieures brunes avec des taches d'un blanc fauve sur la tête, la nuque et le cou ; les parties inférieures sont d'un fauve très clair avec des taches brunes ; l'œil est entouré de plumes blanchâtres; l'iris est brun.

Les jeunes sont plus fauves, avec les taches des parties inférieures à peines marquées.

Chez cette espèce, très commune dans l'Indre, les cas de mélanisme ne sont pas rares. Plusieurs fois on nous a apporté des Busards noirs, et la collection Mercier-Génétoux possède de beaux sujets ayant cette coloration.

Quelques Busards cendrés vivent sédentaires dans les bois et les plaines des bords de la *Creuse*. D'autres nous arrivent, en mars, des pays méridionaux où ils ont passé l'hiver. Dès le 25 mars, ils sont très communs dans tout le département. Ils nichent en avril, le plus souvent dans une vaste brande, au pied des bruyères, et pondent ordinairement cinq œufs mesurant 41 millimètres de longueur, d'un blanc sale, ayant quelquefois des taches brunes à peine visibles.

C'est un Oiseau méfiant, n'aimant guère se percher sur les arbres et préférant une motte de terre dans la plaine, courant parfois sur le sol et assez vite. Il n'évite ni ne recherche les étangs.

Que de fois nous l'avons vu au premier printemps planer lentement sur les prairies où il avalait, dans la matinée, une centaine de Grillons; plus tard, il poursuit les Rongeurs, les jeunes Oiseaux et les Poussins, pille les nids et attaque les Reptiles. C'est un braconnier très redoutable, aussi dangereux que le Busard Saint-Martin.

★ Le Busard de Swainson (*Circus Swainsonii* Smith) le Blafard de Temminck, doit exister dans l'Indre, sinon comme sédentaire, au moins comme Oiseau de passage irrégulier.

On nous a dit qu'il avait été tué à Mézières et Fairmaire, d'après ses renseignements, était convaincu de son existence dans la vallée de la *Creuse*. On le trouve, du reste, en Poitou. Nous croyons qu'un jour ou l'autre on devra l'ajouter à la liste de nos Oiseaux, mais nous attendons, pour l'inscrire, la preuve d'une capture authentique dans nos limites.

RAPACES NOCTURNES. STRIGIDÉS

FAMILLE DES STRIGINÉS

Genre Effraye, *Strix* Linné.

Tête grosse; tarses assez longs; queue assez courte et très peu arrondie.

20. — Effraye commune, *Strix flammea* Linné.

Parties supérieures mélangées de fauve clair et de gris; face blanche, avec quelques plumes rousses près des yeux; parties inférieures blanches, parfois légèrement roussâtres, avec quelques points gris; tarses recouverts de plumes blanches, doigts jaunâtres; bec blanchâtre; iris presque noir.

Taille: 0 m. 35 à 0 m. 40.

Très répandue et sédentaire; on la trouve dans les greniers et les tours des châteaux, les clochers et les combles des églises, les vastes granges des fermes, les trous de rochers et les arbres creux.

Nous l'avons souvent vue voler en plein jour d'une tour à l'autre, se poser sur les créneaux et regarder curieusement ce qui se passait en bas; dans ce cadre, l'Effraye, avec sa face blanche et ses grands yeux noirs, a véritablement un air fantastique. Mais c'est surtout pendant la nuit qu'elle se livre à ses ébats, jetant de temps à autre un cri strident. Elle niche où elle habite, et le plus souvent n'apporte pas de matériaux pour construire un semblant de nid. Elle pond ordinairement cinq œufs blancs, mesurant 40 millimètres de longueur et moins arrondis que ceux de la Hulotte. Mais il lui arrive parfois de pondre sept à huit œufs, ainsi que le dit Mercier-Génétoux dans l'intéressant manuscrit qu'il a laissé et qui est l'historique de sa magnifique collection d'Oiseaux: « Ayant

» appris, dit-il, dans le mois d'avril 1863, qu'il existait dans
» les combles d'un vieux colombier, à Pied-Baudet, canton
» d'Argenton, quelques couples d'Effrayes, je priai les pro-
» priétaires de me procurer une nichée d'œufs ou une nichée
» de petits. On le fit avec beaucoup de bonne grâce, et on
» trouva dans un nid des petits et des œufs au nombre de
» sept. Les petits avaient dû naître à plusieurs jours d'inter-
» valle, car ils s'échelonnaient ; le premier-né était sensible-
» ment plus fort, les autres venaient par gradation ; en outre,
» il y avait un petit sorti dès la veille de l'œuf, un autre dont
» l'œuf commençait à s'ouvrir, enfin un septième œuf qui
» était clair. Au mois de mai suivant, on trouva dans le même
» colombier un autre nid dans lequel il y avait huit œufs
» dont l'éclosion s'est faite à des intervalles semblables, en
» sorte que le petit du premier œuf était déjà fort lorsque le
» dernier œuf pondu commença à être percé ; de cette obser-
» vation, je conclus que cette espèce couve du jour de la
» ponte du premier œuf. »

L'Effraye se nourrit de Rats et de Campagnols ; c'est un
Oiseau très utile et qu'on doit protéger. Du reste, tous nos
Rapaces nocturnes, sauf le Grand-Duc, qui attaque le gibier,
sont utiles, car ils détruisent une énorme quantité de petits
Rongeurs. Nous pouvons dire que dans presque tous les
Nocturnes que nous avons ouverts, nous avons trouvé des
débris de Mulots, de Souris et de Campagnols.

FAMILLE DES ULULINÉS

Genre Chouette, *Ulula* G. Cuvier.

Tête grosse ; tarses et doigts assez courts et robustes ;
queue peu allongée, arrondie.

21. — Chouette chevêche, *Ulula minor* O. des Murs.

Parties supérieures brunes marquées de blanc ; parties in-

férieures blanches très marquées de brun ; tarses et doigts recouverts de plumes blanches plus rares sur les doigts ; iris jaune ; doigts et bec jaunâtres.

Taille : 0 m. 25 à 0 m. 27.

Sédentaire et commune. On la trouve le plus souvent en septembre et octobre au milieu des vignes et des champs ; non pas parce qu'il y aurait alors un passage de Chevêches qui auraient vécu dans les contrées septentrionales et s'en iraient au midi, mais parce que la présence de l'espèce est alors constatée par les chasseurs plus facilement qu'aux autres époques de l'année.

Pendant le jour elle chasse les Orthoptères, les Chenilles rases et les Lézards gris. Le soir venu, elle vole beaucoup et chasse les petits Oiseaux, les Mulots, les gros Papillons nocturnes. Elle plane alors à la manière de la Cresserelle, suspendue en l'air dans un rapide frémissement d'ailes, et tombe tout à coup sur sa proie.

Nous avons trouvé des Chevêches légèrement différentes les unes des autres, en taille et en coloration, mais entre les variétés les plus caractérisées il y avait série de nuances et d'intermédiaires.

Nous l'avons souvent vue, embusquée à l'orifice d'un trou de vieille muraille, nous regarder sans paraître trop effrayée. Elle habite les vieilles ruines, les châteaux, les trous de rochers et aussi les arbres creux, car nous y avons trouvé plusieurs fois ses œufs, au nombre de quatre ordinairement, blancs, presque ronds et mesurant 32 millimètres de longueur.

22. — Chouette hulotte, ou Chat-huant, *Ulula aluco* Keys et Blas.

Plumage d'un brun fauve en dessus, avec des taches oblongues plus foncées ; quelques grosses marques blanches sur les scapulaires ; parties inférieures d'un blanc roussâtre très maculé de fauve et de brun foncé ; tarses et doigts emplumés ; bec jaunâtre ainsi que l'extrémité des doigts ; iris d'un noir bleuâtre.

Taille : 0 m. 40 à 0 m. 42.

La Hulotte est sédentaire. On la peut dire commune, malgré que le nombre des individus ne soit peut-être pas très considérable, mais il n'est pas de quartier de forêt où on ne la trouve, où on ne l'entende, le soir, pousser des houhoulements plaintifs.

Elle commence à crier lorsque la nuit devient tout à fait sombre ; sa voix s'entend de fort loin, au milieu des bois ; nous l'avons entendue presque tous les jours de l'année, dans les belles soirées de mai, en août, en octobre, pendant les nuits glaciales de janvier, par de grands vents, par la pluie.

Elle habite et niche dans les ruines des vieux châteaux, dans les arbres creux et les trous de rochers. Elle pond ordinairement quatre œufs d'un blanc pur, arrondis, mesurant 45 millimètres de longueur. Les jeunes, à la sortie de l'œuf, sont recouverts d'un duvet blanc cendré ; les petites Effrayes sont blanches.

Elle se nourrit de petits Mammifères, de Reptiles, de Grenouilles, d'Insectes, rarement d'Oiseaux.

Nous avons eu, pendant longtemps, des Hulottes en captivité. Elles nous servaient, dans les bois et les prés, à attirer les Pies, les Geais et les Corbeaux. Les Rapaces diurnes, qui viennent bien au Grand-Duc, semblent mépriser la Chouette.

Nos Hulottes étaient fort intelligentes et ne manquaient pas de réclamer leur nourriture, si elle ne leur était pas apportée à l'heure habituelle. Lorsqu'elles étaient irritées, elles faisaient claquer leur bec, comme le font tous les Rapaces nocturnes. Elles étaient visitées chaque nuit par de nombreux sujets libres. Il se produisait alors un tapage effroyable composé de cris lugubres et de ricanements sinistres, à tel point que nos voisins étaient souvent gênés par ce concert nocturne qui n'avait rien de commun avec le chant du Rossignol !

Nous avons pu constater que les Hulottes allaient, d'un vol silencieux, rendre visite aux volières contenant des Passereaux et que parfois, dans la terrible bousculade occasionnée par leur présence, elles parvenaient à arracher la tête à quelques captifs.

La Hulotte, ainsi que la plupart des Rapaces, rejette par le bec de petites pelotes composées des poils et des os des animaux qu'elle a avalés.

FAMILLE DES BUBONINÉS

Genre Duc, *Bubo* G. Cuvier.

Tête grosse ; quelques plumes en forme d'aigrettes au-dessus des yeux ; tarses forts et courts ; doigts et ongles robustes ; queue peu allongée, arrondie.

23. — Duc à courtes oreilles, ou Brachyote, *Bubo Brachyotus* O. des Murs.

Parties supérieures fauves, très marquées de brun foncé ; aigrettes courtes ; parties inférieures d'un fauve clair avec des taches d'un brun foncé ; tarses et doigts couverts de plumes d'un fauve clair ; bec noirâtre ; iris jaune.

Taille : 0 m. 38 à 0 m. 40.

On rencontre très souvent le Brachyote, principalement en octobre et novembre, dans les brandes, seul ou par couple ; il s'élève lentement sous les pieds du chasseur et va se remiser à peu de distance. Nous l'avons tué plusieurs fois dans ces conditions.

Au printemps, quand il remonte du Midi vers le Nord, on le retrouve dans nos bruyères pendant les mois de mars et d'avril. Mais quelques couples s'arrêtent en Brenne et y ni-

chent, car nous avons vu souvent ce Hibou en juin et juillet
le long des étangs. Son nid, caché parmi les herbes, contient
de trois à six œufs blancs mesurant 42 millimètres de longueur.

Ce Duc est presque toujours à terre, dans la brande, dans
un taillis ou dans les roseaux. Les sept ou huit que nous
avons disséqués avaient dévoré chacun deux ou trois Campagnols et rien autre chose.

24. — Duc hibou, ou Moyen-Duc, *Bubo otus* Savigny.

Plumage fauve clair mélangé de brun, de noir et de gris ;
aigrettes longues ; tarses et doigts couverts de plumes fauves ;
bec noirâtre ; iris jaune.

Taille : 0 m. 40 à 0 m. 42.

Assez commun et sédentaire, il vit ordinairement par couple, mais au printemps et à l'automne il se réunit en petites
bandes d'une vingtaine d'individus. Il habite les bois et quelquefois les vieux châteaux, les ruines, les trous de rochers. Il
pond quatre ou cinq œufs blancs, mesurant 40 millimètres de
longueur. Nous avons trouvé ses petits dans un arbre creux ;
ils étaient couverts d'un duvet grisâtre. Les ayant mis avec
de jeunes Hulottes déjà fortes, ils furent aussitôt massacrés.
Le Moyen-Duc chasse à la nuit tombante et se nourrit surtout de petits Mammifères.

25. — Grand-Duc, *Bubo maximus* Flemming.

Plumage fauve mélangé de brun et de noir ; aigrettes très
longues ; tarses et doigts couverts de plumes fauves ondées
de brun ; bec et ongles d'un brun noirâtre ; iris rougeâtre.

Taille : 0 m. 65 à 0 m. 70.

A notre connaissance, le Grand-Duc n'a été tué que deux
fois dans l'Indre, au bois Bertrand, près d'Ardentes ; ces
Oiseaux, dont l'un était magnifique, furent abattus devant
M. de Lesparda.

Il est bien moins rare dans la Creuse, département voisin du nôtre : M. Trébuchet, de Boussac, nous a envoyé un bel exemplaire de cette magnifique espèce. La collection Mercier-Génétoux possède deux sujets capturés près de Guéret et de Chambon.

26. — Petit-Duc d'Europe, *Bubo scops* Boïe.

Plumage à peu près semblable à celui des deux espèces précédentes, mais plus gris ; aigrettes de moyenne longueur ; tarses emplumés jusqu'aux doigts ; iris et doigts jaunes ; bec noirâtre.

Taille : 0 m. 20 à 0 m. 22.

Le Petit-Duc, ou Scops, n'est pas très commun. Il arrive dans l'Indre du 20 au 30 mars et en part du 20 au 30 octobre. On ne l'a jamais, dans notre pays, observé de novembre à mars. C'est un Oiseau voyageur chez lequel on peut, au moment voulu, constater d'une façon certaine le désir d'émigrer.

Il habite les forêts et les ruines et niche dans les arbres creux et les trous de rochers. Il pond ordinairement quatre œufs blancs, arrondis, mesurant 29 millimètres de longueur.

Sur une branche, il se perche souvent dans le sens de la longueur, et de cet observatoire s'élance sur les Mulots, les Campagnols et, en particulier, sur les Coléoptères qui forment la base principale de sa nourriture.

Une seule fois nous avons eu cette espèce en captivité, et pendant quelques jours seulement : en avril 1887, un enfant nous apporta un Scops qu'il avait capturé dans la gare d'Argenton, en plein jour et après une très forte pluie. Jugeant que ce malheureux Oiseau était en trop piteux état pour être empaillé, nous l'avons gardé trois ou quatre jours pour lui donner le temps de réparer son plumage ; nous le nourrissions avec des Souris et de petits morceaux de viande, et il paraissait se faire assez bien à la captivité.

ORDRE II. — PASSEREAUX

Les Passereaux se nourrissent de graines ou de fruits, d'Insectes, parfois de la chair des autres animaux. Leurs caractères sont négatifs, en ce sens que l'Ordre comprend tous les Oiseaux qui ne sont pas Rapaces, Colombiens ou Gallinacés, Oiseaux coureurs, de rivages ou aquatiques.

Leur bec est tantôt droit et tantôt arqué, court ou long, fort ou faible, toujours dépourvu de la cire qui caractérise les Rapaces ; leurs ongles sont grêles, leurs pieds peu allongés, ordinairement pourvus de quatre doigts. Ceux que nous plaçons sous la dénomination de Déodactyles portent un doigt en arrière, trois en avant, le doigt externe soudé à celui du milieu jusqu'à la première articulation. Les Syndactyles ont aussi un doigt derrière et trois devant, l'externe soudé à celui du milieu jusqu'à la troisième articulation; enfin, ceux dénommés Zygodactyles ont deux doigts en avant, deux autres ou très exceptionnellement un seul par derrière.

PASSEREAUX ZYGODACTYLES

FAMILLE DES PICINÉS

Genre Pic, *Picus* Linné.

Bec fort et droit, destiné à creuser les troncs d'arbres, la queue formée de plumes raides et élastiques, faite pour servir de point d'appui. Tarses avec deux doigts en avant et deux en arrière, chez les espèces de l'Indre.

27. — Pic noir, *Picus martius* Linné.

Tout noir avec l'occiput rouge. Taille : 0 m. 45 à 0 m. 47. Nous ne l'avons pas encore trouvé dans l'Indre, mais, dans un Mémoire lu à la Société du département, le 5 juin 1854, M. Arthur Ponroy dit que plus d'une fois on a rencontré, dans la forêt de Châteauroux, ce Pic, du reste si reconnaissable.

28. — Pic épeiche, *Picus major* Linné.

Noir panaché de blanc, le dessous de la queue rouge, les flancs blanchâtres sans taches. Le dessus de la tête et l'occiput rouge vif chez le mâle. Taille : 0 m. 23 à 0 m. 24.

Sédentaire et commun dans les futaies, où on l'entend continuellement frapper du bec les troncs des grands arbres ; niche dans les trous des chênes, des peupliers, des pommiers, des alisiers. Son œuf, blanc lustré, mesure 0,023 sur 0,018.

29. — Pic mar, *Picus medius* Linné.

Noir panaché de blanc, le dessous de la queue rouge, les flancs rosés, semés de taches brunes. Dessus de la tête et occiput rouge vif, moins prononcé chez la femelle. Taille : 0 m. 21 à 0 m. 22.

Ce Pic n'est pas extrêmement rare dans le département du 15 mars au 30 avril et à la fin d'octobre. Nous l'avons observé notamment les 14 et 25 mars, 6, 7 et 20 avril, à Migné, à Chitray, au Cerfthibault dans les environs du Blanc et le 28 octobre à Oulches. Le 10 avril nous en avons abattu trois en quelques instants dans le parc de Grandmaison, commune d'Ingrandes. Nous le pensions sédentaire, mais peut-être est-ce une erreur, car, depuis six ou sept ans, il nous a été impossible de l'apercevoir.

30. — Pic épeichette, *Picus minor* Linné.

Noir panaché de blanc ; pas de rouge sous la queue. Le mâle seul a le dessus de la tête rouge. Taille : 0 m. 15 à peine.

Cette espèce est sédentaire dans nos forêts, mais il est difficile de se la procurer pendant l'été, parce qu'elle ne quitte guère les futaies. Au printemps et en automne au contraire, on l'aperçoit communément sur les grands peupliers qui bordent les routes sur tous les points du département, sur les noyers qu'elle parcourt en tous sens en poussant son cri caractéristique, même au milieu des villes, puisque nous l'avons tuée sur le champ de foire d'Argenton. Elle n'est pas défiante et va, si on la dérange, se reposer à peu de distance. Son nid, placé dans un trou d'arbre, contient 4 à 6 œufs blancs de 0,019 sur 0,014.

31. — Pic vert, *Picus viridis* Linné.

Plumage vert foncé et vert jaunâtre, le dessus de la tête rouge chez les deux sexes; bec noirâtre en dessus; iris blanc; queue rayée et blanchâtre. Taille : 0 m. 32.

Sédentaire et extrêmement commun partout, surtout à la lisière des bois. Il se nourrit de toutes sortes d'Insectes et en particulier de Fourmis. Son cri aigu, qu'il pousse en se déplaçant d'un vol ondulé et rapide, ressemble à un ricanement. Son nid est toujours dans un trou d'arbre, son œuf blanc lustré est de 0,028 sur 0,02.

32. — Pic cendré, *Picus canus* Gmelin.

Plumage vert jaunâtre, la femelle sans nuance rouge sur la tête, le mâle avec le front seulement plaqué de cramoisi; bec brun de corne; iris rougeâtre. Les deux pennes du milieu de la queue seulement rayées transversalement, les autres d'un brun uniforme. Taille : 0 m. 30.

Sédentaire et assez commun dans les bois. Si ses mœurs et son plumage ressemblent à ceux du Pic vert, sa voix est très différente de celle de son congénère et le fait aisément reconnaître. Autant le Vert émet ses cris avec volubilité, autant le Cendré jette avec lenteur son cri de rappel. Ce cri s'imite du reste assez facilement et on peut ainsi amener l'Oiseau à portée de fusil. Chez le Cendré, la manière de nicher et l'œuf sont identiques à l'œuf et à la façon de nicher du Pic vert.

FAMILLE DES TORQUILLINÉS

Genre Torcol, *Yunx* Linné.

Bec droit, conique et pointu ; langue vermiforme extrêmement longue ; ailes médiocres, rectrices molles et flexibles. Deux doigts devant soudés à leur origine, deux derrière divisés.

33. — Torcol ordinaire, *Yunx torquilla* Linné.

Le Torcol porte un vêtement cendré roussâtre en dessus, grisâtre ou blanchâtre en dessous, le tout tacheté irrégulièrement de brun, de noir et de blanc ; la gorge et le devant du cou d'un jaune roussâtre avec le haut semé de petites raies brunes ; iris brun noirâtre. Taille : 0 m. 16 à 0 m. 17.

Le Torcol arrive dans le département de l'Indre aux premiers jours d'avril et y demeure sur le bord des bois, dans les vergers, dans les plaines où s'élèvent des bouquets de chênes et de noyers, jusqu'au 8 ou 10 octobre.

Il vit d'Insectes, surtout de Fourmis, et niche, en mai, dans les trous des chênes et des arbres fruitiers. Il est peu sauvage. Comme celui de tous les Pics, son œuf est blanc pur, long de 0,018 sur 0,014.

FAMILLE DES CUCULIDÉS

Genre Coucou, *Cuculus* Linné.

Bec de la longueur de la tête, peu arqué ; pieds emplumés au-dessous du genou ; deux doigts devant soudés à la base, deux derrière divisés, l'extérieur reversible ; queue longue et étagée ; ailes médiocres.

34. — Coucou gris, *Cuculus canorus* Linné.

Le Coucou a toutes les parties supérieures, la gorge, le cou, la poitrine d'un cendré bleuâtre, les parties inférieures blanchâtres, avec des raies transverses brunes ; tour des yeux, bordure du bec et pieds jaunes ; iris jaune. Certains sujets sont d'un beau roux avec de larges bandes noires transverses. Taille : 0 m. 30.

Le Coucou gris nous arrive dès les premiers jours d'avril, et on entend aussitôt son chant dans toutes les campagnes boisées, pourvu que la température ne soit pas trop basse. D'après les notes que nous avons prises depuis 17 ans, son appel a retenti pour la première fois dans nos forêts le 4 avril 1877, le 5 en 1874, 78, 79, 84, 92, le 6 en 1880, le 7 en 1875 et 1876, le 8 en 1882 et 1889, le 9 en 1883, le 10 en 1881 et 1885, le 14 en 1887 et 1890, le 15 en 1891 et seulement le 18 en 1888. Il est donc bien prouvé qu'il arrive ici du 1er au 10 avril très régulièrement.

Il ne cesse ses cris que fort tard, car on l'entend encore au 15 juillet ; les derniers émigrent vers le 10 octobre. On sait qu'il ne bâtit point de nid et que la femelle place quatre à cinq œufs séparément dans le nid des petites espèces insectivores. La couleur de l'œuf est très variable, grise, verdâtre ou violâtre, plus ou moins tachetée ou pointillée ; on a pu, par suite, prétendre que le Coucou plaçait dans chaque nid un œuf rappelant par sa coloration la couleur des œufs de la nourrice choisie par lui. Cet œuf mesure de 0,022 à 0,026 sur 0,016 à 0,017.

Le jeune demeure longtemps avec ses parents nourriciers ; nous en avons observé un avec des Bruants jaunes, au mois de septembre, et un autre très fort qui vivait en plein champ, depuis longtemps, en compagnie d'une bande de Traquets motteux.

PASSEREAUX SYNDACTYLES

FAMILLE DES ALCEDININÉS

Genre Martin-Pêcheur, *Alcedo* Linné.

Bec long, droit, tranchant et pointu ; pieds courts, nus au-dessus du genou ; trois doigts en avant, l'extérieur soudé à celui du milieu jusqu'à la deuxième articulation, celui-ci avec l'intérieur jusqu'à la première.

35. — Martin-Pêcheur vulgaire, *Alcedo ispida* Linné.

Oiseau bien reconnaissable à sa forme à nulle autre pareille et à sa couleur d'un vert bleu nuancé de bleu d'azur, avec les parties inférieures en partie rousses, les pieds rouges ou rougeâtres, l'iris noir. Taille : 0 m. 19.

On trouve communément le Martin-Pêcheur tout le long des rivières et sur le bord des étangs ; il se tient en toute saison au même cantonnement et y niche, soit dans les trous creusés dans les berges, soit à travers les pierres des chaussées. Son nid, que nous avons trouvé le 23 juin, conte-nait sept œufs frais, blancs et arrondis ; il était placé au fond d'un trou sur les berges de la *Creuse*, à environ 1 m. 30 au-dessus du niveau de l'eau et 70 centimètres de profon-deur. Le trou était tapissé de débris de petits Poissons déjà anciens, car les Oiseaux l'habitaient depuis plusieurs années.

Dans la collection de MM. Mercier-Génétoux figure un Martin-Pêcheur à tête, dos et côtés blancs et à ventre roux clair, qui a été tué à Châteaubrun. Il était apparu, un jour, sur les bords de la *Creuse*, au Pally, près d'Argenton, et pen-dant plus d'un an il évita les nombreux chasseurs qui le connaissaient et qui cherchaient à l'abattre.

PASSEREAUX DÉODACTYLES

FAMILLE DES CERTHIDÉS

Genre Sittelle, *Sitta* Linné.

Bec droit, allongé, conique; trois doigts en avant, un derrière très long à ongle recourbé ; ailes médiocres ; queue à 12 pennes, carrée ou légèrement étagée.

36. — Sittelle torchepot, *Sitta cæsia* Meyer et Wolff.

Toutes les parties supérieures cendré bleuâtre , la gorge blanche, une bande noire sur l'œil; parties inférieures roux pâle; bec bleuâtre, iris noisette. Taille : 0 m. 12 à 0 m. 13.

Sédentaire et commune dans toutes les futaies de chênes où elle vit par paires ou en famille. Elle ne cesse, à toute heure du jour, de répéter d'une voix sonore ses notes aigres et monotones, de plus en plus pressées, se montre très peu farouche et parcourt, du matin au soir, toutes les branches des arbres qu'elle habite. L'hiver, elle passe une partie de la journée dans un trou ; elle chante pourtant dès le commencement de février.

Elle niche dans un trou dont parfois elle rétrécit l'entrée avec de la terre gâchée. Sa nourriture consiste en Insectes, en grains et en fruits. L'œuf est blanc, pointillé de rougeâtre, de 0,02 sur 0,015.

Genre Grimpereau, *Certhia* Illiger.

Bec long, effilé et arqué. Trois doigts devant, un derrière ; ongles très courbés, celui de derrière très long ; queue étagée, les baguettes des plumes raides et piquantes.

37. — Grimpereau à doigts courts, *Certhia brachydactyla* Brehm.

Parties supérieures brunes, marquetées de roussâtre, de blanc et de noirâtre ; parties inférieures blanches ; pennes de la queue roussâtres terminées en forme de piquants ; bec long, effilé et arqué ; iris brun. Taille : 0 m. 12 à 0 m. 13.

Ce Grimpereau est assez commun dans le pays, tandis que l'espèce voisine, le familier de Linné, n'y existe probablement pas. Il n'émigre pas et paraît toujours aussi répandu, soit en hiver, soit en été, dans les futaies, les avenues et les jardins. Il explore sans cesse les troncs des arbres en poussant de petits cris ; au printemps on entend souvent sa petite chansonnette courte et douce. Il vit d'Insectes et d'Araignées. Son œuf est blanc, marqueté de rougeâtre et mesure 0,015 sur 0,012.

Genre Tichodrome, *Tichodroma* Illiger.

Bec très long, grêle, un peu arqué. Trois doigts devant, un derrière à ongle très long ; queue arrondie, les plumes de la queue à baguettes faibles.

38. — Tichodrome échelette, *Tichodroma muraria* Illiger.

Parties supérieures d'un cendré clair, gorge et devant du cou blancs légèrement teintés de cendré, le reste des parties inférieures d'un cendré noirâtre ; couvertures des ailes et parties supérieures des barbes extérieures des pennes d'un rouge feu vif ; bec long et grêle, faiblement arqué, noir, ainsi que l'iris. Taille : 0 m. 17.

Oiseau de passage exceptionnel, mais assez fréquent dans l'Indre où on ne l'a pas encore vu nicher.

On l'a tué en octobre sur les murailles du château de Chabenet, sur les falaises de Fontgombault, sur le château du Bouchet, à Romefort, à Châteaubrun.

FAMILLE DES UPUPIDÉS

Genre Huppe, *Upupa* Linné.

Bec très long, arqué, grêle. Ongles des doigts courts et
peu courbés, celui de derrière presque droit ; queue de
dix pennes, carrée ; ailes médiocres.

39. — Huppe vulgaire, *Upupa epops* Linné.

Sur la tête, deux rangées de longues plumes rousses avec
le bout noir formant une huppe que l'Oiseau abaisse et
relève à volonté ; parties supérieures d'un gris vineux avec
une large bande transversale sur le dos, ailes et queue noires
avec des bandes blanches, abdomen blanc. Bec très long,
peu arqué, grêle, couleur de chair à la base et noir à la
pointe ; iris brun. Taille : 0 m. 29 à 0 m. 30.

La Huppe nous arrive du 20 mars au 5 avril. Elle est
bien plus commune en Berry qu'en Poitou ou en Touraine
et on ne suit guère, au printemps, un chemin serpentant
dans les landes, sans apercevoir des Huppes, seules ou par
couples, qui volent par élans et soubresauts devant le voyageur et poussent de temps en temps leur gloussement
d'appel. Dès le mois de juillet, les abords des routes sont
peuplés de familles de 6 à 8 Huppes, peu farouches, s'envo-
lant sous le nez des Chevaux pour se reposer à vingt mètres
devant eux et repartir encore.

Cet Oiseau se nourrit presque exclusivement de Coléoptères, surtout de cette légion d'espèces qui habitent les
excréments du bétail.

Surprise dans le tronc où elle niche, la femelle emploie le
moyen de défense des Oiseaux qui nichent dans les troncs ;
elle siffle comme un Serpent.

Son œuf est uniformément d'un roussâtre clair ; il est long de 0 m. 026 sur 0 m. 019.

La Huppe nous quitte au commencement d'octobre.

FAMILLE DES CORVIDÉS

Genre Corbeau, *Corvus* Linné.

Bec généralement gros, au moins aussi long que la tête ; plumage sombre ; ailes acuminées.

40. — Corbeau noir, *Corvus Corax* Linné.

Plumage noir lustré avec quelques reflets pourprés ; 1re et 8e rémiges égales, 2e et 5e égales, 3e et 4e les plus longues. Taille : 0 m. 67.

Le Corbeau noir est sédentaire et rare dans le département. Il habite les endroits les plus sauvages des forêts de Bélâbre et le parc du Bouchet ; il y vit toute l'année par couple, tandis que les autres espèces du même genre se réunissent en bandes nombreuses après les nichées, quelques-unes même pendant les nichées.

Il fait, sur les chênes élevés, un nid extérieurement de bûchettes nouées avec du mortier de boue, intérieurement de mousse et de poils. Son œuf, pas très gros pour sa taille, est verdâtre, parfois rarement, parfois largement tacheté de gris sale et d'olivâtre. Il mesure 0 m. 048 sur 0 m. 032.

Un nid trouvé à Oulches, en fin fond de forêt, le 13 juin, contenant trois œufs très couvés, était composé exclusivement, sauf une garniture extérieure de bûchettes, de poils de Loup et de Cerf, pilés, entrelacés, feutrés et formant la plus moelleuse des couchettes. En dehors de ces poils, et il y en avait de quoi remplir un boisseau, formant une épaisseur de 10 à 12 centimètres, aucune autre matière !

Les Corbeaux avaient dû dévaliser toutes les couches des grands animaux du voisinage ou découvrir le cadavre d'un Cerf pour construire ce grand nid fauve, large de 0 m. 80. Tant il est vrai que les Oiseaux modifient leur manière de faire et le choix de leurs matériaux quand ils y voient un avantage.

Le grand Corbeau est absolument omnivore.

41. — Corbeau Corneille, *Corvus Corone* Linné.

Plumage noir assez lustré ; 1ʳᵉ rémige plus courte que la 9ᵉ, la 2ᵉ plus courte que la 6ᵉ ; la 4ᵉ la plus longue. Taille : 0 m. 52 à 0 m. 53.

Espèce très commune qui vit par couples l'été dans nos campagnes. Au commencement de novembre arrivent les bandes voyageuses qui, jusqu'en mars, parcourent nos champs. Il est certain que, depuis une quinzaine d'années, la Corneille noire a une tendance à demeurer dans le département durant la belle saison. Encore vers 1875, les couples qui nichaient dans nos bois n'étaient pas très nombreux ; depuis cette époque ils paraissent avoir décuplé ; en 1891, 1892, 1893, cet Oiseau est réellement très commun presque partout.

La Corneille vit de fruits, de grains, d'Insectes, de Mammifères, d'Oiseaux, de Reptiles ; en Brenne, certains couples vivent presque exclusivement de petits Poissons qu'ils savent pêcher très adroitement. Son œuf est un diminutif de celui du grand Corbeau, de même couleur mais seulement de 0 m. 045 sur 0 m. 023.

42. — Corbeau mantelé, *Corvus cornix* Linné.

Tête, gorge, ailes et queue noires à reflets bronzés, le cou et le corps gris cendré tirant parfois sur le gris lilas. Taille : 0 m. 52.

Cette espèce, peu commune dans le département, y arrive en novembre, séjourne ordinairement durant l'hiver et repart en février. Elle se mêle aux bandes de Corneilles noires et de Freux; on ne trouve jamais séparément une troupe d'Oiseaux de cette espèce.

Il y a dans la collection Mercier une variété dont le dos est cendré bleuâtre avec le centre de chaque plume flammé de noir. Temminck prétend que cette variété provient de l'accouplement de la Corneille noire et de la Corneille mantelée.

Dans notre pays, cette espèce vit surtout de grains.

43. — Corbeau freux, *Corvus frugilègus* Linné.

Plumage noir; 1ʳᵉ rémige plus courte que la 8ᵉ, la 2ᵉ plus courte que la 5ᵉ, les 3ᵉ et 4ᵉ égales et les plus longues. Taille : 0 m. 50. à 0 m. 51. Le bec est plus droit et plus effilé que celui de la Corneille noire; sa base est, dès l'hiver qui suit la naissance, entourée d'un peau rude, calleuse et blanche.

Les Freux nous arrivent au commencement de novembre en immenses troupes, séjournent dans nos campagnes jusqu'en février et, peu à peu, disparaissent vers le 1ᵉʳ mars.

A la fin de l'hiver, le Freux devient très rare dans l'Indre, et bien que nous l'ayons tué solitaire, en juillet, sur les bords de la Gabrière, nous ne l'avons guère trouvé en colonies dans le département. Une réunion de huit à dix couples a niché, il y a quelques années, sur les grands peupliers de la Bezarde, commune d'Oulches, et n'est pas revenue l'année suivante. Quelques Oiseaux ont également, il y a 25 ans, essayé de bâtir des nids le long de la route de Mézières, mais on les a détruits sans les laisser achever. L'œuf du Freux est oblong, de 0 m. 044 sur 0 m. 03, blanchâtre, avec une couronne de taches brunes et des plaques brunâtres disséminées sur la coquille.

44. — Corbeau choucas, *Corvus monedula* Linné.

Plumage noir à reflets, sauf l'occiput et le dessus du cou

qui sont d'un gris cendré ; bec et pieds noirs ; iris blanc.
Taille : 0 m. 41.

Le Choucas est sédentaire en plusieurs localités du département, notamment dans les falaises de Fontgombault, où
il demeure depuis le mois de mars jusqu'au mois de novembre. Il y construit, au fond des trous, dans le roc, un nid
avec des herbes sèches, de la mousse et de la laine, et y
pond quatre à sept œufs d'un bleuâtre pâle, piquetés et
tachetés de noirâtre, longs de 0,035 sur 0,025, très analogues
à une variété des œufs de la Pie.

Le voyageur qui suit la jolie route du Blanc à Fontgombault, resserrée entre la rivière bordée de peupliers et les
hautes falaises grises, voit sans cesse les bandes de Choucas
tournoyer en criant au-dessus de sa tête et se percher aux
cimes les plus élevées. Mais, aux derniers jours d'octobre,
ils quittent leurs rochers et se dispersent dans les campagnes pour y vivre de grains ensemencés, en la société des
Corneilles et des Freux. D'autres habitent les clochers, les
donjons, les vieux bâtiments élevés et y nichent dans les
trous des murailles.

Durant l'été, ils mangent des Coléoptères, des Orthoptères, de petits Orvets et Lézards, des fruits et des grains.

Genre Cassenoix, *Nucifraga* Brisson.

Bec long, droit et effilé ; plumage brun, semé de taches
blanches.

45. — Cassenoix vulgaire, *Nucifraga cariocatactes*
Temminck.

Plumage brun de suie, goutelé de blanc. Taille : 0 m. 35
à 0 m. 36.

Se montre accidentellement, surtout à la fin de l'automne.
Nous l'avons tiré solitaire à Fontgombault, en octobre 1883.

On a signalé des passages dans les années 1805, 1814, 1820, 1836, 1844, 1851, etc. En 1844 particulièrement, le passage fut considérable dans tout le département et M. Mercier-Génétoux put alors se procurer quatre Cassenoix tués aux environs d'Argenton, sur des tas de fumier où ils cherchaient leur nourriture.

Genre Pie, *Pica* Brisson.

Bec droit, convexe, un peu échancré à la pointe ; queue très longue et étagée; tarses notablement plus longs que le doigt médian, ongles courbés ; plumes de la tête non érectiles.

46. — Pie ordinaire, *Pica caudata* Linné.

Plumage mi-partie blanc pur et mi-partie noir, avec des reflets verdâtres ou violets. Taille : 0 m. 50.

. Extrêmement commune partout. La Pie, que tout le monde connaît, est omnivore ; de l'examen de nombreux estomacs que nous avons ouverts, il résulte que sa nourriture habituelle consiste : 1° en Coléoptères, surtout Cétoines, Hannetons, Bouziers, Staphylins ; 2° en Chenilles rases ; 3° en grains d'avoine et de froment ; 4° en cerises et raisins. En dehors de là, la Pie s'attaque à toutes sortes d'Insectes, aux œufs d'Oiseaux, aux Oisillons soit au nid, soit quand ils essaient de voler, aux Poussins et aux Canetons des fermes, aux petits Reptiles, aux fruits et aux graines. Nous avons même trouvé dans un estomac une Chauve-souris entière. C'est une bête extrêmement nuisible qui détruit beaucoup de gibier. Les Pies blanches, isabelle ou tapirées de blanc et de cendré ne sont pas très rares. La Pie niche au sommet des arbres, parfois dans les buissons, et pond de trois à huit œufs verdâtres, tachetés de brun, mesurant 0,032 sur 0,023.

Genre Geai, *Garrulus* Brisson.

Bec droit, épais, denté à la pointe ; queue carrée, moyenne ; tarses de la longueur du doigt médian ; ongles très peu recourbés ; plumes de la tête érectiles.

47. — Geai ordinaire, *Garrulus glandarius* Vieillot.

Sommet de la tête gris, flammé de taches brunes, moustaches noires ; fond du plumage cendré vineux ; sur les ailes une large plaque du plus beau bleu avec des raies transversales noires. Taille : 0 m. 35.

Sédentaires et très communs dans tous les bois, les Geais n'émigrent pas, mais ils entreprennent volontiers, à l'automne, de petits voyages d'une localité à une autre. Ils volent alors assez haut, non par groupes, mais en suivant la même ligne, à dix, cent, trois cents mètres les uns des autres, et se reposent de temps en temps. Ils vivent de graines, de fruits, de glands et de châtaignes, mais ils attaquent aussi les nids et les Oisillons dont ils détruisent une grande quantité.

Nous possédons un Geai albinos, tué à Parnac ; il est d'une éclatante blancheur, avec l'iris, le bec et les pieds roses.

Le nid, placé à mi-hauteur sur un arbre, contient quatre à sept œufs gris verdâtre, souvent tachés de roussâtre, de 0 m. 031 sur 0 m. 021.

FAMILLE DES LANIIDÉS

Genre Pie-grièche, *Lanius* Linné.

Bec robuste, crochu et denté ; ailes courtes ; queue bicolore.

48. — Pie-grièche grise, *Lanius excubitor* Linné.

Tête, nuque et dos d'un cendré clair, au moins chez le vieux mâle, avec une bande noire sur les yeux ; parties inférieures blanc pur; ailes noires; queue longue, blanche et noire. Chez la femelle, la poitrine est marquée de taches cendré clair. Taille : 0 m. 23.

Sédentaire et assez rare ; devient un peu plus commune de novembre à février. La Pie-grièche grise chasse tous les Insectes et au besoin attaque les Mulots et les petits Oiseaux. On la voit souvent planer à la manière des Rapaces et brusquement se précipiter sur un Grillon ou une Courtilière ; il n'est pas rare non plus de l'apercevoir saisissant un Pinson ou un Bruant qu'elle commence à déplumer tout vivant. Elle pond, dans un nid placé sur un arbre ou dans un buisson, cinq à sept œufs gris clair, tachés et piqués d'olivâtre et de brun, de 0 m. 027 de longueur sur 0 m. 020.

49. — Pie-grièche à poitrine rose, *Lanius minor* Gmelin.

Front, région des yeux et des oreilles noirs ; occiput, nuque et dos cendrés ; gorge blanche ; poitrine et flancs roses ; ailes noires avec un miroir blanc. Taille : 0 m. 22.

Cette jolie Pie-grièche nous arrive vers le 15 avril et disparaît aux premiers jours d'octobre. On la voit assez communément le long des routes bordées de buissons et de brandes, tantôt posée sur les fils de télégraphe, tantôt planant comme un Rapace et passant d'un vol rapide d'un arbre à l'arbre ou au buisson voisin.

Nous avons presque toujours, en la disséquant, trouvé dans son estomac des Chenilles rases et des Diptères, mais elle vit aussi de Coléoptères, d'Orthoptères, d'Oisillons et de petits Mammifères, exceptionnellement de fruits.

Son nid est remarquable. Il est grand, en forme de coupe et composé de tiges de graminées sèches ou fraîches, de radicelles et de laine ou de matières cotonneuses, le tout artistement entrelacé. Il répand une agréable odeur de foin à demi sec. Nous en avons trouvé plusieurs entièrement construits de plantes odoriférantes, d'autres étaient formés de tiges de menthe, de graminées et de fleurs des champs. C'est une habitude propre à la plupart des Pies-grièches que cette coutume de faire leurs nids avec des tiges fraîches de graminées et de plantes à odeur parfumée. Les autres Oiseaux choisissent de préférence des tiges sèches. Les cinq œufs qu'elle pond sont bleuâtres, tachés de brun violet et de gris, longs de 0 m. 025 sur 0 m. 017.

50. — Pie-grièche rousse, *Lanius rufus* Brisson.

Tête d'un magnifique roux vif ; front, région des yeux et des oreilles noirs ; parties inférieures blanches ; dos et ailes noires variés de blanc, queue noire terminée de blanc. Taille : 0 m. 19.

Arrive du 1er au 18 avril, habite en grand nombre le département pendant la belle saison et nous quitte vers le 1er octobre.

Elle se nourrit d'Insectes de tous les ordres et nous croyons qu'en dehors des Chenilles velues elle n'en rejette aucun. Toutefois, ce sont les Guêpes, les gros Criquets et des Diptères de grande taille que l'on trouve presque toujours dans son estomac. Son nid, placé dans un buisson, contient cinq à six œufs grisâtres, tachetés de roussâtre et de brun, de même grosseur que ceux du *Lanius minor*.

51. — Pie-grièche écorcheur, *Lanius collurio* Linné.

Chez le mâle, la tête et le dos sont cendré bleuâtre, le tour des yeux et des oreilles noir, le manteau roux marron, la gorge blanche, la poitrine et le ventre d'un roux rose, les ailes noirâtres bordées de roux foncé. Chez la femelle, les parties supérieures sont d'un roux brun, les inférieures blanches mouchetées de gris cendré. Taille : 0 m. 17 à 0 m. 18.

L'Écorcheur apparaît dans le département de l'Indre du 10 au 20 avril ; il y passe la belle saison et repart aux premiers jours d'octobre. On le voit exceptionnellement plus tard, car nous avons tué le 25 novembre un sujet en parfaite santé dont l'estomac contenait quelques gros Diptères et une Agrionine. Il vit d'Insectes, mais mange volontiers des Mulots et des petits Oiseaux. Il se tient dans les buissons et aime à se poser sur les fils télégraphiques. Son nid, que nous avons toujours trouvé dans un buisson épais ou sur un noyer, est fait d'herbes odoriférantes et contient cinq œufs, à peine plus petits que ceux des espèces précédentes, grisâtres, ou verdâtres, ou jaunâtres, tiquetés et tachés de brun rouge et d'olivâtre.

FAMILLE DES STURNIDÉS

Genre Étourneau, *Sturnus* Linné.

Bec droit, déprimé, à pointe très déprimée sans échancrure. Ailes longues, tarses moyens.

52. — Étourneau vulgaire, *Sturnus vulgaris* Linné.

L'Étourneau porte, en hiver, un plumage noirâtre moucheté de blanc, sauf sur le dos où les mouchetures sont roux clair. Au printemps, les mouchetures de la tête et des parties inférieures ont disparu par l'ébarbement du bout des plumes et l'Oiseau est d'un noir lustré à reflets verts, violets et pourpres. La taille est d'environ 0 m. 23.

Sédentaire dans le département où il vit en bandes considérables toute l'année, sauf à l'époque des nichées, d'avril à juin, où les troupes sont moins nombreuses. Il aime le voisinage des étangs et se mêle volontiers aux troupes de Corbeaux. Il niche, souvent par compagnies, dans les cavités des vieux arbres et se nourrit de toutes sortes d'Insectes et de fruits. Son œuf est d'un bleu pâle ; il mesure 0 m. 027 sur 0 m. 020.

Le *Sturnus unicolor* n'existe pas dans le département, mais on trouve des variétés du type qui s'en rapprochent beaucoup.

Genre Martin, *Pastor* Temminck.

Bec légèrement arqué, très comprimé latéralement, à pointe un peu échancrée; ailes et tarses plus longs que chez le genre Étourneau.

53. — Martin roselin, *Pastor roseus* Temm.

Tête noire, avec huppe, cou et haut de la poitrine noirs à reflets violets; ailes et queue d'un brun violâtre; dos et ventre d'un beau rose. Taille : 0 m. 22.

Apparaît très accidentellemet dans l'Indre. M. Fairmaire nous a cité une ou deux captures faites en Brenne, il y a une quarantaine d'années.

FAMILLE DES FRINGILLIDÉS

Genre Moineau, *Passer* Brisson.

Bec robuste, légèrement bombé, assez court; ailes et tarses moyens; queue échancrée.

54. — Moineau vulgaire, *Passer domesticus* Brisson.

Tout le monde connaît le Moineau avec son costume gris et roux, un peu différent en hiver de ce qu'il est en été, moment où la calotte du mâle devient cendré bleuâtre, le haut du cou et du dos marron, rayé de noir, la gorge d'un beau noir, les ailes rayées de blanc pur. La taille est de 0 m. 15.

Il est très commun partout, autour des fermes et villages et dans les villes. Très rusé, il sait admirablement échapper à l'Oiseau de proie en se cachant dans les arbustes épineux et se nourrit soit des graines données aux volailles, soit des grains qu'il ramasse dans les champs au moment des moissons. Il mange aussi des Insectes, Coléoptères, Chenilles rases, Éphippigères, Diptères. Il est moins utile qu'on ne croit parce que les Insectes qu'il détruit sont presque tous des Insectes indifférents ou utiles. Son nid est placé, tantôt dans un trou de mur, tantôt à la cime d'un arbre. L'œuf varie du blanc piqueté de brun au blanc couvert de mouchetures grises, violettes ou brunes. Il mesure 0, 02 sur 0, 014.

55. — Moineau friquet, *Passer montanus* Brisson.

Calotte d'un roux vineux, tête et gorge noires avec un collier interrompu d'un blanc pur; parties supérieures roux marron, tachetées de noir; parties inférieures cendrées ou blanchâtres.

La femelle ressemble au mâle, ce qui n'a pas lieu chez l'espèce précédente. Taille : 0 m. 13.

Très commun, surtout le long des cours d'eau plantés de vieux saules; moins répandu dans les villes que son congénère, vit d'Insectes et de grains comme lui et niche toujours dans les trous d'arbres. Son œuf est un peu plus petit que celui du Moineau vulgaire et de couleur analogue.

56. — Moineau soulcie, *Passer petronia* Degland.

Plumage d'un brun cendré, mêlé de blanchâtre aux parties inférieures. Une tache d'un beau jaune sur le devant du cou. Taille : 0 m. 16.

Le Soulcie habite les grands bois, ordinairement solitaire; nous l'avons observé en mai, en octobre et en janvier. L'hiver, il sort parfois dans les campagnes et se prend dans les filets à Alouettes.

Il vit de grains et d'Insectes et niche dans les trous d'arbres. Son œuf, long de 0, 023 sur 0, 015, est blanchâtre, très tacheté de brun, de gris et de noirâtre.

Genre Bouvreuil, *Pyrrhula* Brisson.

Bec très gros, très bombé et renflé, à mandibule supérieure dépassant l'inférieure ; ailes courtes, queue peu échancrée.

57. — Bouvreuil vulgaire, *Pyrrhula vulgaris* Temm.

Sommet de la tête, gorge, ailes, queue d'un noir brillant ; manteau cendré ; cou, poitrine et ventre d'un beau rouge, croupion blanc pur, une bande blanche sur les ailes. La femelle a une livrée terne, sans teinte rouge. Taille : 0 m. 15.

Le Bouvreuil, rare dans nos plaines, est commun et sédentaire dans nos grands bois. Il est purement granivore et en aucune saison il ne paraît manger d'Insectes. Ses mets favoris sont, au printemps, les bourgeons d'arbres et, plus tard, les pépins de baies ou de fruits, les mûres du roncier, les cônes des pins qu'il décortique pour en trouver l'amande et les feuilles vertes de certaines plantes.

Son chant est peu étendu et les deux sexes ont une note d'appel douce et triste. Malgré que cette note soit chez la femelle excessivement faible, elle ne laisse pas d'attirer les mâles probablement de fort loin, et Darwin raconte, d'après un célèbre éleveur d'Oiseaux, que, dans un pays où l'on ne voit jamais le Bouvreuil sauvage, l'oiseleur n'avait pas plus tôt perdu un mâle prisonnier que la cage de la femelle demeurée seule était visitée par un mâle étranger. Ces visites prouvaient que les Bouvreuils mâles voyagent solitaires et sans jamais s'arrêter en certaines localités s'ils n'entendent au passage un appel de la femelle. Elles prouvent aussi qu'on ne doit jamais affirmer l'absence absolue d'une espèce en un pays donné. On ne voit pas l'Oiseau, mais le passage a lieu sans qu'on l'observe.

Le nid est placé dans un buisson ou un petit arbre épais, très souvent dans un genévrier ; il contient 4 à 5 œufs bleuâtres, tachés de brun, mesurant 0,024 sur 0,015.

Genre Bec-croisé, *Loxia* Brisson.

Bec assez long, fort, très comprimé, et remarquable en ce que les deux mandibules, au lieu de s'allonger l'une sur l'autre, se croisent, la pointe de l'une vers la droite, celle de l'autre vers la gauche.

58. — Bec-croisé des pins, *Loxia curvirostra* Linné.

Plumage du mâle rouge brique ; pennes des ailes et de la queue noires ; couvertures inférieures de la queue blanches avec une grande tache brune au centre de chaque plume ; région des oreilles brune. Un mâle, pris en livrée rouge, revêtit à la mue d'automne une livrée jaune verdâtre. Chez la femelle, le rouge est remplacé par du jaunâtre ou par du gris. Taille : 0 m. 16.

Il y a, de temps en temps, dans le département de l'Indre, de grands passages de Bec-croisés. Ces Oiseaux foisonnent alors dans tous les bois de pins et de sapins. M. Mercier-Génétoux a conservé le souvenir notamment des passages de janvier 1828, mars 1835, novembre et décembre 1861. D'autres ont eu lieu en septembre 1864, septembre 1869. Plus tard, à Concremiers, du 15 au 25 septembre 1889, en septembre 1890, en octobre 1891, on a pu constater de nombreux passages qui ne duraient que quelques jours. Nous finissons par croire que le Bec-croisé visite chaque année certains points de notre région ; par exemple, le village du Vivier, près d'Argenton, où on le tue pour ainsi dire tous les ans. A certains moments le passage est considérable et les Oiseaux se répandent partout où il y a des sapins ; en temps ordinaire les voyageurs font seulement escale dans une série de parcs ou de bois placés sur la route et ne s'écartent pas autrement de leur chemin.

Le Bec-croisé vit de graines et d'amandes de fruits et de

conifères. Il est extrêmement confiant et se laisse approcher de près.

Genre Gros-bec, *Coccothraustes* Brisson.

Bec excessivement gros, épais, bombé, comme nacré; ailes moyennes; tarses et queue courts.

59. — **Gros-bec vulgaire**, *Coccothraustes vulgaris* Vieillot.

Tête, joues et croupion d'un brun roux; l'espace entre l'œil et le bec, ainsi que la gorge, d'un noir profond; un large collier cendré sur le cou; manteau roux-marron avec une raie blanche sur l'aile; parties inférieures roux tendre; bec blanchâtre en hiver et bleuâtre en été. Taille: 0 m. 18.

Les Gros-becs sont communs dans le département. Les uns sont des voyageurs qui passent avec les Grives venant du nord ou de l'ouest, les autres sont sédentaires et vivent toute l'année dans les futaies. On les trouve très souvent dans les jardins des villes, de février à avril et en octobre; et quand, par hasard, le passage se trouve arrêté par des tempêtes de neige, on les voit partout par centaines durant quelques jours. Ils vivent de fruits, de graines et d'amandes de toutes sortes et se réunissent volontiers dans les vignes où on a laissé de la grappe de raisins pressurés.

Ils construisent en avril, à la cime d'un grand arbre, chêne ou ormeau, un nid bien caché, plat et assez large, composé de brins de bois sec, minces, longs et bien entrelacés; l'intérieur est garni de racines, de lichens et de crin. L'œuf est violet clair, tacheté de brun, de 0 m. 025 sur 0 m. 018.

Genre Verdier, *Ligurinus* Koch.

Bec fort et voûté en dessus, épais à la base, un peu aplati sur les côtés; tarses médiocres; queue fourchue de moyenne longueur.

60. — Verdier ordinaire, *Ligurinus chloris* Koch.

Presque tout le plumage du mâle vert lavé de jaune,
moyennes couvertures des ailes cendrées avec de grandes
taches noires, bord extérieur des ailes, le haut des rémiges et
la partie supérieure des pennes latérales de la queue d'un
beau jaune. La femelle est d'un cendré verdâtre. Taille : 0 m. 15.

Cet Oiseau est sédentaire et très commun partout. Absolument dédaigneux des Insectes, il mange des grains de toutes sortes et se montre, en hiver, très friand des pulpes de
raisins pressurés que l'on a jetés dans les vignes en guise
d'engrais.

Il niche presque toujours à hauteur moyenne sur les arbres
et place son nid le long du tronc, au milieu des jeunes branches feuillues qui ont poussé aux endroits où l'arbre a été
émondé. Dans ce nid, la femelle pond de 4 à 6 œufs, de
0 m. 019 sur 0 m. 015, d'un bleu azuré tacheté de brun
brillant et de gris violet.

Il se réunit l'hiver en masse aux grandes troupes de
Bruants et de Pinsons qui parcourent nos campagnes.

Genre Pinson, *Fringilla* Linné.

Bec fort, conique, presque droit, non bombé ; tarses médiocres ; queue peu échancrée, longue.

61. — Pinson ordinaire, *Fringilla cœlebs* Linné.

Au mois d'avril, le mâle endosse son plumage d'été ; il a
alors le front noir, le haut de la tête et la nuque d'un bleu
cendré pur, le dos d'un roux passant peu à peu à l'olivâtre et
sur le croupion au vert, les parties inférieures bai clair, plus
vif sur la gorge ; abdomen blanc, queue noire, ailes noires avec
deux raies blanches, le bec bleuâtre. En hiver, les parties
supérieures et inférieures ont pris une teinte cendrée, le bec
est devenu blanchâtre. La femelle, un peu plus petite, est

d'un cendré brun nuancé d'olivâtre en dessus, cendré blanchâtre en dessous. Taille : 0 m. 17.

Dans la collection Mercier-Génétoux se trouvent un mâle à
tête jaune clair, gorge, nuque, devant du cou, ailes et queue
d'un blanc pur, et une femelle isabelle avec les ailes et la
queue blanches.

Le Pinson sédentaire est très commun, habite surtout dans
les jardins, les parcs, les promenades des villes, la lisière des
bois. En hiver, ces Oiseaux se réunissent en bandes de plusieurs centaines et se répandent dans tous les champs; puis,
aux premiers beaux jours, ils s'apparient et le mâle fait entendre partout sa phrase claire et gracieuse. Il mange très peu
d'Insectes. Son nid, moussu à l'extérieur, est merveilleu-
sement dissimulé dans les branches d'un arbre de moyenne
hauteur, et reçoit 4 à 5 œufs extrêmement jolis, généralement d'un rouge violet clair, plaqués de noir, de rouge brique baveux, ou de brun foncé. Leur longueur est de 0 m. 020,
leur largeur de 0 m. 015.

62. — Pinson d'Ardennes, *Fringilla montifringilla* Linné.

Le mâle en été a la tête et le dos d'un noir à reflets bleuâtres, la gorge, la poitrine et les petites couvertures des ailes
d'un beau roux rouge; queue noire, ailes noires traversées
de roux et de blanc, les parties inférieures blanches, le bec
noir bleuâtre. En hiver, ces couleurs sont voilées de barbes
roussâtres et grises qui disparaissent peu à peu aux approches du printemps et le bec est jaunâtre avec la pointe noire.
La femelle a les couleurs plus ternes. Taille : 0 m. 17 à 0 m. 18.

Le Pinson d'Ardennes arrive dans nos pays en grandes
masses vers le commencement de novembre. L'avant-garde
apparaît du 10 au 20 octobre. Beaucoup s'établissent pour
l'hiver. Tout le jour, ils s'occupent à rechercher grains et
bourgeons, mais nous doutons qu'ils s'attaquent jamais aux

Insectes, d'ailleurs rares à l'époque de leur migration.

Ils nous quittent en février ou aux premiers jours de mars et il n'est pas d'exemple qu'un couple ait passé la belle saison dans les contrées tempérées.

63. — Pinson niverolle, *Fringilla nivalis* Brisson.

Chez le mâle, en hiver, la tête est cendré bleuâtre, le dos brun roussâtre; les couvertures alaires blanc pur; les pennes latérales de la queue d'un blanc pur terminé de noir, mais les deux du milieu noires, ainsi que les grandes couvertures supérieures et les rémiges, les parties inférieures blanchâtres, bec jaune et pieds noirs. Taille : 0 m. 19.

Cette espèce se montre très accidentellement dans l'Indre. La seule capture que nous connaissions est celle d'un individu solitaire, tué en novembre par M. Faulcon, aux environs du Blanc.

Genre Chardonneret, *Carduelis* Briss.

Bec allongé, à pointe aiguë, très peu fléchi; tarses courts, queue échancrée, assez courte.

64. — Chardonneret élégant, *Carduelis elegans* Steph.

Tour du bec, occiput et nuque d'un noir profond; front, gorge et région des yeux rouge cramoisi; joues, devant du cou et parties inférieures blanc pur; dos d'un brun roussâtre foncé, la moitié supérieure des ailes d'un beau jaune. Chez la femelle le cramoisi est moins étendu, il manque chez les jeunes. Dans la collection Mercier-Génétoux, figurent un mâle tournant au mélanisme et un autre albinos avec du jaunâtre sur les ailes. Taille : 0 m. 15.

Sédentaire et très commun. Il n'est pas de jardin qui, à l'époque des amours, ne nourrisse un ou plusieurs couples de

Chardonnerets et, à l'automne, nos champs, nos landes à chardons sont remplis de bandes de dix, vingt, parfois soixante Chardonnerets, rarement mêlés à des Linottes et à d'autres espèces. C'est un Oiseau essentiellement granivore. Tout le monde connaît son charmant petit nid, tissé, en grande partie, de ouate et de coton du saule et du peuplier. Dans ce nid, construit sur un arbre ou un arbuste, la femelle pond, en mai, 4 à 5 œufs blanchâtres, semés de points bruns et de petites taches rougeâtres formant couronne au gros bout. L'œuf mesure 0 m. 017 sur 0 m. 013.

65. — Chardonneret tarin, *Carduelis spinus* Steph.

Le mâle a la tête et la gorge noires; le cou, la poitrine et une bande sur les yeux, jaunes; le dos verdâtre, nuancé de cendré, avec une moucheture noire sur chaque plume; une bande noire et une autre vert jaune sur l'aile; la femelle est verdâtre, tachetée de noir. Taille : 0 m. 12.

Le Tarin nous arrive par bandes de 15 à 50 Oiseaux aux dernières journées d'octobre. De ces bandes, les unes séjournent dans le pays durant quelques jours et gagnent ensuite les contrées plus méridionales; d'autres s'y établissent pour y demeurer tout l'hiver. Les Tarins se plaisent au bord de nos rivières garnies de touffes d'aulnes, et deviennent extrêmement communs au moment des passages sur les rives de la *Creuse*, de l'*Anglin*, de l'*Indre*. En mars, les dernières troupes disparaissent; pas un Oiseau ne nous reste.

Ils vivent, dans notre pays, exclusivement des semences et des bourgeons des aulnes, des bouleaux, des ormes et des peupliers.

C'est un Oiseau vif, remuant, bruyant lorsqu'il est en troupe et remarquablement peu craintif. Dans un bois, en mars, un bouleau peu élevé, sous lequel nous nous trouvions, fut tout à coup envahi par une bande de Tarins, une trentaine, qui se pendirent à tous les rameaux, visitant l'arbre de haut en bas avec une extrême vivacité. Nous tirâmes un coup de fusil à cinq ou six mètres; mais la bande, sans s'occuper de la détonation et de la chute de plusieurs morts, continuait sa visite. Nous recommençâmes; l'extrémité du canon de fusil touchait presque les Oiseaux occupés sur les branches basses, la fumée les enveloppait. C'est à peine s'ils voletaient un peu plus haut. Nous ne pûmes, àcoups de fusil, chasser la troupe de l'arbre où elle se trouvait.

Genre Linotte, *Cannabina* Brehm.

Bec court, conique, droit, à pointe obtuse; ailes assez courtes; queue moyenne, très échancrée.

66. — Linotte vulgaire, *Cannabina linota* Gray.

Le mâle, en été, a les parties supérieures d'un roux clair, les parties inférieures blanches, avec les plumes du front et de la poitrine d'un rouge cramoisi, terminé par une bordure étroite rouge-rose, le bec bleuâtre; en hiver, il a perdu ses belles teintes rouges et ses parties supérieures sont devenues roussâtres tachetées de brun. La femelle porte un vêtement toujours brun roussâtre ou cendré-jaunâtre semé de taches brunes. Taille : 0 m. 14.

Ce joli petit Oiseau est sédentaire et très commun. Il niche, au printemps, dans les vignes, les bruyères, les buissons, très volontiers dans les genévriers; les 4 à 6 œufs de la couvée sont d'un blanc verdâtre, semé de points et traits rougeâtres, surtout au gros bout, avec un diamètre de 0 m. 018 sur 0 m. 013.

A l'automne, les Linottes se réunissent en troupes nombreuses qui gazouillent en symphonie sur les arbres et volent, de place en place, durant toute la journée.

La collection Mercier possède une femelle de couleur isabelle, avec les ailes et la queue blanches.

Genre Sizerin, *Linaria* Vieillot.

Bec court, pointu, droit; ailes moyennes; queue assez allongée et très échancrée.

67. — Sizerin cabaret, *Linaria rufescens* Vieillot.

Cet Oiseau qui ressemble à une petite Linotte a le haut de la tête d'un rouge cramoisi, le dessus du corps brun roux avec une bande blanchâtre sur les ailes; la poitrine est rouge chez le mâle. La taille est seulement de 0 m. 11.

Il doit passer régulièrement dans le département tous les hivers; nous le voyons presque chaque année, souvent en certain nombre, surtout dans les bois. On le trouve ordinairement solitaire, parfois au milieu d'une bande de Tarins. Il ne niche jamais.

FAMILLE DES EMBERIZIDÉS

Genre Bruant, *Emberiza.*

Bec à bords très rentrants, palais fortement convexe et tuberculé; queue multicolore, plumage différent dans les deux sexes.

68. — Bruant jaune, *Emberiza citrinella* Linné.

Plumage du mâle, en été, varié de noir, de gris et de roussâtre, avec le croupion marron clair, la tête et le dessous du corps d'un beau jaune, couleurs qui ternissent chez la femelle ou en hiver chez le mâle. Taille : 0 m. 17.

Espèce sédentaire, très abondante en tous lieux, peu sauvage. Le nid, qui est placé presque toujours à terre, rarement dans un buisson, contient 4 à 5 œufs violacés avec des taches et des traits en zigzags noirs, de 0 m. 022 sur 0 m. 016. Nous avons été plusieurs fois témoins des combats que cette espèce livre à la Pie-grièche écorcheur lorsque celle-ci s'approche de la couvée ; la Pie-grièche est ordinairement mise en fuite.

Dès le 15 mars, on entend, de tous côtés dans les campagnes, le chant de cette espèce ; sept ou huit fois la même note pressée, puis une note traînante un peu plus basse !

Les variétés albine et isabelle ne sont pas très rares.

69. — Bruant zizi, *Emberiza cirlus* L.

Plumage du mâle varié de roux, de noir et de cendré, d'olivâtre, le croupion olive ; la tête olivâtre avec deux bandes jaunes de chaque côté des yeux, séparées par un trait noir ; abdomen jaune. La femelle plus terne, sans bandes jaunes aux yeux. Taille : 0 m. 17.

Le Bruant zizi, le plus proche voisin du Bruant jaune, est, comme lui, sédentaire et très répandu. Il niche tantôt à terre dans les herbes et les brandes, tantôt dans un buisson ou sur les branches basses d'un conifère ; les œufs sont gris, couverts de points, taches, mouchetures et traits allongés noirs, d'une longueur de 0 m. 022 sur 0 m. 016.

70. — Bruant fou, *Emberiza cia* L.

Tête, gorge, cou, poitrine d'un cendré bleuâtre, une bande noire sur les yeux, large bande sourcilière cendrée suivie d'une raie noire prolongée sur la nuque, ailes et dos roux clair semé de taches noires, abdomen roux pur. Taille : 0 m. 165.

Espèce élégamment vêtue, très rare dans le département. Trois mâles ont été capturés, en hiver, dans les vignes d'Argenton, au milieu de bandes de Pinsons ; un autre sujet a été tué par M. Parâtre.

71. — Bruant Ortolan, *Emberiza hortulana* L.

La gorge, un cercle autour des yeux et une bande à l'angle

du bec jaunes ; tête et cou gris olivâtre ; manteau roussâtre flammé de traits noirs ; abdomen d'un rouge bai ; bec rosé. Taille : 0 m. 16.

L'Ortolan nous arrive dès les premiers jours d'avril ; au milieu de mai le passage est terminé, mais un certain nombre de couples s'établissent dans les vignes pour y nicher, à terre, au pied d'un cep. L'œuf, qui mesure 0 m. 02 sur 0 m. 015, est d'un gris violâtre tacheté et plaqué de noir.

En septembre, on trouve cette espèce solitaire ou par petites familles dans les vignes. Dès le 15 octobre, les voyageurs et ceux du pays ont disparu.

Genre Proyer, *Miliaria* Brehm.

Bec à bords très rentrants ; palais tuberculé ; queue unicolore ; plumage semblable dans les deux sexes.

72. — Proyer d'Europe, *Miliaria europæa* Swainson.

Parties supérieures d'un brun cendré, mouchetées de noir ; gorge blanche également mouchetée ; bec jaunâtre. Taille : 0 m. 19.

Le Proyer nous arrive dès la fin de février, et aussitôt on l'entend, perché sur le sommet des buissons, multiplier son chant, une sorte de grincement monotone. Il niche à terre, dans les prés et les brandes, et pond 5 à 6 œufs gris tachetés et marquetés de noir et de brun rougeâtre, longs de 0 m. 026 sur 0 m. 018.

En octobre, il émigre en troupes assez nombreuses ; quelques-uns demeurent pourtant durant l'hiver.

Genre Cynchrame, *Cynchramus* Boie.

Bec comprimé, palais lisse ; queue multicolore, plumage du mâle et de la femelle différent.

73. — **Cynchrame de roseaux,** *Cynchramus schœ-niclus* Boie.

Au printemps, le mâle revêt un très beau costume : la tête, le cou et la gorge sont d'un noir profond, sur les côtés du cou un trait blanc ; les parties inférieures d'un blanc pur, les supérieures variées de noir, de roux vif et de cendré brun. Mais à l'automne, le noir s'est effacé et l'Oiseau porte un plumage simple, gris et roussâtre, se rapprochant de celui de la femelle. Taille : 0 m. 15.

C'est un habitant des brandes et des étangs où il pullule durant l'été, tandis qu'il n'est pas très commun ailleurs, à ce moment-là. Il niche presque toujours dans les bruyères, au milieu des touffes ou à terre, et pond cinq à six œufs mesurant 0 m. 014 sur 0 m. 015, gris violacé, tachetés et zébrés de noir.

Plus tard, aux approches de l'hiver, il se répand dans les vignes et les champs où on l'observe pendant les froids. En temps de neige, on le prend beaucoup aux filets.

Genre Plectrophane, *Plectrophanes* Mey. et Wolf.

Bec à bords peu rentrants, palais sans tubercule ; ongle du pouce très long, presque droit, comme celui des alouettes.

74. — **Plectrophane de neige,** *Plectrophanes nivalis* Mey. et Wolf.

Cet Oiseau a la tête, le cou, les ailes, les parties inférieures blancs variés de roux isabelle. Sa taille est de 0 m. 18.

Nous connaissons de ce Bruant une dizaine de captures faites aux environs du Blanc, de novembre à février, pendant une période de vingt ans. On l'a tué courant sur les routes ou dans les champs, posé sur des tas de cailloux. Mais nous l'avons observé en maintes autres circonstances, toujours pendant l'hiver, tantôt seul, tantôt par 4 ou 5.

75. — **Plectrophane montain,** *Plectrophanes calca-
ratus* Mey. et Wolf.

Tête noire avec quelques petites taches rousses, bande
rousse sur les yeux ; gorge blanchâtre, poitrine noire nuancée
de gris, nuque et collier roux ; parties supérieures rousses et
brun marron. Chez la femelle, le roussâtre et le cendré roux
forment le fond du plumage. Taille : 0 m. 15.

Nous connaissons une seule capture : une femelle de cette
espèce qui figure dans la collection Mercier, a été prise aux
lacets, dans la commune d'Argenton, le 31 octobre 1861.

FAMILLE DES ALAUDIDÉS

Genre Alouette, *Alauda* Linné.

Bec plus court que la tête, droit ; ailes oblongues.

76. — **Alouette des champs,** *Alauda arvensis* L.

Plumage brun roussâtre moucheté de noir, gorge blanche
grivelée de traits noirs ; bec brun ; iris noisette. Taille :
0 m. 18.

Très commune dans toutes nos plaines et sédentaire. Elle
niche en nombre dans les champs, à l'abri d'une motte ou
d'une touffe d'herbes, et pond quatre à cinq œufs grisâtres
plus ou moins tachetés de brun, d'une longueur de 0 m. 023
sur une largeur de 0 m. 017. En octobre, novembre et
jusqu'en mars, de grandes bandes traversent le pays, sans
s'arrêter ou en séjournant suivant la température. On en
prend d'immenses quantités aux lacets.

La collection Mercier possède une foule de variétés,
l'Alouette blanche, l'Alouette isabelle, une autre couleur de
suie, une autre grise et noire ; un mâle a la tête, le front
et le bec entièrement blancs ; une femelle est noire et
blanche.

77. — **Alouette lulu,** *Alauda arborea* L.

Plumage cendré roussâtre en dessus, grivelé de brun noirâtre ; bande blanchâtre sur les yeux ; gorge et poitrine blanches ; bec brun, iris noisette ; queue assez courte. Taille : 0 m. 15.

Sédentaire, mais plus commune d'octobre à avril que durant l'été. Les familles de cinq, dix, vingt individus qui passent alors dans nos champs, viennent du Nord et s'arrêtent dans le département si l'hiver n'est pas rigoureux, s'en vont au contraire avec les sédentaires dans les contrées méridionales si les froids sont vifs et continus. Le chasseur qui bat nos plaines où les coteaux caillouteux de la *Creuse* voit, à chaque instant, en automne, de petites troupes de Lulus s'élancer en l'air et se balancer au-dessus de lui, avec de petits cris doux et flûtés.

En mai, cette espèce niche à terre, dans les champs et les bruyères. Ses œufs, de 0 m. 02 sur 0 m. 015, sont grisâtres ou roussâtres, pointillés de brun.

78. — **Alouette Calandrelle,** *Alauda brachydactyla* Leisler.

Parties supérieures brun roux, mouchetées de noir ; bande blanche sur les yeux, gorge blanche, poitrine roux clair, deux taches noires aux côtés du cou, bec rougeâtre. Taille : 0 m. 14.

La Calandrelle se montre rarement dans l'Indre. M. Fairmaire l'a reçue des environs du Blanc, en mars et en mai ; M. Mercier l'a prise aux lacets en avril, dans les environs d'Argenton.

Genre Otocoris, *Otocoris* Bonaparte.

Bec plus court que la tête, droit ; ailes allongées. Deux petits pinceaux de plumes érectiles de chaque côté du vertex.

79. — Otocoris alpestre, *Otocoris alpestris* Bonap.

L'Otocoris alpestre ou Alouette hausse-col est reconnaissable au double plumet noir qu'elle porte sur le vertex,
à une tache noire sous l'œil, une autre à la gorge. Le dessus
du plumage est brun·violâtre, la taille d'environ 0 m. 18.

L'Alouette hausse-col habite le nord-est de l'Europe et
s'en vient accidentellement, l'hiver, jusqu'en France, mêlée
aux bandes de l'Alouette des champs. Elle est alors assez
commune en Allemagne ; en France, au contraire, elle est
toujours très rare. Un bel exemplaire, capturé aux lacets
dans les environs d'Argenton, fut apporté, en janvier 1855,
à M. Mercier-Génétoux, au milieu d'une douzaine d'Alouettes
offertes à sa cuisine.

Genre Cochevis, *Galerida* Boie.

Bec aussi long que la tête, fort, infléchi. Une huppe
étagée, érectile.

80. — Cochevis huppé, *Galerida cristata* Boie.

Plumage cendré gris, semé d'étroites taches brunes ; parties inférieures blanc jaunâtre ; une petite huppe à plumes
acuminées sur le vertex. Taille : 0 m. 18.

Le Cochevis n'est pas rare, mais on le dirait plus commun
qu'il n'est parce que tous les individus d'un canton se montrent à chaque instant aux yeux des passants. Son séjour de
prédilection est le bord des grandes routes où il court
gracieusement et vite, fouille les laissées des chevaux, se
pose sur les tas de cailloux, les murs, parfois sur la cime des
arbres, et s'envole à quelques pas de l'Homme, lourdement,
formant l'accent circonflexe, et lançant ses notes vives et
gaies.

Il est sédentaire et vit, presque toujours par couples,
d'Orthoptères, de Coléoptères, de céréales et de grains.

Son nid placé dans les champs, à terre, contient quatre à cinq œufs gris ou roussâtres, pointillés de brun, de 0 m. 022 sur 0 m. 017.

FAMILLE DES MOTACILLIDÉS

Genre Pipit, *Anthus* Bechstein.

Plumage plus ou moins grivelé ; queue échancrée, assez longue, à pennes assez larges.

81. — Pipit rousseline, *Anthus rufescens* Temminck.

Parties supérieures d'un brun jaunâtre, flammées de brun ; sur les yeux une large bande isabelle ; parties inférieures isabelle avec quelques stries brunes, un trait brun sur les côtés du cou. Taille : 0 m. 17.

Le Pipit rousseline nous arrive vers le 25 avril et repart fin septembre. On le trouve seul ou par quatre ou cinq sur les coteaux rocailleux de Sauzelles et de Fontgombault et dans les champs entre le Blanc et Rosnay, posé sur les arbres ou les mottes de terre. Il n'est pas rare, sans être très commun.

Son nid placé dans l'herbe contient quatre ou cinq œufs de 0 m. 022 sur 0 m. 016, verdâtres ou roussâtres, couverts de taches brunes ou rougeâtres.

82. — Pipit Richard, *Anthus longipes* Hollandre.

Plumage brun nuancé de jaunâtre en dessus, blanc sale en dessous, un trait jaunâtre sur les yeux. Taille : 0 m. 18.

Se montre accidentellement dans l'Indre ; il est indiqué dans le compte rendu de M. Ponroy à la Société de Château-roux ; M. Fairmaire l'a pris autour du Blanc, et nous l'avons vu tuer une fois à Saint-Savin, en octobre, non loin de la frontière du département.

83. — Pipit des arbres, *Anthus arboreus* Bechstein.

Plumage cendré olivâtre couvert de grivelures, double bande jaunâtre sur l'aile, gorge blanche. Ongle du pouce plus court que le doigt, très arqué. Taille : 0 m. 16.

Les Pipits des arbres nous arrivent du midi aux derniers jours de mars et repartent en novembre, mais quelques-uns demeurent, qui probablement passent l'hiver, si les froids ne sont pas continus, car nous avons trouvé cet Oiseau assez souvent au mois de janvier.

Peu de jours après l'arrivée, l'accouplement a lieu et le mâle entonne ses chants enthousiastes. Perché sur la branche la plus élevée d'un grand arbre ou sur l'extrême cime d'un pin, il remplit les environs de ses chants clairs, harmonieux et variés, puis tout à coup s'élève, toujours chantant vers le ciel, redescend lentement, en manière de parachute, en redoublant ses accents passionnés, et se pose au point de départ ou sur une cime voisine. Même la nuit, vers deux heures du matin, en juin, nous avons entendu le Pipit commencer ses chants et les continuer jusqu'au jour.

Vous l'entendez ainsi tous les matins jusqu'en juillet, puis de nouveau à l'arrière-saison. En général, du 10 au 20 octobre, de l'heure la plus matinale à onze heures, lorsque le soleil brille, les campagnes sont peuplées de Pipits perchés de cent mètres en cent mètres, au haut des noyers, des cerisiers et des ormes, et jetant autour d'eux leurs notes les plus éclatantes, tandis que, bien haut dans les airs, d'autres passent d'un vol lent, répétant sans cesse et sans cesse leur gazouillement.

Le nid est placé à terre, dans les champs, les prés et les bois. Les œufs, quatre ou cinq, sont en général rouges, couverts de points bruns, parfois aussi à fond gris ou gris violâtre.

84. — Pipit des prés, *Anthus pratensis* Bechstein.

Plumage olivâtre grivelé de noir; parties inférieures blanc

jaunâtre, grivelées ; ongle du pouce plus long que le doigt, très peu arqué. Taille : 0 m. 15.

Quand, en septembre, le chasseur bat les luzernes et les chaumes, il voit, à chaque pas, se lever près de lui un petit Oiseau grivelé, au vol saccadé et sautillant, poussant cinq ou six cris faibles et aigus. C'est le Pipit des prés, la Farlouse, qui alors paraît plus commune dans le département qu'en toute autre saison, bien qu'elle y soit sédentaire.

Toute l'année en effet, la Farlouse habite les plaines, les vignes, le bord des étangs, mais d'avril à juillet elle est peu dérangée au milieu des grandes herbes et des récoltes, et on ne la voit guère. Il faut, pour la remarquer, entendre son chant doux et harmonieux qu'elle dit en volant à la manière de l'Alouette. En août, au contraire, on la rencontre à chaque instant et en septembre les paysans des environs de Châteauroux la prennent aux lacets en très grand nombre dans les prairies artificielles. Durant le gros hiver, elle devient plus rare.

Elle niche à terre ; l'œuf, un peu plus petit que celui de l'espèce précédente, mesure 0 m. 019 sur 0 m. 014 ; il est gris olivâtre, couvert de taches et de stries noires.

85. — Pipit spioncelle, *Anthus spinoletta* Bp.

Plumage gris brun grivelé, bande sourcilière blanche, le dessous du corps blanc avec des grivelures sur les côtés. Ongle du pouce plus long que le doigt et bien arqué. Taille : 0 m. 18.

Le Pipit spioncelle ou aquatique est assez commun en Brenne, plus rare dans les endroits secs. Il arrive en octobre, séjourne l'hiver et repart vers le 10 avril. Il se tient au bord des marais, dans les landes et les terres incultes. Nous l'avons trouvé notamment, en novembre, à la Cosse, commune de Migné, dans un pays sauvage, entrecoupé de bois épineux et de bruyères ; à l'étang de la Chaînerie, près du

Blanc, le 4, le 8, le 10 avril. M. Mercier l'a vu prendre aux filets en février et en mars aux environs d'Argenton. On le trouve seul ou par couple ; il part de près en poussant quelquefois un cri répété, plus fort que celui de la Farlouse, d'autres fois silencieux.

Il ne niche pas dans le département.

Genre Bergeronnette, *Motacilla* Linné.

Plumage uni, sans grivelures ; queue égale, très longue, à pennes étroites.

86. — Bergeronnette printanière, *Motacilla flava* Linné.

La tête du vieux mâle est cendré bleuâtre, le dessus du corps vert olivâtre, le dessous d'un jaune vif ; sur les sourcils une bande blanche, une deuxième bande blanche de la mandibule inférieure au méat auditif. La femelle est plus brune en dessus, plus pâle en dessous avec la gorge blanche. Sa taille est de 0 m. 16.

La Printanière nous arrive par petites troupes, vers le 1er avril. Elle niche à terre et pond quatre à six œufs jaunâtres couverts de petits points roux peu visibles, mesurant 0 m. 018 sur 0 m. 014. Elle disparaît en octobre.

Les variétés *Cinereocapilla* et *Melanocephala*, dont les mâles ont la tête plombée ou noire, sans raie sourcilière, se trouvent aussi dans le département.

87. — Bergeronnette de Ray, *Motacilla Rayi* Schlegel.

Chez le mâle, au printemps, toutes les parties supérieures sont vert jaunâtre, les parties inférieures d'un beau jaune ; au-dessus des yeux une bande jaune vif. Taille : 0 m. 17.

Elle nous arrive, elle aussi, vers le 1er avril, passe l'été dans le département en petit nombre et émigre à la fin d'octobre. Elle niche dans le pays, à terre, et pond cinq à six œufs gris roussâtre, de la taille de ceux de la Printanière.

88. — Bergeronnette grise, *Motacilla alba* Linné.

Durant l'été, les deux sexes ont la nuque, la gorge, la poitrine, les ailes d'un beau noir, le front, les joues, les côtés du cou et le ventre d'un blanc pur, le dos cendré bleuâtre. En hiver, la gorge devient blanche. La taille est de 0 m. 19.

De ces Bergeronnettes, les unes sont sédentaires, les autres émigrent en novembre et nous reviennent en février ou mars. Elles aiment à courir à terre le long des eaux ou au milieu des troupeaux, et nichent à terre, dans les tas de bois, dans les trous de murs, les amas de pierres. L'œuf est blanchâtre criblé de petits points gris ou bruns de 0 m. 02 sur 0 m. 016. La variété albine a été trouvée à Cluis.

89. — Bergeronnette Yarrel, *Motacilla Yarrelli.* Gould.

Cette Bergeronnette porte la même livrée que la précédente, mais son dos, au lieu d'être cendré, est tout noir ; la taille est la même.

. Elle passe au printemps dans le département de l'Indre, disparaît pendant la belle saison et passe à nouveau en septembre et octobre. On la trouve mêlée aux Bergeronnettes grises.

90. — Bergeronnette boarule, *Motacilla sulphurea* Bechst.

Parties supérieures cendrées, croupion jaune olivâtre, parties inférieures jaune clair, bande blanche sur les yeux ; chez le mâle, la gorge noire au printemps seulement. Taille : 0 m. 20.

Cette espèce est sédentaire dans l'Indre ; elle aime le bord des eaux pendant l'été et se rapproche, l'hiver, des villes et des fermes. Elle fait son nid à terre, dans l'herbe, ou dans les troncs de murs et d'arbres, souvent à une assez grande hauteur.

L'œuf est jaunâtre ou isabelle, teinté et parfois strié de jaune et de roussâtre.

FAMILLE DES HYDROBATIDÉS

Genre Cincle, *Hydrobata* Vieillot.

Bec légèrement fléchi ; ailes courtes et rondes ; queue de 12 pennes, courte.

91. — Cincle plongeur, *Hydrobata cinclus* Gray.

Tête, derrière du cou et ventre bruns ; gorge et poitrine blanches, dos brun bleuâtre, queue et ailes brunes. Taille : 0 m. 19.

Ce singulier Oiseau est très rare en Brenne, rare sur la *Creuse* au Blanc, mais il devient de plus en plus commun à mesure qu'on remonte la *Creuse* et, entre Argenton et Crozant, il est même très abondant. On l'aperçoit tantôt rasant la surface de l'eau à 50 centimètres de hauteur et plongeant tout à coup dans un endroit peu profond, tantôt immobile sur une pierre jusqu'à ce que, brusquement, il se jette obliquement dans la rivière. Une fois sous l'eau, il marche au fond et reparaît un peu plus loin.

Il élève deux et parfois trois nichées par an. Le nid, un nid énorme de mousse, que nous avons souvent observé, est placé sous un déversoir, sur une poutre dans un moulin abandonné, dans un trou de mur, dans une excavation sous un pont ; nous l'avons même trouvé fixé au tronc d'un gros arbre. Il contient 3 à 6 œufs blancs, de 0 m. 025 sur 0.019.

C'est un Oiseau peu sauvage : la femelle prise sur le nid et rendue à la liberté retourne à ses œufs. Certains couples commencent leur nid dès le mois de février.

FAMILLE DES ORIOLIDÉS

Genre Loriot, *Oriolus* Linné.

Bec allongé et convexe ; queue moyenne, ample, arrondie ; tarses scutellés, plus courts que le doigt médian.

92. — Loriot jaune, *Oriolus galbula* Linné.

Le mâle de ce splendide Oiseau est jaune d'or avec les ailes noir de velours ; la femelle, moins richement vêtue, est d'un vert jaunâtre moucheté d'olive. Taille : 0 m. 28.

Il arrive dans le pays du 5 au 20 avril et de suite entonne sa roulade pleine et sonore. Il s'accouple vite, bâtit son nid en mai et pond, du 15 mai au 15 juin, des œufs blanc pur marqués de larges plaques noires, de 0.03 sur 0.02. Le nid placé entre la fourche formée par deux petites branches est une merveille d'architecture. Il fréquente les arbres des bords des rivières et ruisseaux, vit de fruits et d'Insectes, en particulier de grosses Chenilles rases.

Le mâle chante jusqu'à à la fin de juillet. Il nous quitte en septembre.

FAMILLE DES TURDIDÉS

Genre Grive, *Turdus* Linné.

Bec comprimé, garni de soies raides à sa base ; mandibule supérieure échancrée à la pointe ; narines basales, ovoïdes, à demi cachées par une membrane ; tarses longs ; queue large, ronde.

93. — Grive noire, *Turdus merula* Linné.

Le vieux mâle est tout noir, avec le bec et le tour des yeux jaunes ; la femelle est brun noirâtre, tachetée de brun clair à la gorge. Taille : 0 m. 26.

Le Merle, que tout le monde connaît, est sédentaire et très commun dans l'Indre. Il bâtit son nid sur les arbres, dans les haies, dans les lierres le long des murailles, et pond, dès le mois de mars, 4 à 6 œufs gris verdâtre ou bleuâtre marquetés de taches brunes, parfois d'un roux vif. Ces œufs varient du reste beaucoup de couleur, de taille et de forme. La taille ordinaire est de 0,03 sur 0,02.

On a pris dans le département des Merles entièrement blancs, d'autres panachés de blanc, d'autres de couleur isabelle, d'autres noirs variés de roux.

94. — Grive à plastron, *Turdus torquatus* Linné.

Chez le mâle, toutes les plumes sont noirâtres, frangées de blanc ; mais, au printemps, le liséré blanc qui encadre chaque plume disparaît presque entièrement par suite de l'usure et de l'ébarbement des plumes ; sur le haut de la poitrine, un large plastron blanc. Chez la femelle, les couleurs sont moins vives, notamment celle de plastron. Taille : 0 m. 29.

Ce Merle est un voyageur qui niche très rarement dans le pays. Il arrive, chaque année, vers le 8 avril et pendant les vingt jours qui suivent ; il forme alors de petites bandes de 7 à 12 individus qu'on trouve communément dans les endroits plantés de grands arbres et de lierres. Aux premiers jours de mai, il disparaît pour gagner les forêts du Nord et nous ne le revoyons que vers le 8 octobre, pour une quinzaine de jours.

Une seule fois, vers la fin d'avril, M. Mercier a trouvé le nid de cet Oiseau dans une haie, près d'Argenton. Il contenait des petits déjà forts. — L'œuf ressemble beaucoup à celui du Merle ordinaire, comme couleur et taille.

95. — Grive litorne, *Turdus pilaris* Linné.

Tête et partie inférieure du dos cendré bleuâtre, dos et couvertures alaires roux marron, une ligne blanche sur les yeux, poitrine d'un roux grivelé de noir, ventre blanc, queue noire. Taille : 0 m. 28.

La Litorne vient d'une façon régulière passer chez nous les cinq mois d'hiver. Elle est très commune partout, sauf en cas de beau temps continu, car elle disparaît alors et revient au moment de la gelée.

Les premières bandes apparaissent dans la seconde quinzaine de novembre, leur départ a lieu fin mars. Jusqu'au 1er mai, on trouve encore des retardataires, puis tout disparaît, et il n'est pas d'exemple qu'un seul couple soit demeuré dans l'Indre pendant les mois d'été.

La nourriture de cette espèce, durant son séjour, consiste surtout en baies de genévrier.

96. — Grive draine, *Turdus viscivorus* Linné.

Parties supérieures d'un brun cendré ; parties inférieures d'un blanc teinté de jaune, couvertes de grivelures ovales ou en fer de lance. Taille : 0 m. 30.

Sédentaire et très commune. Elle mange beaucoup de graines de gui et encore plus souvent des Chenilles rases.

La Traie, comme l'appellent nos paysans, niche sur les arbres dès la fin de février, et pond, dans un nid fort bien fait, 5 à 6 œufs verdâtres ou gris couverts de taches rougeâtres, de 0,03 sur 0,02. A l'automne, les familles de Draines entreprennent de petits voyages d'un département à l'autre.

97. — Grive dorée, *Turdus aureus* Hollandre.

Parties supérieures d'un brun olivâtre, avec chaque plume marquée d'une tache noire en demi-lune ; parties inférieures d'un blanc jaunâtre, grivelées de taches en demi-lune ;

abdomen blanc; ailes noires en dessus, avec la tige et la
pointe jaunes. Taille et port de la Draine.

Une seule capture en août, au milieu d'une petite bande.

98. — Grive mauvis, *Turdus iliacus* Linné.

Brun olive en dessus, une bande blanche sur les yeux;
couvertures intérieures des ailes et flancs d'un roux rouge;
cou, poitrines et côtés de l'abdomen blancs, plus ou moins
teintés de jaune, avec des grivelures longitudinales noires.
Taille : 0 m. 22.

Le Mauvis arrive vers le 20 octobre. Le passage se fait
très rapidement, et, après le 10 novembre, on ne' voit plus
que de rares sujets qui, réunis en petites familles, passent
l'hiver dans les futaies et dans les grands parcs.

Il reparaît vers le 15 février par troupes de 10 à 30 individus et demeure alors plus longtemps qu'en automne puisqu'on
en trouve encore beaucoup au 5 avril. En avril, il disparaît.
Sa nourriture, au printemps, consiste en baies de lierre.

99. — Grive de vignes, *Turdus musicus* Linné.

Parties supérieures brun clair, les ailes bordées de jaune
roussâtre, gorge blanche et poitrine jaunâtre couvertes de
grivelures noires. Taille : 0 m. 23.

Les Grives arrivent dans l'Indre vers le 1er octobre et
séjournent pendant un mois. Quelques-unes seulement
demeurent l'hiver. Elles repassent dès le 15 février et sont
alors extrêmement communes partout dans nos campagnes.
On n'en voit plus guère après le 30 avril. Quelques couples
seulement nichent dans le département, sur des pommiers ou
poiriers sauvages. Leur nid, unique en son genre, se compose
à l'intérieur d'une croûte de terre gâchée, semblable à un car-
tonnage ; dans cette coupe dure et unie se trouvent les œufs,
de la taille de ceux du Merle, bleu vif marqués de taches noires.

On a tué dans l'Indre un mâle albinos de cette espèce.

Genre Rouge-Gorge, *Rubecula* Brehm.

Bec moins long que la tête, avec quelques soies à la base ; narines oblongues, à demi fermées par une membrane ; queue égale et unicolore ; tarses minces, couverts en avant par une grande écaille.

100. — Rouge-gorge familier, *Rubecula familiaris* Blyth.

Parties supérieures brun clair ; front, gorge, devant du cou et poitrine d'un roux ardent ; flancs brun cendré, ventre blanc. Taille : 0 m. 15.

Sédentaire et commun ; quelques individus seulement émigrent en automne. Le mâle chante en toute saison, et même par la neige et le froid, on entend son petit gazouillement mélancolique, répété doucement.

Il niche dans les buissons, dans les bois à terre, dans les trous de murs, et pond 5 à 6 œufs blanc rougeâtre, couverts de points plus foncés, dont la teinte générale est à peu près couleur de chair, et la grosseur de 0 m. 02 sur 0 m. 015.

Il vit de baies et de toutes sortes d'Insectes et de Vers.

Genre Rossignol, *Philomela* Selby.

Bec de la longueur de la tête ; narines elliptiques à demi fermées par une membrane ; queue large, longue, unicolore ; tarses longs, recouverts de trois écailles.

101.— Rossignol ordinaire, *Philomela luscinia* Selby.

Dessus du corps brun roux, queue roux clair, gorge et ventre blanchâtres. Taille : 0 m. 16.

Chaque année les Rossignols mâles nous viennent en grand nombre vers le 1ᵉʳ avril, les femelles quelques jours

après. Un beau matin, le promeneur entend de tous côtés
dans les bosquets et les haies, sur la lisière des bois, le
chant bien reconnaissable des Rossignols arrivés au pays de
la veille. Il est à remarquer que cette date varie peu chaque
année et il faut en conclure que les mâles arrivent à peu près
tous ensemble et ont grande hâte de se faire entendre au
premier rayon de soleil du premier beau jour. Leurs débuts
ont toujours lieu du 31 mars au 19 avril, suivant les années.
Durant tout le mois de mai, ils font entendre de tous côtés
leur merveilleux chant d'amour, par le soleil, par le grand
vent, par la pluie, la nuit encore mieux que le jour.

Dans un endroit fourré, sur un arbuste ou le long d'un
mur, à quelques centimètres du sol, plus souvent sur la terre
même, la femelle construit un nid avec des feuilles humides,
garni à l'intérieur de feuilles sèches et de crin, et y pond
5 ou 6 œufs couleur de bronze. D'après M. Renoux, d'Argenton, un grand éleveur de Rossignols, l'incubation dure douze
jours, et les petits quittent le nid quinze jours après la naissance. Peu après, le couple fait un nouveau nid qui contien-
dra trois œufs.

Le Rossignol, mangeur très avide, vit d'Insectes de toutes
sortes. Il nous quitte au mois de septembre.

★ Rossignol double, *Philomela major* Brehm.

Dessus du corps brun sombre, queue rousse, sous-caudales
tachées de brun. Taille : 0 m. 18.

Un exemplaire de cette espèce figure dans la collection
Mercier-Génétoux. Il n'est pas certain qu'il ait été pris dans
le département.

Genre Gorge-bleue, *Cyanecula* Brehm.

Bec moins long que la tête ; narines arrondies et découvertes ; queue bicolore ; tarses grêles recouverts d'une écaille.

102. — Gorge-bleue suédoise, *Cyanecula suecica* Brehm.

Parties supérieures brun foncé, abdomen blanc sale ; chez le mâle, la gorge est d'un bleu d'azur brillant, avec une tache blanche au milieu ; la femelle porte au cou une grande tache rousse suivie d'une zone d'un noir bleuâtre reliée à deux bandes noires qui descendent du bec. Taille : 0 m. 15.

La Gorge-bleue est commune, lors de ses passages dans le département. Elle nous arrive vers le 25 mars et demeure jusqu'au 20 avril ; elle se tient alors dans les buissons épais, dans les étangs desséchés et couverts de joncs, dans les petits bois fourrés et dans les brandes ; elle se laisse facilement approcher. Après le 20 avril, la plupart des Gorges-bleues sont parties, mais quelques rares couples nichent dans le pays. Dans le nid placé à terre ou dans les broussailles, la femelle pond 5 à 6 œufs d'un vert sale ou gris, avec des taches peu apparentes, mesurant 0 m. 02 sur 0 m. 014.

Vers le 10 septembre, les voyageuses reparaissent et on trouve des Gorges-bleues à chaque pas pendant quinze à vingt jours, dans les brandes, les buissons et les champs de maïs.

Genre Rouge-queue, *Ruticilla* Brehm.

Bec moins long que la tête ; narines ovalaires, à demi couvertes d'une membrane ; queue bicolore ; tarses assez grêles recouverts d'une écaille.

03. — Rouge-queue de muraille, *Ruticilla phœnicura* Bonap.

Au printemps, le mâle revêt un très brillant costume : front, gorge et cou d'un noir de velours ; une bande blanche sur le front et les yeux ; tête et dos cendré bleuâtre ; poitrine, croupion et queue d'un roux ardent. Plus tard, le blanc du front, le noir de la gorge et le roux de la poitrine se voilent de barbes grisâtres. La femelle est d'un gris roussâtre. Taille : 0 m. 15.

Cet Oiseau nous arrive du 25 février au 25 mars. Presque aussitôt il s'occupe de la construction de son nid fait de mousse et d'herbes sèches sans cohésion, avec des crins, beaucoup de plumes, très souvent des pelures d'écorce d'arbres ; on y trouve, dès le 25 avril, 5 à 7 œufs d'un beau bleu uniforme.

Ce nid est placé dans les cavités des arbres vermoulus ou dans les trous de vieux murs, sous les tuiles d'une grange ou dans les rochers. L'élevage se fait vite, et les petits sont prêts à quitter le nid une dizaine de jours après l'éclosion.

Le Rouge-queue nous quitte à la fin d'octobre, mais quelques individus demeurent ici durant l'hiver, quand les froids ne sont pas rigoureux.

104. — Rouge-queue tithys, *Ruticilla tithys* Brehm.

Parties supérieures du mâle d'un cendré bleuâtre ; front, gorge, poitrine d'un noir profond ; queue et croupion roux vif ; la femelle est toute d'un cendré terne avec la queue rousse. Taille : 0 m. 15.

Le Tithys est un peu moins commun que le Rouge-queue. Il nous arrive vers le 14 mars et émigre à la fin d'octobre, mais un certain nombre de ces Oiseaux passe ici l'hiver et il n'est pas rare de les apercevoir, en temps de neige, sur les toits ou sur les fumiers, au milieu même des villes, sifflant de loin en loin leurs notes très sonores.

Il niche dans les rochers, dans les trous de murs et pond 5 à 6 œufs, d'un blanc pur, de 0 m. 018 sur 0 m. 013.

Genre Pétrocincle, *Petrocincla* Vigors.

Bec allongé, à narines ovoïdes à demi fermées par une membrane ; tarses assez forts, queue tronquée, moyenne.

105. — Pétrocincle de roche, *Petrocincla saxatilis*
Vigors.

Tête bleue chez le mâle, avec le croupion blanc, le ventre
et la queue d'un roux ardent ; la femelle est d'un brun terne,
marqueté de cendré et de taches noires avec le ventre roux
clair, grivelé de noir et la queue rousse. Taille : 0 m. 21.

On le trouve de temps en temps dans le pays, où nous
l'avons observé une fois et où M. Mercier-Génétoux l'a pris à
plusieurs reprises, notamment le long de la *Creuse*, au Pin, à
Gargilesse, à Ceaulmont et ailleurs. M. Delagarde l'a tué à
Châteaubrun, au mois d'août ; le curé de Ceaulmont l'a tué
sur le toit de son église le 28 avril.

106. — Pétrocincle bleu, *Petrocincla cyanea* Keys. et
Blas.

Le vieux mâle est presque tout entier d'un bleu foncé, la
femelle est brune avec des taches et des raies brunes. Leur
taille est de 0 m. 23.

C'est un Oiseau du Midi qui, à plusieurs reprises, d'après
Fairmaire, est venu se faire tuer dans l'Indre. Les sujets qui
figurent dans la collection Mercier n'ont pas été capturés dans
le département.

Genre Saxicole, *Saxicola* Bechst.

Bec aussi long que la tête, grêle, droit, à mandibules en
alène ; narines ovoïdes, à demi fermées par une membrane ;
ailes allongées.

107. — Traquet motteux, *Saxicola œnanthe* Bechst.

Le mâle a les parties supérieures d'un gris cendré, le front,
une bande sur les yeux et les couvertures supérieures de la
queue blanc pur, une bande noire sous l'œil ; le bout
des ailes et de la queue noirs, les parties inférieures roussâtres
très claires.

La femelle est brun roussâtre, plus claire en dessous, avec la bande sous l'œil brune et la queue comme celle du mâle. Taille : 0 m. 17.

. Les Motteux nous arrivent du 15 mars au 10 avril, et de suite les mâles commencent à chanter. Ils passent la belle saison en grand nombre dans les labours et les terres rocailleuses et disparaissent au mois d'octobre. Leur nid, formé de mousse et de crins, est placé sous une motte de terre et contient 5 ou 6 œufs d'un bleu très clair de 0 m. 022 sur 0 m. 016. Le Coucou pond fréquemment dans ce nid.

108. — Traquet stapazin, *Saxicola stapazina* Temm.

Région des yeux, gorge et scapulaires d'un noir profond, sommet de la tête et front blancs, dos roussâtre clair, croupion blanc, parties inférieures isabelle, queue blanche et noire. Taille : 0 m. 16.

Beaucoup plus rare dans l'Indre que le Motteux. Il arrive vers le 15 avril. Nous l'avons observé en mai dans les brandes de Migné, en avril près du Blanc, en juillet sur les bords de plusieurs étangs. Il niche dans les brandes, à terre, et pond 5 ou 6 œufs bleu verdâtre pointillé de roussâtre de 0 m. 02 sur 0 m. 016. Il nous quitte en septembre.

109. — Traquet oreillard, *Saxicola aurita* Temm.

Région des yeux et des oreilles noire, sommet de la tête et gorge blancs, nuque et dos roux tendre, parties inférieures blanc roussâtre, scapulaires et ailes d'un noir profond, le croupion blanc pur, queue blanche terminée de noir. La taille : 0 m. 16.

Extrêmement rare. Nous l'avons trouvé à Cambrai, près le Blanc, en avril, dans un champ labouré.

Genre Tarier, *Pratincola* Koch.

Bec plus court que la tête ; narines arrondies ; ailes longues ;
plumage couvert en dessus de taches longitudinales.

110. — Tarier ordinaire, *Pratincola rubetra* Koch.

Parties supérieures brun noirâtre liséré de roussâtre ; large
bande blanche au-dessus des yeux ; plaque noire sur les
oreilles et les yeux ; poitrine roux clair, ventre blanc, ailes
brunes. Taille : 0 m. 13.

Le Tarier nous arrive en grand nombre du 15 au 30 mars,
en livrée d'été, et repart vers le 30 octobre, en livrée d'hiver.
Il aime les abords des routes, la bordure des brandes et les
champs labourés, et passe sa vie à poursuivre les Insectes à
terre et en l'air et à voleter de la pointe d'un arbuste à l'arbuste voisin. Son nid, qu'il place dans une touffe de bruyère,
parfois dans un tas de fagots, contient 5 à 7 œufs d'un verdâtre
clair, peu ou pas piquetés de points roussâtres, mesurant
0 m. 018 sur 0 m. 013.

111. — Tarier rubicole, *Pratincola rubicola* Koch.

Le mâle, en été, a la tête, la gorge, le dos et les scapulaires
d'un noir profond, les pennes des ailes brunes, les côtés du
cou blanc pur ainsi qu'une grande tache sur l'aile, la poitrine
d'un beau roux. La femelle porte un costume assez terne, et
le mâle lui-même, en hiver, porte ses couleurs voilées sous
des barbes roussâtres. Taille : 0 m. 12.

Le Tarier rubicole ou pâtre est encore plus commun que le
Tarier ; on le trouve sur toutes les routes, dans toutes les
brandes, sur le bord de tous les étangs. Il nous arrive vers le
1er mars et repart fort tard en novembre ; même, quelques-
uns se hasardent à passer l'hiver et, en certains années, l'espèce n'est pas très rare en décembre, janvier et février. A

cette époque, il se nourrit exclusivement de Chrysalides et de petits Coléoptères, tandis qu'en d'autres saisons, il pourchasse aussi les Diptères, les Orthoptères et les Chenilles, voire même les gros Bombyx qu'il poursuit au vol.

Toujours en mouvement, ces jolis Oiseaux voltigent sur les buissons et se posent à l'extrémité des branches sèches, parfois au bout d'une tige de gramen. Leur nid, placé dans un buisson, plus souvent sous une touffe de bruyère, abrite 5 à 6 œufs verdâtres tachés de roux, de 0 m. 015 sur 0 m. 013.

FAMILLE DES ACCENTORIDÉS

Genre Accenteur, *Accentor* Bechst.

Bec moyen, robuste, droit, pointu, les bords des mandibules comprimés, narines nues percées dans une grande membrane; ailes dépassant le milieu de la queue.

112. — Accenteur des Alpes, *Accentor alpinus* Bechst.

Tête, poitrine, cou, dos d'un gris cendré, marqueté de taches brunes sur le haut du dos ; gorge blanche à écailles brunes, flancs roussâtres, queue brune terminée par de petites taches blanches. Taille : 0 m. 18.

De passage très accidentel. M. Ponroy l'a indiqué, en 1854, comme trouvé plusieurs fois dans l'arrondissement du Blanc ; et, le 10 février, un mâle de cette espèce a été tué près d'Argenton, après un séjour d'un mois au milieu du bourg de Saint-Marcel.

Genre Mouchet, *Prunella* Vieillot.

Bec mince, droit, aigu, les bords des mandibules comprimés, narines percées dans une membrane ; ailes atteignant à peine le milieu de la queue.

113. — Mouchet chanteur, *Prunella modularis* Vieill.

Tête cendrée avec des taches brunes, cou, gorge et poitrine d'un cendré bleuâtre, dos roux tacheté de noir, ventre gris. Taille : 0 m. 14.

Sédentaire et commun, il vit dans les haies, les jardins des villes et gazouille dès le mois de février. A la fois insectivore et granivore, il chasse les Insectes au milieu des buissons épais ou vient manger avec les volailles. Son nid, caché dans une haie, dans une anfractuosité de roc ou dans un mur, dans un lierre, contient 5 à 6 œufs d'un beau bleu, de 0 m. 019 sur 0 m. 014.

FAMILLE DES SYLVIDÉS

Genre Fauvette, *Sylvia* Scop.

Bec droit, comprimé dans sa moitié antérieure ; ailes atteignant le milieu de la queue, qui est carrée, unicolore.

114. — Fauvette à tête noire, *Sylvia atricapilla* Scop.

Corps gris cendré ou gris olivâtre, avec une calotte noire chez le mâle, rousse chez la femelle. Taille : 0 m. 14.

Arrive dans l'Indre vers le 20 mars et, de suite, remplit les jardins, les parcs et la lisière des bois de sa charmante roulade, sonore et fraîche. Dès le mois d'avril, son nid d'herbe sèche et de crin est construit dans un lilas, un groseillier, un buisson quelconque, et la femelle y a pondu 5 œufs d'un blanc jaunâtre glacé de taches et de traits bruns ou gris, parfois rougeâtres, mesurant 0 m. 020 sur 0 m. 014.

Pendant qu'elle couve et longtemps encore après, même vers le 15 août, le mâle chante dans les bosquets ombreux.

Elle nous quitte à la fin d'octobre. Nous avons même observé que, dans les hivers peu rigoureux, quelques couples passaient la mauvaise saison dans le département.

115. — Fauvette des jardins, *Sylvia hortensis* Latham.

Corps gris brun teinté d'olivâtre, tour de l'œil blanc, poitrine et flancs d'un gris roussâtre. Taille : 0 m. 14.

Encore un chanteur harmonieux qui nous arrive vers le 1er avril et nous quitte au milieu d'octobre. Cette Fauvette, comme l'autre, vit dans les jardins et les bosquets, et niche sur un tilleul, sur un arbuste, dans un buisson, dans un massif de petits pois ramés. Ses œufs sont gris, glacés de fauve avec des taches et des points roux, bruns ou noirs, de même taille que ceux de la Fauvette à tête noire.

La collection Mercier contient un mâle albinos pris dans l'Indre.

Genre Babillarde, *Curruca* Boie.

Bec droit, comprimé dans sa moitié antérieure ; ailes atteignant le milieu de la queue qui est allongée, arrondie, bicolore.

116. — Babillarde ordinaire, *Curruca garrula* Brisson.

Haut de la tête d'un cendré pur, nuque, dos, croupion d'un brun cendré, ailes brunes bordées de cendré, parties inférieures blanches. Taille : 0 m. 13.

Assez commune du 5 avril au 10 octobre dans les buissons épais et fourrés, d'où le mâle s'élance de temps à autre en gazouillant, pour y rentrer, comme une Souris, l'instant d'après, et où la femelle construit son nid. L'œuf, de 0 m. 012 sur 0 m. 016, est blanc roussâtre ou grisâtre, tacheté de brun.

117. — Babillarde orphée, *Curruca orphea* Boie.

Tête brun noirâtre, dessus du corps gris cendré olivâtre, gorge et abdomen blancs. Taille : 0 m. 17.

L'Orphée, ou grande Fauvette à tête noire, passe régulièrement dans nos jardins vers le 15 avril et ensuite vers le

15 octobre. Nous l'avons tuée bien souvent en avril dans les lierres où elle mangeait des baies. C'est là et dans les buissons qu'elle niche. L'œuf, de 0 m. 020 sur 0 m. 015, est blanc jaunâtre avec des taches grises et brunes.

118. — Babillarde grisette, *Curruca cinerea* Brisson.

Sommet de la tête et joues cendrés, parties supérieures grises teintes de roux, ailes noirâtres avec les couvertures rousses, gorge blanc pur, poitrine légèrement teinte de rose. Taille : 0 m. 14.

Espèce extrêmement commune partout où il y a des buissons de ronces et des prunelliers, dans les bois, dans toutes les haies larges et épaisses, depuis le 25 mars jusqu'à la mi-octobre. Le mâle gazouille sans cesse, soit au milieu d'un buisson impénétrable, soit en s'élançant en l'air où il papillonne quelques instants. Le nid est toujours placé dans un buisson ou un roncier, dans un taillis ou dans un champ de pois ; il contient 5 à 6 œufs verdâtres finement pointillés de brun et de noir. La collection Mercier contient un mâle albinos pris à Aigurande.

Genre Pitchou, *Melizophilus* Leach.

Bec mince, droit, comprimé dans sa moitié antérieure ; ailes très courtes ne dépassant guère la base de la queue qui est étroite, longue et bicolore.

119. — Pitchou provençal, *Melizophilus provincialis* Jenyns.

Parties supérieures brunes, gorge, poitrine et flancs d'un rougeâtre pourpre, milieu du ventre blanc, queue très longue, brune. Taille : 0 m. 13.

Ce joli petit Oiseau est commun dans tous les champs de bruyères et dans les taillis où croît la brande ; il est extrêmement rare ailleurs. Quand on parcourt nos landes, on l'aperçoit tout à coup, sortant, à un mètre ou deux du promeneur, d'une touffe épaisse, puis tombant, d'un vol saccadé, au pied d'une autre touffe peu distante. Là, les ailes pendantes et la queue relevée, il sautille de branche en branche jusqu'au sommet de l'arbuste, puis rentre au milieu des branches où il disparaît.

Au printemps, les mâles, arrivés au pays vers le 1er avril, ne cessent de gazouiller en voletant d'une bruyère à l'autre. Bientôt, dans le nid, très bien caché au milieu d'une touffe, la femelle pond 4 à 5 œufs gris jaunâtre avec de petits points roux ou bruns, mesurant 0 m.013 sur 0 m.010. Les Oiseaux vivent ensuite en famille jusqu'au 25 octobre, époque du départ ; mais, à moins que l'hiver ne soit particulièrement rigoureux, beaucoup demeurent dans nos brandes durant tout le temps des froids.

FAMILLE DES CALAMOHERPIDÉS

Genre Hypolaïs, *Hypolaïs* Brehm.

Bec très large à la base, déprimé, à mandibule supérieure légèrement échancrée à son extrémité ; plumage uniformément coloré ; queue égale.

120. — Hypolaïs ictérine, *Hypolaïs icterina* Gerbe.

Parties supérieures brun verdâtre, grandes pennes des ailes et de la queue brunes, lisérées de gris jaunâtre ; parties inférieures d'un jaune clair ; ailes s'étendant au delà du milieu de la queue. Taille : 0 m. 135.

Nous arrive vers le 20 avril et nous quitte au milieu de septembre. Cette espèce, assez commune dans les bois et les parcs, construit dans un lilas, un tilleul, au milieu d'un bosquet ou dans un jardin, un nid très artistement fait dans lequel elle déposé 4 à 5 œufs d'un beau rosé avec des points et des taches noirs, de 0 m. 019 sur 0 m. 015.

121. — **Hypolaïs polyglotte,** *Hypolaïs polyglotta* Gerbe.

Parties supérieures olivâtres, parties inférieures jaune très clair, pennes des ailes et de la queue brunes bordées d'olivâtre ; ailes n'atteignant pas le milieu de la queue. Taille : 0 m. 13.

Le Polyglotte se montre dans nos bois dès le 15 avril pour nous quitter à la fin de septembre. Il s'établit dans les taillis où la femelle bâtit son nid, tandis que le mâle, caché dans le feuillage d'un baliveau, ne cesse de chanter son chant sonore et articulé, bien que confus. L'œuf est rose violet semé de taches, de points et de traits bruns ou noirs, légèrement plus petit que celui de l'Ictérine.

Genre **Rousserolle,** *Calamoherpe* Boie.

Bec large à la base, comprimé, à mandibule supérieure échancrée à son extrémité ; queue conique et étagée.

122. — **Rousserolle turdoïde,** *Calamoherpe turdoïdes* Boie.

Parties supérieures brun roussâtre, les inférieures blanc jaunâtre, la gorge blanchâtre, une bande blanchâtre sur les yeux. Taille : 0 m. 19.

C'est vers le 15 avril que l'on entend pour la première fois, chaque année, sur l'*Indre*, la *Bouzanne*, l'*Anglin*, le *Salleron*, la *Claise*, rivières couvertes de joncs, de roseaux et de glaïeuls, et sur tous les étangs de la *Brenne*, un chant dur, rauque et sonore. La Rousserolle turdoïde est arrivée depuis peu et, cantonnée dans une forêt de roseaux, elle ne cesse de répéter sa même phrase retentissante. Un peu plus tard, vers la mi-mai, le joli nid est construit à quelques centimètres de l'eau, au plus épais des joncs, attaché à 4 ou 5 brins, et la femelle y pond 5 œufs d'un blanc verdâtre semé de taches brunes et de points noirs, de 0 m. 023' sur 0 m. 019.

123. — Rousserolle effarvate, *Calamoherpe arundinacea* Boie.

Parties supérieures brun roussâtre, parties inférieures blanc roussâtre ou jaunâtre. Taille : 0 m. 13.

L'Effarvate, une Turdoïde réduite, apparaît sur nos étangs et nos rivières du 10 au 20 avril.

Elle vit comme l'autre et ne quitte pas les massifs de roseaux. Son nid, fait d'herbes sèches fortement tressées, de duvet, de joncs, d'écorces et de laine et attaché à 3 ou 4 tiges, contient 5 œufs verdâtres, tachés de brun olivâtre, de 0 m. 017 sur 0 m. 014. On trouve souvent les nids de deux couples attachés aux mêmes joncs, l'un à 0 m. 50 au-dessus de la surface de l'eau, l'autre à 0 m. 30 au-dessus du premier.

124. — Rousserolle verderolle, *Calamoherpe palustris* Boie.

La Verderolle a les parties supérieures d'un brun olivâtre, les inférieures d'un blanc roussâtre, un trait sur l'œil blanc roussâtre, ailes brunes bordées de cendré. Taille : 0 m. 13.

Elle nous arrive avec l'Effarvate et part comme elle ; elle est fort commune dans les queues d'étangs où elle niche sur les mottes, dans les buissons de saules, parfois dans les champs de maïs et de seigle. L'œuf, de 0 m. 014 sur 0 m. 019, est bleuâtre ou verdâtre, taché et pointillé de brun.

Genre Bouscarle, *Cettia* Bonap.

Bec mince, aigu, comprimé ; mandibule supérieure échancrée à la pointe ; ailes courtes, queue large et étagée.

125. — Bouscarle Cetti, *Cettia Cetti* Degl.

Dessus du corps brun marron, dessous blanc, raie blanchâtre sur les yeux. Taille : 0 m. 14.

La Bouscarle est une jolie petite Fauvette d'eau très timide, très simple de costume, aimant à se cacher dans les fourrés de joncs et d'épines. Nous la voyons en Brenne aux derniers jours d'avril ; elle n'est jamais commune.

Son nid est fait de tiges d'herbes marécageuses, de toiles d'Araignées et de crin, en forme de coupe profonde et étroite. L'Oiseau le place sur les mottes d'étangs, dans les buissons du voisinage, dans les brandes, sur les genêts, souvent dans le roncier d'un îlot. Les œufs sont d'un rouge brique magnifique.

Elle disparaît en septembre et on n'en voit plus une seule en octobre.

Genre Locustelle, *Locustella* Kaup.

Bec droit, épais à la base, comprimé dans sa moitié antérieure ; queue allongée, cunéiforme, étagée ; plumage varié de taches oblongues.

126. — Locustelle tachetée, *Locustella nœvia* Degl.

Parties supérieures olivâtres, nuancées de brun et variées de taches ovoïdes noirâtres ; parties inférieures blanc pur ; sous la gorge, une zone de très petites taches brun foncé ; queue d'un brun foncé. Taille : 0 m. 14.

Cette espèce nous arrive vers le 20 avril, et dès les premiers jours de mai, elle fait son nid près du sol, le plus souvent à proximité des eaux, sur les îlots couverts de ronces, de genêts et de fougères. On le trouve aussi dans les taillis herbeux, dans les fourrés d'ajoncs et dans ces trous appelés « chintes », si communs en Berry, où depuis des siècles on jette les pierres ramassées aux champs voisins et où les plantes épineuses, grimpantes, parasites s'entremêlent comme une petite forêt vierge. Non seulement ce nid, qui contient d'ordinaire 5 œufs gris, couverts de petits points rouges, est très difficile à découvrir, mais les Oiseaux eux-mêmes sont presque invisibles. Ils ne quittent pas les buissons les plus impénétrables.

Genre Phragmite, *Calamodyta* Mey. et Wolff.

Bec petit, un peu comprimé ; narines ovales, recouvertes par un opercule bombé ; queue peu allongée, étagée.

127. — Phragmite des joncs, *Calamodyta phragmitis* Mey. et Wolff.

Vertex, dos, scapulaires d'un gris olivâtre, marqué sur le centre de chaque plume de taches brunes ; sur les yeux, une large bande d'un blanc jaunâtre, suivie d'une autre noire ; grandes couvertures des ailes noirâtres bordées de blanc ; parties inférieures du dos, croupion et couvertures supérieures de la queue couleur de pelure d'oignon ; parties inférieures blanc jaunâtre. Taille : 0 m. 13.

Très commune le long des étangs et des rivières de la fin d'avril jusqu'à la fin de septembre, très commune aussi dans les champs de topinambours et de maïs. L'œuf est d'un fauve cendré couvert de petites taches plus foncées, sa taille est de 0 m. 018 sur 0 m. 014.

128. — Phragmite aquatique, *Calamodyta aquatica* Bonap.

Vertex noir, coupé par trois bandes jaunes ; dos, scapulaires d'un gris jaunâtre, avec des taches longitudinales noirâtres ; les parties inférieures jaunes. Taille : 0 m. 13.

Cette Phragmite n'est pas très rare dans nos marais où elle arrive à la fin d'avril. Elle en repart vers le 1er septembre.

Elle aime moins que l'autre les champs de maïs et préfère les queues d'étangs où elle niche. L'œuf, à peu près de la taille du précédent, est verdâtre ou jaunâtre, couvert de taches plus foncées.

FAMILLE DES TROGLODYTIDÉS

Genre Troglodyte, *Troglodytes* Vieillot.

Bec très grêle, fin, sans échancrure ; ailes très courtes, concaves, arrondies ; queue toujours relevée.

129.—Troglodyte mignon, *Troglodytes parvulus* Koch.
Parties supérieures brun foncé, parties inférieures brun roussâtre, rayées transversalement de noir. Taille : 0 m. 10.

Sédentaire et commun. Dès le commencement de mars, on entend la voix sonore du mâle et il n'est pas rare de l'entendre chanter encore à la fin d'octobre. Il aime les buissons épais, les jardins, la lisière des bois et ne redoute pas la présence de l'Homme. Son nid, en forme de boule ovale, est placé le long d'un mur, sur un tronc d'arbre couvert de lierre, sous un pont, ou dans un caveau, dans un vieux nid d'hirondelle ; nous l'avons même vu dans une écurie inhabitée du château de Rocherolle, placé au bout d'une tringle de fer accrochée au plafond, à l'endroit où l'on suspendait autrefois une lanterne. La ponte est de 12 ou 14 œufs de 0 m. 016 sur 0 m. 012, blancs, piquetés de noir, de brun ou de rouge.

FAMILLE DES PHYLLOPNEUSTIDÉS

Genre Pouillot, *Phyllopneuste* Meyer et Wolff.

Bec petit, comprimé ; narines recouvertes par une membrane ; ongle du pouce faible, plus court que le doigt.

130. — Pouillot fitis, *Phyllopneuste trochilus* Brehm.

Olivâtre en dessus, jaunâtre en dessous, bande jaune sur l'œil ; ailes dépassant légèrement le bout de la queue ; tarses ~~jaunâtres. Taille : 0 m. 12.~~

Dès le commencement de mars, le Fitis chante sur les baliveaux de nos bois ; de tous côtés on entend sa voix qui semble prononcer la syllabe *thuit, thuit, thuit.* Il niche au pied des arbres et la forme de son nid, oblong avec une ouverture ronde, lui a fait donner, dans nos campagnes, le nom de four. La ponte est de 5 œufs blancs avec de petits points noirs, plus nombreux au gros bout, de 0 m. 015 sur 0 m. 011.

131. — Pouillot véloce, *Phyllopneuste Rufa* Bonap.

Parties supérieures d'un brun olivâtre, bande jaune sur l'œil, parties inférieures jaunâtres ; ailes ne dépassant pas le milieu de la queue ; tarses noirâtres. Taille : 0 m. 12.

Dans tous nos bois, bosquets et jardins, on ne cesse d'entendre, aux premiers soleils de mars, le chant cadencé du Pouillot véloce. Les Oiseaux sont là, de cent mètres en cent mètres, toujours en mouvement, à la cime des chênes, et le bois retentit partout de leurs voix.

En avril, les nids se font à terre ; en mai, la femelle couve 5 œufs blancs piquetés de noir de 0 m. 015 sur 0 m. 011. A la fin d'octobre, la plupart émigrent, mais il en reste toujours quelques couples qui se risquent à chanter dès que le soleil luit un peu, et qu'on aperçoit, pendant les grands froids, fouillant parmi les herbes avec ardeur ou pourchassant les Diptères et la *Sympecma fusca,* c'est-à-dire les rares Insectes qu'on voit voler dans les bois par les temps de gelée.

132. — Pouillot siffleur, *Phyllopneuste sibilatrix* Brehm.

Ce joli petit Oiseau, d'un vert si tendre en dessus, d'un jaune et d'un blanc si soyeux en dessous, arrive ici vers la fin d'avril et s'établit dans les bois où il volette de branches en branches, les ailes épanouies, sifflant sa chanson composée de sons doux terminés par des sons roulés.

Ce Pouillot, comme les autres, fait un nid en forme de four caché à terre, dans les herbes, et y pond 5 à 7 œufs blancs piquetés de petits points bruns, de 0 m. 015 sur 0 m. 012. L'ouverture de ce nid ne donne pas toujours à l'air libre ; souvent l'Oiseau construit sous les feuilles mortes une galerie qui peut avoir 50 centimètres de longueur et qui aboutit au nid.

133. — Pouillot Bonelli, *Phyllopneuste Bonelli* Bonap.

Sommet de la tête et dos d'un gris cendré brun qui se nuance sur le croupion de brun olivâtre ; grandes couvertures des ailes brunes lisérées d'olivâtre ; raie jaune à la côte des ailes, bande blanchâtre sur les yeux ; parties inférieures d'un blanc pur et lustré. Taille : 0 m. 12.

Très commun dans tous nos bois depuis le 12 mars jusqu'en octobre. L'œuf est blanc, criblé de petits points brun rouge, de 0 m. 014 sur 0 m. 012. Le nid est fait à terre, dans l'herbe, et ressemble à celui des autres espèces.

Genre Roitelet, *Regulus* Cuvier.

Bec court et aigu ; narines recouvertes par deux petites plumes rigides et voûtées ; ongle du pouce plus long que le doigt.

134. — Roitelet huppé, *Regulus cristatus* Charl.

Parties supérieures verdâtres ; les ailes traversées par deux bandes blanches ; plumes des côtés de la tête longues et effilées, encadrant, chez le mâle, une plaque d'une belle couleur jaune d'or ; parties inférieures blanc jaunâtre. Taille : 0 m. 10.

On le trouve dans nos contrées à partir de la fin d'octobre, lors des premiers froids, soit par petites bandes de 3 à 10 sujets, soit mêlé aux troupes de Mésanges qui parcourent la lisière des bois durant tout l'hiver. Il est commun alors dans les taillis et les bosquets. A partir de mars, il devient très rare. Quelques couples seulement demeurent, pendant l'été, dans les grands parcs couverts de bocages et de conifères et y nichent. C'est ainsi que nous avons vu deux années de suite, en juin, un couple de Roitelets dans le parc du Bouchet.

L'œuf, de 0 m. 013 sur 0 m. 009, est blanc roussâtre.

135.— Roitelet triple-bandeau, *Regulus ignicapillus* Licht.

A peu près de la couleur et de la taille de l'espèce précédente, mais sur le vertex se trouvent des plumes effilées et soyeuses de couleur feu très éclatant, encadrées de deux larges bandes noires réunies sur le front ; au-dessus et au-dessous des yeux, deux petites bandes noires séparées par des bandes blanches.

Paraît régulièrement dans le pays en octobre, disparaît en hiver, et se montre de nouveau en février, mars et avril par 2, 4 ou 6 individus, surtout sur les thuyas.

FAMILLE DES PARIDÉS

Genre Mésange, *Parus* Linné.

Bec droit, conique, long comme le tiers de la tête ; ailes médiocres ; queue moyenne ; pouce robuste pourvu d'un ongle fort.

136. — Mésange charbonnière, *Parus major* L.
Tête, gorge, devant du cou et une raie longitudinale sur le

milieu du ventre d'un noir à reflets, joues blanc pur, manteau vert olivâtre, petites couvertures des ailes d'un cendré bleuâtre, ventre jaune, ailes bordées de cendré bleuâtre. Taille : 0 m. 15.

Sédentaire et très commune partout. Elle niche de bonne heure, dans un trou de mur ou dans un tronc d'arbre, et pond de 8 à 16 œufs blancs, piquetés de rouge pâle, de 0 m. 018 sur 0 m. 014.

137. — **Mésange noire**, *Parus ater* L.

Tête, gorge, cou noirs, sauf une bande blanche sur les côtés du cou, et une autre sur la nuque. Parties supérieures d'un cendré brun, abdomen gris. Taille : 0 m. 11.

Passe par couples en novembre et décembre, puis en février, chaque année dans les jardins. Quelques couples nichent dans nos bois, dans un trou d'arbre ; l'œuf, de 0 m..015 sur 0 m. 011, est blanc piqueté de rouge.

138. — **Mésange bleue**, *Parus cœruleus* L.

Front, sourcils et joues blanc pur, huppe bleue, collier varié de bleu, dos vert olivâtre, ailes et queue bleuâtres, poitrine et ventre d'un beau jaune. Taille : 0 m. 11.

Sédentaire et très commune, elle niche dans les troncs d'arbres, dans les vergers, les jardins et les bois. L'œuf, de 0 m. 016 sur 0 m. 012, est blanc piqueté de rougeâtre.

139. — **Mésange huppée**, *Parus cristatus* L.

Huppe noire, bordée de blanchâtre ; gorge et collier noirs ; les autres parties supérieures brun roussâtre ; parties inférieures blanchâtres. Taille : 0 m. 13.

Bien qu'elle niche dans le département de la Creuse, nous n'avons jamais trouvé son nid dans l'Indre, où elle passe l'hiver dans les bois, soit seule, soit avec des bandes d'autres Mésanges.

Genre Nonnette, *Pœcile* Kaup.

Bec fort, long comme la moitié de la tête ; queue moyenne ;
pouce gros pourvu d'un ongle long et fort.

140. — Nonnette des marais, *Pœcile palustris* Kaup.
Dessus de la tête noir, joues et régions parotiques blanc
pur, dessus du corps gris cendré. Taille : 0 m. 125.
De passage très accidentel en Brenne.

141. — Nonnette vulgaire, *Pœcile communis* Gerbe.
Calotte noire, joues et côtés du cou blanc grisâtre ; dessus
du corps cendré olivâtre. Taille : 0 m. 12.
Sédentaire et commune en Berry. Elle habite les bois, les
parcs, les jardins, où on l'observe, tantôt seule, tantôt par.
couples, tantôt par petites familles, et niche dans les troncs
d'arbres. L'œuf, long de 0 m. 015 sur 0 m. 012, est blanc avec
de très petits points rougeâtres.

Genre Acredula, *Acredula* Koch.

Bec petit, long comme le quart de la tête ; ailes moyennes,
queue très longue ; plumage soyeux.

142. — Acredula à longue queue, *Acredula caudata*
Koch.
Tête, cou et poitrine blanchâtres avec des bandes noires ;
parties supérieures variées de noir, de cendré blanchâtre et
de rose. Taille : 0 m. 155.
Cette jolie espèce habite en toute saison la bordure des bois,
les grands jardins, les coteaux buissonneux, les vallées plan-
tées de fortes haies. C'est là qu'elle place son nid en forme de
boule oblongue, collé au tronc d'un chêne ou d'un peuplier,

ou suspendu dans les branches d'un genévrier, et qu'elle y pond de 12 à 15 œufs blancs avec quelques points rougeâtres. Il arrive même parfois que deux femelles se rassemblent et pondent dans le même nid, puisque M. Renoux a vu deux femelles sortir du même nid dans lequel il a trouvé 32 œufs.

L'hiver, on la rencontre partout dans les campagnes, par bandes de dix à cinquante individus.

Genre Panure, *Panurus* Koch.

Bec à mandibule supérieure plus longue que l'inférieure, long comme la moitié de la tête ; queue très étagée et longue.

143. — Panure à moustaches, *Panurus biarmicus* Koch.

Tête d'un cendré bleuâtre ; entre le bec et l'œil et sur les côtés du cou, une large moustache noire ; gorge blanche, nuque, dos et flancs d'un beau roux. Taille : 0 m. 17.

De passage très accidentel, en mars et avril.

FAMILLE DES AMPELIDÉS

Genre jaseur, *Ampelis* Linné.

Bec court, à mandibule supérieure fortement dentée, à mandibule inférieure entaillée et retroussée à l'extrémité.

144. — Jaseur de Bohême, *Ampelis garrulus* Linné.

Plumage cendré rougeâtre, la tête avec une huppe ; rémiges primaires noires, terminées par un trait jaune et blanc, et la plupart des secondaires terminées par un prolongement cartilagineux d'un rouge vif. Taille : 0 m. 21.

De passage accidentel, tous les 6 ou 7 ans, en décembre et janvier.

FAMILLE DES MUSCICAPIDÉS

Genre Gobe-mouche, *Muscicapa* Briss.

Bec plus court que la tête ; ailes atteignant le milieu de la queue.

145. — Gobe-mouche noir, *Muscicapa nigra* Briss.

Parties supérieures d'un noir profond, front et parties inférieures d'un blanc pur. Taille : 0 m. 14.

Le Gobe-mouche noir n'est pas rare dans le département où il arrive du 12 au 30 avril, les mâles devançant toujours les femelles. Là, il s'installe dans les bouquets de bois, les bosquets des parcs, les taillis et les bords des chemins garnis de larges haies. D'abord il vit exclusivement d'Insectes, Diptères, Névroptères et surtout Coléoptères qu'il prend au vol ; mais à l'automne, il s'attaque aussi aux fruits, surtout aux baies de sureau, d'yèble et de ronce.

Son nid, fait de mousse sèche, d'herbes jaunies, avec l'intérieur garni de poils et de plumes, est placé dans une cavité d'arbre ou dans une souche morte. La femelle y pond, à la fin de mai, 4 à 6 œufs d'un bleu pâle, de 0 m. 018 sur 0 m. 012.

Il disparaît vers le 5 octobre.

146. — Gobe-mouche à collier, *Muscicapa collaris* Bechst.

Plumage noir, avec le bas du dos, le front, le collier, une tache sur l'aile blancs. Taille : 0 m. 14.

Rare. Nous l'avons observé au mois d'avril, au même endroit, trois années de suite.

Genre Butalis, *Butalis* Boie.

Bec aussi long que la tête, ailes dépassant le milieu de la queue.

147. —Butalis gris, *Butalis grisola* Boie.

Toutes les plumes des parties supérieures d'un brun cendré, sur la tête une raie étroite longitudinale d'un brun foncé ; gorge et ventre blancs, poitrine et flancs mouchetés d'un brun cendré. Taille : 0 m. 15.

Il nous arrive vers le 15 avril, est assez répandu jusqu'en septembre et émigre avant le 15 octobre. Il s'établit sur la lisière des bois, dans les parcs et dans les jardins, où il niche le long d'un gros tronc d'arbre, sur une treille le long d'un mur ou sur un arbuste épais, à deux ou trois mètres d'élévation. Le nid, en forme de coupe, reçoit 5 œufs verdâtres semés de taches rousses ou rougeâtres, formant couronne au gros bout, et mesurant 0 m. 020 sur 0 m. 015.

FAMILLE DES HIRUNDINIDÉS

Genre Hirondelle, *Hirundo* L.

Bec court, narines oblongues, queue très longue et très fourchue ; tarses de la longueur du doigt médian, grêles et nus.

148. — Hirondelle rustique, *Hirundo rustica* L.

Front et gorge d'un brun marron, parties supérieures et bande sur la poitrine d'un noir à reflets, parties inférieures blanchâtres. Taille : 0 m. 18.

Cette Hirondelle apparaît en petit nombre aux premiers soleils de mars sur les étangs, puis dans les campagnes et dans les rues des villes. Dans la quinzaine qui suit, elle arrive par masses, ainsi, par exemple, que l'indique le tableau ci-après dressé pour la région entre Argenton et le Blanc :

1875, 15 mars, 1re apparition. 1er avril, arrivée générale.
1878, 15 mars, — 26 mars.
1880, 18 mars, — 5 avril.
1881, 31 mars, — 3 avril.
1884, 26 mars, — 2 avril.
1886, 24 mars, — 5 avril.
1887, 26 mars, — 14 avril.
1888, 1er avril, — 15 avril.
1889, 26 mars, — 5 avril.
1890, 25 mars, — 1 avril.
1891, 30 mars, — 4 avril.
1892, 15 mars, — 26 mars.
1893, 20 mars, — 4 avril.

Presque aussitôt leur arrivée, les Hirondelles rustiques s'occupent de construire leur nid ou de réparer celui de l'année précédente. Elles placent ces nids dans une cheminée, et mieux encore le long des poutres et des soliveaux formant le plafond des bergeries, des caves, des granges, des poulaillers, où ces nids sont souvent réunis par douzaine. En mai, chaque femelle pond 5 à 6 œufs blancs plus ou moins tachetés de brun, de 0 m. 021 sur 0 m. 015.

L'Hirondelle vole sans cesse et se nourrit, en volant, de Diptères et de Névroptères, d'Araignées, de petits Papillons et de menus Coléoptères. Elle saisit même au vol de grosses Libellules. Elle poursuit son gibier là où elle sait le trouver ; tantôt elle vole à de grandes hauteurs, tantôt elle rase la terre ou l'eau. Elle volait avant l'aube, elle vole parfois jusqu'à la nuit sombre.

La nuit couvre encore la terre, dans l'ombre les objets ont des formes indécises et c'est à peine si le ciel blanchit à la venue du matin ; déjà on entend le gazouillement de l'Hirondelle perchée au rebord d'un toit. Ce gazouillement est délicieux et l'Hirondelle le redit souvent le matin et le soir, aussi bien à l'automne qu'au printemps.

Du 10 au 27 octobre, les Hirondelles rustiques se réunissent en bandes considérables sur une haute maison ou sur des fils télégraphiques, y demeurent une journée comme indécises ou pour se reposer, et subitement prennent leur vol toutes ensemble. Dans les quelques jours qui suivent, elles sont rares, puis elles disparaissent complètement. Parfois, en octobre, elles se laissent surprendre par le froid et alors meurent de faim par centaines sur le bord des routes.

Genre Chelidon, *Chelidon* Boie.

Bec court ; narines arrondies ; queue moins longue que les ailes, assez fourchue ; tarses de la longueur du doigt médian, grêles et complètement emplumés.

149. — Chelidon de fenêtre, *Chelidon urbica* Boie.

Tête, nuque et dos d'un noir à reflets violets ; ailes et queue d'un noir mat, le croupion et les parties inférieures d'un blanc pur. Taille : 0 m. 14.

Arrive trois ou quatre semaines après l'autre, soit, du 15 avril au 7 mai. Elle repart du 10 au 20 septembre. Elle habite presque exclusivement les villes, où elle niche à l'angle supérieur des fenêtres et sous les entablements des édifices. La ponte est de 5 à 6 œufs blancs. Elle attrape une masse de Cousins, de Moucherons, d'Ephémères et même des Charançons.

Genre Cotyle, *Cotyle* Boie.

Bec très court, brusquement rétréci de la base à la pointe ; narines arrondies ; queue moins longue que les ailes, médiocrement échancrée ; tarses garnis de quelques plumes seulement.

150. — **Cotyle de rivage,** *Cotyle riparia* Boie.

Parties supérieures, joues et une bande sur la poitrine d'un cendré gris ; ailes brunes ; parties inférieures blanches. Taille : 0 m. 14.

Elle arrive dans le département vers le 25 avril. Une station de 50 couples existe dans la sablière de la Lorne, commune de Ruffec, quelques couples habitent aussi une petite sablière près du Blanc, d'autres la sablière de la Fosse, près Argenton. Dans une sablière appartenant à la Compagnie d'Orléans, située près de Saint-Marcel, une cinquantaine de couples ont aussi creusé leurs nids, et ils y reviennent chaque année.

Les trous, très rapidement creusés, ont de 1 m. à 1 m. 30 de profondeur ; l'orifice est étroit, aplati en bas, et le couloir est tantôt à peu près droit, tantôt tortueux ; au fond se trouve une petite chambre dans laquelle le nid est posé sur la poussière de sable. Ce nid, tout petit et mince, consiste en feuilles sèches de graminées entremêlées de minuscules bûchettes et petites pailles peu enchevêtrées ; l'intérieur est un lit de plumes sur lequel l'Oiseau pond 4 à 6 œufs blancs, ressemblant à s'y méprendre à ceux de l'Hirondelle de fenêtre. Dans ce nid se trouve invariablement un Coléoptère « *microglossa nidicola* » qu'on ne rencontre pas ailleurs.

Ces Hirondelles se nourrissent surtout de Névroptères et en particulier d'Éphémères. Elles nous quittent dès le 30 août, mais il n'est pas rare de trouver des retardataires beaucoup plus tard, puisque nous en avons observé le 15 octobre au milieu d'Hirondelles de cheminée.

Genre Biblis, *Biblis* Lesson.

Bec médiocre, déprimé à la base ; narines arrondies ; ailes plus longues que la queue, tarses grêles et nus.

151. — **Biblis de rocher,** *Biblis rupestris* Less.

Les parties supérieures d'un gris cendré très clair, gorge,

cou et poitrine d'un blanc très légèrement nuancé de roux clair, abdomen gris ; les pennes de la queue, sauf les deux du milieu, portent sur les barbes intérieures une tache ovale blanche, plus grande sur les pennes du centre qu'aux pennes latérales. Taille : 0 m. 14.

L'Hirondelle de rocher a été tuée à deux ou trois reprises dans l'arrondissement du Blanc, mais nous ne l'y avons jamais rencontrée.

FAMILLE DES CYPSELIDÉS

Genre Martinet, *Cypselus* Illiger.

Bec déprimé, triangulaire à la base, à mandibule supérieure crochue ; bouche largement ouverte ; ailes excessivement longues, tarses robustes et emplumés.

152. — Martinet noir, *Cypselus apus* Illiger.

Gorge d'un blanc cendré, le reste du plumage brun noirâtre. Taille : 0 m. 22.

Le Martinet noir arrive, suivant les années, du 19 avril au 1er mai, et ne demeure que trois mois dans le pays. Un proverbe du Blanc affirme que les Martinets partent invariablement le 5 août au matin ; mais en fait, ils nous quittent du 31 juillet au 7 août, les premiers de tous les Oiseaux d'été.

Dans les belles soirées, les Martinets se poursuivent par troupes dans les airs, en poussant leurs sifflements aigus, et quand la nuit est déjà sombre, on entend encore leurs cris bien loin dans le ciel, jusqu'au moment où ils redescendent comme des flèches pour regagner leurs trous.

Ils font leur nid dans les crevasses des hautes maisons, des châteaux, des clochers ; la femelle pond 3 à 4 œufs blancs de 0 m. 024 sur 0 m. 016.

FAMILLE DES CAPRIMULGIDÉS

Genre Engoulevent, *Caprimulgus* L.

Bec court, flexible, extrêmement fendu, déprimé ; queue carrée, un peu arrondie ; tarses courts.

153. — Engoulevent d'Europe, *Caprimulgus europæus* L.

Plumage soyeux, varié de cendré, de brun, de jaunâtre, de roux et de noir. Taille : 0 m. 28.

L'Engoulevent apparaît dans le département du 15 au 25 avril, et en repart, s'il est vieux, dans les premiers jours d'octobre, s'il est jeune, dans la quinzaine suivante. En été et en automne, il est commun partout, dans les taillis, les brandes, les vignes. Il se pose sur les arbres dans le sens de la longueur, surtout le soir, mais dans la journée il se tient presque toujours à terre, d'où il part sous les pieds du chasseur, s'élève brusquement sans bruit, fait trois ou quatre longs crochets, et se repose à dix mètres.

La femelle gratte la terre dans une clairière, au milieu des bois, et là, sans faire de nid, pond sur le sol deux œufs blanchâtres, tachés de brun sale plus ou moins effacé, de 0 m. 032 sur 0 m. 022.

ORDRE III. — COLOMBIENS

Bec droit, portant à la base de la mandibule supérieure une membrane voûtée et molle dans laquelle s'ouvrent les narines ; trois doigts en avant, un en arrière ; un jabot extérieurement dilatable. Petits naissant aveugles et nourris longtemps dans le nid.

FAMILLE DES COLOMBIDÉS

Genre Pigeon, *Columba* L.

Formes massives, lames membraneuses qui recouvrent les fosses nasales séparées par un sillon profond ; tarses courts.

154. — Pigeon ramier, *Columba Palumbus* L.

Tête, gorge, croupion et queue d'un cendré bleuâtre, dos et ailes d'un cendré brun ; aux côtés du cou et sur le bord des ailes un grand espace blanc ; poitrine d'une belle couleur vineuse, abdomen cendré blanchâtre. Taille : 0 m. 45.

En parcourant nos grands bois pendant l'été, on rencontre assez communément des couples de Ramiers sédentaires, et à l'automne le chasseur a parfois l'occasion de risquer un coup double sur les deux Oiseaux occupés à glaner dans les chaumes ou dans les blés noirs. Ces couples nichent dans les forêts ou dans les parcs boisés. Le nid, placé sur un arbre, contient deux œufs blancs de 0 m. 04 sur 0 m. 03.

Vers le 20 octobre arrivent les bandes voyageuses, très nombreuses à certaines années, très rares en d'autres. Les unes passent après un court séjour, les autres s'établissent pour l'hiver dans les bois de grands chênes et de pins, pour n'en partir qu'en mars.

155. — Pigeon colombin, *Columba œnas* L.

Tête, gorge, ailes et parties inférieures d'un bleu cendré ; côtés du cou d'un vert chatoyant, poitrine de couleur lie-de-vin, dos d'un cendré brun. Taille : 0 m. 35.

Autant le Ramier est commun dans le centre de la France, autant le Colombin y est rare pendant l'été. Il passe dans les contrées boisées du département aux mois de janvier et de février, et repasse du 25 octobre au 25 décembre. Quelques rares couples demeurent durant l'été et nichent dans les endroits les plus sauvages. Nous avons trouvé son nid en juin dans la forêt de la Luzeraise, appuyé sur l'enfourchure d'un gros tronc de chêne, avec deux œufs blancs de 0 m. 04 sur 0 m. 028.

Il aime, dit-on, à nicher dans les trous d'arbres; aussi est-ce peut-être le manque de gros arbres creux qui est la cause de la rareté du Colombin dans notre pays. En tous cas, nous l'avons vu nicher à la façon du Ramier, et par cette habitude il forme bien le passage naturel du Ramier qui niche sur une branche d'arbre, au Biset qui n'a jamais établi son nid à ciel ouvert sur un arbre.

156. — Pigeon biset, *Columba livia* Brisson.

Plumage bleu cendré, côtés du cou d'un vert chatoyant, croupion blanc, deux bandes sur les ailes. Taille : 0 m. 34.

Le Biset est le Pigeon de nos fuies a l'état sauvage. Il est douteux qu'on l'ait tué dans l'Indre; en tous cas, il n'y passe que par accident.

Genre Tourterelle, *Turtur* Selby.

Formes élancées, lames membraneuses qui recouvrent les fosses nasales sans sillon de séparation ; tarses assez longs.

157. — Tourterelle vulgaire, *Turtur auritus* Ray.

Tête et nuque d'un cendré bleu ; sur les côtés du cou, un damier de plumes noires et blanches ; poitrine d'un vineux clair, dos d'un cendré ou d'un roux de rouille avec une tache noire au centre des plumes, abdomen blanc. Taille : 0 m. 28.

La Tourterelle demeure, l'hiver, en Afrique et vient en très grand nombre passer la belle saison en France ; nous la voyons arriver par couples ou par petites bandes dans le département du 25 avril au 5 mai; elle nous quitte du 15 au 30 septembre.

Elle niche dans les bois et pond, dans un nid composé seulement de quelques bûchettes sans consistance, deux œufs blancs de 0 m. 03 sur 0 m. 022.

Au mois d'août, les Tourterelles se réunissent en bandes considérables qu'on trouve dans les chaumes et dans les blés noirs d'où, à la première alerte, elles s'envolent pour aller se poser au sommet des noyers et des chênes. Elles sont alors inapprochables ; mais, quand elles sont séparées ou par deux et trois, surtout si ce sont des jeunes, on les approche assez facilement dans les hautes pailles et dans les vignes.

C'est un Oiseau purement granivore, comme tous les Pigeons ; elle recherche avec beaucoup d'avidité les graines de la *Sinapis arvensis*, et faute d'en trouver, vit de froment, de sarrasin, de pois et de graines de graminées.

ORDRE IV. — GALLINACÉS

Bec convexe, portant en dessus un espace membraneux dans lequel s'ouvrent les narines ; trois doigts en avant et un en arrière, ou seulement trois en avant. Petits courant dès la naissance et cherchant de suite leur nourriture.

FAMILLE DES PTÉROCLIDÉS

Genre Syrrhapte, *Syrrhaptes* Illiger.

Bec faible, forme approchant de celle d'un Colombin ; tarses courts tout emplumés ; pouce nul ; ailes pointues à première rémige terminée en brin filiforme.

158. — Syrrhapte paradoxal, *Syrrhaptes paradoxus* Licht.

Tête roussâtre ; dos gris jaunâtre moucheté de taches noires, poitrine d'un gris cendré ou jaunâtre, coupée par un ceinturon de petites taches noires ; ailes gris jaunâtre, les ailes et la queue terminées par de longs filets ; pieds velus. Taille : 0 m. 24.

Le Syrrhapte est un bel Oiseau de l'Asie centrale, moitié Pigeon et moitié Gallinacé, un voisin des Gangas, famille inconnue dans nos contrées. Il se montre accidentellement dans l'Indre. En novembre 1864, un Syrrhapte a été tué dans les plaines entre Loups et la Gabrière, par un paysan, dans une compagnie de cinq Oiseaux. En 1888, un Syrrhapte s'est tué en se frappant la tête au fil télégraphique, sur la route d'Écueillé à Luçay-le-Mâle, tout près du château de Terre-Neuve, tandis qu'un autre était tué par un chasseur à la Gachonnière, près de Gehée. Les deux Oiseaux avaient le jabot plein de graines de jonc.

Enfin, en septembre 1888, un cultivateur de Tendu blessa un Syrrhapte qui s'envolait devant lui, en compagnie de deux autres. Mis en volière avec des Perdrix et des Faisans, il a vécu pendant un an, se nourrissant de sarrasin, de chènevis, de millet et de salade.

FAMILLE DES TETRAONIDÉS

Genre Perdrix, *Perdix* Brisson.

Bec épais, plus long que la moitié de la tête ; tarses assez épais, pourvus chez le mâle d'un tubercule calleux ; pouce bien développé, ongles arqués.

159. — Perdrix rouge, *Perdix rubra* Brisson.

Gorge et joues blanches entourées d'une bande noire ; poitrine piquetée de noir ; parties supérieures d'un brun roussâtre ; bas de la poitrine cendré bleuâtre, abdomen d'un roux tendre ; sur les flancs, des plumes bleu cendré, rayées de noir et de roux. Pieds, bec et yeux rouges. Taille : 0 m. 32.

La Perdrix rouge est sédentaire et encore commune dans le département, bien que l'Homme, le Renard, les Fouines et Putois, les Rapaces, les Chiens errants, etc., la pourchassent avec ardeur et suppriment, chaque année, un nombre considérable de compagnies. Elle a aussi, le long de certains bois, un ennemi redoutable dans l'Ecureuil qui cherche le nid et brise les œufs. Nous connaissons tel endroit où les Perdrix rouges ont absolument disparu, détruites par les Ecureuils. Heureusement, sa manière de nicher dans les brandes, dans les épais buissons, dans les bois, jusque sur des murs couverts de lierre la met, plus que la Grise, à l'abri des intempéries, des inondations et de la faux du coupeur de prairies artificielles.

Elle aime les bois, les brandes, les coteaux sauvages et rocailleux, les vignes, et au contraire de la Grise qui préfère les terres bien cultivées et le voisinage des habitations, elle se plaît dans les endroits les plus incultes.

Nous avons ici deux variétés de Perdrix rouge différentes par la taille. La grosse variété, dite vulgairement Bartavelle, est d'un tiers plus forte que la petite variété.

L'œuf, de 0 m. 04 sur 0 m. 03, est fauve clair, parsemé de plaques et de taches roussâtres.

Genre Starne, *Starna* Bonap.

Bec de moyenne grosseur, plus court que la moitié de la tête ; tarses peu épais, sans tubercule ; pouce court, ongles à peine arqués.

160. — Starne grise, *Starna cinerea* Bonap.

Front, joues et gorge d'un roux clair, nuque d'un brun roux, cou et poitrine cendrés, flancs cendrés zébrés de roux, une plaque marron en forme de fer à cheval sur le ventre, dos brunâtre couvert de zigzags. Taille : 0 m. 30.

Commune dans le département. La Perdrix grise habite les plaines, s'apparie en février et, à partir de ce moment, vit par couples. Dès le commencement de mai, elle gratte la terre dans un blé, une brande, une prairie, amasse quelques herbes sèches et, dans ce nid, pond de 14 à 20 œufs couleur de café au lait clair, de 0 m. 036 sur 0 m. 028.

Les petits naissent en juin ou juillet et vivent en compagnie avec le père et la mère jusqu'à la fin de l'hiver.

Il n'est pas d'année où l'on ne tue la variété albine et la variété isabelle. Le plus souvent une Perdrix blanche est mêlée à une compagnie de coloration normale, mais il existe en quelques localités, par exemple à Martizay et au Coudreau, des bois où cette variété a une tendance à se manifester régulièrement. Parfois un quart ou un cinquième de la compagnie se trouve composé d'Oiseaux blancs ou panachés de blanc.

161. — Starne roquette, *Starna damascena* Brisson.

Plumage de la Perdrix grise, avec les parties supérieures ordinairement un peu plus foncées. Taille : 0 m. 28.

Par la structure, la forme, le plumage et les œufs, c'est une Perdrix grise de petite taille ; par les mœurs et les habitudes, c'est une espèce à part. Nous ne l'avons jamais vue nicher dans le département, mais elle nous arrive, fin septembre, par compagnies de quinze à quarante individus. Elles sont plus défiantes que les Grises, plus difficiles à disséminer et volent à des distances considérables. On n'en trouve plus guère en novembre.

Genre Caille, *Coturnix* Mœhring.

Bec très court ; ailes courtes et aiguës ; tarses minces et lisses ; pouce court, ongles médiocrement arqués ; plumes des flancs acuminées.

162. — **Caille commune,** *Coturnix dactylisonans* Mey.

Tête variée de noir et de roussâtre avec trois bandes d'un blanc jaunâtre, parties supérieures d'un cendré brun avec des taches noires et des bandes jaunâtres acuminées, gorge noir roussâtre, joues roussâtres encadrées d'un collier roux ; parties inférieures rousses et ensuite blanchâtres. Taille : 0 m. 17.

La Caille nous arrive vers le 25 mars. En mai, elle fait un nid avec des brins d'herbe, des fragments de trèfle ou de luzerne, assez épais, à terre, dans un blé ou dans une prairie, et pond de 8 à 14 œufs jaunâtres parsemés de taches brunes ou noires, de 0 m. 029 sur 0 m. 024.

Si l'année est sèche, beaucoup de Cailles émigrent en août ; si au contraire le temps a été humide, les herbages sont épais et garnis et les Cailles y demeurent, trouvant à s'y blottir. Fin septembre et octobre a lieu l'émigration normale. Pourtant il arrive souvent de lever, en décembre et janvier, quelques Cailles restées au pays. Ce fait, rare ailleurs, se produit fréquemment sur le plateau de la Brenne, et il n'est pas d'hiver où les chasseurs n'y tuent un certain nombre de Cailles, même après les neiges et les longues gelées.

FAMILLE DES PHASIANIDÉS

Genre Faisan, *Phasianus* Linné.

Bec fort et voûté ; tour des yeux garni d'une peau verruqueuse ; ailes courtes, arrondies et concaves ; doigt médian de la longueur du tarse.

163. — **Faisan des bois,** *Phasianus colchicus* Linné.

Le mâle adulte a la tête, le cou et la gorge d'un vert doré se colorant en bleu ou en violet ; la poitrine, les flancs et le ventre d'un marron pourpré brillant ou violet noirâtre ; la queue extrêmement longue. Sa taille est de 0 m. 87. La femelle, beaucoup plus petite et avec la queue moins longue, porte un plumage mélangé de gris, de roussâtre et de noirâtre.

Le Faisan, qui n'habitait autrefois, dans le département, que les grands bois de Vendœuvres et de Valençay, peuple aujourd'hui une foule de localités. Il ne quitte guère les bois et s'aventure seulement le soir et le matin dans les champs et vignes du voisinage. Exceptionnellement, à la suite de forts brouillards, il s'égare au loin et se montre en des lieux où on n'est point habitué à le voir.

Il niche dans les endroits les plus fourrés de la forêt et pond de dix à quatorze œufs gris olivâtre clair, de 0 m. 042 sur 0 m. 034.

ORDRE V. — LIMICOLES

Doigts peu allongés ; le pouce nul ou peu développé, ne touchant pas toujours la terre et pourvu d'un très petit ongle ; lorums et tour des yeux emplumés.

FAMILLE DES OTIDIDÉS

Genre Outarde, *Otis* Linné.

Bec robuste, large à la base ; ailes assez allongées, amples, concaves ; tarses longs, nus au-dessus du genou ; pouce nul.

164. — Outarde barbue, *Otis tarda* Linné.

Tête, cou, poitrine et bords des ailes cendrés ; à la base du bec une touffe de longues plumes à barbes effilées ; parties supérieures d'un roux jaune rayé de noir, les inférieures blanches ; queue rousse coupée de bandes noires. Taille dépassant 1 mètre. La femelle, beaucoup plus petite que le mâle, n'a pas de plumes effilées à la base du bec.

L'Outarde barbue visite le département dans les hivers rigoureux, par troupes de cinq à quinze individus qui disparaissent au dégel.

En 1870, plusieurs furent tuées à Lureuil, à Martizay, à Saint-Gaultier ; la collection Mercier contient deux beaux sujets capturés avant cette époque, l'un à Giron, l'autre à Argenton. De 1870 à 1879, on a constaté à plusieurs reprises la présence de ce bel Oiseau au Blanc et à Châteauroux ; en décembre 1879, une bande de treize ou quatorze Outardes séjourna durant quinze jours près de Nervault, commune du Blanc, et le 10 ou 11 janvier 1880, trois furent tuées aux environs de Mézières-en-Brenne. Depuis 1891, elles semblent devenir de moins en moins rares au fort de l'hiver, cinq ou six captures au moins eurent lieu en décembre 1891 dans l'arrondissement du Blanc, et un énorme sujet demeura plusieurs jours, en janvier suivant, aux environs du tunnel de Chabenet. En 1892 et 1893, plusieurs captures nous ont été également signalées sur divers points, et durant ces deux années, un paysan d'Ingrandes a tué, dans le même champ, trois Outardes.

La chair de la grande Outarde est noirâtre, et tient le milieu, comme goût, entre la chair du Canard et celle du Lièvre.

165. — Outarde canepetière, *Otis tetrax* Linné.

Sommet de la tête d'un jaune roux, taché de brun noirâtre ; gorge cendrée avec un collier blanc en sautoir, suivi d'une bande noire qui occupe tout le derrière du cou ; toutes les parties supérieures d'un jaune roussâtre semé de zigzags noirâtres. Au mois de juillet, la couleur cendrée, le noir et le blanc de la gorge, du cou et de la poitrine disparaissent et sont remplacés par des plumes de la couleur de celles du dos. Taille : 0 m. 45.

Les Canepetières arrivent par troupes dans l'Indre du 25 mars au 10 avril. Elles s'établissent par couples dans nos plaines et nichent dans le creux des sillons. Là, la femelle pond 3 à 5 œufs d'un vert sombre, marbré de gris ou d'olivâtre, de 0 m. 055 sur 0 m. 039 ; les petits une fois éclos vivent en compagnie avec leurs parents jusqu'au moment du départ, ils sont de suite très sauvages et se laissent difficilement approcher.

La Canepetière affectionne certains champs, comme du reste le font un peu tous les Oiseaux. Chaque année on trouve une compagnie dans un rayon de 400 mètres autour d'un point donné, alors qu'on n'en trouve jamais ailleurs. Et il en est de même au moment des passages. Les Canepetières paraissent suivre en descendant du Nord vers le Midi une ou plusieurs lignes presque droites dont elles ne s'écartent guère ; on les trouve dans une succession de champs et de plaines à la file les unes des autres, toujours les mêmes, et on les cher- cherait en vain à droite ou à gauche.

Pendant tout le mois d'octobre, surtout du 10 au 20, un passage très considérable a lieu dans notre pays. Le chasseur les trouve alors solitaires, ou par couples, ou par bandes de quinze à vingt. Elles se tiennent dans ces trèfles noirs réservés par le faucheur jusqu'à la maturité des graines, dans les landes, les brandes, les chaumes et partent généralement de fort loin ; mais il arrive que, dans une vigne épaisse, on surprend une Canepetière seule qui, peut-être fatiguée du voyage ou endormie, s'envole sous les pieds de l'heureux chasseur. Au moment qu'elle s'enlève de terre, la petite Outarde jette trois ou quatre sons et s'éloigne d'un vol sif- flant et assez rapide ; elle fait ensuite de grands cercles en l'air et finit par s'abattre de nouveau, souvent près de l'en- droit où elle était posée. Le dernier passage a lieu vers la mi- novembre.

Elle vit d'Insectes, surtout de Grillons et de Sauterelles.

FAMILLE DES GLARÉOLIDÉS

Genre Glaréole, *Glareola* Brisson.

Bec beaucoup plus court que la tête, ailes très longues, la première rémige dépassant de beaucoup toutes les autres.

166.— Glaréole pratincole, *Glareola pratincola* Leach.

Tête, nuque, dos et couvertures des ailes d'un gris brun ; devant du cou blanc jaunâtre encadré par une bande noire étroite ; parties inférieures blanches, ailes noires, queue noire, très fourchue. Taille : 0 m. 25.

Très rare dans le département. Deux beaux sujets ont été tués, le même jour, sur l'étang de Lérignon, le 5 mars.

FAMILLE DES CHARADRIIDÉS

Genre Edicnème, *Edicnemus* Temminck.

Bec très fendu, plus long que la tête, fort ; pieds à trois doigts réunis jusqu'à la 2e articulation par une membrane prolongée le long des doigts ; queue très étagée, conique. Plumage varié de taches oblongues occupant le centre des plumes.

167. — Edicnème criard, *Edicnemus crepitans* Temm.

Roussâtre clair en dessus, avec tache noire sur chaque plume, bleuâtre en dessous ; sur l'aile une bande blanche longitudinale bordée de noir ; gros yeux jaunes. Taille : 0 m. 42.

Commun dans le département, et même très répandu sur certains points, l'Edicnème est sédentaire en ce sens qu'on trouve, même en hiver, quelques sujets dans nos grandes plaines et sur les coteaux peu élevés, la masse émigrant en novembre pour reparaître en mars.

On le trouve dans toutes les mauvaises terres, dans les grands labours, les abords des brandes, mais il n'est nulle part aussi multiplié que dans les communes de Fontgombault, Sauzelles et Mérigny. Là, dans les grandes plaines ondulées, au milieu de terrains cailouteux semés d'œillets et d'herbes fines, plantés çà et là de maigres vignes, de brins de taillis et de nombreux genévriers, les Edicnèmes habitent par centaines de mars à fin novembre, très défiants, inapprochables. Ils y vivent d'Orthoptères, Coléoptères, Hémiptères et de Lombrics et y nichent sans aucune préparation, à terre, entre deux cailloux.

En marchant sur la lande hérissée çà et là de pointes de rocs, vous apercevez tout à coup à vos pieds deux œufs d'un jaune roux de 0 m. 055 sur 0 m. 042, couverts de stries, de plaques, de taches et de mouchetures grises ou brunes, posés l'un à côté de l'autre sur le sol; c'est un nid d'Edicnème que la mère a quitté lorsque vous étiez encore éloigné.

Plus tard, le chasseur battant les terres labourées, en septembre, trouve assez souvent dans les sillons des petits incapables de voler qui se laissent prendre entre deux mottes à l'arrêt du Chien.

Dès que le soir arrive, l'Edicnème prend son vol et parcourt l'air en poussant son cri prolongé qui lui a valu le nom de Courlis de terre, et on l'entend encore par la nuit noire au fond des campagnes.

Genre Pluvier, *Pluvialis* Barrère.

Bec plus court que la tête, grêle, renflé vers le bout; trois doigts, l'extérieur réuni à celui du milieu par une courte membrane, le doigt intérieur divisé; queue à peu près carrée.

168. — **Pluvier doré,** *Pluvialis apricarius* Bonap.

Toutes les parties supérieures d'un noir de suie marqueté
de taches jaune doré, cou et poitrine variés de taches cendrées,
brunes ou jaunâtres ; parties inférieures blanches, rémiges
noires. Ce plumage disparaît en été ; les Oiseaux ont alors tout
le dessus du corps d'un noir profond semé de taches jaunes
d'or, front et dessus des yeux d'un blanc pur, les parties inférieures d'un noir foncé. Taille : 0 m. 27.

Le Pluvier doré arrive par troupes dans le département
vers le 15 octobre.

Le passage n'a lieu que certains jours et se termine vers le
15 novembre. Les troupes de douze à cent individus s'abattent dans les terres labourées, les landes, les grandes plaines
et demeurent rarement au même endroit plus d'un jour ou
deux. Le passage de retour a lieu du 25 février au 10 avril,
surtout au milieu de mars. Le Pluvier doré ne niche jamais
dans le département.

169. — **Pluvier varié,** *Pluvialis varius* Schlegel.

Front, une large bande sur les yeux, cuisses, abdomen et
couvertures inférieures de la queue d'un blanc pur, nuque
blanche nuancée de brun ; gorge, cou, milieu de la poitrine, ventre et flancs d'un noir profond ; de grandes taches
blanches sur les couvertures des ailes. Taille : 0 m. 28

Apparaît de loin en loin en Brenne, en avril, surtout du
15 au 30, généralement solitaire, sur les bords arénacés des
étangs, parfois plus tôt, en mars, avec les bandes de Vanneaux.
Il n'est pas extrêmement rare, en ce sens que nous avons
connaissance de quelque capture, presque chaque année,
mais il n'est jamais commun. En novembre, il repasse, quelquefois par bandes de cinq à six individus, sans guère s'arrêter. On ne l'observe presque jamais en dehors des pays
d'étangs.

Genre Guignard, *Morinellus* Bonap.

Bec plus court que la tête, mince, très peu renflé au bout ; trois doigts, les latéraux courts ; plumage coloré par masses ou partie varié.

170. — Guignard de Sibérie, *Morinellus sibericus* Bonap.

Vertex et occiput d'un cendré brun, larges sourcils blanc roussâtre, face blanche pointillée de noir ; parties supérieures d'un cendré noirâtre teint de verdâtre avec les plumes encadrées de roux ; poitrine et flancs d'un cendré roussâtre, un large ceinturon blanc sur la poitrine ; queue terminée de blanc. Taille : 0 m. 32.

De passage accidentel dans le département de l'Indre. En certaines années, on le trouve sur le bord des étangs et dans les terres labourées voisines, par bandes de cinq à douze individus, à la fin de mars et aux premiers jours d'avril, puis il disparaît et on le revoit, quand il revient, en novembre. Il est plus commun dans les plaines d'Issoudun que dans celles de Châteauroux et du Blanc où il est toujours rare, de sorte que, bien qu'il soit moins défiant que les autres Pluviers, on le rencontre très peu souvent sur les marchés.

Genre Gravelot, *Charadrius* Linné.

Bec plus court que la tête, mince ; trois doigts en avant avec les membranes interdigitales peu développées, celle entre le doigt externe et le médian insérée bien en arrière de l'articulation. Plumage coloré par grandes masses.

171. — Gravelot hiaticule, *Charadrius hiaticula* Linné.

Front, espace entre le bec et l'œil, une large bande coronale aboutissant aux yeux, d'un noir profond ; entre les bandes noires de la tête, une large bande d'un blanc pur ; gorge, cou, ventre et abdomen blancs ; sur la poitrine, un plastron d'un noir foncé. Le bec de couleur orange avec la pointe noire. Taille : 0 m. 16.

Cette espèce se montre régulièrement chaque année, mais toujours en petit nombre, le long de nos marais. Elle arrive par petites familles ou par couples aux premiers jours d'avril, parfois à la fin du mois, et repasse en octobre. Nous ne pensons pas qu'elle niche dans le département.

172. — Gravelot à collier interrompu, *Charadrius cantianus* Lath.

Front, sourcils, une bande sur la nuque et toutes les parties inférieures d'un blanc pur ; espace entre l'œil et le bec, une large bande au-dessus de la bande blanche du front et une large tache de chaque côté de la poitrine d'un noir profond ; tache cendrée derrière l'œil ; tête d'un gris cendré ; parties supérieures d'un cendré brun. Taille : 0 m. 15.

Excessivement commun en août et septembre, puis en février et mars sur les plages de l'Océan et dans les marais salants ; il est bien moins répandu dans l'intérieur des terres. On le voit pourtant assez souvent sur le bord de nos marais en avril et en octobre ; il est alors facile à tuer sur les grèves sableuses des étangs.

173. — Gravelot des Philippines, *Charadrius Philippinus* Scop.

Front, espace entre l'œil et le bec, une large bande sur les yeux et le plastron étroit d'un beau noir, un blanc pur surmonte la bande frontale et teint la gorge ainsi qu'un collier et toutes les parties inférieures ; l'occiput et les parties supérieures sont d'un brun cendré. Taille : 0 m. 13.

Le petit Pluvier à collier est, au moment des passages,

beaucoup plus commun dans le département que ses deux
congénères ; on le trouve sur les grèves sablonneuses de presque tous les étangs, ordinairement par couples, du 1er au
20 avril. Il est peu farouche et se laisse facilement approcher
à portée de fusil ; il part en rasant la surface de l'eau et en
jetant un ou plusieurs cris flûtés, à la manière des Chevaliers,
et se repose presque aussitôt sur le sable en évitant les endroits boueux et herbeux. Il vit même en Brenne à l'état
sédentaire, car nous l'avons observé en toute saison, sauf
pendant les grands froids. Nous avons même assez souvent
trouvé le nid sur les îlots des étangs, en juin. Deux ou trois
œufs relativemet gros (0 m. 034 sur 0 m. 024), piriformes,
jaunâtres avec des points et des stries noirâtres très rapprochés, sont posés sur le sable ou sur quelques herbes sans
aucune préparation. En octobre et novembre, l'espèce fait son
voyage de retour ; on la trouve alors souvent solitaire.

Genre Vanneau, *Vanellus* Linné.

Bec plus court que la tête, brusquement renflé ; trois doigts
en avant et un en arrière ; tête ornée d'une huppe effilée ; plumage coloré par grandes masses.

174. — Vanneau huppé, *Vanellus cristatus* Meyer et Wolff.

Sommet de la tête, huppe et poitrine d'un noir à reflets ;
région des yeux, des joues et des oreilles mélangée de noir,
de blanc et de roussâtre ; gorge blanche ; parties supérieures
d'un vert sombre à reflets ; ventre blanc pur ; couvertures inférieures de la queue d'un roux tendre, petites et moyennes
couvertures des ailes d'un bronzé chatoyant ; queue blanche à
la base et au bout, noire au milieu. Taille : 0 m. 34.

Dans le département de l'Indre, la Brenne est une des sta-
tions favorites du Vanneau, un de ses séjours de prédilection,

une route qu'il aime à suivre dans ses pérégrinations. Nulle part en France, on ne voit autant de Vanneaux qu'en Brenne. Un assez grand nombre de ces Oiseaux vivent toute l'année au bord des grands étangs, par un ou plusieurs couples et, après les nichées, par familles. On ne chasse jamais en juillet autour des grands étangs sans trouver des Vanneaux souvent très nombreux et il n'est pas rare de découvrir leur nid placé à l'abri d'une motte d'étang ou dans un pacage fleuri, dans un champ de hautes herbes, dans une brande rase, avec trois œufs jaunes à taches noires, de 0 m. 046 sur 0 m. 033. Plus tard, le Chien couchant arrête fréquemment de jeunes Vanneaux cachés dans la brande et le chasseur n'a pas plutôt ramassé l'Oiseau que les père, mère et voisins viennent en tourbillonnant, en poussant des cris, voler autour de lui, souvent à portée, tandis qu'en temps ordinaire ils volent à une grande hauteur au-dessus de l'Homme en miaulant des heures entières, mais toujours hors d'atteinte.

Dès le mois d'août, en général vers le 15, un premier passage d'étrangers a lieu et les abords des étangs sont pendant quelques jours peuplés de troupes voyageuses qui se mêlent parfois aux familles du pays.

En septembre et surtout en octobre, on tire continuellement des Vanneaux attroupés ; ils sont alors répandus partout, dans les queues d'étangs, sur les grèves, dans les labours.

En novembre, ils sont extrêmement communs et, s'ils deviennent moins abondants dans les trois mois qui suivent, on en voit pourtant toujours quelques bandes de dix à quatre cents individus.

Aux premiers jours de mars ont lieu les plus grands passages ; on observe alors à chaque pas, dans les pays de marais, des attroupements de deux cents à quatre cents sujets et plus ; vous les voyez folâtrer en l'air, se balançant sur leurs longues ailes, se poursuivre, cabrioler et s'abaisser en poussant leurs cris aigus ; ou bien, surpris par l'Homme, s'enlever en bataillon serré ou passer en l'air, rapides comme une trombe, avec un énorme bruissement d'ailes.

En avril, passages encore nombreux ; puis, en mai, on ne trouve plus guère que les sédentaires en train de préparer leurs couvées.

Genre Huitrier, *Hœmatopus* Linné.

Bec beaucoup plus long que la tête ; trois doigts seulement en avant, courts et épais.

175. — Huitrier pie, *Hœmatopus ostralegus* Linné.

Le nom scientifique de l'Oiseau indique qu'il a les pieds rouges, son nom français montre qu'il porte une livrée noire et blanche, le noir s'étendant sur la tête, le dos, les ailes, la queue, le haut de la poitrine, le blanc sur la gorge, le bas du dos et les parties inférieures. Sa taille est de 0 m. 42.

Cet Oiseau est commun en France sur les rivages de l'Océan, il est rare dans l'intérieur des terres. Aussi ne le voyons-nous que de loin en loin et toujours un par un. Nous avons connaissance de quelques captures assez récentes faites à la suite des grands vents d'ouest en mars, et le Dr Penin du Blanc nous a raconté en avoir vu abattre un par M. Séguin sur les bords de la Mer Rouge. Un des sujets de la collection Mercier a été tué près de Saint-Gaultier.

Genre Tourne-pierre, *Strepsilas* Illig.

Bec à peu près de la longueur de la tête ; quatre doigts dont un pouce, membranes interdigitales presque nulles.

176. — Tourne-pierre vulgaire, *Strepsilas interpres* Illig.

Front, espace entre le bec et l'œil, un large collier sur la nuque avec une bande qui descend de l'œil et s'y réunit, une partie du dos et une bande longitudinale sur l'aile d'un beau noir ; gorge, derrière du cou, côtés de la tête entre les bandes noires, bande transversale sur l'aile, couvertures supérieures de la queue et parties inférieures d'un blanc pur ; sommet de la tête blanc roussâtre rayé de noir ; haut du dos, scapulaires et couvertures des ailes d'un roux marron vif semé de taches noires ; croupion blanc. Taille : 0 m. 22.

Très rare dans le département. On nous a parlé d'une ou deux captures un peu incertaines, mais nous avons tué nous-même un beau mâle, en août, à Lérignon, au milieu d'une bande de Pluviers.

FAMILLE DES SCOLOPACIDÉS

Genre Courlis, *Numenius* Mœhr.

Bec de beaucoup plus long que la tête, grêle et très arqué ; doigts courts, le median bien moins long que le tarse.

177. — Courlis cendré, *Numenius arquata* Lath.

Tout le plumage d'un cendré clair, avec des taches noi-râtres longitudinales et étroites sur la tête, le cou et la poi-trine ; gorge et ventre blancs ou un peu tachetés ; plumes du dos noires dans leur milieu avec une bordure jaune roussâtre, bas du dos d'un beau blanc. Le jeune de l'année a le bec encore court. Taille : 0 m. 60.

Le Courlis cendré passe dans le département de septembre à mars, mais il n'y demeure jamais l'été. Nous l'avons tué en plein champ, le 1er septembre, dans une troupe de 7 indi-vidus, le long d'un grand étang ; le 15 octobre, dans une bande de 12 ; en janvier au milieu des guérets, dans une troupe de 25 à 30 ; aussi en mars et au commencement d'avril. Il n'est pas rare, dans les pays d'étangs, d'apercevoir de petites troupes de ces Oiseaux sur les rives découvertes, quêtant les Vers et les Coquilles, mais ils sont méfiants, et il faut les surprendre pour les approcher.

Ils ne séjournent jamais longtemps et vont nicher dans le nord.

178. — Courlis corlieu, *Numenius phœopus* Lath.

Plumage d'un cendré clair avec des taches brunes sur le cou et la poitrine ; sur le milieu de la tête une bande longitudinale d'un blanc jaunâtre bordée de chaque côté par une bande plus large d'un brun noirâtre ; ventre blanc ; plumes du dos brunes au milieu, plus claires sur le bord ; queue brune rayée de bandes plus foncées. Taille : 0 m. 43.

Le Corlieu passe régulièrement dans l'Indre en mai et en novembre, mais il est rare de le tuer, parce qu'il s'arrête peu et qu'il est très farouche. Le 26 novembre, trois Corlieus ont été abattus dans la commune de Migné du même coup de fusil ; ils faisaient partie d'une bande de sept à huit et pêchaient sur le rivage arénacé d'un grand étang.

D'autres ont été tués à Argenton, à Clion, à Saint-Gaultier, à Luant, en mai et en novembre.

Genre Barge, *Limosa* Briss.

Bec deux fois au moins aussi long que la tête, mou et flexible, droit ou légèrement retroussé en haut ; doigt médian une fois environ plus court que le tarse, uni à l'externe par une membrane qui se prolonge latéralement en bordure.

179. — Barge égocephale, *Limosa œgocephala* Leack.

Parties supérieures d'un brun cendré uniforme, variées seulement par le brun plus foncé des baguettes des plumes ; gorge, poitrine et flancs d'un gris clair ; ventre blanc, un grand espace noir sur toutes les pennes caudales. Taille : 0 m. 41.

La Barge à queue noire passe régulièrement en Brenne, d'abord en mars pour aller se reproduire dans les contrées septentrionales de l'Europe, puis en novembre quand elle va chercher pour l'hiver un pays au climat moins âpre.

On l'aperçoit par bandes de 6 à 7, par couples et plus souvent seule, le long des étangs, soit sur les rivages sablonneux, soit au milieu des herbes ; elle est défiante, a le cri plus grave que ne l'ont les Chevaliers et entre dans l'eau jusqu'aux plumes du ventre en y chassant les Crevettes, les Vers et les menues Coquilles. On l'a tuée sur tous nos étangs et même le long des plus petites mares.

Elle ne niche jamais dans le département.

180. — Barge rousse, *Limosa rufa* Brisson.

Sommet de la tête et nuque d'un roux clair rayé de brun ; tour des yeux, gorge, poitrine et abdomen d'un roux vif avec quelques traits noirs ; scapulaires et longues plumes qui s'étendent sur l'aile noirs marquetés de roux ; couvertures des ailes cendrées et bordées de blanc ; les pennes de la queue rayées de taches brunes et blanches. Taille : 0 m. 36.

La Barge rousse n'est ni plus ni moins rare le long de nos étangs que la Barge à queue noire, mais elle nous a paru passer plus tôt en automne, soit en août, et plus tard au printemps, du 10 au 20 avril.

On l'a tuée assez souvent en Brenne, à Luant.

Genre Bécasse, *Scolopax* Linné.

Bec droit, deux fois aussi long que la tête, non retroussé, à extrémité renflée ; le doigt médian aussi long ou plus long que le tarse.

181. — Bécasse ordinaire, *Scolopax rusticula* Linné.

Front et partie de la tête d'un gris pointillé de noirâtre et de roussâtre ; surplus de la tête portant quatre larges bandes noires séparées entre elles par une bande jaunâtre ; les parties supérieures variées de roux, de jaunâtre et de cendré avec des marquetures noires ; les parties inférieures d'un roux jaunâtre rayé de noir. Taille : 0 m. 40 à 0 m. 50.

La Bécasse est commune dans nos bois à son double passage.

Elle nous arrive aux derniers jours d'octobre, isolément ou par couples. Si de grands froids sévissent, les Bécasses continuent leur route vers le sud ; mais si l'hiver n'est pas trop rude, beaucoup demeurent dans nos forêts, parfois dans les jeunes coupes, plus souvent dans les vieux taillis de quinze à dix-huit ans, tapissés de feuilles mortes humides, sans brande et sans herbe.

En février et mars, au crépuscule, on les voit, seules ou par deux, voler autour des bois, traverser d'un vol rapide les coulées et les clairières, se poursuivant avec des cris étouffés. C'est le temps de la croûle, une chasse quelquefois très fructueuse qui commence vers le 10 février.

En avril, elles nous ont quittés et ont été nicher dans les grandes forêts d'Allemagne. Seulement quelques couples sont demeurés et nichent dans les fourrés. Dès le 1er avril, on trouve parfois le nid avec des œufs couvés, dès le 10 avril avec des petits. La ponte est presque toujours de 4 œufs de 0 m. 042 sur 0 m. 025, jaunâtres ou roussâtres avec des taches cendrées ou brunes.

Comme ailleurs, on a remarqué ici la différence de taille des Bécasses ; les chasseurs et les paysans connaissent la grosse et la petite espèce et on a prêté, un peu à tort, à chaque race, des habitudes différentes.

Genre Bécassine, *Gallinago* Leach.

Bec près de deux fois aussi long que la tête, droit et grêle ;

doigt médian un peu plus long que le tarse, uni à l'externe par un petit pli membraneux, doigt interne libre.

182. — Bécassine double, *Gallinago major* Leach.

Parties supérieures noires avec quelques taches rousses ou blanc jaunâtre ; parties inférieures d'un blanc nuancé de roux avec taches longitudinales noires au cou et à la poitrine ; petites couvertures supérieures des ailes d'un brun foncé frangé de cendré blanchâtre ; moyennes couvertures noires terminées de blanc ; les grandes noires traversées de roux clair et terminées de blanchâtre. Taille : 0 m. 27.

La Bécassine double est assez commune dans l'Indre au moment de ses passages. Elle y arrive fin mars, séjourne peu, se tient souvent solitaire et ne niche jamais. On la trouve tantôt aux bords herbeux des étangs, tantôt dans les pacages ou dans les bois éloignés des marais. Elle se lève sous les pieds du chasseur, file droit d'un vol paresseux, sans cri, et va d'ordinaire se remiser à petite distance.

Dès le 15 août, un premier passage de retour a lieu, le plus abondant de l'année et très régulièrement ; on la tue encore jusqu'au 15 septembre, puis de septembre à mars elle devient extrêmement rare et c'est par exception qu'on la rencontre dans un bois, une brande ou une queue d'étang.

183. — Bécassine ordinaire, *Gallinago scolopacinus* Bonap.

Sommet de la tête noir, tacheté de roussâtre, divisé en son milieu par une étroite bande jaunâtre, entre deux autres de même couleur ; manteau varié de noir et de roux ; couvertures des ailes tachées de brun, de blanc et de roux ; queue d'un beau roux moucheté de brun avec une raie noirâtre terminée de blanc ; poitrine grivelée, ventre blanc. Taille : 0 m. 25.

Cette Bécassine était autrefois prodigieusement commune en Brenne durant une partie de l'année, et nichait en nombre dans les brandes ; depuis quelque temps, elle devient plus rare et niche exceptionnellement.

On n'en voit guère pendant le fort de l'hiver. Vers le 20 février, elle arrive par petites bandes, et dans les derniers jours du mois, les marais en sont généralement peuplés. Pendant toute la durée de mars et jusqu'au 10 avril, de forts passages ont lieu, d'une façon continue. En tout temps alors, vous en trouvez un certain nombre, mais il est des jours où à la suite de vents du sud-est, c'est par myriades qu'on les fait lever dans tel ou tel étang. Elles étaient encore si nombreuses il y a vingt ans et si peu défiantes, que des chasseurs rapportaient, après une matinée de chasse, quatre-vingts à cent Bécassines ; mais, de nos jours, une pareille réussite devient légendaire, bien qu'on puisse aisément encore abattre une quinzaine d'Oiseaux et en lever des centaines, surtout sur les étangs boueux nouvellement pêchés.

Après le 15 avril, tous les passages sont terminés et il ne nous reste plus que les rares sédentaires qui se cantonnent dans les très grands étangs peu chassés.

Ainsi, chaque année, un ou deux couples nichent dans les étangs de Migné, des Bénismes, de Lureuil, du Sault, du Blizon et des Fourdines. Les nids sont placés au plus épais des brandes avoisinant l'eau ; ils sont faits de fragments de joncs et d'herbes sèches et contiennent trois à quatre œufs à fond jaune avec taches brunes et noires, mesurant 0 m. 040 sur 0 m. 029.

C'est en août, vers le 8 ou le 10, que les premières voyageuses reparaissent et, sauf certaines journées où on n'en trouve presque pas, on en voit durant les mois de septembre, d'octobre, de novembre en assez grande quantité, parfois en grandes masses. Il y a toujours du 25 octobre au 15 novembre des passages très considérables.

Puis l'hiver arrive, et en décembre et janvier, c'est une exception de les trouver nombreuses.

184. — Bécassine sourde, *Gallinago gallinula.* Bonap.

Sommet de la tête coupé au milieu par une large bande noire tachetée de roux, espace entre le bec et l'œil d'un brun noirâtre ; cou, poitrine, flancs et couvertures inférieures de la queue d'un cendré blanchâtre avec des taches brunes longitudinales ; abdomen blanc pur ; manteau noir à reflets verts et nuancé de roussâtre. Taille : 0 m. 16.

La Sourde nous arrive vers le 15 février et les passages se succèdent jusqu'au 15 avril ; les dernières disparaissent le 1er mai. Passé cette époque, on ne la trouve jamais et elle ne niche pas dans le département.

A l'automne, elle vient au pays plus tard que l'Ordinaire et si on rencontre quelques rares individus en septembre, c'est seulement en octobre et novembre qu'elle devient excessivement abondante. Puis elle disparaît, continuant sa migration vers le midi, et on trouve seulement quelques retardataires pendant les hivers particulièrement doux.

Le moment où elle est le plus nombreuse en Brenne est la mi-mars. Alors, il y a des jours où dans un seul étang il y a plusieurs centaines de Sourdes ; surtout dans les étangs demi-secs et remplis de boue et de flaques d'eau et parsemés de joncs et de mottes, elles se laissent arrêter, comme des Cailles, par le Chien couchant et partent sous les pieds du chasseur, sauf celles qui ont été manquées à plusieurs reprises et qui deviennent de plus en plus sauvages.

Pas de cris au moment qu'elles s'envolent ; en général des volées paresseuses et courtes, sans crochets au départ ; une nourriture consistant en Crevettes, larves de Libellules, Hémiptères d'eau, Vers et Coléoptères, parmi lesquels elles classent de préférence les Gyrins.

Les Bécassines, l'Ordinaire comme la Sourde, n'ont aucune frayeur du feu ; lorsqu'au printemps certains grands étangs sont asséchés, on fait brûler les joncs et les herbes accrues sur les mottes, l'incendie allumé à une extrémité se propage rapidement et avec une violente intensité sur toute la largeur ; pendant plusieurs heures l'étang semble en feu et les flammes s'élèvent avec des pétillements sourds à une grande hauteur. Les Bécassines, levées à quelque distance du foyer, semblent ne pas s'apercevoir de l'incendie et vont se poser parfois à un demi-mètre des flammes. On dirait qu'elles les recherchent au lieu de les fuir.

Genre Sanderling, *Calidris* Illig.

Bec de la longueur de la tête, flexible, à mandibule supérieure déprimée au bout ; trois doigts en avant libres, le médian plus court que le tarse.

185. — Sanderling des sables, *Calidris arenaria* Leach.

Parties supérieures d'un cendré blanchâtre, avec un petit trait plus foncé au centre de chaque plume ; parties inférieures d'un blanc pur ; rémiges noires ; pennes de la queue cendrées avec une bordure blanche. Taille : 0 m. 16.

Très rare. La seule capture que nous connaissions a été faite à la fin d'octobre.

Genre Bécasseau, *Tringa* Linné.

Bec de la longueur de la tête ou un peu plus long, droit ; tarses médiocrement longs ; doigts antérieurs libres, bordés, le médian presque aussi long que le tarse ; pouce ne portant à terre que par son extrémité.

186. — Bécasseau maubèche, *Tringa canutus* Linné.

Gorge et abdomen d'un blanc pur ; front, sourcils, devant du cou, poitrine et flancs blancs, variés de petits traits, de bandes et de zigzags d'un brun cendré ; tête, cou, dos d'un cendré clair ; couvertures des ailes cendrées, bordées de blanc, pennes de la queue cendrées, lisérées de blanc. Taille : 0 m. 26. Le plumage ci-dessus est le plumage d'hiver, assez différent du plumage d'été varié de roux et de noir.

Très commun sur les rivages de la mer à son double passage, le Maubèche est beaucoup plus rare dans l'intérieur des terres. On le rencontre pourtant assez souvent en Brenne au mois d'avril et on le voit de loin en loin, en août et septembre. Il a été tué par nous et devant nous à plusieurs reprises aux Fourdines, à la Gabrière, à Rosnay, toujours solitaire. Il n'est pas très sauvage et part sans pousser un cri, traverse l'étang et va se poser sur l'autre rive, au milieu des herbes.

Durant son bref séjour dans le département, il se nourrit de Vers, de Larves et de Coléoptères aquatiques, surtout de Gyrins.

187. — Bécasseau cocorli, *Tringa subarquata* Temm.

Dans le plumage d'hiver, la face, les sourcils, la gorge et les parties inférieures sont d'un blanc pur ; une raie brune existe entre le bec et l'œil ; les parties supérieures sont d'un brun cendré avec un petit trait plus foncé le long de la baguette de chaque plume ; la queue est cendrée, bordée de blanc. Taille : 0 m. 21.

Le Bécasseau cocorli n'est pas très commun dans le département de l'Indre ; il y passe pourtant d'une façon régulière du 1er au 25 avril, par bandes de 7 à 25 individus, mais il ne séjourne guère et s'en va nicher dans les contrées septentrionales. A la même époque, on le trouve en immense quantité sur les bords de l'Océan, son chemin habituel de voyage, et c'est plutôt à cause de la poussée des vents qu'il s'en éloigne que pour suivre un itinéraire choisi.

En octobre nous le retrouvons par bandes souvent moins nombreuses qui, une fois posées, courent sur les grèves, chaque Oiseau cherchant les Vers, les Larves et les Coléoptères rejetés par les vagues et fouillant les tas de joncs secs dont chaque étang s'entoure comme d'une ceinture à la suite des crues. Séparé de ses compagnons, ce qui arrive rarement, un Cocorli est peu défiant et se laisse approcher à portée de fusil ; mais s'ils sont en troupe, il est très difficile de pouvoir les tirer.

Il ne niche pas dans l'Indre.

188. — Bécasseau cincle, *Tringa cinclus* Linné.

Gorge blanche, côtés du cou et de la tête ainsi que la poitrine légèrement teints de roux et semés de raies noires ; ventre noir, mêlé de plumes blanches ; plumes du vertex noires au milieu et bordées de roux vif ; parties supérieures noires variées de roux vif et de cendré blanchâtre. Plumage incomplet de printemps. Taille : 0 m. 19.

Le Bécasseau cincle, brunette ou variable, est le Bécasseau le plus répandu dans nos pays. Il n'est pas commun en nombreuses troupes, comme au bord de l'Océan, mais on l'y trouve par un, deux ou trois sur chaque étang sableux, lors de ses deux passages. A partir du 10 août jusqu'aux premiers jours de novembre, on le rencontre continuellement sur les plages découvertes et sablonneuses des étangs. Très peu sauvage, il se laisse approcher à quelques mètres, et lorsqu'il s'envole en rasant la surface de l'eau, il ne tarde pas, après un circuit, à revenir se poser à l'endroit d'où il est parti, à moins qu'il n'ait gagné la rive opposée, si l'étang n'est pas bien large.

Lors des froids, il nous quitte pour aller hiverner en Italie, en Grèce, en Afrique. Puis, en mars, nous le voyons reparaître jusqu'à la fin d'avril, en moins grand nombre qu'en automne.

Nous voyons en Brenne les petits Cincles *Tringa Schinzii*, en aussi grand nombre, peut-être en plus grand nombre, que le type, et tantôt avec lui, tantôt séparement. Nous croyons, comme le dit M. Gerbe, que les petits sont encore plus répan-

dus que les gros sur les bords de la mer, car tous ceux que
nous avons tués au Pouliguen, au mois d'août, étaient de la
taille la plus exiguë. Ils passaient alors en bandes de vingt à
cent individus, tandis que, dans l'Indre, nous n'avons jamais
vu de bandes à beaucoup près aussi nombreuses.

189. — Bécasseau minule, *Tringa minula* Leisl.

Parties supérieures d'un cendré roussâtre, parties inférieures ainsi que le front et les sourcils d'un blanc pur ; côtés
du cou et de la poitrine d'un cendré plus foncé au centre des
plumes, les deux rectrices médianes brunes, les latérales d'un
brun cendré, lisérées de blanc. En été, le plumage est tout
différent, varié de noir, de roux vif, de brun et de blanc.
Taille : 0 m. 13.

Le Bécasseau minule ou échasse, paraît être très rare dans le
département, car nous ne l'y avons observé que trois ou quatre
fois, solitaire, notamment le 12 août sur l'étang du Coudreau,
et en septembre sur les grèves de Lérignon ; mais nous ne
serions pas étonnés qu'il passât presque régulièrement en
août-septembre et en mars-avril. En effet, il est très commun
dans les marais salants du Croisic et nous avons remarqué
que presque toutes les espèces communes des côtes de Vendée
et de Bretagne se montraient régulièrement en Brenne.

190. — Bécasseau temmia, *Tringa Temmincki* Leisl.

Parties inférieures blanches ; cou et poitrine d'un cendré
roux avec de très petites taches longitudinales noires ; parties
supérieures mélangées de cendré et de taches noires entourées
de roux ; rémiges noires, pennes latérales de la queue blanches, les deux pennes centrales d'un brun noirâtre, plus
longues que les autres. Taille : 0 m. 13.

Ce Bécasseau a été tué en septembre près de Mézières et
nous l'avons vu, monté, chez M. Moreau, au Blanc. D'après
les notes que nous avons prises chez M. Fairmaire, on l'au-

rait trouvé en Brenne, à plusieurs reprises, de 1860 à 1870, en mai et en octobre. Il se mêlerait volontiers aux bandes de Cincles et passerait peut-être assez régulièrement en Brenne.

Genre Combattant, *Machetes* Cuvier.

Bec droit de la longueur de la tête, un peu renflé au bout ; doigt médian plus court que le pouce, uni à l'externe par une assez large palmure ; jambes longues et grêles.

191. — Combattant ordinaire, *Machetes pugnax* Cuvier.

Gorge et parties inférieures blanches, sauf la poitrine qui est roussâtre, marquetée de taches brunes ; parties supérieures d'un brun cendré semé de taches noires et de roussâtre ; les plus longues couvertures des ailes et les pennes du milieu de la queue rayées de brun, de noir et de roux. Taille du mâle : 0 m. 31 ; de la femelle : 0 m. 20.

Le Combattant n'est pas rare à son double passage dans le département, mais il se montre peu souvent en troupes, plutôt solitaire, par couples ou par quatre ou cinq.

Il apparaît dans les premiers jours de mars sur les grèves sableuses et dans le fond boueux des étangs laissés à demi vides. Pendant tout le mois de mars, en avril, même en mai, on le rencontre de temps en temps, puis on cesse de le voir.

Il n'a jamais niché dans le pays, aussi ne voit-on jamais ici le mâle dans son admirable costume de noces, avec ses cornes et sa large collerette de plumes.

Les derniers mâles que l'on observe dans l'Indre à la fin d'avril, car les Oiseaux qu'on tue du 25 avril au 15 mai sont presque toujours des femelles, ont encore le costume gris de voyage sans aucune apparence des splendides ornements qu'ils vont bientôt revêtir.

En septembre et octobre a lieu le second passage qui dure

peu. Nous avons toujours alors trouvé les mâles et les femelles ensemble, de même qu'au printemps nous avons constaté le contraire du fait énoncé par M. Gerbe, à savoir que les mâles passeraient les derniers.

Depuis une quinzaine d'années, nous avons trouvé les Combattants mâles le 5 mars, du 10 au 31, du 1er au 15 avril et le 22 avril, tandis que nous avons observé des femelles depuis le 5 mars jusqu'au 15 mai.

Genre Chevalier, *Totanus* Bechst.

Bec une fois et demie aussi long que la tête, droit, rarement recourbé en haut, mou à la base, dur vers la pointe ; pieds longs et grêles ; le doigt médian réuni à l'extérieur jusqu'à la première articulation par une membrane prolongée parfois jusqu'à la seconde articulation, souvent un rudiment au doigt interne.

192. — Chevalier gris, *Totanus griseus* Bechst.

Le plumage du Chevalier gris ou aboyeur varie suivant les saisons ; au printemps, époque où on le trouve surtout ici, il a le vertex et la nuque rayés de noir et de blanc, un cercle blanc autour des yeux, la gorge, la poitrine, le haut du ventre blancs semés de taches ovales ; le dos d'un cendré clair avec des taches noires bordées de blanchâtre, les grandes couvertures des ailes d'un cendré roussâtre avec de petits traits noirs, le bec retroussé. Sa taille est de 0 m. 34.

Il passe régulièrement en Brenne en avril et mai, puis en août, septembre, mais on l'observe assez souvent aussi en juillet et en mars, posé seul, rarement par troupes de trois à cinq, sur les rives de nos étangs, entrant dans l'eau et y pourchassant les Larves, les Vers et les Coléoptères aquatiques, toujours aux aguets, sauvage, inabordable, méfiant au plus haut point.

193. — Chevalier brun, *Totanus fuscus* Bechst.

Les parties supérieures d'un gris cendré, avec une raie blanche du bec à l'œil ; les parties inférieures blanches ; couvertures supérieures et pennes de la queue rayées transversalement de brun noirâtre, de cendré et de blanchâtre. Bec noir avec la mandibule inférieure rouge à la base ; pieds rouges. Taille : 0 m. 32.

On le rencontre en familles en avril-mai, mais il est très difficile de pouvoir le tirer parce qu'il se tient toujours aux endroits découverts et part à la moindre alerte, sans esprit de retour. Il repasse en septembre, octobre, novembre. Nous l'avons tué et vu tuer plusieurs fois en Brenne, et aux environs d'Argenton.

194. — Chevalier gambette, *Totanus calidris* Bechst.

Dans leur plumage d'hiver, différent de celui d'été ; le mâle et la femelle ont les parties supérieures d'un brun cendré, varié de traits foncés le long des baguettes des plumes ; gorge, cou et poitrine d'un blanc grisâtre moucheté de fines raies brunes ; ventre blanc ; pennes de la queue rayées de blanc et de zigzags noirs ; le bec rouge à la base, noir à la pointe ; les pieds d'un rouge pâle. Taille : 0 m. 29.

Très commun en Brenne lors de ses passages, le Gambette nous arrive régulièrement du 1er mars au 15 mai. Il est souvent solitaire, souvent aussi par couples, et si on abat l'un des deux Oiseaux, l'autre ne cesse pendant quelques heures de chercher et d'appeler son compagnon ; on le rencontre aussi par bandes de quatre à six. On le revoit en août et en septembre. Il paraît se nourrir de Larves de Libellules et de Coléoptères.

195. — Chevalier sylvain, *Totanus glareola* Temm.

Vertex et nuque rayés de brun et de blanchâtre ; joues, devant du cou, poitrine et flancs d'un blanc à peu près pur, rayé de brun foncé ; les plumes du dos portent toutes à leur centre une grande tache noire et de chaque côté des barbes deux taches blanchâtres. Taille : 0 m. 16.

Le Chevalier sylvain, assez rare dans le département, passe en Brenne, d'abord en avril, puis en septembre. Il se montre alors sur les rives fleuries de nos étangs, par un, par deux ou par petites troupes, sans beaucoup séjourner. L'estomac de ces Oiseaux est toujours rempli de Larves aquatiques.

196. — Chevalier cul-blanc, *Totanus ochropus* Temm.

Parties supérieures d'un brun nuancé d'olivâtre, avec de petits points blanchâtres ; entre le bec et l'œil une bande blanche et une bande brune ; couvertures du dessus de la queue et les parties inférieures d'un blanc pur, avec de fines raies sur le devant du cou et la poitrine ; queue d'un blanc pur avec de larges bandes noires. Taille : 0 m. 21.

Très rare durant l'hiver, mais très commun à son double passage en mars-avril et en septembre-octobre, même pendant l'été, sur les étangs, les mares, les fontaines, les fossés pleins d'eau. Quelques couples font leur nid en Brenne, sur les mottes des étangs ; l'œuf, de 0 m. 038 sur 0 m. 027, est gris roussâtre, tacheté de petits points bruns et de plaques brun noir très nombreuses au gros bout.

Genre Guignette, *Actitis* Boie.

Bec un peu plus long que la tête ; jambes minces et assez courtes ; doigts grêles, le médian aussi long que le tarse et uni à l'externe par une membrane jusqu'à la 1re articulation.

197. — Guignette vulgaire, *Actitis hypoleucos* Boie.

Parties supérieures d'un brun olivâtre à reflets ; ailes et dos rayés de fines bandes noirâtres en zigzags ; sur les yeux une petite raie blanche ; parties inférieures blanches, sauf la poitrine rayée de brun ; queue très étagée. Taille : 0 m. 18.

Hors le Cul-blanc et la Guignette, tous les Bécasseaux et Chevaliers préfèrent de beaucoup les rivages des étangs aux ruisseaux et rivières. Le Cul-blanc se rencontre aux deux endroits, tantôt sur les grèves, tantôt le long des simples flaques ou des cours d'eau. La Guignette au contraire aime surtout les eaux courantes et elle est beaucoup plus répandue sur les bords de la *Creuse*, de l'*Anglin* et de la *Claise* que sur les marais ; elle n'est même nulle part aussi commune que sur les rives de la *Creuse* en amont d'Argenton, là où la rivière cascade au milieu des rochers, comme un torrent.

Elle arrive dans l'Indre en mai et se cantonne le long des rivières. C'est là qu'elle niche sous une souche au bord de l'eau et qu'elle pond quatre œufs jaunâtres couverts de points bruns ou rougeâtres, mesurant 0 m. 035 sur 0 m. 025. Si on la dérange, elle part en poussant des cris flûtés et traverse la rivière en rasant la surface. Blessée, elle se sauve à la nage et plonge facilement.

En octobre, elle disparaît.

Genre Phalarope, *Phalaropus* Brisson.

Bec de la longueur de la tête, droit ; les doigts bordés d'une membrane festonnée.

198. — Phalarope dentelé, *Phalaropus fulicarius* Bonap.

Dessus de la tête cendré ; nuque noir cendré ; parties supérieures d'un cendré bleuâtre ; front, joues, cou et parties inférieures d'un blanc pur ; une bande noir cendré sur les yeux ; ailes d'un noir cendré avec une bande blanche et les couvertures bordées de cendré blanchâtre. Taille : 0 m. 22.

N'apparaît que par accident dans l'Indre. Les seules captures que nous connaissions, sont celle d'un sujet mâle tué le 6 ou le 7 janvier 1880 sur le petit étang des Temples, commune de Rosnay; et celles de deux autres individus tués à Neuvy-Saint-Sépulcre, sur une mare, et au Lac, commune de Saint-Marcel, sur une petite nappe d'eau, en hiver.

Genre Lobipède, *Lobipes* Cuvier.

Bec plus long que la tête, droit; doigts bordés d'une membrane festonnée. Queue plus courte que chez le genre précédent.

199. — Lobipède hyperboré, *Lobipes hyperboreus* Steph.

Parties supérieures cendrées, parties inférieures blanches, teintées de rose; front, raie sourcilière et côtés du cou blancs, une bande cendré foncé derrière les yeux. Taille : 0 m. 18.

Nous savons que cet Oiseau a été tué une fois à Mézières-en-Brenne, au fort de l'hiver.

Genre Recurvirostre, *Recurvirostra* Linné.

Bec très long, grêle, la pointe flexible recourbée en haut; pieds grêles et longs avec un pouce presque nul, articulé très haut sur le tarse.

200. — Recurvirostre avocette, *Recurvirostra avocetta* Linné.

Tout le plumage blanc pur, à l'exception du haut de la tête, de la partie postérieure du cou, des plus petites et des plus grandes scapulaires, des couvertures alaires et des rémiges qui sont d'un beau noir. Taille : 0 m. 47.

L'Avocette passe régulièrement dans l'Indre en avril et mai, toujours en petit nombre, et semble se montrer plus irrégulièrement en septembre et octobre.

Nous l'avons observée fréquemment : le 12 avril à Peurais par bande de huit, les 15 et 25 avril à Migné, le 27 à l'étang du Sault, le 30 aux Héraudins et au Coudreau, par couples. Elle a été, en mai, envoyée de Mézières au Blanc pour y être montée, et un empailleur de Saint-Gaultier l'a aussi reçue de la Brenne.

Genre Echasse, *Himantopus* Brisson.

Bec long, mince et effilé, aplati à la base, comprimé à la pointe ; pieds extrêmement longs, grêles ; trois doigts en avant, celui du milieu réuni au doigt extérieur par une large membrane et au doigt intérieur par un très petit rudiment.

201. — Echasse blanche, *Himantopus candidus* Borm.
Face, cou, poitrine et parties inférieures d'un blanc pur ; occiput noirâtre ; dos et ailes d'un noir à reflets verdâtres ; queue cendrée. Taille : 0 m. 40.
L'Echasse n'est pas très rare en Brenne où elle se montre tous les ans en septembre, puis en mai et surtout en juin. Nous avons connaissance d'une douzaine de captures sur les étangs de la Brenne.

ORDRE VI. — FULICARIENS

Doigts très allongés, effilés, parfois bordés sur les côtés ; celui du milieu presque toujours aussi long ou plus long que le tarse ; pouce très développé, portant plus ou moins sur le sol ; corps généralement très comprimé.

FAMILLE DES RALLIDÉS

Genre Râle, *Rallus* Linné.

Bec plus long que la tête, légèrement infléchi ; narines n'atteignant pas le milieu du bec ; front couvert de plumes.

202. — Râle d'eau, *Rallus aquaticus* Linné.

Parties supérieures d'un brun roux, tachetées de noir ; gorge blanchâtre ; côtés de la tête, cou, poitrine et ventre d'un gris cendré ; flancs noirs, rayés de bandes blanches ; bec rouge vif. Taille : 0 m. 27.

Le Râle d'eau est sédentaire et commun le long des étangs et des rivières. Il aime les fourrés de joncs, de brandes, d'arbustes et d'herbes marécageuses. C'est là qu'il niche, à terre, et pond de 6 à 9 œufs jaunâtres ou verdâtres, tachés de gris brun et de gris rougeâtre, de 0 m. 027 sur 0 m. 026.

Genre Crex, *Crex* Bechst.

Bec beaucoup plus court que la tête, conique ; narines atteignant le milieu du bec ; front couvert de plumes.

203. — Crex des prés, *Crex pratensis* Bechst.

Plumes des parties supérieures brun noirâtre dans leur milieu, bordées de cendré et terminées de roux ; couvertures des ailes d'un beau roux ; gorge, ventre et abdomen blancs ; poitrine d'un cendré olivâtre ; flancs roux rayés de blanc. Taille : 0 m. 25.

Le Crex des prés, ou Râle de genêts, est assez commun partout dans le département. Il y arrive en avril et s'établit dans les queues d'étangs, les brandes, les prairies ; plus tard on le trouve dans les prés artificiels et même dans les bois. Il niche à terre, dans l'herbe, et pond 7 à 8 œufs grisâtres ou jaunâtres avec des taches d'un gris violet ou d'un brun rouge, mesurant 0 m. 038 sur 0 m. 029. Les petits naissent couverts d'un duvet noir et courent de suite très rapidement dans l'herbe.

Il nous quitte du 10 au 20 octobre, mais on trouve parfois, en Brenne, des Râles de genêts en novembre et en décembre.

A la fin de septembre et au commencement d'octobre ont lieu des passages de Râles de genêts ; on en trouve alors six ou sept dans les mêmes parages, ce qui n'arrive pas en temps ordinaire.

Genre Porzane, *Porzana* Vieillot.

Bec plus court que la tête, comprimé, un peu rétréci au milieu ; narines atteignant le milieu du bec ; front couvert de plumes.

204. — Porzane marouette, *Porzana maruetta* Gray.

Front, sourcils et gorge d'un gris de plomb ; parties supérieures d'un brun olivâtre avec des taches noires et de minces zigzags blancs ; parties inférieures olivâtres marquetées de taches blanches, de forme arrondie sur la poitrine et en bandes transversales sur les flancs. Pieds verdâtres. Taille : 0 m. 20.

Le Râle marouette nous arrive avec les premières volées de Bécassines, à partir du 15 février ; à la fin du mois il est déjà très répandu et il n'est pas rare d'en tirer cinq ou six sur le même étang, ce qui en suppose un bien plus grand nombre.

Il se tient au milieu des mottes d'étangs, sur les bordures semées de graminées, dans les forêts de roseaux, dans les prés épais et humides ; il affectionne certains étangs au point qu'on l'y trouve continuellement ; on a beau en tuer, il paraît toujours y en avoir autant, tandis que, sur d'autres, il est relativement rare.

Il niche sur les mottes dans les étangs, aussi dans les prai-

ries. La ponte est de 8 à 10 œufs de 0 m. 035 sur 0 m. 025,
jaunâtres, parsemés de taches et de points roussâtres. Les
petits naissent couverts d'un duvet noir et n'hésitent pas, à
peine sortis de l'œuf, à traverser à la nage la distance d'une
motte à une autre, en poussant de petits cris très doux.

La Marouette nous quitte en octobre et novembre.

205. — Porzane Baillon, *Porzana Bailloni* Gerbe.

Parties supérieures comme chez la Marouette; sourcils,
joues, cou, poitrine et partie de l'abdomen d'un cendré bleuâtre; flancs et sous-caudales noirs avec des taches blanches;
rémiges d'un brun roux; couvertures supérieures des ailes
d'un roux olive tacheté de blanc et de noir; pieds couleur de
chair. Taille : 0 m. 17.

Très commun dans les marais de la Brenne durant tout l'été,
rare ailleurs. Les premiers apparaissent du 15 au 30 mars
dans les étangs herbeux, et dès la fin de mai on trouve le nid
bien caché dans une motte avec sept ou huit œufs très semblables à ceux de la Marouette, mais plus petits, 0 m. 026 sur
0 m. 018. Ce nid est fait, comme le nid des autres Porzanes,
avec des carex et de menus roseaux secs; il est du double
moins vaste que celui des deux espèces voisines.

Le Râle baillon nous quitte à la fin de septembre.

206. — Porzane poussin, *Porzana minuta* Bonap.

Gorge, sourcils, côtés du cou, poitrine et ventre d'un gris
bleuâtre; parties supérieures olivâtres avec du noir au centre
de chaque plume; sur le haut du dos un grand espace noir
varié de traits blancs; abdomen et flancs rayés de bandes blanches et brunes. Pieds verdâtres. Taille : 0 m. 18.

Le Râle poussin, presque aussi commun en Brenne que la
Marouette, arrive, avec le Baillon, vers le 15 mars et se loge
pour l'été dans les queues de nos grands étangs ou dans les
fourrés de roseaux qui couvrent ceux de moindre étendue. On

le tue en grande quantité en chassant les Halbrans, en juillet et en août.

Son nid est ordinairement placé à la base et sur le côté d'une motte creuse ; il est composé uniquement de bois et de roseaux longs, menus et flexibles, fortement entrelacés, et la femelle y pond de six à huit œufs roussâtres, couverts de points et de taches rousses ou brun sale qui se confondent avec la couleur du fond. Ils mesurent 0 m. 029 sur 0 m. 021.

La nichée nous a paru se faire plus tardivement que celle des deux autres espèces : c'est toujours en juillet que nous avons trouvé la douzaine de nids de ce Râle que nous avons pu découvrir, le 1er juillet avec 6 œufs frais; le 20 avec 7 œufs peu couvés, le 22 avec six œufs très couvés, le 3 août au moment de l'éclosion de six petits, le 15 août avec 7 ou 8 petits, etc.

Le Poussin nous quitte du 10 au 20 octobre.

Genre Poule d'eau, *Gallinula* Brisson.

Bec à peine aussi long que la tête, épais à la base, convexe en dessus ; narines atteignant le milieu du bec ; une plaque lisse sur le front. Pieds à doigts longs sans bordure.

207. — Poule d'eau ordinaire, *Gallinula chloropus* Lath.

Tête, gorge, cou et parties inférieures d'un bleu ardoise ; parties supérieures brun foncé olivâtre ; de grandes taches longitudinales sur les flancs d'un blanc pur ; plaque frontale d'un rouge vif. Taille : 0 m. 35.

Les Poules d'eau sont très communes en Brenne, et, si l'hiver est doux, la plupart y demeurent. Celles qui émigrent, et presque tous les représentants de l'espèce, si le froid est rigoureux, descendent en novembre vers le Midi pour revenir au premier printemps.

Elles vivent sur les rivières et les étangs, même dans de petites mares herbues, et nichent au milieu des joncs. La ponte est de 6 à 8 œufs de 0 m. 043 sur 0 m. 031, jaunâtres tachés de gris violet, de rougeâtre ou de brun.

Genre Foulque, *Fulica* Linné.

Bec plus court que la tête, fort et conique.; une large plaque sur le front ; doigts des pieds bordés d'une large membrane festonnée.

208. — Foulque noire, *Fulica atra* Linné.

Parties supérieures noir de velours, noir de suie ou noir ardoisé, les inférieures cendrées. Taille : 0 m. 43.

La Foulque noire habite sur les étangs, par un, deux ou trois couples sur les petits, par cent ou deux cents couples sur les grands. Elle se tient au milieu de l'eau, presque toujours hors de la portée du fusil, dans les clairs, suivant l'expression de nos paysans, c'est-à-dire sur les endroits profonds où l'eau s'étale comme un miroir ou s'élève en vagues écumeuses, jetant sans cesse cet aigre cri d'appel que le vent porte au loin dans les brandes. Le soir venu, elle gagne la ceinture de joncs qui fait entourage et s'approche du rivage où elle barbotte aux crépuscules du soir et du matin.

C'est un Oiseau qu'on peut dire sédentaire. Sur les vastes étangs, beaucoup demeurent toute l'année et ne s'en vont aux rivières que par les froids intenses, lorsque les eaux stagnantes sont tout à fait glacées ; les autres nous quittent en novembre et s'éloignent dans la direction du Midi pour reparaître en février ou en mars.

La Foulque fait un large nid de roseaux dans un fourré de joncs, au milieu de l'étang, et y pond sept à huit œufs couleur de café au lait maculés de points noirs et de taches brunes, de 0 m. 055 sur 0 m. 038. Parfois même on trouve dans le

même nid une quinzaine d'œufs; mais en ce cas deux femelles sont associées et ont de concert mêlé leurs œufs qu'elles
couvent ensemble ou à tour de rôle.

ORDRE VII. — HÉRODIONS

Doigts allongés et effilés ; bec épais plus long que la tête,
comprimé et à bords tranchants. Pouce bien développé, portant sur le sol. Oiseaux en général de grande taille, dont les
petits sont, pendant un long temps, nourris dans le nid.

FAMILLE DES GRUIDÉS

Genre Grue, *Grus* Pallas.

Bec fort et droit, en cône allongé, obtus vers le bout;
pieds forts et très longs ; les dernières rémiges secondaires
à barbes décomposées formant un large panache sur la
queue.

209. — Grue cendrée, *Grus cinerea* Bechst.
Plumage général d'un gris cendré, sommet de la tête nu,
rouge. Taille : 1 m. 40.

Du 20 février au 30 mars, on entend souvent, bien haut
dans les nuages, des cris rauques et sonores, et on aperçoit
une bande de Grues volant vers le nord de son vol lent et
large, formant en général un immense angle aigu. Suivant
la température et les vents, les troupes passent de plus en
plus nombreuses, composées tantôt de cinq à vingt individus,
tantôt de trois à quatre cents.

Ces bandes se maintiennent au plus haut des airs, et ne

paraissent pas s'arrêter dans nos champs ; quelquefois pourtant elles s'abattent dans les plaines et y cherchent leur nourriture, consistant alors en herbes, blés, gazons. On dirait de loin des hommes alignés. Mais, si on essaie de les approcher, elles se mettent à observer tous les mouvements du chasseur et il n'est pas arrivé à cent cinquante mètres d'elles qu'elles partent toutes pour ne plus revenir. Le 18 mars, nous avons vu passer à Migné, en une heure, trois mille Grues, par vent du sud-ouest.

Elles repassent du 20 octobre au 15 novembre.

FAMILLE DES ARDEIDÉS

Genre Héron, *Ardea* Linné.

Bec beaucoup plus long que la tête, conique, emmanché d'un long cou grêle ; tarses longs. Pas de panache sur la queue.

210. — Héron cendré, *Ardea cinerea* Linné.

. Front, cou, milieu de la tête et du ventre, bord des ailes et cuisses d'un blanc pur ; côtés de la tête, occiput, côtés de la poitrine et flancs d'un noir profond ; de longues plumes effilées, noires, s'étagent sur le derrière de la tête ; de grandes taches noires et cendrées sur le devant du cou ; dos et ailes d'un cendré bleuâtre. Taille : 1 m. 06.

Des Hérons cendrés qui habitent le département, les uns sont sédentaires, les autres nous reviennent vers le 15 mars et demeurent jusqu'à la fin d'octobre. Oiseau du reste très commun dans les pays d'étangs. Il détruit une énorme quantité de Brochetons, de menu fretin, beaucoup de Couleuvres, de Campagnols, Mulots et Musaraignes.

Il n'existe plus, à notre connaissance, de héronnière dans le département.

Tous nos Hérons nichent au milieu des grands joncs, à

l'endroit le plus impénétrable, ou sur le bord d'un îlot, soit séparément, soit par deux ou trois couples ensemble. Le nid, large, est composé d'un tas de joncs et de fragments de bruyères ; il contient en général trois œufs d'un beau bleu verdâtre, de 0 m. 060 sur sur 0 m. 041. On trouve sur les rebords du nid les débris de Poissons, Rats et Serpents qui ont servi à la nourriture des jeunes.

Autrefois, il existait des héronnières dans le département. L'une des dernières fut observée par M. Navelet : sur un grand chêne, au milieu de ses bois, en Brenne, une colonie de Hérons avait, il y a quarante ans et plus, élu domicile. Malheureusement, soit que le chêne ait été abattu, soit pour autre cause, les Hérons ont cessé d'y venir.

211. — Héron pourpré, *Ardea purpurea* Linné.

Sur le derrière de la tête, de longues plumes effilées d'un noir verdâtre, d'autres d'un blanc pourpré au bas du cou, d'autres aux scapulaires d'un roux pourpré brillant ; dos, ailes et queue d'un cendré roussâtre ; flancs et poitrine d'un pourpre éclatant. Taille : 0 m. 80.

Ce Héron nous arrive vers le 25 mars. Aussi commun que le Cendré, il vit et niche comme lui dans nos étangs, mais jamais en compagnie. Le nid beaucoup moins grand contient trois œufs un peu plus petits et plus verts que ceux du Cendré.

Le Héron pourpré, moins sauvage et plus facile à approcher que son congénère, nous quitte en octobre.

212. — Héron garzette, *Ardea garzetta* Linné.

Tout le plumage d'un blanc pur, avec une huppe pendante sur la tête. Taille : 0 m. 55.

Très rare dans le département où il se montre de loin en loin. Nous l'avons vu à Lérignon, en Brenne, le 12 mai ; il a été tué plusieurs fois dans la commune de Parnac, sur le bord d'un étang.

Genre Crabier, *Buphus* Boië.

Bec aussi long que la tête, droit et aigu ; tarses peu allongés ; occiput portant une touffe épaisse de plumes ; bec bicolore.

213. — Crabier chevelu, *Buphus comatus* Boie.

Plumes de l'occiput jaunâtres, lignées de noir ; cou, haut du dos et scapulaires d'un roux clair ; plumes du dos longues et effilées, d'un roux vineux ; tout le reste du plumage blanc ; bec bleu à la base, noir à la pointe. Taille : 0 m. 42.

Se montre irrégulièrement dans notre pays en mars, avril, mai et juin ; on l'a observé aussi une fois en décembre. Nous connaissons une vingtaine de captures, et la collection Mercier-Génétoux renferme de beaux sujets tués le 27 avril et le 11 juin sur nos marais. Il ne niche pas ici.

Genre Blongios, *Ardeola* Bonap.

Bec de la longueur de la tête ; tarses courts et épais ; cou de longueur médiocre dépourvu de plumes en-dessus, dans les deux tiers de son étendue, tandis que les plumes du bas et des côtés sont très développées ; bec bicolore.

214. — Blongios nain, *Ardeola minuta* Bonap.

Vertex, occiput, dos, scapulaires et queue d'un beau noir à reflets verdâtres ; cou, couvertures des ailes et parties inférieures d'un jaune roussâtre ; rémiges d'un noir cendré ; bec brun à la pointe, jaune à la base. Le plumage des jeunes est assez différent. Taillé : 0 m. 35.

Ce tout petit Héron est fort répandu partout en Brenne, mais il se cache si facilement et se dissimule si bien, remue si peu durant le jour, que personne ne constate sa présence et qu'on le croit beaucoup moins commun qu'il n'est en réalité.

Il arrive dans le département à la fin d'avril et s'établit par couples dans les marais couverts de plantes aquatiques et entourés de buissons et de bois. Il est très commun dans les étangs de la Bonnière, dans le Sault aux immenses queues vertes, dans la Gabrière et dans les petits étangs placés au milieu des bois ; on le trouve aussi dans les étangs disséminés au milieu des forêts d'Oulches et de Bélâbre.

Il nous quitte au commencement d'octobre.

Il niche au milieu des étangs, sur les mottes, et pond de quatre à six œufs blanchâtres, rarement maculés de brun rouge, mesurant 0 m. 035 sur 0 m. 025.

Genre Butor, *Botaurus* Steph.

Bec de la longueur de la tête, plus haut que large, très comprimé; tarses courts; cou gros, de longueur médiocre, déplumé en dessus, couvert en dessous de très longues plumes; bec bicolore.

215. — Butor étoilé, *Botaurus stellaris* Steph.

De larges moustaches et le sommet de la tête noirs ; tout le fond du plumage d'un roux jaunâtre clair, marqueté de taches et de zigzags bruns ; haut du dos marqué de taches noires ; parties inférieures rayées de grands traits noirs. Bec brun et jaune. Taille : 0 m. 65.

Sédentaire dans le département, le Butor devient plus commun pendant l'hiver et au premier printemps. Il habite les queues d'étangs où, malgré sa grande taille, il se dissimule à tel point qu'on ne l'aperçoit pas au milieu de joncs hauts de quelques centimètres. Vingt fois nous avons suivi nos Chiens quêtant avec vivacité sur une piste : l'Oiseau, supposé Râle, filait devant eux dans une prairie presque rase, et trop pressé s'enlevait tout à coup à dix mètres, lourdement. D'autres fois pourtant, il n'attend pas le chasseur et part de fort loin à son approche.

C'est un destructeur de Poissons, surtout de Brochetons de dix à quinze centimètres, dont il a toujours l'estomac rempli, soit qu'il les recherche, soit plutôt qu'ils soient plus faciles à saisir que les Carpes.

Il niche dans les marais. Ses œufs sont couleur de café au lait, sans taches, longs de 0 m. 054, larges de 0 m. 038.

Genre Bihoreau, *Nycticorax* Steph.

Bec de la longueur de la tête, gros, large, dilaté à la base ; mandibule supérieure infléchie à la pointe ; jambes aux deux tiers emplumées, de moyenne longueur ; tarse plus long que le doigt du milieu ; yeux très grands.

216. — Bihoreau d'Europe, *Nycticorax Europæus* Steph.

Tête, dos et scapulaires d'un noir à reflets verdâtres ; trois plumes d'un blanc pur, étroites, longues de dix-huit centimètres, implantées sur le haut de la nuque ; bas du dos, ailes et queue d'un cendré pur ; front, espace au-dessus des yeux, gorge et parties inférieures d'un blanc pur. Bec noir, jaunâtre à la base. Iris rouge. Taille : 0 m. 54.

Rare dans le département. Il apparaît d'ordinaire en avril, mai et octobre ; quelques couples seulement nichent dans les grands étangs des bois. Il aime à se percher sur les arbres et tous ceux de la collection d'Argenton ont été tués, en mai, sur les peupliers des rives de la *Creuse*.

Le nid, placé dans le marais, au milieu des roseaux, contient trois œufs d'un bleu verdâtre, de 0 m. 050 sur 0 m. 035.

FAMILLE DES CICONIDÉS

Genre Cigogne, *Ciconia* Brisson.

Bec très fort et très long, plus long que la tête, droit ; yeux entourés d'une nudité ne communiquant pas avec le bec. Pieds longs et forts.

217. — Cigogne blanche, *Ciconia alba* Willugh.

Tout le plumage blanc pur, sauf les scapulaires et les ailes, qui sont noires. Taille : 1 m. 15.

La Cigogne blanche est de passage régulier dans le département par bandes de sept à vingt-cinq individus, en mars, puis en août-septembre. Ces troupes passent sans s'arrêter ou s'abattent dans les champs, sur les arbres ou sur les bâtiments.

On l'a tuée plusieurs fois à Paumulle, près d'Argenton, en mars et en août, et M. Mercier-Génétoux cite le cas d'une bande qui passa la nuit sur les cheminéss d'un château, à peu de distance d'Argenton.

218. — Cigogne noire, *Ciconia nigra* Gesner.

Tête et toutes les parties supérieures noires avec des reflets verdâtres et rougeâtres ; parties inférieures blanches. Taille : 1 mètre.

La Cigogne noire passe irrégulièrement dans l'Indre. Elle a été tuée sur l'étang de la Gabrière en octobre, à Mézières-en-Brenne au mois d'avril, à Argenton le 11 août, aux environs du Pouzet, en avril à Orsennes, etc. On la rencontre parfois dans le Cher : M. Videau nous a envoyé, en mars, un beau sujet tué près de la Guerche.

Genre Spatule, *Platalea* Linné.

Bec droit, très long, aplati et dilaté au bout, en forme de spatule. Pieds longs et forts.

219. — Spatule blanche, *Platalea leucorodia* Linné.

Plumage blanc, à l'exception de la poitrine qui porte un large plastron jaune, qui remonte sur le haut du dos ; huppe touffue sur l'occiput. Taille : 0 m. 71.

La Spatule blanche se montre assez souvent en Brenne en mars-avril et en octobre-novembre, mais on ne la tue pas facilement parce qu'elle est très défiante et très sauvage. On l'observe par bandes de cinq à huit, ou solitaire, aussi par couples et troupes de cinquante individus. Elle séjourne peu et se tient alors sur la rive des grands étangs où, entrant dans l'eau à mi-jambes, elle paraît saisir le Fretin, les Grenouilles et les Insectes, peut-être aussi les Limnées et les Planorbes qui flottent sur les vagues.

FAMILLE DES TANTALIDÉS

Genre Ibis, *Ibis* Illiger.

Bec long, grêle, arqué ; pieds grêles, médiocrement longs ; doigts longs, le médian un peu plus court que le tarse.

220. — Ibis falcinelle, *Ibis falcinellus* Temm.

Tête d'un marron noirâtre ; cou, poitrine, haut du dos et parties inférieures d'un roux marron vif ; dos, couvertures des ailes, rémiges et pennes de la queue d'un vert sombre à reflets bronzés et pourprés. Taille : 0 m. 72.

De passage très accidentel sur le plateau de la Brenne. Nous avons tué, vers le 13 octobre, deux superbes Falcinelles faisant partie d'une troupe de neuf sujets sur l'étang de la Chaînerie.

ORDRE VIII. — ODONTOGLOSSES

Bec très épais, comme brisé au milieu, à bords dentelés.
Pieds complètement palmés.

FAMILLE DES PHENICOPTÉRIDÉS

Genre Flammant, *Phœnicopterus* Linné.

Bec plus long que la tête ; pieds excessivement longs et
grêles, cou extrêmement long et flexible.

221. — Flammant rose, *Phœnicopterus roseus* Pallas.

L'adulte a la tête, le cou, la queue et les parties inférieures
d'un rose tendre, les ailes rouges, le dos rose, les rémiges
noires. Taille : 1 m. 50. Le jeune est d'un gris cendré avec
des taches noirâtres sur les rémiges secondaires et les
rectrices. Taille : 1 m. 25 à 1 m. 30.

Le Flammant a été trouvé en Brenne par M. Boistard, mais
il n'y fait que de rares apparitions. Il y a quelques années,
un jeune a été tué sur les confins du département de la Vienne,
dans un pré, et vendu à M. Labouysse, du Blanc, qui l'a fait
monter.

———

ORDRE IX. — STEGANOPODES

Quatre doigts tous réunis par la palmure ; pouce articulé
en dedans du tarse et tendant à se diriger en avant.

FAMILLE DES PÉLÉCANIDÉS

Genre Cormoran, *Phalacrocorax* Brisson.

Bec généralement plus long que la tête, fendu au delà de
l'angle postérieur des yeux, à mandibule supérieure crochue.

Face et gorge nues ; pieds forts, courts, très retirés sous l'abdomen.

222. — Cormoran ordinaire, *Phalacrocorax carbo* Leach.

Vertex, cou, poitrine et parties inférieures d'un noir verdâtre, un large collier blanc roussâtre sous la gorge ; dos et ailes d'un brun bronzé bordé de noir verdâtre à reflets ; rémiges et pennes de la queue noires. Taille : 0 m. 78.

Se montre d'une façon presque régulière en Brenne. Tous les ans, à peu près, on constate sa présence sur les grands étangs où il arrive par bandes de deux à quinze individus, vers la fin de novembre, en décembre et en janvier, demeure pendant quatre ou cinq jours et s'éloigne. M. Mercier-Génétoux se l'est procuré facilement, car il n'est pas très difficile à approcher. Il se tient sur le bord de l'eau ou bien nage au milieu, ou encore reste posé sur un arbre ou sur une bonde ; il plonge à la perfection et attrape avec adresse de gros Poissons qu'il avale la tête la première, après les avoir assommés. On l'a observé aussi sur la *Creuse*.

223. — Cormoran huppé, *Phalacrocorax cristatus* Steph.

Tête, cou et gorge noirs, à reflets verts ; parties supérieures d'un vert lustré ; toutes les plumes du dos et des ailes bordées par un liséré étroit d'un noir velouté ; parties inférieures noires. Taille : 0 m. 60.

De passage très accidentel. Un individu a été tué sur un étang près de Ciron.

ORDRE X. — TUBINARES

Bec formé en apparence de pièces distinctes, par suite suturé et renflé ; narines tubulaires, isolées ou ayant une ouverture commune; pieds palmés.

FAMILLE DES PROCELLARIDÉS

Genre Thalassidrome, *Thalassidroma* Vig.

Bec plus court que la tête, mince, comprimé et très crochu ; tarses grêles et peu allongés ; ailes étroites et longues.

224. — Thalassidrome tempête, *Thalassidroma pelagica* Selby.

Tête, dos, ailes et queue d'un noir mat; parties inférieures d'un noir de suie ; une large bande transverse d'un blanc pur sur le croupion ; scapulaires et pennes secondaires des ailes terminées de blanc, queue et rémiges noires. Taille : 0 m. 15.

L'espèce a été trouvée plusieurs fois dans l'Indre, de même que dans les départements voisins. L'Oiseau n'y était point venu volontairement, car il ne saurait trouver à s'y nourrir, mais à la suite de violentes tempêtes il avait été jeté à la côte et s'était égaré au loin dans les terres. On nous l'a apporté deux fois en novembre : un des sujets avait été pris sur Lérignon et n'avait absolument rien dans l'estomac, l'autre avait été trouvé mort aux environs du Blanc.

225. — Thalassidrome cul-blanc, *Thalassidroma leucorhoa* Gerbe.

Plumage noir mat et brun; gorge grise ; couvertures supérieures de la queue blanches ; grandes couvertures et rémiges secondaires les plus près du corps d'un brun clair bordé de gris. Taille : 0 m. 20.

Ce Pétrel a été envoyé de Mézières-en-Brenne et d'Argenton à M. Fairmaire vers 1868. Nous ne l'avons jamais trouvé.

ORDRE XI. — GAVIÉS

Bec formé d'une pièce, courbé ou droit à l'extrémité, et portant dans sa partie dure les trous des narines ; pieds palmés.

FAMILLE DES LARIDÉS

Genre Stercoraire, *Stercorarius* Brisson.

Bec un peu moins long que la tête, fort et cylindrique, à mandibule supérieure terminée par un onglet crochu ; une cire sur le bec ; queue cunéiforme.

226. — **Stercoraire pomarin,** *Stercorarius pomarinus* Vieillot.

Face, vertex, dos, ailes et queue d'un brun très foncé ; plumes du cou et de la nuque longues et d'un jaune d'or lustré, gorge et abdomen d'un blanc jaunâtre ; un collier de taches brunes sur la poitrine ; queue avec les deux plumes de son milieu dépassant les autres. Taille : 0 m. 43, sans les filets de la queue.

Le Stercoraire pomarin a été indiqué comme ayant été observé en Brenne par M. Arthur Ponroy dans une note sur les Oiseaux du département. Si le fait est exact, il est à coup sûr très rare.

227. — **Stercoraire parasite,** *Stercorarius parasiticus* Gray.

Vertex d'un gris foncé ; côtés de la tête, gorge et cou d'un gris clair semé de taches brunes ; un croissant noir devant les yeux ; poitrine d'un gris foncé ; dos, petites et grandes couvertures des ailes d'un brun noirâtre avec l'extrémité de chaque plume lisérée de jaunâtre ; ventre blanchâtre tacheté de brun : pennes des ailes et de la queue noirâtres, blanchâtres à leur base et terminées par un liséré blanc ; les deux plumes du milieu de la queue plus longues que les autres. Taille : 0 m. 41, sans les filets.

Le Stercoraire parasite s'est fait tuer deux fois, à notre connaissance, dans le département ; la première fois dans les brandes d'Eguzon par M. Ribaud, et la seconde fois dans les bruyères du Pré Sanain, près d'Argenton, par M. Salmon. Les deux individus figurent dans le cabinet de MM. Mercier-Génétoux.

Genre Goëland, *Larus* Linné.

Bec plus court que la tête, comprimé dans toute son étendue, à mandibule supérieure crochue ; queue carrée.

228. — Goëland à manteau noir, *Larus marinus* Linné.

Vertex, occiput et région des yeux blancs avec de petites raies brun clair, peu apparentes ; front, gorge, cou, dos, queue et parties inférieures d'un blanc parfait ; haut du dos, scapulaires et toute l'aile d'un noir foncé. Taille : 0 m. 70.

M. Dufour d'Astafort l'a tué, vers 1866, près de Cherrine, en Brenne. Nous ne l'avons jamais observé.

229. — Goëland brun, *Larus fuscus* Linné.

Vertex, occiput et région des yeux blancs, rayés de brun clair ; dessus du corps et couvertures supérieures des ailes d'un noir ardoisé ; rémiges noires avec un peu de blanc à l'extrémité ; pieds jaunes. Taille : 0 m. 50.

Se montre très irrégulièrement, l'hiver, dans notre département ; nous avons vu tuer deux individus en janvier 1880. Ils se laissaient assez facilement approcher, au bord des étangs, et se reposaient fréquemment, ce qui était une preuve de leur fatigue et de leur faiblesse par suite du manque de nourriture.

230. — Goëland à manteau bleu, *Larus argentatus* Brünn.

Front, vertex, région des yeux, occiput et cou d'un blanc parfait, sans aucune tache ; dos, queue et parties inférieures blancs ; scapulaires, toute l'aile et rémiges d'un cendré bleuâtre pur, les rémiges noires vers le bout et terminées par un espace blanc. Taille : 0 m. 60.

Se montre rarement sur nos étangs, en novembre et décembre, solitaire ou par trois ou quatre.

231. — Goëland cendré, *Larus canus* Linné.

Vertex, nuque, cou et poitrine d'un blanc parsemé de taches et de traits brun grisâtre ; dos et scapulaires gris cendré bleuâtre ; couvertures des ailes et rémiges brunes ; toutes les parties inférieures blanches ; queue blanche à la base, puis d'un brun noirâtre terminé de blanchâtre. Taille : 0 m. 42.

Ce Goëland est de passage régulier sur les étangs du département, d'abord en mars par troupes de six à douze individus, puis du 10 au 30 novembre, ordinairement par couples ou solitaire. Commun sur les côtes de l'Océan, il descend vers le Midi au moment des gelées et une partie des voyageurs traverse la France. Ce sont ces Oiseaux-là que nous voyons passer sur nos étangs où ils semblent se reposer quelques instants, flottant comme des bouées blanches, ou passer au-dessus de nous en volant avec lenteur.

Ils ne se laissent pas approcher et ne séjournent guère.

Les cinq ou six que nous avons eus en main, en novembre, avaient tous l'estomac bondé de Lombrics exclusivement.

232. — Goëland tridactyle, *Larus tridactylus* Linné.

Vertex, occiput et partie du cou d'un cendré bleuâtre uniforme ; de fines raies noires en avant des yeux ; front, parties inférieures, croupion et queue d'un blanc parfait ; dos, ailes et rémiges d'un cendré bleuâtre, la rémige extérieure bordée de noir. Taille : 0 m. 38.

Le Goëland tridactyle est très commun dans le département lorsque, au commencement de février, il arrive, souvent seul, parfois en bandes de huit à dix individus, pour rester quelques jours sur les étangs et les rivières. Il est excessivement confiant et se laisse tirer de très près s'il est seul, tandis qu'en troupe il est plus difficile à approcher. Nous l'avons vu tuer sur la *Creuse* d'un coup de pierre et nous en avons vu prendre à la main un autre qui avait probablement été blessé de la même manière par un enfant. Il n'est pas rare non plus de le trouver mort ou mourant en pleine campagne.

Chaque année on en voit séparément plusieurs douzaines sur tous nos cours d'eau ; chaque année les chasseurs le tirent sur tous les étangs. A l'automne, on le retrouve dans le département ; on l'y a même vu en décembre et en janvier.

233. — Goëland rieur, *Larus ridibundus* Linné.

Tête, cou, queue d'un blanc parfait, à l'exception d'une tache noire en avant des yeux et d'une grande plaque noirâtre arrondie sur l'orifice des oreilles ; poitrine et parties inférieures d'un blanc rosé ; dos, scapulaires et toutes les couvertures des ailes d'un cendré bleuâtre très clair ; bord extérieur de l'aile blanc ; bec et pieds d'un rouge vermillon. Tels sont les vieux sujets en plumage d'hiver. En été, au contraire, toute la tête et le haut du cou sont d'un brun très foncé, les paupières entourées de plumes blanches, le reste du plumage d'un beau blanc rosé. Taille : 0 m. 37.

Sédentaire, s'il ne disparaissait pas de notre pays durant la grande froidure. La Mouette rieuse arrive au printemps, vers février, sur nos marais et y séjourne quelques jours si elle est par bandes de six à douze individus, plus longtemps si elle est solitaire. En mars et avril, le passage des retardataires a lieu, mais un certain nombre de couples demeurent et nichent sur les îlots des grands étangs. Nous l'avons vue à plusieurs reprises en mai, juin et juillet, voler sur la Mer Rouge et deux années de suite on nous a apporté de la Gabrière et du Gabriau un grand nombre d'œufs trouvés sur le sable sans aucune préparation de nid.

Ces œufs sont jaunâtres ou verdâtres avec des taches noires, grises ou brunes, mesurant 0 m. 050 sur 0 m. 038.

Genre Hirondelle de mer, *Sterna* Linné.

Bec aussi long ou plus long que la tête, presque droit, comprimé, à mandibule supérieure non crochue ; queue échancrée. Ailes aussi longues ou un peu plus longues que la queue ; membranes interdigitales peu échancrées ; ongle du doigt médian très recourbé.

234. — Hirondelle de mer Pierre-Garin, *Sterna hirundo* Linné.

Front, vertex et longues plumes de l'occiput d'un noir profond ; parties postérieures du cou, dos et ailes d'un cendré bleuâtre ; parties inférieures blanches ; la poitrine nuancée de cendré ; queue blanche, avec des pennes latérales d'un brun noir sur leurs barbes extérieures ; bec rouge, mais noir à la pointe. Taille : 0 m. 39.

Elle paraît en Brenne au mois de mai, en petit nombre à de certaines années, très nombreuse en d'autres. Elle s'établit sur les plus vastes étangs et ne les quitte qu'en septembre pour descendre vers le Midi. Tout le jour elle plane en compagnie des Guifettes, a la recherche des Poissons et des Insectes aquatiques ; elle n'est guère plus sauvage que l'Épouvantail et s'approche souvent à quelques mètres du chasseur ou du batelier.

Elle niche par compagnies sur les îlots et pond sur le sable ou au milieu des touffes d'herbes aquatiques. Ces nids sont si nombreux, certaines années et à certains endroits, qu'en une journée un paysan nous apporta plus de cinquante œufs de cette espèce qu'il avait ramassés sur les grèves de quatre ou cinq étangs et sur les gros tas de joncs flottants. Ces œufs sont en général jaunes, parfois verdâtres, couverts de taches brunes, grises ou noires, longs de 0 m. 043 sur 0 m. 032.

Elle part vers le 25 septembre, et à l'époque de ses voyages se montre sur toutes nos rivières.

235. — **Hirondelle de mer naine,** *Sterna minuta* Linné.

Vertex et occiput d'un noir profond; dessus du corps cendré; cou et parties inférieures blancs; lorums noirs, front avec un trait sur les yeux et le bas des joues blancs; queue blanche; bec jaune orange à pointe noire. Taille : 0 m. 22.

Un peu moins commune dans le département que la Sterne Pierre-Garin et pourtant assez répandue, cette Sterne arrive vers le 15 mai, et niche sans préparation sur les rives sablonneuses du marais.

Elle fait son nid en compagnie, et il n'est pas rare d'en trouver sept ou huit ensemble; mais nous ne les avons jamais vues nicher en compagnie des Pierre-Garin. Elles ont du reste les mœurs et habitudes de ces dernières, vivent de Larves, Coléoptères aquatiques et terrestres, Diptères, Orthoptères, Névroptères et petits Poissons, sont très confiantes et disparaissent dans les premiers jours de septembre. Dans les endroits où elles nichent, on trouve les œufs par trois, œufs de 0 m. 032 sur 0 m. 023, jaunâtres avec des taches, points, stries et traits noirs ou gris vineux.

Genre **Guifette**, *Hydrochelidon* Boie.

Bec plus court que la tête, comprimé, à mandibule supérieure non crochue ; queue peu échancrée ; ailes beaucoup
plus longues que la queue ; membranes interdigitales très
échancrées ; ongle du doigt médian peu recourbé.

236. — **Guifette épouvantail**, *Hydrochelidon fis-*
sipes Gray.

Tête et cou noir cendré ; dessus du corps cendré ou brunâtre ainsi que les ailes ; poitrine et abdomen noir cendré,
parfois blanchâtres ; bec noir avec les commissures rouges ;
pieds d'un brun rouge. Taille : 0 m. 24.

. La Brenne est la patrie des Guifettes. Elles s'y rendent par
milliers au printemps et se répandent sur presque tous les
étangs ; elles sont parfois si communes qu'on peut estimer à
deux cents couples la population d'un seul étang, composée
pour 3/5 d'Épouvantails et 2/5 des deux autres espèces.
Les Fissipèdes ou Épouvantails, comme les autres espèces,
arrivent du 15 avril au 8 mai, suivant les années.

Nous les voyons voler tout le jour au-dessus des eaux,
planer sur place en battant des ailes, courir des bordées au
moindre coup de vent, par moment s'abattre tout d'un coup
sur les vagues, plonger à demi et saisir un Insecte pour
repartir aussitôt. Elles se posent peu sur l'eau, plus souvent
sur les tas de joncs et sur les rivages, se laissant alors
approcher avec quelque difficulté, tandis qu'au vol elles
s'approchent du chasseur à portée de bâton et, s'il est près
des nids, tournent et retournent autour de lui en poussant
leurs cris aigus et répétés. Ces cris attirent toutes les Guifettes
de l'étang, et l'Homme se trouve entouré d'une nuée
d'Oiseaux, multipliant leurs clameurs pendant des heures

entières. Les coups de fusil ne les effrayent pas ; on a beau
en tuer, elles continuent, leur tapage.

Fin mai ou commencement de juin, les Épouvantails
s'occupent de la construction de leurs nids ; elles les placent
sur les mottes entourées d'eau et les composent de morceaux
de roseaux secs, ou mieux s'établissent en colonies sur les
gros tas de joncs jaunis qui flottent au milieu des joncs verts.
Là, sans grande préparation, elles font une couchette ronde,
et y pondent trois œufs ordinairement jaune roux, avec des
taches, points et plaques noirs, ou gris, ou bruns, ou
roux, mesurant 0 m. 034 sur 0 m. 025. Beaucoup de ces
œufs ne sont pas fécondés et un cinquième au moins ne
vient pas à éclosion.

Les petits demeurent autour des nids pendant assez longtemps et, faute de pouvoir voler, ils se jettent volontiers à
la nage et fuient devant leurs ennemis en poussant de petits
cris doux.

Toutes les Guifettes vivent d'Insectes, Coléoptères, Éphémères, Odonates du genre *Sympetrum*, mais elles mangent
surtout les Agrionines dont leurs estomacs sont toujours
bondés.

Du 25 septembre au 6 octobre, les Guifettes partent, et on
les trouve alors par troupes voyageuses sur les étangs où
aucune n'habitait à l'été. Quelques jours après, tout a
disparu.

237. — Guifette leucoptère, *Hydrochelidon nigra* Gray.

Tête, cou et haut du dos noirs ; bas du dos noir cendré ;
poitrine noire, bas de l'abdomen et sous-caudales d'un blanc
pur ; petites et moyennes couvertures supérieures des ailes
blanches ; queue d'un blanc pur ; bec et pieds rouge vif.
Taille : 0 m. 24.

La Guifette leucoptère est très commune en Brenne où elle

vit mêlée aux Épouvantails et aux Moustacs, ou par colonies sur certains étangs, à l'exclusion des autres espèces. Elle arrive et part comme l'Épouvantail.

Son nid, construit exactement comme celui de sa congénère, contient trois œufs ressemblant beaucoup à ceux de l'Épouvantail, jaunâtres ou verdâtres, couverts de taches grises, noires ou brunes, mais un peu plus gros, mesurant 0 m. 037 sur 0 m. 027.

238. — Guifette moustac, *Hydrochelidon leucopareia.* Natterer.

Dessus de la tête et du cou d'un beau noir ; parties supérieures d'un gris cendré ; gorge et joues blanches ; abdomen cendré noirâtre ; queue cendrée en dessus avec la penne la plus latérale blanche, légèrement cendrée à son extrémité ; bec et pieds rouges. Taille : 0 m. 26.

La Moustac est aussi commune en Brenne que la Guifette leucoptère, et moins que l'Épouvantail. Elle arrive et part avec elles.

Le nid, très commun sur les grands étangs, est posé sur les îlots flottants de vieux joncs, rarement à côté des nids de l'Épouvantail. L'œuf est relativement gros, 0 m. 040 sur 0 m. 028, vert clair, couvert de petites taches noires, brunes ou grises.

ORDRE XII. — ANSÉRIENS

Les Ansériens ou Lamellirostres, dont le Canard est le type, ont le bec aplati, parfois denté en scie, garni sur les bords de lamelles ou de dents ; les trois doigts antérieurs réunis par une large palmure pleine, le pouce libre.

FAMILLE DES CYGNIDÉS

Genre Cygne, *Cygnus* Linné.

Bec aussi large à la base qu'à l'extrémité ; mandibule inférieure à peu près cachée par la mandibule supérieure. Tarses
courts ; cou extrêmement long.

239. — Cygne sauvage, *Cygnus ferus* Ray.

Entièrement d'un blanc parfait, à l'exception de la tête et
de la nuque nuancées de jaune roussâtre. Le jeune, avant
d'être blanc, est d'un gris blanchâtre ; bec jaune à la base avec
les narines placées dans le jaune du bec. Taille : 1 m. 55.

Apparaît régulièrement en décembre et janvier, à moins
que l'hiver ne soit très doux ; mais si les rivières et les cours
d'eau du Nord sont envahis par les glaces, et si, à la suite, nos
étangs, puis nos rivières commencent à se geler fortement,
nous le voyons arriver par petites troupes, ou solitaire. On
l'a tué depuis dix ans sur presque tous les cours d'eau du
département et sur beaucoup d'étangs, voire en plein champ
et sous le pont même de la ville du Blanc.

240. — Cygne de Bewick, *Cygnus minor* Keys. et
Blasius.

Plumage d'un beau blanc, avec une légère teinte jaunâtre
à la tête et à la nuque. Le jeune d'un gris clair. Bec jaune
à la base, avec les narines placées dans l'endroit où le bec est
noir. Taille : 1 m. 30.

Apparaît de temps en temps sur les rivières et les étangs
du département dans les hivers rigoureux. Nous l'avons vu
tuer le 19 décembre à Bénavent, près le Blanc, au milieu
d'une bande de onze sujets, à l'étang de Lérignon le 21 décembre, solitaire, sur un étang près de Luzeret dans une
bande de huit, en janvier.

241. — Cygne tuberculé, *Cygnus mansuetus* Ray.

Tout le plumage d'un blanc pur ; une protubérance noire sur le front, le bec rouge à l'exception des bords des mandibules, de l'onglet, des narines et du tour des yeux qui sont d'un noir profond. Taille : 1 m. 50.

On l'observe dans les hivers rigoureux, sur nos étangs et nos rivières, par bandes de deux à dix individus, rarement par troupes de vingt à vingt-cinq. Nous l'avons vu tuer assez souvent, en février, sur l'étang de la Gabrière, où une autre fois une bande de onze sujets séjourna pendant six jours à la fin de décembre 1890, puis disparut pour reparaître de nouveau en janvier suivant. En janvier 1893, une bande de neuf demeura assez longtemps sur un étang près de Mézières, et, au moment où nous venions d'apercevoir cette bande sur l'étang de la Benaize, nous comptions cinq beaux sujets mis en vente sur le champ de foire de Mézières. Le 3 février, on nous apporta un énorme sujet, mesurant 1 m. 52, qui venait d'être tué sur la Gabrière. Enfin nous l'avons vu, au moins cinq ou six fois, sur le marché du Blanc.

FAMILLE DES ANSÉRIDÉS

Genre Oie, *Anser* Barrère.

Bec plus étroit à l'extrémité qu'à la base ; mandibule inférieure découverte ; tarses assez longs ; cou moyennement long ; bec assez long, conique.

242. — Oie cendrée, *Anser cinereus* Meyer.

Tête et cou d'un cendré roussâtre, avec le front blanchâtre ; haut du dos et scapulaires d'un cendré brun, ondé de blanchâtre ; dos cendré bleuâtre ; poitrine cendrée, ondée sur les côtés de blanchâtre ; abdomen blanc ; flancs cendré brun, ondés de gris ; bec jaune orange avec l'onglet blanchâtre. Taille : 0 m. 80.

Passe régulièrement en Brenne aux mois de février et novembre, par troupes de huit à vingt-cinq individus, sans beaucoup s'arrêter durant le jour. Souvent on entend, haut dans
l'air, les bandes passer pendant la nuit avec des cris rauques ;
parfois, pourtant, elles se posent sur les rivières, surtout si
elles voyagent par couples ou par petites bandes, ce qui est
assez rare.

243. — Oie sauvage, *Anser sylvestris* Brisson.

Tête et haut du cou d'un cendré brun ; le bas du cou et les
parties inférieures d'un cendré clair ; haut du dos, scapulaires
et toutes les couvertures des ailes cendré brun liséré de blanchâtre ; abdomen blanc ; bec noir à la base ainsi que sur l'onglet, le milieu jaune orange. Taille : 0 m. 80

Passé dans le département du 25 janvier au 25 février et du
10 au 25 novembre, parfois en décembre, en bandes généralement nombreuses qui s'arrêtent dans nos campagnes, se
tiennent de jour au milieu des étangs et le soir volent aux
champs de blé et de rabette pour picorer les herbes jusqu'à la
nuit profonde. On les tire par les grands vents : elles sont
alors obligées de voler plus près de terre et le chasseur à
l'affût les aperçoit au-dessus de sa tête, souvent à belle portée.
Les trois espèces d'Oies qui passent dans le pays ne se mêlent
presque jamais, au contraire des petits Echassiers qui, dans
leurs voyages, se mélangent si souvent d'espèces à espèces.

244. — Oie à front blanc, *Anser albifrons* Bechst.

Front blanc ; gorgerette blanche entourée de brun noirâtre ;
tête et cou brun cendré ; plumes du dos et scapulaires, couvertures alaires d'un brun terne, terminées par du brun roussâtre ; rémiges noires ; poitrine et ventre blanchâtres maculés
de plumes noires, parfois sans plumes noires. Taille : 0 m. 70.

Cette Oie n'est pas très rare, pendant l'hiver, dans le département, non pas qu'on la rencontre souvent à terre ou sur

l'eau, mais parce qu'on l'aperçoit fréquemment passer en phalanges nombreuses au mois de décembre, puis en février par vols formant un long triangle. Elle est fort craintive et ne se pose que le soir et le matin dans les champs ensemencés où elle se hâte de dévorer les tiges et les feuilles d'herbes.

On la voit souvent, mais on la tue rarement. On l'a trouvée pourtant à plusieurs reprises sur le marché d'Argenton.

Genre Bernache, *Bernicla* Steph.

Bec plus étroit à l'extrémité qu'à la base; mandibule inférieure découverte; bec très court, mince et droit. Tarses assez longs.

245. — Bernache nonnette, *Bernicla leucopsis* Boie.

Front, côtés de la tête et gorge d'un blanc pur; un petit trait entre l'œil et le bec; occiput, cou, haut de la poitrine, queue et rémiges d'un noir profond; plumes du dos, des scapulaires et des ailes d'un gris cendré avec une bande noire et le bout blanchâtre; les parties inférieures blanches. Taille : 0 m. 63.

Elle passe irrégulièrement en Brenne en novembre et en février; elle a été tuée deux ou trois fois à notre connaissance, notamment à Rolnier, sur l'*Anglin*, et à Mézières.

246. — Bernache cravant, *Bernicla brenta* Steph.

Tête, cou et haut de la poitrine d'un noir mat; côtés du cou revêtus de plumes noirâtres terminées de blanc; dos, scapulaires et couvertures des ailes d'un gris foncé; ventre cendré brun; abdomen et couvertures de la queue d'un blanc pur; rémiges, pennes secondaires et pennes de la queue d'un noir profond. Taille : 0 m. 58.

Passe très irrégulièrement. Elle a été tuée deux ou trois fois, en janvier, à Lureuil.

FAMILLE DES ANATIDÉS

Genre Tadorne, *Tadorna* Flem.

Bec plus court que la tête, un peu retroussé en haut à l'extrémité, à peu près de même largeur dans toute son étendue ; onglets étroits à l'origine, celui de la mandibule supérieure large et coupé carrément à l'extrémité, très recourbé et faisant un peu retour en arrière ; queue courte ; pieds élevés. Plumage analogue chez le mâle et la femelle.

247. — Tadorne de Belon, *Tadorna Beloni* Ray.

Tête et cou d'un vert sombre ; partie inférieure du cou, couvertures des ailes, dos, flancs, croupion d'un blanc pur ; une tache noirâtre longitudinale sur le milieu du ventre ; un large ceinturon d'un beau roux entoure la poitrine et remonte sur le haut du dos ; miroir de l'aile vert, surmonté d'une bande rousse. Taille : 0 m. 60.

Le Tadorne ne se montre pas dans l'Indre dans les hivers doux, mais si le froid est dur et persistant, nous le voyons passer par couples ou par troupes de trois à cinq individus. Il en fut tué plusieurs sur la *Creuse* en 1870 et sur les étangs d'Oulches. Nous en avons nous-mêmes vu cinq à Lérignon en décembre 1881 et deux en février 1883.

Genre Souchet, *Spatula* Boie.

Bec plus long que la tête, très étroit à la base, très large et taillé en spatule au bout ; onglets petits, celui de la mandibule supérieure peu recourbé ; queue légèrement cunéiforme ; tarses minces, peu élevés. Plumage différent chez le mâle et la femelle.

248. — Souchet commun, *Spatula clypeata* Boie.

Tête et cou du mâle d'un verdâtre foncé à reflets ; poitrine blanche, parfois semée de points noirs ; ventre et flancs roux marron ; dos brun noirâtre ; couvertures des ailes d'un bleu clair ; scapulaires marquées sur fond blanc de points et de taches noirs ; miroir vert foncé, bordé d'une large bande blanche ; couvertures supérieures de la queue d'un noir à reflets verts avec une grande tache blanche latérale au croupion. Taille : 0 m. 49.

Chez la femelle, la tête est marquée de traits noirs et roux ; les parties supérieures sont brunes, ondées de roussâtre ; les parties inférieures d'un roux nuancé de brun ; les petites couvertures des ailes sont d'un cendré bleu ; le miroir vert brun.

De passage régulier dans l'Indre, sans y être très commun. Nous le voyons du 15 février au 30 mars par petites bandes qui s'arrêtent peu, puis il disparaît jusqu'au mois d'octobre. L'espèce a été tuée une fois en mai.

Genre Canard, *Anas* Linné.

Bec un peu plus long que la tête, un peu moins large dans sa moitié postérieure que dans son tiers antérieur qui est sensiblement dilaté ; onglet supérieur peu courbé, ne faisant pas saillie à l'extrémité du bec ; queue courte, cunéiforme ; tarses épais. Plumage différent dans les deux sexes.

249. — Canard sauvage, *Anas boschas* Linné.

Tête et cou du mâle vert brillant, un collier blanc au bas du cou ; poitrine marron vineux ; parties supérieures brunes, rayées de fins zigzags ; parties inférieures d'un gris blanchâtre rayé de très fins zigzags d'un gris cendré ; miroir vert violet, bordé d'une double bande blanche ; les quatre pennes du milieu de la queue frisées et recourbées.

Le mâle perd ce plumage à l'été et revêt le costume de la femelle jusqu'en octobre.

La femelle a le plumage varié de brun sur fond gris, la gorge blanchâtre, une bande blanchâtre sur les yeux. Taille : 0 m. 52.

Sédentaire et très commun en Brenne et dans d'autres localités du département ; on le trouve en nombre sur tous les étangs où, dès les premiers jours de mars, il s'occupe de la construction de son nid. A ce moment, le marais est encore peuplé de bandes voyageuses, d'étrangers prêts à remonter vers le nord ; mais les couples, habitants du pays, vivent depuis longtemps séparés et recherchent surtout les bords plantés de joncs ou les petites flaques d'eau peu profonde, dépendances d'un grand étang.

Le nid est admirablement caché, formé de lambeaux de joncs, de morceaux de bruyères, d'herbes et de quelques plumes ; il est placé sur une motte large et haute en herbe, ou mieux dans une brande épaisse tout près de l'eau, parfois aussi à plusieurs centaines de mètres dans un taillis bien garni. Dans ce nid, la femelle pond 8 à 12 œufs de 0 m. 058 sur 0 m. 041, d'un vert très clair.

D'avril à octobre, les Canards qui habitent la Brenne sont les couples sédentaires et les jeunes de l'année ; ils vivent par familles. Puis, dès les premiers jours d'octobre commencent à apparaître les hordes voyageuses ; en novembre a lieu le fort du passage. En décembre, janvier, surtout en février, des troupes arrivent encore, séjournent deux ou trois jours et repartent ; d'aucunes s'établissent pour plusieurs semaines. Si les étangs gèlent, les voyageurs reprennent leur voyage vers le sud, tandis que les sédentaires gagnent les rivières et s'y font surprendre et tuer en grand nombre. En mars, les passages s'accentuent de nouveau et les étangs sont absolument couverts de Canards sauvages, aussi de Milouins, Morillons, Siffleurs, Sarcelles. En avril, tout s'éclipse peu à peu et les nichées des sédentaires se font.

Genre Chipeau, *Chaulelasmus* Gray.

Bec aussi long que la tête, de même largeur dans toute son étendue ; onglet de moyenne largeur, brusquement recourbé ; queue courte, conique. Le Chipeau se distingue de tous les autres Canards par les lamelles qui garnissent les bords de la mandibule supérieure ; chez lui, elles sont très proéminentes, visibles sur les 3/4 du bec, saillantes comme les dents d'un peigne. Le Souchet seul a le bec conformé de semblable manière, mais ce bec a une forme si différente qu'il est impossible de confondre les deux Oiseaux.

250. — Chipeau bruyant, *Chaulelasmus strepera* Gray.

Tête et cou marqués de points bruns sur fond gris ; partie inférieure du cou, dos et poitrine marqués de croissants noirs lisérés de blanc ; scapulaires et flancs rayés de zigzags blancs et noirâtres ; moyennes couvertures des ailes d'un roux marron ; grandes couvertures et croupion d'un noir profond ; miroir blanc. Taille : 0 m. 50.

La femelle a le plumage varié de brun noirâtre et de roux clair.

De passage dans l'Indre en février-mars et octobre-novembre. Il ne se mêle guère aux autres et voyage d'ordinaire par petites bandes de six à vingt individus.

Genre Marèque, *Mareca* Steph.

Bec plus court que la tête, à peu près également large dans ses deux tiers postérieurs, puis se rétrécissant insensiblement jusqu'à l'extrémité ; onglet supérieur assez large, peu proéminent au delà des bords de la mandibule, subitement courbé ; queue courte, cunéiforme.

251. — Marèque siffleur, *Mareca penelope* Selby.

Front d'un blanc jaunâtre ; tête et cou d'un roux vif, face pointillée de noir ; gorge noire ; poitrine lie-de-vin ; dos et flancs rayés de zigzags noirs et blancs ; couvertures des ailes et parties inférieures blanches ; miroir consistant en une bande verte entre deux bandes noires ; scapulaires noires lisérées de blanc. Taille: 0 m. 47.

La femelle a le plumage varié de roux, de noir et de gris, avec le miroir cendré clair.

Le Canard siffleur, pour l'appeler par son nom, ne niche pas dans l'Indre, mais il y arrive en très nombreuses troupes du 15 février au 30 mars. Pendant cette période, il couvre tous nos étangs et parfois nos rivières de ses vols remuants et on entend partout résonner sa voix singulière, espèce de cri aspiré terminé par un sifflement. Il repasse du 10 octobre au 20 novembre.

Genre Pilet, *Dafila* Leach.

Bec aussi long que la tête, mince, plus large vers l'extrémité qu'au milieu ; lamelles courtes, à peine visibles au delà des bords de la mandibule supérieure ; onglet supérieur petit et crochu ; queue longue, très pointue ; cou très long et très mince.

252. — Pilet à longue queue, *Dafila acuta* Eyton.

Vertex varié de brun roux et de noirâtre ; joues, gorge et haut du cou d'un beau brun ; sur la nuque, une bande noire entre deux bandes blanches ; devant et dessous du corps blanc pur ; dos et flancs rayés de zigzags noirs et blancs ; miroir vert pourpré entre une bande rousse et une bande blanche ; les deux pennes du milieu de la queue très allongées, noires.

La femelle est variée de brun et de roussâtre. Taille: 0 m.64.

Très commun en Brenne où il niche quelquefois, se plaît peu en troupes et vit par couples. Il est aussi défiant que les autres, mais on l'approche plus facilement parce que, au lieu de rester loin des bords, il se glisse dans les joncs qui bordent le rivage et aussi parce qu'on le trouve seul, et qu'un Oiseau seul est bien plus aisé à surprendre que réuni à plusieurs autres.

Il nous arrive au mois de février, un des premiers, et séjourne d'ordinaire assez longtemps. Vers la fin de mars, il émigre et, en avril, on rencontre seulement quelques très rares couples demeurés au pays pour nicher ; nous en avons vu ainsi en mai et juin. Le nid, fait sur une motte, en plein marécage, contient sept à neuf œufs gris verdâtre clair, de 0 m. 060 sur 0 m. 043.

En octobre, il reparaît, et le passage dure jusqu'à la fin de novembre, mais pour peu que l'hiver soit bénin, on le tire fréquemment sur certains étangs en décembre et janvier. C'est presque un Oiseau sédentaire en Brenne.

Genre Sarcelle, *Querquedula* Steph.

Bec presque aussi long que la tête, élevé à la base, ensuite droit, étroit, un peu plus large à l'extrémité qu'au milieu ; queue courte, conique ; cou pas très long.

253. — Sarcelle d'été, *Querquedula circia* Steph.

Vertex noirâtre ; une bande blanche sur les yeux ; gorge noire ; tête et cou brun rougeâtre parsemé de points blancs ; bas du cou et poitrine écaillés de bandes noires ; couvertures des ailes d'un cendré bleuâtre ; miroir vert cendré, bordé de bandes blanches ; ventre jaunâtre ; flancs zébrés de zigzags noirs.

La femelle est brune en dessus, blanchâtre en dessous, avec le miroir verdâtre, et une bande blanche marquée de taches brunes derrière et sous les yeux. Taille : 0 m. 36.

Excessivement commune à son double passage, en mars-avril et en octobre..

Quelques couples sont sédentaires et nichent sur les grands étangs. Le nid contient 6 à 8 œufs d'un blanc jaunâtre, mesurant 0 m. 048 sur 0 m. 033. Les jeunes vivent avec les parents par petites familles ; mais il n'est pas rare de les rencontrer un par un dans les queues, où ils se laissent facilement approcher.

Quant aux voyageuses, leur passage d'automne se fait rapidement, tandis qu'au printemps tous nos étangs sont, pendant deux mois, presque continuellement peuplés par cette jolie Sarcelle qui arrive par bandes de vingt à deux cents individus. Elles se tiennent tantôt au milieu de l'étang, loin des bords, en troupes serrées, et alors il est impossible de les approcher, ou bien, le matin surtout, elles viennent dans les joncs et mottes des rivages plus ou moins séparées et il est alors aisé de les tirer. Au coup de fusil, elles partent vivement, chaque Oiseau poussant son cri d'appel, s'élèvent en volant avec une extrême vitesse, font plusieurs fois le tour de l'étang, s'abaissent toutes ensemble comme pour se poser et subitement se redressent comme fait un ressort.

Dans le marais, elles ne cessent de caqueter, et ce caquetage qu'on entend au loin indique au chasseur leur présence.

254. — Sarcelle d'hiver, *Querquedula crecca* Steph. Tête et cou du mâle roux marron, avec une belle bande verte des yeux à la nuque ; gorgerette noire, encadrée par une bande blanche qui va de l'œil à la base du bec ; parties supérieures rayées de zigzags noirs et blancs ; poitrine blanche criblée de taches noires ; ventre blanc ; couvertures des ailes brunes ; miroir vert et noir, bordé de blanc et de roux. Taille : 0 m. 32.

La femelle porte sur l'œil la bande blanc roussâtre

marquétée de taches brunes ; elle a les parties supérieures brunes, les inférieures blanchâtres.

Cette petite Sarcelle n'est pas rare en toute saison dans le département, et elle devient très commune lors de son double passage, surtout de fin janvier à fin mars.

On la trouve tantôt seule, entre les mottes ou dans un fouillis de joncs d'où elle part sous les pieds, volant à la manière d'un Râle, tantôt par troupes de quatre à huit sujets, assez faciles à approcher si elles n'ont pas été pourchassées. Ces petites bandes aiment à se poser dans les trous pleins d'eau, au milieu des brandes autant qu'au bord des étangs ; elles sont formées de Sarcelles voyageuses qui vont nicher dans le nord de la France.

Les Sarcelles sédentaires vivent seules et par couples, et en avril, font leur nid sur les mottes ou sous un buisson proche des eaux. Ce nid contient une dizaine d'œufs un peu plus petits que ceux de la Sarcelle d'été, mais très semblables, d'un blanc jaunâtre uni.

On retrouve, en octobre, des familles d'étrangères, et pendant l'hiver, même sur les étangs glacés, quelques individus solitaires.

FAMILLE DES FULIGULIDÉS

Genre Fuligule, *Fuligula* Steph.

Bec aussi long que la tête, un peu plus large vers le tiers antérieur qu'à la base ; onglet supérieur petit, ovale, terminé en pointe recourbée ; formes trapues ; queue très courte et arrondie ; tarses beaucoup plus courts que le doigt interne.

255. — Fuligule morillon, *Fuligula cristata* Steph.

Tête, cou et poitrine d'un noir à reflets, une huppe longue et effilée ; dos et ailes bruns ou noirâtres ; miroir blanc pur et brun verdâtre, ventre et flancs d'un blanc pur. Taille : 0 m. 40.

Le Morillon, dès le milieu d'octobre, couvre de ses bandes noires le milieu de nos étangs, séjourne une semaine si l'endroit lui plaît, et descend vers le sud. On l'approche assez facilement si, ce qui est rare, on le rencontre dans les joncs du rivage ; mais, en troupe, il se tient toujours aux aguets, au loin sur l'eau, et s'envole à l'approche d'un chasseur ou d'un bateau. Le passage est terminé au milieu de novembre, mais quelques sujets se sont séparés et essayent de passer l'hiver dans notre pays. Seule, la gelée de tous les étangs les chassera vers des contrées plus hospitalières. Fin février, les bandes reparaissent et se succèdent jusqu'au commencement d'avril ; aucun Morillon ne reste l'été.

256. — Fuligule milouinan, *Fuligula marila* Steph.

Tête et cou d'un noir à reflets verdâtres ; parties inférieures du cou, poitrine et croupion d'un noir profond ; haut du dos et scapulaires d'un blanchâtre rayé de très fins zigzags noirs ; couvertures claires, marbrées de blanc et de noir ; une bande blanche sur l'aile ; ventre et flancs d'un blanc pur, abdomen rayé de zigzags bruns ; bec bleu clair. La femelle porte une livrée brune, avec une large bande blanche autour de la base du bec, et le dos et les flancs rayés de zigzags blancs et noirs. Taille : 0 m. 47.

Assez rare ; passe régulièrement du 20 février à la fin de mars par troupes de cinq à quinze sujets ou mêlé à d'autres Canards, puis à l'automne du 15 au 30 novembre. Il s'arrête alors quelques jours sur les étangs. Dans les hivers rigoureux on en tue quelques-uns sur les rivières.

257. — Fuligule milouin, *Fuligula ferina* Steph.

Tête et cou d'un roux vif ; parties supérieures du dos, poitrine et croupion d'un noir mat ; dos, scapulaires, couvertures des ailes, flancs, cuisses et abdomen d'un cendré blanchâtre, rayé de zigzags très rapprochés d'un cendré bleuâtre ; rémiges et queue cendré foncé. La femelle est d'un brun roussâtre avec le tour des yeux, les joues et la gorge d'un blanc maculé de roussâtre, les ailes cendrées marquetées de points blancs, les zigzags du dos moins marqués que chez le mâle. Taille : 0 m. 45.

-- Le Milouin arrive en Brenne à la mi-février, en bandes souvent très nombreuses, et se pose sur tous les étangs d'une certaine étendue. Là, les troupes demeurent tout le jour réunies au milieu de l'eau, hors de portée du rivage, et, le soir venu, s'envolent et s'abattent avec les autres Canards sur les rives couvertes de sable mouillé et de joncs en décomposition ou dans les étangs vidés, cherchant dans les flaques boueuses les petits Poissons, les Vers et les Coquillages. Il nous quitte au milieu du printemps, fin mars ou avril.

Dès le 10 octobre, on le revoit, et le passage est terminé au 10 novembre.

258. — Fuligule nyroca, *Fuligula nyroca* Steph.

Tête, cou, gorge, poitrine et flancs d'un roux pur très vif ; dos et ailes d'un brun noirâtre ; miroir blanc, terminé de noir ; ventre blanc ; iris blanc. Taille : 0 m. 43.

Le Canard nyroca passe d'une façon régulière dans les pays d'étangs en mars, avril et mai, puis en octobre-novembre, généralement en bandes peu nombreuses.

Genre Garrot, *Clangula* Flem.

Bec plus court que la tête, droit, un peu plus large au niveau des narines ; onglets petits, peu saillants ; tête très grosse ; queue allongée, étagée et pointue ; tarse à peu près de la longueur du doigt interne.

259. — Garrot vulgaire, *Clangula glaucion* Brehm.

Une grande tache blanche arrondie de chaque côté de la

base du bec, le reste de la tête et la partie supérieure du cou d'un vert pourpré ; parties inférieures du cou, poitrine, ventre, abdomen, flancs et grandes couvertures des ailes d'un blanc pur ; dos, croupion et partie des scapulaires d'un noir profond ; cuisses et queue d'un brun cendré. Taille : 0 m. 49.

La femelle, beaucoup plus petite, a la tête et la partie supérieure du cou brun foncé, la partie inférieure du cou, le ventre et l'abdomen blanc pur ; poitrine et flancs cendrés ; le dos noirâtre, les couvertures des ailes mi-partie noires et mi-partie blanches.

Ce Canard ne passe pas régulièrement, comme les autres, au printemps et à l'automne ; mais pour peu que l'hiver soit rigoureux, nous en voyons quelques sujets sur la *Creuse* et sur l'*Anglin*, de même que sur les étangs de la Brenne. Il paraît être toujours par couples.

Genre Harelde, *Harelda* Leach.

Bec beaucoup plus court que la tête, à mandibule supérieure haute, très large à la base, rétrécie subitement à son extrémité ; onglet supérieur médiocre, formant crochet au bout ; queue aiguë se terminant, chez le mâle, par de longs filets.

260. — Harelde glaciale, *Harelda glacialis* Steph.

Sommet de la nuque, gorge, parties inférieures du cou, abdomen et pennes latérales de la queue d'un blanc pur ; joues et gorgerette cendrées ; poitrine, dos, croupion, ailes et queue d'un brun couleur de suie. Ce plumage se modifie, chez le mâle, en plumage d'amour qui revêt un costume plus foncé. La femelle a le front, la gorgerette et les sourcils d'un cendré blanchâtre ; la nuque, partie du cou et l'abdomen blancs ; le sommet de la tête cendré noirâtre ; la poitrine variée de cendré et de brun ; les parties supérieures brunes.

Taille du mâle : 0 m. 60 avec les filets ; de la femelle :
0 m. 40.

Très rare dans le département, où on l'a trouvé trois ou
quatre fois dans les hivers rigoureux.

Genre Eider, *Somateria* Leach.

Bec au moins aussi long que la tête, renflé à la base,
convexe, plus large à l'origine qu'à l'extrémité ; onglets très
larges, voûtés, couvrant toute l'extrémité du bec ; queue
courte, conique ; tarses beaucoup plus courts que le doigt
interne.

261. — Eider vulgaire, *Somateria mollissima* Boie.

Le mâle adulte porte au-dessus de chaque œil une large
bande d'un noir violet ; les joues et l'occiput blanc verdâtre ;
les parties inférieures du cou, le dos, les scapulaires et les
petites couvertures des ailes d'un blanc pur ; la poitrine
couleur de chair ; l'abdomen et le croupion d'un noir profond.
Sa taille est de 0 m. 65.

Dans son compte rendu à la Société de Châteauroux,
M. Arthur Ponroy indique cet Oiseau comme faisant en
Brenne de rares apparitions. En effet, M. Mercier-Génétoux
l'a vu tuer sur la *Creuse*, à Saint-Gaultier, au mois d'octobre.
L'individu qu'il s'est ainsi procuré nageait au milieu de la
rivière, avec une bande de Canards domestiques.

Genre Macreuse, *Oidemia* Flem.

Bec aussi long que la tête, élevé, large d'un bout à l'autre,
à mandibule supérieure gibbeuse à la base ; onglets très larges,
voûtés ; queue courte et conique ; tarses plus courts que le
doigt interne.

262. — Macreuse ordinaire, *Oidemia nigra* Flem.

Tout le plumage d'un noir profond chez le mâle, avec un peu de brun et de cendré chez la femelle. Taille : 0 m. 48.

Se montre en Brenne dans les hivers très froids. La Macreuse est assez commune sur les côtes de France où on la prend avec des filets tendus sous l'eau dans lesquels elle s'empêtre en plongeant à la recherche des Coquillages.

263. — Macreuse brune, *Oidemia fusca* Flem.

Tout le plumage d'un noir profond, avec un croissant blanc sur les yeux et le miroir blanc. Taille : 0 m. 55.

L'espèce a été tuée deux fois à notre connaissance dans le département, une fois par nous-mêmes sur l'étang de la Rouère en mars, et une autre fois sur la *Creuse* en février.

FAMILLE DES MERGIDÉS

Genre Harle, *Mergus* Linné.

Bec aussi long ou plus long que la tête, assez épais à la base, puis effilé et crochu au bout ; toutes les lamelles en forme de dents ou de scie, visibles quand le bec est fermé.

264. — Harle bièvre, *Mergus merganser* Linn.

Tête, huppe et parties supérieures du cou d'un noir vert ; parties inférieures du cou, poitrine, ventre, abdomen, couvertures des ailes blancs, nuancés çà et là de rose jaunâtre ; dos noir et cendré ; miroir blanc ; grandes couvertures lisérées de noir. La femelle a la tête brun roussâtre ; la gorge blanche, la poitrine et les flancs cendrés, l'abdomen jaunâtre ; le miroir blanc ; les parties supérieures cendrées. Taille : de 0 m. 61 à 0 m. 66.

Il n'est pas rare en Brenne où il apparaît à la fin d'octobre et en novembre, puis en janvier et février. Quelques sujets restent tout l'hiver sur les grands étangs, s'ils ne gèlent pas. On le tue, tous les ans, sur nos rivières, et les estomacs qu'on ouvre contiennent toujours des Poissons de 10 à 15 centimètres de longueur.

265. — Harle huppé, *Mergus serrator* Linné.

Tête, huppe et partie supérieure du cou d'un noir verdâtre ; cou entouré de blanc ; poitrine d'un brun roussâtre, tachetée de noir ; miroir blanc, coupé par deux bandes noires ; haut du dos et scapulaires d'un noir profond ; grandes couvertures des ailes blanches lisérées de noir ; abdomen et couvertures de la queue d'un blanc pur ; cuisses et croupion rayés de zigzags cendrés. Taille : 0 m. 56.

Assez rare. On en voit, chaque année, de novembre à février, quelques couples sur la *Creuse* et sur les grands étangs ; ils y vivent pendant une ou deux semaines et disparaissent. Nous l'avons vu tuer à Argenton le 1er novembre et le 25 décembre, au Blanc le 10 janvier, à Mézières le 10 février.

266. — Harle piette, *Mergus Albellus* Linné.

Chez le vieux mâle, une grande tache noir verdâtre enveloppe les yeux, une autre couvre l'occiput ; la huppe, le cou, les scapulaires, les petites couvertures des ailes et toutes les parties inférieures sont d'un blanc pur ; le haut du dos, le bord des scapulaires et deux croissants sur les côtés de la poitrine sont d'un noir profond. Taille : 0 m. 41. La femelle a le plumage varié de noir, de blanc, de brun et de cendré.

Le Harle piette se montre sur nos rivières et étangs, de loin en loin, au milieu de l'hiver, parfois en octobre ou en février ; de beaux sujets ont été tués près d'Argenton, sur la *Creuse*, et figurent dans la collection Mercier-Génétoux.

ORDRE XIII. — BRACHYPTÈRES

Jambes placées tout à fait à l'arrière du corps ; ailes étroites et très courtes ; queue courte, à pennes rigides ; bec à bords tranchants.

FAMILLE DES PODICIPIDÉS

Genre Grèbe, *Podiceps* Lath.

Lorums nus ; doigts lobés ; ongles plats, larges et écailleux ; bec de la longueur de la tête ou plus court, à bords un peu rentrants.

267. — Grèbe huppé, *Podiceps cristatus* Lath.

Face blanche ; sommet de la tête, huppe et large collerette de chaque côté de la tête d'un noir lustré et roussâtre ; parties inférieures d'un blanc lustré et argenté, nuancé de roussâtre sur la poitrine et les flancs ; parties supérieures d'un brun noirâtre ; espace nu du bec à l'œil rouge. Taille : 0 m. 51.

Ce Grèbe, appelé « Chèvre d'eau » par nos paysans, est commun en Brenne et niche sur vingt-cinq de nos étangs. Du 5 au 15 avril, il arrive, chaque année, par couples et s'établit pour tout l'été sur une vaste pièce d'eau bien fournie de roseaux. Là, il pratique sur un tas de joncs flottants, dans l'endroit le plus retiré et le mieux caché, une excavation peu profonde et pond, en mai, quatre à six œufs d'un blanc sali de roussâtre et de grisâtre très clair, mesurant 0 m. 055 sur 0 m. 035. Ce nid n'est pas attaché, mais le tas de joncs secs sur lequel il est placé est naturellement enchevêtré dans les roseaux verts et impossible à déplacer ; il flottera toujours sur l'eau, mais ne pourra changer de place.

Dès leur arrivée, en avril, on aperçoit le mâle et la femelle

nageant de conserve au milieu de l'eau et se tenant toujours
à distance du rivage comme de tout bateau. Parfois pourtant,
en juillet, au milieu d'une forêt de tiges vertes, le chasseur
glissant sans bruit sur un batelet surprend tout d'un coup, à
quelques mètres de lui, un Grèbe huppé immobile, l'œil fixé
sur lui. Mais, au moindre mouvement, il a plongé, il a disparu
et il y a bien peu de chances de le revoir, émergeant à quelque distance.

A la fin de septembre, il émigre vers le Midi.

268. — Grèbe jougris, *Podiceps grisegena* Gray.

Parties supérieures, au moins chez le jeune, d'un brun
noirâtre ; face et gorge blanches avec des bandes longitudinales noirâtres sur les côtés de la tête, et des taches noirâtres
sur la gorge ; cou d'un roux vif ; poitrine d'un roux brun
terne. Taille : 0 m. 35.

Un individu a été tué sur la *Creuse* dans l'intérieur même
de la ville d'Argenton ; il figure aujourd'hui dans la collection Mercier-Génétoux.

269. — Grèbe à cou noir, *Podiceps nigricollis* Sundev.

Parties supérieures d'un noir à reflets verdâtres, ainsi que
le cou et le haut de la poitrine ; bas de la poitrine et abdomen blancs, avec les côtés roux-marron vif, nuancé de cendré ;
derrière chaque œil, un pinceau de longues plumes effilées
jaunes ; couvertures supérieures des ailes noires ; rémiges
primaires noirâtres, rémiges secondaires blanches ou nuancées
de brun en dehors. Taille : 0 m. 31.

De passage accidentel en Brenne, pendant les mois de mars
et d'avril. Nous avons vu à Paris deux sujets provenant du
département de l'Indre.

270. — Grèbe castagneux, *Podiceps fluviatilis* Gerbe.

Gorge, sommet de la tête et nuque d'un noir profond ; côtés

et devant du cou d'un marron vif ; poitrine et flancs noirâtres ; reste des parties inférieures cendré noirâtre ; cuisses et croupion teintés de roussâtre ; parties supérieures noirâtres, lustrées d'olivâtre ; rémiges brunes. — Le plumage d'hiver diffère du plumage ci-dessus décrit : le vertex, la nuque et les parties supérieures sont alors d'un brun cendré, la gorge et l'abdomen blancs, les côtés du cou roux cendré clair. Taille : 0 m. 23.

Sédentaire et très commun dans le département ; il habite surtout les rivières pendant la mauvaise saison et les étangs durant l'été. Il est peu farouche, plonge admirablement et ne vole guère. Entendez-vous au milieu des joncs son cri clair et tremblotant ? Si vous regardez bien, vous le verrez apparaître à la surface de l'eau ; mais au moindre mouvement il plongera, pour reparaître, une minute après, à quelque vingt mètres. Il fait dans le marais un nid de joncs secs placé sur une motte entourée d'eau ou flottant au milieu des touffes de roseaux et y pond quatre à six œufs blanc mat et blanc jaunâtre très clair lorsqu'ils sont frais, puis devenant, au fur et à mesure de l'incubation, jaune sale, jaune foncé, roux, brun sale et brun foncé ; la coquille est, à l'intérieur, d'une belle teinte verte. Ces œufs sont de 0 m. 037 sur 0 m. 026.

Le Grèbe ne quitte pas ses œufs sans recouvrir le nid de joncs et de fragments de plantes de façon à dissimuler complètement la couvée. On dirait un tas d'herbages et non pas un nid.

FAMILLE DES COLYMBIDÉS

Genre Plongeon, *Colymbus* Linn.

Lorums emplumés ; doigts palmés ; ongles assez larges et déprimés, mais très différents de ceux des Grèbes ; bec de la longueur de la tête ou plus long, à bords très rentrants.

271. — Plongeon imbrim, *Colymbus glacialis* Linné.

Tête, occiput et partie postérieure du cou d'un brun cendré ; de petits points cendrés et blancs sur les joues ; gorge et parties inférieures d'un blanc pur ; plumes du dos, des ailes, du croupion et des flancs d'un brun très foncé au milieu, bordées et terminées de cendré bleuâtre. Taille : 0 m. 76.

Se montre quelquefois dans nos marais en hiver et au printemps. Un naturaliste de Paris en a reçu plusieurs de notre contrée, et il a été aussi capturé sur divers grands étangs ; enfin M. Mercier-Génétoux a tué un jeune à Saint-Gaultier, dans les prés sur le bord de la *Creuse* ; M. Brouard en a tué un autre sur la *Creuse*, près de Fontgombault, le 1er décembre.

272. — Plongeon catmarin, *Colymbus septentrionalis* Linné.

Tête, occiput et cou brun cendré ; gorge et parties inférieures blanches ; haut du dos et couvertures des ailes d'un brun foncé, mais avec les plumes lisérées de blanc ; côtés de la poitrine pointillés de brun et de blanc ; croupion d'un brun foncé uniforme. Taille : 0 m. 62.

Très rare. Il a été tué sur la *Gartempe*, très près des frontières du département, et à Clavières, près d'Ardentes.

Les 272 espèces d'Oiseaux qui ont été observées dans le département de l'Indre peuvent être distribuées comme suit :

§ 1er. — Oiseaux nichant dans l'Indre

I. — Espèces absolument sédentaires. — 54 espèces.

Circaëtus gallicus.	*Circus æruginosus.*	*Picus major.*
Buteo vulgaris.	*Circus cyaneus.*	*Picus minor.*
Pernis apivorus.	*Noctua minor.*	*Gecinus viridis.*
Falco æsalon.	*Syrnium alucó.*	*Gecinus canus.*
Falco tinnunculus.	*Strix flammea.*	*Alcedo ispida.*
Accipiter nisus.	*Otus vulgaris.*	*Sitta cæsia.*

Certhia brachydactyla.
Corvus Corax.
Corvus monedula.
Pica caudata.
Garrulus glandarius.
Sturnus vulgaris.
Passer domesticus.
Passer montanus.
Passer petronia.
Pyrrhula vulgaris.
Ligurinus chloris.
Fringilla cœlebs.

Carduelis elegans.
Cannabina linota.
Emberiza citrinella.
Emberiza cirlus.
Cynchramus schœniclus.
Galerida cristata.
Anthus pratensis.
Motacilla alba.
Hydrobata cinclus.
Turdus merula.
Turdus viscivorus.
Rubecula familiaris.

Prunella modularis.
Troglodytes parvulus.
Parus major.
Parus cœruleus.
Pœcile palustris.
Pœcile communis.
Perdrix rubra.
Starna cinerea.
Phasianus colchicus.
Rallus aquaticus.
Botaurus stellaris.
Podiceps fluviatilis.

II. — Espèces nichant dans l'Indre, mais quittant le département pendant l'hiver. — 66 espèces.

Scops aldrovandi.
Yunx torquilla.
Cuculus canorus.
Upupa epops.
Lanius minor.
Lanius rufus.
Lanius collurio.
Miliaria europœa.
Emberiza hortulana.
Anthus rufescens.
Anthus arboreus.
Budytes flava.
Oriolus galbula.
Philomela luscinia.
Cyanecula suecica.
Ruticilla phœnicura.
Ruticilla tithys.
Saxicola œnanthe.
Saxicola stapazina.
Pratincola rubetra.
Sylvia atricapilla.
Sylvia hortensis.

Sylvia curruca.
Sylvia orphea.
Sylvia cinerea.
Melizophilus provincialis
Hypolaïs icterina.
Hypolaïs polyglotta.
Calamoherpe turdoïdes.
Calamoherpe arundinacea.
Calamoherpe palustris.
Cettia cetti.
Locustella nœvia.
Calamodyta phragmitis.
Calamodyta aquatica.
Phyllopneuste trochilus.
Phyllopneuste sibilatrix.
Phyllopneuste Bonelli.
Muscicapa nigra.
Muscicapa collaris.
Rutalis grisola.
Hirundo rustica.
Chelidon urbica.
Cotyle riparia.

Cypselus apus.
Caprimulgus europœus.
Turtur auritus.
Coturnix dactylisonans.
Otis tetrax.
Charadrius Philippinus.
Totanus calidris.
Totanus ochropus.
Actitis hypoleucos.
Crex pratensis.
Porzana maruetta.
Porzana baillonii.
Porzana minuta.
Ardea purpurea.
Ardeola minuta.
Larus ridibundus.
Sterna hirundo.
Sterna minuta.
Hydrochelidon fissipes.
Hydrochelidon nigra.
Hydrochelidon hybrida.
Podiceps cristatus.

III. — Espèces dans lesquelles une petite partie des individus est sédentaire, le reste quittant le département pendant l'hiver. — 6 espèces.

Pratincola rubicola.
Phyllopneuste rufa.

Œdicnemus crepitans.
Gallinula chloropus.

Fulica atra.
Ardea cinerea.

IV. — *Espèces dans lesquelles une partie des individus est sédentaire, l'autre partie traversant le département à l'automne et au printemps.* — 11 *espèces.*

Otus brachyotus.	Vanellus cristatus.	Dafila acuta.
Coccothraustes vulgaris.	Scolopax rusticula.	Querquedula circia.
Turdus musicus.	Gallinago scolopacinus.	Querquedula crecca.
Panurus biarmicus.	Anas boschas.	

V. — *Espèces dans lesquelles une partie des individus est sédentaire, l'autre partie traversant le département en hiver.* — 12 *espèces.*

Falco subbuteo.	Alauda arvensis.	Parus cristatus.
Corvus corone.	Alauda arborea.	Acredula caudata.
Corvus frugilegus.	Regulus cristatus.	Columba palumbus.
Lanius excubitor.	Parus ater.	Columba œnas.

§ 2. — Oiseaux ne nichant pas dans l'Indre

I. — *Espèces de passage régulier au printemps et à l'automne.* 37 *espèces.*

Pandion haliœtus.	Limosa rufa.	Grus cinerea.
Milvus regalis.	Gallinago major.	Ciconia alba.
Picus medius.	Gallinago gallinula.	Larus canus.
Turdus torquatus.	Tringa subarquata.	Larus tridactylus.
Turdus iliacus.	Tringa cinclus.	Spatula clypeata.
Motacilla yarrellii.	Tringa minuta.	Chaulelasmus strepera.
Pluvialis apricarius.	Tringa temminckii.	Mareca penelope.
Pluvialis varius.	Machetes pugnax.	Fuligula cristata.
Charadrius hiaticula.	Totanus griseus.	Fuligula marila.
Charadrius cantianus.	Totanus fuscus.	Fuligula ferina.
Numenius arquata.	Totanus glareola.	Fuligula nyroca.
Numenius phœopus.	Recurvirostra avocetta.	
Limosa œgocephala.	Himantopus candidus.	

II. — *Espèces de passage irrégulier au printemps et à l'automne.* — 12 *espèces.*

Milvus niger.	Morinellus sibiricus.	Nycticorax europœus.
Astur palumbarius.	Calidris arenaria.	Platalea leucorodia.
Tichodroma muraria.	Tringa canutus.	Sterna cantiaca.
Loxia curvirostra.	Buphus comatus.	Podiceps nigricollis.

III. — *Espèces de passage régulier en hiver.* — 15 *espèces.*

Falco communis.
Corvus cornix.
Fringillamontifringilla.
Carduelisspinus.
Linaria rufescens.

Anthus spinoletta.
Turdus pilaris.
Regulus ignicapillus.
Starna damascena.
Anser cinereus.

Anser sylvestris.
Anser albifrons.
Mergus merganser.
Mergus serrator.
Mergus albellus.

IV. — *Espèces de passage irrégulier en hiver.* — 19 *espèces.*

Halietus albicilla.
Archibuteo lagopus.
Plectrophanes nivalis.
Otis tarda.
Phalacrocorax carbo.
Larus fuscus.
Larus argentatus.

Cygnus ferus.
Cygnus minor.
Cygnus mansuetus.
Bernicla leucopsis.
Bernicla brenta.
Tadorna Bellonii.
Clangula glaucion.

Oidemia nigra.
Oidemia fusca.
Podiceps grisegena.
Colymbus glacialis.
Colymbusseptentrionalis.

V. — *Espèces de passage accidentel.* — 40 *espèces.*

Aquila fulva.
Falco vespertinus.
Otus bubo.
Dryopicus martius.
Nucifraga caryocatactes.
Lanius meridionalis.
Pastor roseus.
Fringilla nivalis.
Emberiza cia.
Emberiza calcarata.
Budytes Rayi.
Motacilla sulphurea.
Alauda brachydactyla.
Otocoris alpestris.

Anthus longipes.
Turdus aureus.
Petrocincla cyanea.
Petrocincla saxatilis.
Saxicola aurita.
Accentor alpinus.
Ampelis garrulus.
Biblis rupestris,
Columba livia.
Syrrhaptes paradoxus.
Glareola pratincola.
Hœmatopus ostralegus.
Strepsilas interpres.
Phalaropus fulicarius.

Lobipes hyperboreus.
Egretta garzetta.
Ciconia nigra.
Falcinellus igneus.
Phœnicopterus roseus.
Thalassidroma pelegica.
Thalassidroma leucorhoa
Stercorarius pomarinus.
Stercorarius parasitica.
Larus marinus.
Harelda glacialis.
Somateria mollissima.

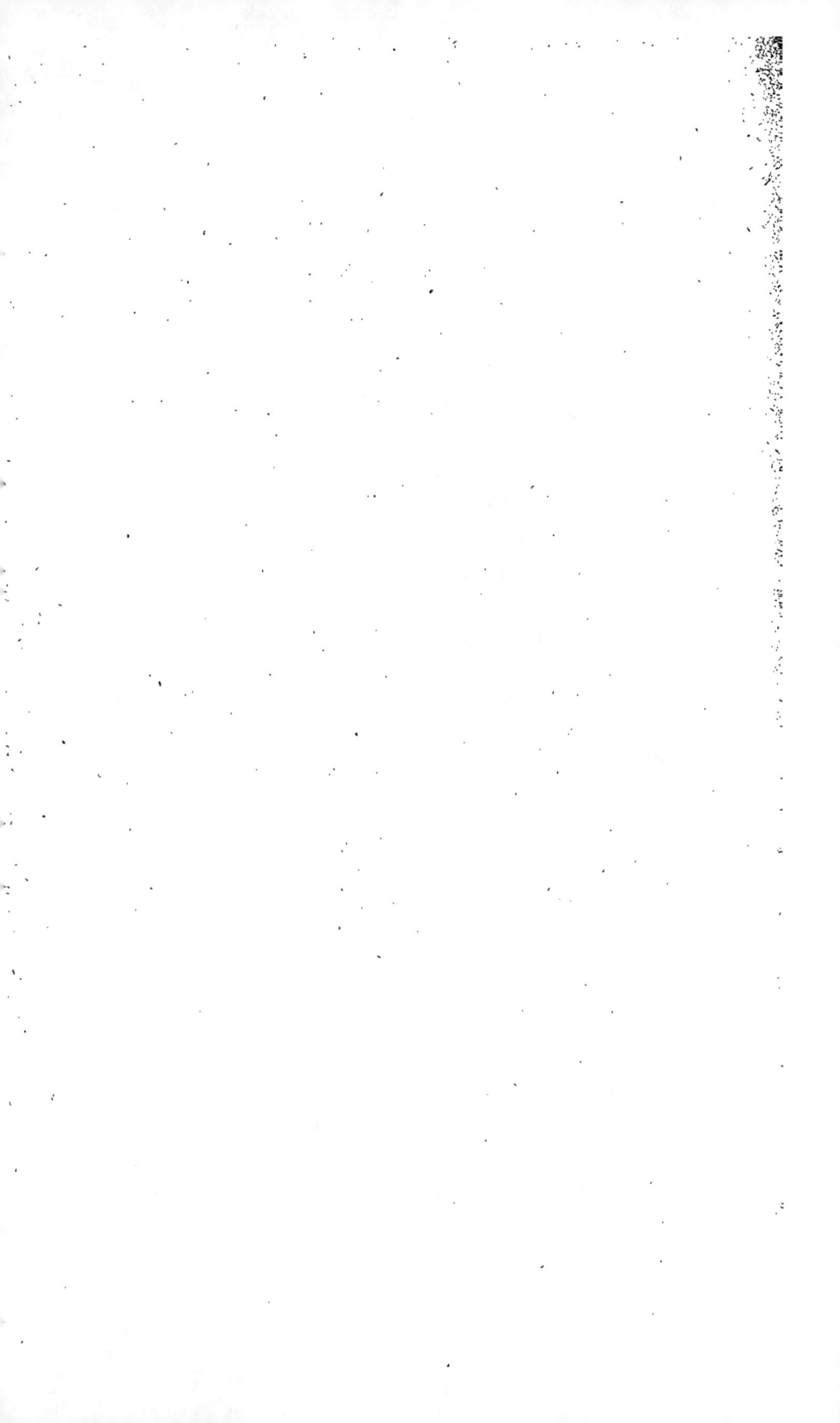

CLASSE DES REPTILES

Les Reptiles ont le sang froid, la peau couverte d'un épiderme écailleux, les mâchoires armées de dents ou munies de bords cornés et tranchants. Les uns ont quatre membres, les autres n'en ont pas et se déplacent en rampant.

La plupart de nos espèces sont oviparęs et pondent des œufs à enveloppe dure ou molle, d'autres sont ovo-vivipares et font des petits vivants.

Nous avons observé dans l'Indre 13 espèces de Reptiles :

Chéloniens, 1 espèce ;

Sauriens, 5 espèces ;

Ophidiens, 7 espèces.

ORDRE I. — CHÉLONIENS

Les Chéloniens ont les yeux munis de paupières et la langue charnue ; ils n'ont pas de dents, mais leurs mâchoires sont pourvues de bords cornés et tranchants. Leur large corps est protégé par une boîte osseuse couverte de larges écailles, nommée bouclier en dessus et plastron en dessous.

Le bouclier est formé par les côtes et les vertèbres ; le plastron par une sorte de sternum très développé.

Les Chéloniens peuvent abriter dans cette carapace leur cou, leur tête, leurs quatre membres et leur queue.

Ils sont ovipares et pondent des œufs à enveloppe dure.

FAMILLE DES ÉLODITES

Genre Cistude, *Cistudo* Gray.

Tête de moyenne grosseur ; cou assez allongé ; boîte osseuse ovale ; bouclier bombé, légèrement caréné chez les jeunes, parfois un peu relevé vers ses bords libres ; plastron plat ou légèrement concave, à peine relevé vers ses extrémités ; bouclier et plastron joints par un cartilage ; membres forts et trapus ; pieds palmés, à cinq doigts ; pieds antérieurs munis de cinq ongles ; pieds postérieurs munis de quatre ongles plus longs que ceux des membres antérieurs ; queue peu allongée.

Le bouclier porte cinq larges écailles vertébrales, quatre larges costales de chaque côté des vertébrales et est entouré de vingt-cinq marginales beaucoup plus petites. Le plastron a six paires d'écailles. Il arrive souvent que les écailles présentent des anomalies ; ainsi, nous possédons plusieurs sujets dont les écailles vertébrales sont au nombre de six, sept ou huit, un autre individu qui a six costales sur l'un des côtés, un autre qui porte vingt-sept écailles marginales.

Le mâle est un peu plus petit et a le bouclier moins bombé que la femelle, son plastron est légèrement concave au lieu d'être plat, il a l'anus plus éloigné du bord postérieur du plastron, et sa queue est aussi plus grosse et plus longue.

1. — Cistude d'Europe, *Cistudo Europæa* Duméril et Bibron.

Bouclier brun foncé noirâtre, avec des points ou des rayons jaunâtres, quelquefois entièrement brun rougeâtre. Plastron jaunâtre, plus ou moins marqué de larges taches brunes très sombres ; ces taches, surtout chez les mâles, couvrent souvent tout le plastron qui a alors une teinte uniforme d'un brun presque noir. Tête, cou, membres et queue noirâtres, plus ou moins marqués de gros points et de taches d'un jaune clair formant parfois des raies sur les membres antérieurs et sur la queue. Iris jaune clair, presque toujours très maculé de brun ou de rougeâtre ; ongles noirs.

Mesures prises sur des adultes de grande taille :

Mâle : Tête et cou : 0 m. 077 ; queue : 0 m. 090 ; de l'extrémité postérieure du plastron à l'anus : 0 m. 025 ; longueur du bouclier : 0 m. 153 ; largeur du bouclier : 0 m. 125.

Femelle : Tête et cou : 0 m. 093 ; queue : 0 m. 080 ; de l'extrémité postérieure du plastron à l'anus : 0 m. 019 ; longueur du bouclier : 0 m. 175 ; largeur du bouclier : 0 m. 139. Cette femelle pesait 950 grammes.

La Tortue, qui habite presque tous les étangs de l'Indre et principalement ceux de la Brenne, est rare ou inconnue dans soixante-quinze départements français. Elle est fort commune sur la plupart de nos grands étangs ; on rencontre même quelques sujets sur les rivières avoisinant les endroits marécageux. Parfois on trouve des Tortues dans des localités fort éloignées des marécages ; ce sont des individus captifs qui sont parvenus à s'échapper et qui restent sur les rivières ou les ruisseaux du voisinage.

Elle paraît vers le milieu ou la fin de mars, nage et plonge parfaitement et ne s'éloigne pas des eaux, sauf au moment de la ponte. L'accouplement a lieu en avril, dans l'eau peu profonde. La femelle pond fin mai ou en juin, rarement dans les premiers jours de juillet. Elle recherche alors une prairie, un bois, un champ de céréales, à 100 ou 150 mètres de l'étang, et dans la soirée elle gratte la terre et pond de 5 à

11 œufs d'un blanc mat, à enveloppe dure, allongés, presque aussi gros d'un bout que de l'autre et mesurant 37 à 39 millimètres de longueur ; puis, après les avoir recouverts de terre, elle retourne à l'eau sans se préoccuper de son nid. Nous ne savons combien dure l'incubation, mais, d'après les observations qu'on lira plus loin, nous pensons que l'éclosion a lieu 22 mois après la ponte. Quelques jeunes sortent de l'œuf pendant le deuxième automne et restent sous terre jusqu'au printemps suivant. En mars, les laboureurs qui travaillent à proximité des étangs trouvent parfois des pontes composées d'œufs et de jeunes sujets déjà éclos et qui sont restés près des œufs contenant des petits sur le point d'éclore ; lorsque le soleil a réchauffé la terre et lorsqu'elle est détrempée par les pluies du commencement du printemps, tout ce petit monde travaille, gratte pendant de longues heures et enfin arrive à l'air libre et ne tarde pas à se rendre à l'eau. Dans chaque ponte, il y a presque toujours plusieurs œufs qui ne sont pas fécondés. La jeune Tortue vit de Vers, de Larves d'Insectes aquatiques, de petites Larves de Batraciens, rarement de très jeunes Poissons ; l'adulte mange des Vers, des Mollusques, des Larves et de jeunes Batraciens, des Insectes et très peu de Poissons, car elle n'est pas assez agile pour capturer ces derniers.

Elle disparaît dès les premiers jours d'octobre et même fin septembre, et ne se montre plus que par les belles journées d'automne ; enfin elle s'enfonce dans la vase et y passe la mauvaise saison.

Il n'est pas rare, en Brenne, de rencontrer des individus jeunes ou adultes dont les bords libres du bouclier sont retournés et déformés de telle façon qu'ils ne peuvent abriter que partiellement leurs membres, leur tête et leur queue dans leur carapace.

Nous avons eu, et nous possédons encore dans notre jardin, de nombreux sujets captifs. C'est dans un grand bassin qu'ils se tiennent le plus souvent ; quelques individus vivent isolés dans les petits bassins disséminés un peu partout, ce qui nous gêne fort, car ces Reptiles viennent y faire la chasse à nos larves de Batraciens.

C'est presque toujours dans le grand bassin qui leur est réservé que nos Tortues s'accouplent : le mâle se hisse sur le dos de la femelle et se maintient au moyen de ses ongles fixés sous les bords libres du bouclier de sa compagne ; il reste ainsi de longues heures à la surface de l'eau, inclinant souvent la tête, touchant de son museau celui de sa femelle, l'empêchant d'allonger le cou et se secouant fortement de droite et de gauche ; au bout d'un temps plus ou moins long les amoureux se séparent. Il ne faudrait pas croire qu'on assiste à l'accouplement toutes les fois qu'on aperçoit deux sujets l'un sur l'autre : quelques vieux mâles, captifs depuis de nombreuses années, tracassent presque continuellement les femelles par leurs assiduités intempestives. Nous avons observé l'accouplement en avril et aussi en juillet, août et septembre ; pendant ces derniers mois, le mâle reste très longtemps fixé sur le dos d'une femelle sans qu'il y ait accouplement véritable, et il finit parfois par noyer sa compagne, car il ne lui donne pas le temps de lever la tête hors de l'eau pour respirer ; la respiration et la circulation étant assez rapides pendant les beaux jours, l'asphyxie se produit bientôt. Bien souvent, nous avons été obligés de faire lâcher prise aux mâles trop ardents, et non sans peine, car notre présence ne les importunait guère, habitués qu'ils étaient à être touchés constamment. A défaut de femelle, le mâle grimpe sur un sujet de son sexe.

La Cistude est assez sauvage pendant les premières semaines de sa captivité ; mais si on ne la brutalise pas, si on lui apporte régulièrement sa nourriture, elle s'apprivoise vite.

Nos Tortues viennent au bord de leur bassin presque toutes les fois que nous en approchons, en sortent, montent sur nos jambes si nous nous asseyons par terre, et semblent attendre le morceau de viande crue, le petit Poisson ou le Têtard que nous avons l'habitude de leur offrir et qu'elles viennent prendre dans notre main. Dans l'eau, elles prennent presque toujours le Poisson par le milieu du corps ; dès qu'il ne fait plus de mouvements, elles le saisissent par la tête et l'avalent prestement. Lorsque leur proie est trop grosse, elles la déchirent avec leurs ongles. En quelques minutes elles peuvent dévorer plusieurs Goujons ou Ablettes ; mais il faut leur donner des Poissons à moitié morts, car elles attrapent difficilement les sujets vigoureux. Il est curieux de les voir se poursuivre même hors de leur bassin, lutter pour s'arracher une proie, puis revenir à l'eau pour l'avaler. Nous les nourrissons ordinairement avec de la viande coupée en morceaux : elles sont friandes de Poissons, de Têtards, d'Escargots qu'elles retirent adroitement de leur coquille ; nous leur avons fait avaler jusqu'à des tronçons de Couleuvres. Elles ne semblent pas aimer beaucoup la chair des Batraciens adultes et touchent rarement à nos Grenouilles et encore moins à nos Crapauds ; si elles tuent et déchirent un de ces derniers, elles ne le mangent pas. Lorsqu'une Tortue s'empare d'un Escargot, elle le porte aussitôt dans un bassin, le dépose sur le bord et ne le quitte pas de l'œil ; aussitôt que le Mollusque, gêné par l'eau, commence à se montrer hors de sa coquille, elle le saisit vivement par la tête, et, d'un coup de patte, l'arrache de son abri, puis elle l'avale immédiatement. Nos Cistudes dévorent aussi beaucoup de Hannetons qu'elles déchirent avant de les avaler. Nous les avons vues manger des œufs d'Insectes aquatiques et même des touffes d'algues minuscules qui contenaient des pontes ou de très jeunes Larves.

Pendant l'été, elles vivent ordinairement sur les bords du

bassin, immobiles, le cou allongé, la tête haute, se chauffant au soleil et disparaissant dans l'eau à la moindre alerte ; un sujet captif depuis peu, et par conséquent plus sauvage que les autres, suffit à jeter la panique dans la bande ; puis elles reviennent à la surface et les vieilles captives ne tardent pas à venir se placer en face de l'observateur, attendant qu'on leur donne quelque friandise.

A l'époque des très fortes chaleurs, elles passent au fond de leur bassin les heures les plus chaudes de la journée et montent de temps à autre respirer à la surface. Dès le mois d'octobre, elles restent dans l'eau lorsque la température s'abaisse ; quand le soleil se montre, elles viennent, pendant quelques heures, recevoir ses rayons ; en novembre, elles disparaissent. Les unes s'enfoncent dans la terre, de préférence sous un tas de bois ou de fumier, et font un trou peu profond, qu'elles bouchent soigneusement ; elles dorment ainsi pendant de longues semaines, la tête, les membres et la queue abrités dans leur carapace. Les autres, et c'est le plus grand nombre, hivernent dans l'eau et se cachent dans la vase. Le 21 novembre, nous trouvons, au fond d'un bassin, quatre Tortues inertes dont les yeux étaient fermés et dont la tête, les membres et la queue étaient hors de la carapace ; elles semblaient mortes. Placées dans une chambre ayant une température de $+ 12$ à $14°$ centigrades, deux d'entre elles commençaient à remuer au bout de vingt-quatre heures ; le deuxième jour, les quatre Tortues circulaient lentement et avaient encore les yeux fermés ; le troisième jour, deux avaient les yeux ouverts ; le quatrième jour, la troisième ouvrait les yeux ; enfin, la dernière ne voyait clair que le cinquième jour. Cette expérience montre combien l'engourdissement est parfois profond chez ce Reptile. Généralement, il n'en est pas ainsi ; les Tortues passent la mauvaise saison sans être complètement engourdies et en ayant soin de rentrer leurs extrémités dans leur carapace.

Si on les retire de l'eau à ce moment, elles ouvrent les yeux et font quelques mouvements, même pendant les grands froids. Nous avons vu des sujets, entièrement pris dans un bloc de glace, revenir à la vie après le dégel.

Les sujets qui hivernent dans de très petits bassins peu profonds, abrités du nord et placés de façon à être au soleil le plus longtemps possible, peuvent sortir de leur léthargie en décembre, janvier ou février, lorsque le soleil se montre pendant plusieurs jours et que la température s'élève ; cependant ils ne s'éloignent pas et ne restent que quelques heures hors de leur abri. Ce n'est guère qu'en mars que ce Chélonien reprend sa vie active et se montre chaque jour ; il arrive même qu'il passe hors de l'eau les belles nuits de printemps. Ce n'est pourtant pas un animal nocturne, car il ne voit pas clair la nuit, ne sait où aller lorsqu'on le surprend et butte sur tous les obstacles qu'il rencontre.

La Tortue nage par bipède diagonal ; elle marche de la même façon, mais les mouvements sont moins réguliers.

Revenons à la Tortue vivant à l'état sauvage. On la trouve fréquemment sur le bord des étangs ou endormie sur un tas de joncs flottants. Elle aime à faire sa sieste, par un beau soleil, couchée, souvent en réunion, sur une motte herbue ; mais il faut, pour la saisir à ce moment-là, s'approcher avec une précaution extrême. Nos paysans capturent les Tortues quand les étangs destinés à être pêchés se vident ; elles ont beau se cacher dans la boue, on les aperçoit et elles sont faciles à prendre ; ils s'en emparent aussi dans les fossés qui communiquent avec les étangs et lorsque les femelles s'éloignent de l'eau pour aller pondre.

Elle ne crie pas, mais, à l'époque du rut, elle fait entendre parfois un très faible sifflement.

Adulte, elle a peu d'ennemis, tandis que les jeunes sujets sont détruits par une foule d'animaux.

Nous ignorons si l'épiderme de la Tortue est caduc comme

celui de nos autres Reptiles. Nous n'avons jamais observé, sauf à la partie engainante du cou, le changement de peau chez cette espèce, soit sur nos sujets captifs, soit en préparant les nombreux individus que nous avons empaillés. Il y a plusieurs années, on nous a apporté une grande femelle qui avait perdu quelques-unes des larges écailles de son bouclier ; cette bête vit encore et on ne voit nulle trace d'écailles nouvelles sur la partie osseuse mise à découvert.

Malgré tous nos efforts, il nous a été impossible de mener à bien une ponte de Tortue, et pourtant il y a longtemps que nous nous occupons de cette espèce. Nous croyons cependant qu'il est utile de faire connaître les observations que nous avons pu faire sur la façon de pondre de nos captives et sur le développement des œufs que nous nous sommes procurés chez nous ou chez les personnes du voisinage qui possèdent des Tortues destinées à faire la chasse aux Mollusques qui dévastent leurs potagers.

Nos Tortues pondent fin mai ou en juin, très rarement dans les premiers jours de juillet ; lorsque la femelle n'est pas dérangée, la ponte se fait en une seule fois et se compose de 5 à 11 œufs, selon la taille de la bête.

La Cistude qui veut pondre quitte le bassin et circule dans le jardin, cherchant une place favorable qu'elle choisit presque toujours dans un endroit gazonné. Dans la soirée, mais avant le coucher du soleil, elle creuse la terre au moyen de ses membres postérieurs armés d'ongles puissants ; elle urine abondamment, et la terre, triturée, détrempée, forme peu à peu une masse de boue, qu'elle dépose près du trou en s'aidant alternativement de ses pattes. Pendant ce temps, les membres antérieurs restent à la même place, sans bouger, et la tête disparaît presque dans la carapace. Lorsqu'elle sent qu'elle ne retire plus de terre en allongeant les membres postérieurs, elle pond un œuf et l'accompagne au fond du trou en le soutenant avec une de ses pattes ; un

second œuf paraît bientôt et ainsi de suite. La ponte terminée, elle prend quelques instants de repos, et, toujours
avec ses pattes de derrière, elle ramène la terre ou plutôt la
boue sur ses œufs, la tasse fortement, longuement, et enfin
se retire. Tout ce travail dure environ quatre heures et il est
nuit noire lorsque l'opération est terminée. Le lendemain, il
est fort difficile de retrouver l'endroit où s'est effectuée la
ponte.

Parfois, les nouvelles captives pondent sur la terre, sans
faire de trou ; alors les œufs ne sont pas tous pondus le même
jour.

Chaque année, les œufs pondus devant nous furent déterrés
ou ramassés aussitôt après la ponte et mis à part, à 8 ou
10 centimètres sous terre, dans un endroit où ils ne ris-
quaient pas d'être détruits ; chaque ponte fut munie d'une
étiquette. Soit que les œufs ne fussent pas fécondés, soit
qu'ils ne fussent pas placés par nous exactement de la même
façon que par la femelle, le résultat fut négatif ; aucun d'eux
ne se développa. Nous pensons que le meilleur moyen pour
réussir est d'entourer d'un cadre grillagé l'endroit où la
ponte est déposée, après y avoir placé une étiquette et sans
rien déranger ; c'est ce que nous ferons désormais.

Nos jardiniers ont plusieurs fois trouvé, en travaillant
la terre, des coquilles d'œufs montrant qu'une éclosion
s'était produite et des pontes contenant des fœtus , mais
nous ignorions à quelle époque elles avaient été déposées.
Vers la fin de mars nous avons ouvert des œufs, probablement pondus en mai ou juin de l'année précédente, qui
contenaient des fœtus à peine arrivés à la moitié de leur
développement.

Le 14 septembre, nous avons examiné trente œufs pondus
en juin de la même année et qui nous avaient été apportés
par des cultivateurs habitant la Brenne, chez lesquels des
femelles capturées fin mai avaient déposé leur ponte ; ces

œufs étaient enfouis dans notre jardin depuis trois mois environ. Sur trente, deux seulement étaient fécondés et contenaient : l'un, un embryon blanchâtre dont le bouclier mesurait 12 millimètres de longueur ; l'autre, un fœtus brunâtre dont le bouclier avait 16 millimètres. Le même jour, 14 septembre, nous avons ouvert plusieurs œufs d'une ponte trouvée dans l'enclos d'un de nos voisins. D'après le propriétaire du jardin, ils auraient été pondus par une femelle capturée en avril de la même année. Vu le degré de développement des fœtus qu'ils contenaient, nous croyons plutôt qu'ils provenaient d'une autre femelle qui avait habité le même endroit l'année précédente. Les œufs étaient au nombre de neuf. Le premier contenait un fœtus bien développé, dont le bouclier mesurait 24 millimètres de longueur ; la petite masse vitelline, qui n'était pas encore absorbée, fut enlevée, ce qui n'empêcha pas la jeune Tortue de vivre assez longtemps. La pointe cornée, très dure, à extrémité blanchâtre, située au bout du museau, entre les narines et la lèvre supérieure, et qui sert à percer la coquille, n'était pas encore tombée lorsque le bête mourut accidentellement en mars suivant. Dans le second œuf, nous avons trouvé un fœtus vivant très développé et n'ayant plus qu'un peu de masse vitelline à l'ombilic. Dans le troisième, nous avons rencontré un fœtus très fort, bien vivant, en compagnie d'un embryon minuscule qui ne se serait pas développé. Le fœtus contenu dans le quatrième œuf était mort récemment, mais son développement était presque terminé ; il en était de même pour celui du cinquième. Le petit du sixième œuf brisa sa coquille devant nous, et nous l'avons mis en alcool alors qu'il n'avait encore passé que la tête et les membres antérieurs. Les trois œufs qui restaient furent mis dans une cage contenant du sable légèrement humide, et enfouis à une très faible profondeur. Deux d'entre eux, qui nous semblaient légers, furent ouverts : ils n'étaient pas fécondés. C'est sur le dernier œuf de cette ponte que nous pûmes observer l'éclosion de la Cistude d'Europe.

Nous examinons notre œuf de temps à autre, et, au bout de quelques jours, le 21 septembre, nous nous apercevons que la petite Tortue a brisé une des extrémités de sa coquille ; elle sort et rentre la tête et elle ouvre les yeux ; la pointe conique est tombée, probablement au moment des efforts faits pour briser la coquille. Le 24, elle cherche à se dégager de son enveloppe et sort ses membres antérieurs ; enfin, le 26 septembre, elle est hors de sa prison et nous la trouvons sur le sable de sa cage. Elle est bien développée, il n'y a plus trace de vitellus ; l'ombilic, très large, situé à peu près vers le milieu du plastron, est fermé par une peau tendre qui s'ossifiera à la longue ; la boîte osseuse est souple, les rebords latéraux sont comprimés ; le bouclier, élevé, un peu caréné, mesure 26 millimètres de longueur et 20 de largeur ; le plastron est légèrement convexe ; la tête et les pattes sont proportionnellement plus grosses que chez les adultes, la queue plus longue ; les ongles sont déjà robustes. A sa naissance, la Tortue a la carapace trop petite pour y loger entièrement sa tête, sa queue et ses membres. Sa coloration générale est noirâtre, avec des taches jaunâtres sous les bords du bouclier et autour du plastron. Bientôt les rebords du bouclier s'élargissent, il devient moins élevé et presque aussi large que long ; le plastron est moins convexe qu'au moment de la naissance, mais il faut de longs mois pour que les os de la carapace perdent leur souplesse.

Il est bien certain que les petits contenus dans les œufs composant cette dernière ponte ne seraient sortis que quelques mois plus tard s'ils n'avaient pas été prématurément enlevés de l'endroit où la femelle les avait placés. Probablement, les fœtus les plus développés auraient brisé leur coquille en septembre ou octobre, mais, la mauvaise saison arrivant, les sujets les moins forts ne seraient éclos qu'en mars, et tous seraient sortis de terre à la fin de ce mois ou dans les premiers jours d'avril. De toutes ces observations, nous concluons que la jeune Cistude ne sort de terre qu'au deuxième printemps qui suit la ponte, c'est-à-dire après 22 ou même 23 mois.

Il est très facile d'élever les petites Tortues dans une cage munie de sable humide, de mousse et d'un petit bassin plein d'eau dans lequel on place une pierre pour faciliter la sortie des bêtes. On les nourrit de Larves du Chironome plumeux, vulgairement appelées Vers de vase, de très petits Lombrics ou de jeunes Blattes qu'on dépose dans leur bassin ; les Blattes se noient rapidement mais sont bientôt dévorées par les Cistudes.

Chez cette espèce, la croissance est extrêmement lente. C'est à peine si la carapace s'allonge et s'élargit de quelques millimètres par an. Le bouclier des jeunes Tortues élevées dans nos cages augmentait environ, chaque année, de 4 à 10 millimètres en longueur et de 3 à 9 millimètres en largeur ; les femelles, qui d'ailleurs sont de plus forte taille que les mâles, à l'état adulte, grossissent plus vite que ces derniers. Il faut donc de nombreuses années à la Cistude pour qu'elle soit en état de reproduire et encore plus pour qu'elle atteigne toute sa taille ; aussi sa longévité est-elle considérable. Nous nous souvenons d'une Tortue qui était chez nos parents depuis plus de vingt-cinq ans, qui était adulte lorsqu'elle avait été capturée et qui mourut par suite d'accident ; nous-mêmes avons gardé des individus pendant plus de quinze ans, et ces sujets, eux aussi, étaient adultes lorsque nous les avions mis dans notre jardin.

La Tortue n'inspire aucune crainte à l'Homme et c'est le seul de nos Reptiles qui ne soit pas tué par les Enfants. Les petits bergers de la Brenne la capturent souvent, lui font un trou dans le bord postérieur libre du bouclier, passent une ficelle dans le trou et attellent la pauvre bête à une pierre ou à un morceau de bois qu'ils s'amusent à lui faire traîner ; cela fait, ils lui rendent la liberté. Sur vingt sujets capturés dans un étang, il y en a bien cinq ou six dont le bord du bouclier est percé d'un ou plusieurs trous.

Quelques nomades, les pêcheurs de Sangsues par exemple, et parfois les ouvriers qui travaillent près des étangs, prennent cette espèce et la vendent aux propriétaires de jardins, chez lesquels elle rend quelques services en détruisant les Escargots et les Limaces.

ORDRE II. — SAURIENS

Les Sauriens ont les yeux munis de paupières, la langue bifide ; ils ont les mâchoires armées de petites dents aiguës. Leur cou est assez court ; leur corps est allongé et plus ou moins cylindrique ; leur queue est longue ; les Lézards ont quatre membres, l'Orvet n'en a pas ; leur épiderme écailleux se renouvelle de temps à autre et tombe par lambeaux, ils ont alors une coloration plus vive.

Quelques Sauriens sont ovo-vivipares, les autres sont ovipares.

FAMILLE DES LACERTIDÉS

Genre Lézard, *Lacerta* Linné.

Tête large à sa base, couverte de grandes plaques écailleuses ; museau allongé, acuminé ; corps assez long ; membres peu allongés ; cinq doigts et cinq orteils non palmés, pourvus d'ongles aigus ; queue très longue, conique. Sous la gorge, une sorte de semi-collier formé d'écailles assez grandes recouvrant d'autres écailles très petites. Écailles du dessus du corps petites, celles de la queue un peu plus grandes ; squames ventrales assez grandes et formant plusieurs rangs longitudinaux.

Le mâle a la tête plus forte ; la base de la queue est presque carrée et plus grosse que chez la femelle.

2. — Lézard vert, *Lacerta viridis* Daudin.

Parties supérieures vertes, légèrement brunâtres sur la tête et la queue ; parties inférieures d'un beau jaune clair ou d'un jaune verdâtre, parfois bleuâtres sous la tête et la gorge et brunâtres vers l'extrémité de la queue. Tête et corps : 0 m. 10 à 0 m. 11 ; queue : 0 m. 16 à 0 m. 23. La coloration de cette espèce est extrêmement variable.

Variété à deux raies : Parties supérieures d'un vert brunâtre, parfois presque entièrement brunes, avec deux raies d'un blanc jaunâtre sur chaque flanc et de grandes taches noires près de ces raies.

Variété piquetée : Parties supérieures comme chez le type, mais plus ou moins marquées de points noirs souvent très rapprochés les uns des autres.

Ces variétés s'accouplent entre elles ou avec le type ; nous possédons dans notre collection une série de sujets dont les parties supérieures sont un mélange du costume des variétés et du type.

Très commun partout, le Lézard vert habite principalement les bois, les vignes, les brandes, près des haies et dans les terrains parsemés de rochers ; la variété à deux raies et la variété piquetée sont plus communes que le type vert.

Il paraît dès la fin de février ou au commencement de mars, par les journées ensoleillées. A cette époque, il ne reste que quelques heures hors de sa demeure et rentre aussitôt que la fraîcheur se fait sentir. Plus tard, lorsque le beau temps est revenu, il reste presque toute la journée dehors, par un beau soleil, chassant les Insectes de toutes sortes. Dans le tube digestif des nombreux Lézards verts que nous avons disséqués, nous avons trouvé des Sauterelles, des Hannetons, des Chenilles, des Lombrics, des Coléoptères et des Diptères de tous genres.

D'après le Dr Fatio, l'accouplement a lieu en mars ou avril. M. Collin de Plancy a eu dans ses cages deux Lézards qui s'accouplèrent le 12 juin ; la femelle pondit 11 œufs le 7 juillet.

Des femelles que nous avions en captivité pondirent en juillet ; malheureusement les mâles mangèrent les œufs.

Nous avons trouvé les œufs de cette espèce de mai en octobre, sous les pierres, dans les fissures du sol, sous les fumiers ; ceux que nous avons pris en octobre contenaient des fœtus sur le point d'éclore et ayant 60 millimètres de longueur. L'œuf a de 16 à 18 millimètres de longueur et il a une forme assez arrondie ; sa coque est d'un blanc mat, parcheminée, très résistante, souple et pliant sous la pression du doigt. Presque toujours les œufs sont libres, mais parfois ils sont pondus les uns sur les autres et forment ainsi un petit paquet. La ponte se compose ordinairement de 6 à 14 œufs ; cependant, dans une femelle de grande taille nous en avons compté 19 arrivés au tiers de leur grosseur normale.

Nous avons remarqué que les jeunes Lézards verts, pendant l'année qui suit leur naissance, vivent presque toujours par petites troupes de trois ou quatre individus. En avril, nous avons pris des jeunes, nés l'année précédente, mesurant 11 centimètres de longueur ; ils étaient d'un brun clair bronzé et un peu verdâtre en dessus et d'un jaune verdâtre en dessous. Ils sont très lents à prendre la coloration de leurs parents et ce n'est qu'à deux ans environ que leur costume est presque semblable à celui des adultes ; ils ne reproduisent que vers leur troisième année.

Aux premiers froids, le Lézard vert reste dans son trou de

terre ou de rocher et y passe toute la mauvaise saison dans
un engourdissement presque complet.

Pendant sa période d'activité, il est dévoré pas les Oiseaux
de proie, les Vipères et aussi par quelques Couleuvres, mais
son ennemi le plus redoutable est la Belette commune. Ce
petit Carnivore lui fait une guerre continuelle et plusieurs
fois, dans nos excursions, nous avons eu le plaisir d'assister
à une bataille entre les deux bêtes. Lorsque la Belette saisit
au cou un Lézard bien adulte, ce dernier est perdu ; si, ce
qui arrive le plus souvent, l'agresseur mord sa victime sur
une autre partie du corps, la lutte est terrible et bien souvent le Lézard fait lâcher prise à son adversaire qui recommence aussitôt l'attaque. La plus grande chance que puisse
avoir le Lézard, est de laisser sur le terrain sa queue fragile ;
la Belette se contente alors de ce morceau succulent et frétil-
lant qu'elle va déguster dans le buisson voisin ou sous un tas
de pierres, pendant que le mutilé regagne, clopin-clopant,
le trou de terre ou le rocher dans lequel il habite.

Nous avons eu bon nombre de Lézards verts en captivité ;
nous les capturions au moyen d'un fil formant nœud coulant, fixé au bout d'une baguette de deux mètres environ.
Le Lézard se laisse assez facilement approcher si on a soin
de ne pas laisser projeter sur lui l'ombre du corps ; on reste
immobile pendant quelques instants et, tout doucement, on
passe le nœud coulant au cou du Reptile ; on relève brusquement la baguette et le Lézard, pendu, s'agite violemment
au bout de la perche ; il n'y a plus qu'à couper le fil et à
mettre le prisonnier dans un sac. Si on le manque, et s'il
s'enfuit dans son trou ou sous les cépées, on revient quelques
instants après et il n'est pas rare de le retrouver à la même
place. Bien souvent nous avons pris des Couleuvres et des
Vipères de la même façon, car lorsqu'on surprend un de ces
Ophidiens se chauffant au soleil sur une saillie de rocher,
il arrive parfois qu'il conserve une immobilité absolue au

lieu de se sauver. En prenant les Lézards à la main, on risque bien plus de leur briser la queue que par le moyen que nous venons d'indiquer et que nous employons avec succès.

Nous nourrissons nos captifs avec des Blattes, des Mouches et des Lombrics ; ils s'apprivoisent très vite et au bout de peu de temps nous pouvons les manier sans crainte d'être mordus ; ils viennent même prendre dans notre main les Insectes que nous leur offrons. Outre le sable légèrement humide et la mousse sèche, nous mettons toujours dans leur cage un petit récipient plein d'eau.

Pendant l'hiver, alors que nos Lézards des murailles se montrent presque chaque jour, nos Lézards verts restent enfouis dans le sable de leur cage ; pourtant ils sont placés dans une chambre où la température varie de $+ 5°$ à $+ 15°$.

3. — Lézard des souches, *Lacerta stirpium* Daudin.

Parties supérieures brunes, avec les côtés de la tête, du dos et de la queue verts, flancs d'un vert jaunâtre ; des taches noirâtres et des points blanchâtres plus ou moins allongés sur le dos, les flancs et la base de la queue. Parties inférieures jaunâtres, couvertes de points noirs. Tête et corps : 0 m. 08 ; queue : 0 m. 12 à 0 m 14.

La femelle est brune en-dessus ; en-dessous, elle n'a que quelques points noirs à la gorge et sur les côtés de la poitrine et de l'abdomen.

Les jeunes sont bruns en dessus, avec une bande longitudinale moins sombre sur le haut de chaque flanc, et ont des taches foncées ayant au centre un point blanc plus ou moins allongé ; en dessous, ils sont d'un blanc jaunâtre.

Le Lézard des souches est beaucoup plus rare que le Lézard vert ; nous l'avons rencontré à Conives, près d'Argenton, et aux environs du Blanc, notamment du côté de Sauzelles ; notre ami R. Parâtre nous a donné un jeune sujet qu'il avait capturé près d'Orsennes. Il habite les taillis, les brandes, les coteaux couverts de broussailles et aime à grimper sur les buissons pour y chasser les Insectes. Il est attaqué et dévoré par les Belettes, les Couleuvres, les Pies et les Rapaces ; nous l'avons trouvé plusieurs fois dans l'intérieur des Busards Harpaye et Montagu.

Il disparaît en novembre, se cache sous terre ou dans les fentes des rochers et reparaît en mars. Il a à peu près les mêmes mœurs que l'espèce précédente.

4. — Lézard vivipare, *Lacerta vivipara* Jacquin.

Parties supérieures brunes ou légèrement olivâtres, marquées de noir, avec le milieu du dos, les côtés de la tête, du cou et les flancs plus sombres ; quelques traces blanchâtres et noirâtres bordent la large bande sombre qui existe parfois sur les flancs ; parties inférieures d'un blanc jaunâtre, avec des points noirs plus ou moins nombreux. Tête et corps : 0 m. 05 ; queue : 0 m. 075.

Ce Reptile ressemble beaucoup au Lézard des murailles, mais il a le museau moins allongé et la queue plus grosse et moins effilée.

Rare et localisé dans les endroits humides. Nous l'avons trouvé en Brenne dans les brandes et aux abords des marais. Il habite ordinairement des trous creusés dans les ados des fossés et il s'y réfugie lorsque quelque danger le menace ; il est souvent la proie des Hérons et des Rapaces. Nous ne l'avons pas rencontré aux environs d'Argenton.

M. Boulenger a observé ce Lézard en Belgique et a constaté qu'il paraissait dès la fin de février. D'après M. Collin de Plancy, l'accouplement a lieu de bonne heure, et en juin on trouve des femelles dont l'abdomen est fortement gonflé. En juillet et août, la femelle pond 4 à 9 œufs blancs qu'elle dépose ordinairement sous une pierre, ainsi que l'a observé M. Lataste ; les petits, noirâtres, s'échappent quelques minutes après la ponte. Le Lézard vivipare se nourrit d'Insectes et disparaît aux premiers froids.

5. — Lézard gris ou Lézard des murailles, *Lacerta muralis* Duméril et Bibron.

Corps moins cylindrique que chez les espèces précédentes. Parties supérieures brunes, grisâtres ou d'un brun légèrement verdâtre ou jaunâtre, avec des taches plus sombres et parfois presque noires ; une large bande brune, bordée de blanc jaunâtre ou brunâtre, se montre sur les côtés de la tête et du corps, principalement chez les femelles. Parties inférieures d'un blanc jaunâtre, bleuâtre, rose, roussâtre ou rougeâtre souvent marqué de petites taches rousses, brunes ou noires plus ou moins nombreuses. Beaucoup de sujets ont des marques bleues sur le bas des flancs. La coloration de ce Lézard est très variable. Tête et corps : 0 m. 055 à 0 m. 060 ; queue : 0 m. 105 à 0 m. 125.

Extrêmement commun partout, dans les villes comme dans les campagnes, on trouve ce Lézard principalement sur les vieilles murailles et les rochers bien exposés, dans les fissures desquels il se loge ; il habite aussi sous les pierres et dans des trous de terre.

Il se montre ordinairement dès les premiers jours de février et rentre dans son abri après avoir passé quelques heures dans un endroit situé en plein soleil. Il reprend son activité à mesure que la température devient plus douce et circule vivement, pendant la plus grande partie de la journée, chassant les Insectes de toutes sortes. Pendant l'été, lorsque le soleil devient trop brûlant, le Lézard gris s'abrite sous les herbes ou se retire dans son trou pendant les heures les plus chaudes.

L'accouplement a lieu en avril et mai et à cette époque nous avons vu les mâles saisir, avec leurs mâchoires, les femelles à la naissance de la queue, puis, après un moment

de lutte, les saisir de nouveau et brusquement sur l'échine ;
si l'on conserve une immobilité absolue on peut assister à
l'accouplement : le mâle recourbe·son corps, approche son
cloaque de celui de sa femelle, et la copulation a lieu. La
ponte se fait en juin et juillet sous les fumiers ou bien dans les
petites cavités du sol ; nous avons trouvé plusieurs fois les
œufs de cette espèce au nombre de 3 à 7. L'œuf est blanchâtre,
son enveloppe est souple, parcheminée, résistante ; il a de 13
à 15 millimètres de longueur et est moins arrondi que celui
du Lézard vert. C'est en août ou septembre que les petits
sortent de l'œuf ; ils prennent vite la coloration de leurs
parents et leur costume est fort joli pendant le jeune âge ;
ils ne reproduisent qu'à trois ans.

Nos femelles captives pondaient ordinairement en juillet,
mais nous n'avons pu, malgré de grands soins, arriver à faire
éclore les œufs ; l'embryon mourait alors qu'il était à peine
arrivé à la moitié de son développement.

Le Lézard des murailles est dévoré par les Belettes, les
Rapaces et par quelques Couleuvres. Il disparaît momenta-
nément pendant les périodes très froides, mais reparaît aussitôt que la température est moins rigoureuse ; nous l'avons
vu le 17 décembre sur des rochers bien exposés au soleil.
Ce n'est que pendant les grands froids de la fin de décembre
et de janvier qu'il reste tranquille au fond de sa demeure.

Nous avons souvent eu des Lézards de cette espèce en
captivité. Nous les nourrissions de la même façon que nos
Lézards verts ; ils s'apprivoisaient assez rapidement, mangeaient devant nous, ne montraient aucune frayeur à notre
approche et ne nous mordaient presque jamais.

La queue des Lézards se brise facilement, mais elle repousse
assez vite ; il se développe parfois deux bourgeons qui forment deux queues. Nous possédons un Lézard des murailles,
capturé à Argenton, qui présente cette curieuse monstruosité.

FAMILLE DES SCINCOIDÉS

Genre Orvet, *Anguis* Linné.

Tête assez petite, portant des plaques écailleuses ; museau
peu allongé ; yeux petits ; corps long, cylindrique ; queue
longue et légèrement conique ; corps et queue couverts en
dessus et en dessous de petites écailles. Pas de membres ;
sous la peau, on a peine à trouver un indice des membres
postérieurs.

6. — Orvet fragile, *Anguis fragilis* Duméril et Bibron.
Brun en dessus, brun clair en dessous ; parfois une large
bande noirâtre se montre sur les côtés du corps et de la
queue, les parties inférieures sont alors noirâtres. Tête et
corps : 0 m. 19 ; queue : 0 m. 24.

Chez beaucoup de sujets la queue, très fragile, a été cassée
et un petit cône la termine brusquement.

Très commun dans les prairies, les haies et près des grands
fossés où on le rencontre pendant toute la belle saison. Il
n'est pas rare de le trouver dans les villes ou dans les fermes
au moment où on rentre le foin ; il cherche à s'enfuir des
greniers dans lesquels il est enfermé, tombe dans les cours et
est le plus souvent dévoré par les Poules ou par les Porcs.

Il se nourrit d'Insectes, de Mollusques et de Lombrics.
Nous avons conservé longtemps des sujets dans un jardin
bien clos ; ils se montraient rarement et se tenaient presque
toujours dans les endroits les plus touffus ; ils ne cherchaient
pas à mordre lorsqu'on les touchait. Ils aimaient à vivre sous
terre, dans des trous qu'ils creusaient avec peine dans la terre
meuble.

L'accouplement a lieu en avril et la femelle fait, en août
ou en septembre, de 6 à 15 petits qui déchirent leur enveloppe

aussitôt qu'il sont sortis de leur mère. M. Lataste a trouvé 7 petits dans une femelle capturée à Gargilesse, en août, par M. Benoist et nous en avons rencontré 12 dans une femelle tuée à Argenton. Nous avons pris en septembre des jeunes nouvellement nés et mesurant de 8 à 9 centimètres de longueur ; ils étaient d'un brun clair en dessus, avec une mince ligne noire médiane ; les flancs et les parties inférieures étaient noirâtres. A un an, l'Orvet a à peu près la même coloration et mesure 16 centimètres.

Il a de nombreux ennemis ; la plupart des Rapaces diurnes, surtout les Busards, en détruisent une énorme quantité ; il est mangé par les Hérons, le Hérisson, les Musaraignes, le Blaireau, le Sanglier, les Vipères et Couleuvres ; le Lézard vert attaque aussi les jeunes.

Il nage très bien, ainsi que nous avons pu le constater lorsque nous le surprenions à chasser les Insectes dans les mares herbues.

A l'automne, il se retire dans sa demeure souterraine et y passe l'hiver, souvent en nombreuse compagnie ; pendant la mauvaise saison, les cultivateurs trouvent parfois, dans certains endroits bien exposés et sur un petit espace, un assez grand nombre d'Orvets à moitié engourdis.

ORDRE III. — OPHIDIENS

Les Ophidiens n'ont pas de paupières mobiles. Leur langue est longue, bifide ; leurs dents sont aiguës et recourbées. Ils ont le corps très long, ordinairement cylindrique, et la queue plus ou moins allongée. Ces Reptiles n'ont pas de membres ; ils se déplacent en rampant. Ils sont couverts d'une peau écailleuse dont l'épiderme est caduc et se détache le plus souvent d'une seule pièce. Ils sont ovipares ou ovo-vivipares.

Les mâles ont des formes plus sveltes que les femelles ; la base de leur queue est un peu plus large que chez ces dernières.

Les grandes écailles transversales du dessous du corps sont appelées gastrostèges ; celles du dessous de la queue, urostèges. Leur nombre peut varier légèrement chez les individus appartenant à la même espèce.

SOUS-ORDRE DES AGLYPHODONTES

Les Reptiles de ce sous-ordre n'ont pas d'appareil venimeux ; leur morsure n'offre aucun danger. Les Aglyphodontes de l'Indre appartiennent à la division des Eurystomes ; ils ont la bouche très extensible.

FAMILLE DES ISODONTIDÉS

Genre Élaphe, *Elaphis* Duméril et Bibron.

Tête relativement petite, portant de grandes plaques ; pupille ronde ; cou peu distinct ; corps très long, cylindrique ; queue longue, conique. Ecailles lisses, parfois très légèrement carénées sur les parties supérieures du corps.

7. — Elaphe ou Couleuvre d'Esculape, *Elaphis Æsculapii* Duméril et Bibron.

Parties supérieures d'un brun foncé noirâtre, moins sombres vers la partie postérieure de la tête et sur les côtés du cou. Parties inférieures entièrement d'un beau jaune clair. Les écailles du dessus du corps et celles des flancs portent presque toutes un ou deux points blancs qui se voient très bien lorsque la peau est distendue ; sur les flancs, ces points blancs sont très apparents et forment

comme une série de lignes blanchâtres lorsque le Reptile fait
certains mouvements. Gastrostèges : 218 à 225 ; urostèges :
83 paires. Longueur totale : 1 m. 40.

Les jeunes sujets ont une coloration un peu moins foncée
en dessus.

Cette espèce semble localisée, car dans l'Indre nous ne
l'avons trouvée qu'aux environs de Cuzion, de Gargilesse, du
Pin et de Ceaulmont, où elle est commune sur les côtes
abruptes et sauvages qui bordent la rivière la *Creuse*.

Beaucoup de naturalistes disent que la Couleuvre d'Esculape a probablement été acclimatée en France par les Romains
et qu'on ne trouve ce Reptile que près des ruines datant de
l'époque de leur puissance. Nos observations sont en contra-
diction absolue avec cette supposition, car l'Esculape n'existe
pas aux environs d'Argenton et de Saint-Marcel. L'*Argento-
magus* des Romains était une ville importante située sur l'emplacement de Saint-Marcel et du faubourg Saint-Etienne ; on
a trouvé là les débris d'anciens cirques et de bains luxueux.
Les rives accidentées et broussailleuses de la *Creuse* auraient
pu abriter parfaitement cette Couleuvre et la conserver jusqu'à
nos jours ; malgré nos recherches, il nous a été impossible de
la rencontrer dans la contrée, et nous pouvons affirmer qu'elle
n'y existe pas ; on ne trouve les premiers sujets qu'aux
environs du village du Pin, à 11 kilomètres en amont d'Argenton. Elle est abondante à Cuzion, Gargilesse et Ceaulmont
où on ne trouve nul vestige de l'occupation romaine, la
forteresse de Châteaubrun, près Cuzion, et le château de
Gargilesse étant d'origine beaucoup plus récente.

La première Couleuvre d'Esculape que nous eûmes en notre
possession nous avait été donnée par M. Pierre Tardivaux,
professeur au collège de Lourdoueix-Saint-Michel, qui l'avait
capturée aux environs de Gargilesse, dans le bois de Renault,
sur la rive gauche de la *Creuse*. Nous avons pris cette espèce
plusieurs fois au Cerisier, entre Gargilesse et Cuzion, sur la

rive droite de la rivière. Enfin le fermier de Renault nous apporte chaque année de beaux sujets vivants qu'il capture en mai, juin, juillet et août, mais surtout aux époques où on coupe les foins et les céréales. L'Elaphe est assez facile à prendre dans un champ ; mais si le sujet qu'on poursuit gagne un fort buisson ou un bois, il se déplace alors avec une agilité surprenante et il est bien difficile de s'en emparer.

Cette Couleuvre paraît plus tard que nos autres Ophidiens et se retire dans son domicile dès les premiers froids ; elle habite les arbres creux et les crevasses des rochers. Elle grimpe aux arbres et aux buissons pour chasser les jeunes Oiseaux et pour dévaster les nids. Sa principale nourriture se compose de Mulots et de Campagnols, peut-être aussi mange-t-elle parfois des Lézards.

Elle est connue à Gargilesse sous le nom de Serpent noir, à cause de la couleur noirâtre de ses parties supérieures, et les habitants de ce village nous ont dit qu'elle aimait à se cacher dans les lierres touffus qui entourent les vieux arbres.

Le 25 juin 1890, on nous a apporté une femelle de 0 m. 90 de longueur, capturée près de Cuzion. Elle avait dans le corps 6 œufs beaucoup plus gros que ceux du Tropidonote à collier et qui auraient été pondus en juillet ; cette bête était loin d'avoir atteint toute sa taille, puisque nous avons eu des femelles de 1 m. 40. Il est certain que les femelles bien adultes doivent pondre un plus grand nombre d'œufs, 12 à 20 d'après le Dr Fatio. Le 18 juillet 1892, nous avons ouvert une seconde femelle mesurant 1 m. de longueur, capturée près du bois de Renault ; cette bête avait pondu, car en visitant ses organes, nous n'avons trouvé que de très petits œufs qui ne se seraient développés que l'année suivante ; son tube digestif contenait des débris de Campagnols. Le fermier qui cultive le domaine de Renault depuis vingt-cinq ans, n'a jamais trouvé les œufs de cette espèce dans les fumiers ; il est probable qu'elle pond dans des trous de terre ou sous les amas de rochers, dans les endroits bien exposés. Près du village du Pin, des femelles sont venues pondre dans un fumier situé à une petite distance d'une ferme ; cette année-là, le propriétaire a tué plusieurs Élaphes dans le champ où était déposé le fumier ; l'excavation dans laquelle les œufs étaient cachés était énorme.

La Couleuvre d'Esculape possède près de l'anus des glandes qui sécrètent un liquide épais, d'un jaune foncé et d'une odeur fade ; cette odeur est moins désagréable pourtant que celle que répand le Tropidonote à collier.

En captivité, elle conserve pendant quelque temps son naturel farouche, mais elle finit ordinairement par s'apprivoiser ; un de nos amis, M. Maurice Chenou, a eu une Couleuvre de cette espèce qui était devenue assez docile. Les nôtres ont toujours montré un caractère craintif pendant les premiers jours de leur réclusion ; elles cherchaient parfois à nous mordre et, si nous les saisissions par la tête, elles s'enroulaient rapidement autour du poignet qu'elles serraient violemment ; nous avons pu ainsi nous rendre compte que l'Esculape avait une force musculaire beaucoup plus puissante que le Tropidonote à collier ; elle est aussi plus agile que ce dernier.

FAMILLE DES SYNCRANTÉRIDÉS

Genre Tropidonote, *Tropidonotus* Duméril et Bibron.

Tête proportionnellement un peu plus large que chez le genre précédent, portant de grandes plaques ; pupille ronde ; cou assez distinct ; corps très long, moins cylindrique que chez l'Élaphe ; queue allongée, conique. Écailles carénées sur les parties supérieures du corps, moins carénées sur la queue.

8. — Tropidonote à collier, *Tropidonotus natrix*
Duméril et Bibron.

Parties supérieures d'un brun cendré plus ou moins foncé
et parfois légèrement verdâtre ; un collier jaune clair sur
l'occiput, suivi de deux grandes taches noires. Des taches
noires sur les côtés de la tête et sur le cou, le tronc et la
queue ; sur la queue, ces taches sont très petites ; elles sont
assez grandes sur les flancs. Parties inférieures jaunes sous
la tête et la gorge ; jaunes et noirâtres sous le cou, le tronc et
la queue. Gastrostèges : 168 ; urostèges : 45 paires. Longueur totale : 1 m. à 1 m. 50.

Ce Tropidonote, appelé aussi Couleuvre à collier, est très
commun partout ; il paraît dès les premiers jours de mars,
lorsque la température est favorable. Il fréquente les bords
des étangs, des mares, des rivières, et on est certain de le
trouver près des endroits où il y a de l'eau ; il nage et
plonge parfaitement, mais dans l'élément liquide il est moins
agile que le Tropidonote vipérin. Pendant les beaux jours,
il est très actif ; on le voit à chaque instant traverser les-
tement les sentiers des bois, se faufiler dans les joncs d'un
étang ou dans les herbes d'une mare. Il ne grimpe pas avec
l'aisance de l'Élaphe ; nous l'avons pourtant capturé plusieurs
fois sur des haies élevées où, d'habitude, il reste immobile,
pensant n'être pas aperçu.

La Couleuvre à collier s'accouple en avril, pond en juin
ou dans les premiers jours de juillet, et dépose ordinairement
ses œufs dans les fumiers.

Elle s'introduit dans un fumier, se roule sur elle-même
jusqu'à ce qu'elle ait formé, par de violents efforts, une
chambre assez spacieuse pour contenir sa ponte, et elle
évacue ses œufs en les plaçant les uns sur les autres. Les
œufs, d'un blanc mat, à enveloppe souple et parcheminée,
plus ou moins allongés, mesurent de 25 à 33 millimètres de
longueur, se collent les uns aux autres, non en chapelets,

mais pêle-mêlé, soit par les bouts, soit par les côtés, formant ainsi des masses irrégulières composées de deux à
quarante œufs ; quelques œufs, provenant du début ou de la
fin de la ponte, sont isolés. Presque toujours plusieurs
femelles se réunissent au même endroit pour y effectuer leur
ponte, car nous avons trouvé 332 œufs dans le même coin
d'un fumier ; ils formaient plusieurs paquets, et chaque
paquet était ordinairement composé de la ponte d'une
femelle. Cette Couleuvre pond de 11 à 48 œufs, selon sa
taille ; c'est en ouvrant de nombreuses femelles, peu de
jours avant la ponte, que nous avons pu connaître la quantité d'œufs pondus chaque année par cette espèce, et le
nombre de 48 n'est pas accidentel puisque, plusieurs fois,
nous en avons compté de 40 à 48 bien développés dans des
femelles de très grande taille.

Elle pond aussi dans les petites excavations du sol et nous
avons trouvé ses œufs jusque dans les banquettes qui bordent
les routes, entre la chaussée et le fossé, dans des endroits
où, pendant la sécheresse, il y a peu d'humidité, ce qui
n'empêche pas les œufs d'éclore aussi bien que dans les
fumiers chauds et humides. Tout près de ces œufs, nous
avons souvent rencontré des quantités de vieilles coques
provenant des pontes des années précédentes. Là encore
nous avons pu nous rendre compte que plusieurs femelles
pondaient dans le même endroit, car des cultivateurs nous
ont dit que l'année précédente ils avaient détruit plusieurs
centaines d'œufs de Serpents dans la même banquette et
qu'ils avaient tué en même temps dans ces trous, près des
œufs, plusieurs Couleuvres à collier et d'autres Reptiles qui
ressemblaient à des Vipères. Les Ophidiens qu'ils prenaient
pour des Vipères étaient certainement des Couleuvres vipé-
rines, car l'espèce est commune dans cet endroit situé à
proximité d'un étang ; il peut donc se faire que la Vipérine
aille déposer ses œufs dans les mêmes trous que la Couleuvre

à collier. Plusieurs fois nous avons eu connaissance de
Serpents tués près de leurs œufs ; il y aurait alors une sorte
de protection exercée par les femelles pour défendre leur
progéniture pendant la période embryonnaire ; pourtant, les
œufs étant toujours bien cachés ne peuvent être détruits que
par les Belettes ou les Rats, ces derniers étant nombreux
dans les greniers des fermes, et on sait que la Couleuvre
à collier dépose très souvent sa ponte dans les fumiers situés
à une petite distance des bâtiments ; elle les place aussi,
comme on l'a vu plus haut, dans les excavations du sol,
excavations qui peuvent être explorées par la Belette qui
aime à visiter tous les trous qu'elle rencontre. Cet audacieux
Carnivore ne doit pas hésiter à se jeter sur une Couleuvre de
petite taille, mais il doit être beaucoup plus circonspect
lorsque, dans une sombre galerie, il se trouve face à face
avec une grande femelle bien adulte qui lui siffle au nez ou
lui lance à la tête le contenu infect de ses poches anales.

Le 18 juin 1893, nous installons, dans une grande caisse
sans couvercle mesurant 35 centimètres de hauteur, environ
200 œufs de Tropidonote à collier trouvés dans un fumier
et provenant de plusieurs femelles qui avaient pondu récemment dans le même endroit. Nous faisons un grand trou
dans notre jardin et nous y plaçons notre caisse en la laissant sortir du sol de quelques centimètres seulement. Avec
les œufs, nous avions rapporté une certaine quantité du
fumier dans lequel ils se trouvaient ; c'est avec ce fumier de
Bœuf, humide, pâteux, séchant moins vite que le fumier
de Cheval, que nous tapissons le fond de la caisse et c'est
sur ce lit que nous plaçons nos paquets d'œufs ; nous les
couvrons d'une couche du même fumier sur laquelle nous
mettons quelques petites branches entre-croisées, pour
laisser pénétrer un peu d'air, et nous recouvrons le tout de
fumier de Cheval. Le 18 juin, jour de la découverte des
pontes, l'embryon, incolore et enroulé sur lui-même, est

très petit. Nous visitons un œuf de chaque paquet et nous constatons que les embryons ont tous à peu près la même longueur ; les œufs ont donc été pondus presque à la même époque et depuis quelques jours seulement. Le 1er juillet, nous ouvrons quelques œufs et nous en retirons des embryons de 55 à 60 millimètres de longueur. Le 11 juillet, l'embryon blanchâtre a 95 millimètres ; les organes génitaux se forment et permettent déjà de reconnaître les mâles des femelles ; on aperçoit les formes des écailles. Le 21 juillet, les plaques céphaliques commencent à se former ; les côtés de chacune des gastrostèges sont réunis et les écailles sont très apparentes ; le fœtus, qui ne tient maintenant à la masse vitelline que par l'ombilic, a 117 millimètres et ses parties supérieures deviennent légèrement noirâtres. Le 31 juillet, il a 140 millimètres ; les plaques céphaliques sont formées ; la coloration des parties supérieures est plus sombre, les taches noires des flancs et du dos paraissent, le collier blanc est bien visible ; la masse vitelline dans laquelle le fœtus est replié diminue de plus en plus. Le 10 août, nous constatons que beaucoup de nos œufs sont déformés, distendus, boursouflés par endroits ; cela provient probablement du contact trop prolongé de certaines parties de ces œufs avec le fumier humide ; l'enveloppe parcheminée se ramollit sans se rompre et, par suite des mouvements du fœtus, il se forme des boursouflures ; dans ces œufs, les sujets sont aussi beaux que dans ceux dont l'enveloppe est intacte. Ce jour-là, le fœtus a 17 centimètres ; la coloration des parties supérieures est sombre, le collier blanc très apparent ; les gastrostèges et les urostèges sont marquées de taches noirâtres. Le 17 août, dans l'après-midi, un jardinier qui travaillait près de l'endroit où nous faisions développer nos œufs, nous dit qu'il avait vu, sur le fumier qui recouvrait la caisse, une petite Couleuvre qui disparut à son approche. Nous enlevons aussitôt le fumier, et, à une faible profondeur, nous trou-

vons quelques Couleuvres naissantes ; plus nous approchons
des œufs, plus nous rencontrons de ces jolis petits Ophidiens,
vifs, souples et gracieux ; nous en retirons une trentaine de
la caisse et nous constatons que chaque œuf vide présente
une ou plusieurs fentes aussi nettes que si elles avaient été
faites avec un instrument bien tranchant. Nous prenons des
œufs sur lesquels nous remarquons une ou deux petites
coupures par lesquelles s'échappe un peu d'albumine, mais
toujours possesseurs de leurs fœtus ; nous les plaçons sur une
table de façon à bien observer l'éclosion. Au bout de quelques
instants, une jeune Couleuvre sort la tête, la rentre, la ressort par l'ouverture qu'elle a faite à son enveloppe, regarde
autour d'elle, darde à chaque instant sa langue fourchue et
enfin se décide à sortir brusquement ; le petit Ophidien, tout
verni d'albumine, se met à ramper vivement devant nous.
En peu de temps, plusieurs sujets s'échappent des œufs ;
ils sortent presque tous sans la moindre trace de cordon
ombilical ; une très petite fente, située un peu plus haut que
le cloaque du nouveau-né, indique l'endroit où était fixé le
cordon. Le vitellus est entièrement résorbé et, en examinant
l'intérieur de l'enveloppe, on ne voit qu'un peu d'albumine
plus ou moins transparente. Parfois, au moment de leur
naissance, quelques rares individus traînent un bout de
cordon terminé par une très petite quantité de vitellus ; ce
cordon ne tarde pas à sécher et à tomber. En passant le doigt
sur l'extrémité du museau du jeune Reptile, on constate la
présence d'une légère rugosité située à la partie antérieure
de la mâchoire supérieure ; au microscope, on voit que cette
rugosité est une sorte de dent mince, large, tranchante,
horizontale, avec laquelle la petite bête fait à sa coque l'inci-
sion qui doit la rendre libre. En plaçant dans une cage des
sujets nés le même jour, nous avons vu que cette lamelle
tranchante tombait le deuxième ou le troisième jour qui suit
l'éclosion, parfois même le quatrième jour. La petite Cou-

leuvre ne conserve que quelques instants la couche d'albumine qui la recouvre et sa peau est bientôt sèche et luisante.
Elle a les parties supérieures noirâtres ou grisâtres, avec
des taches noires bien alignées ; son collier est d'un blanc
jaunâtre, parfois roussâtre ou presque rose ; ses parties
inférieures sont jaunâtres sous la tête et la gorge, d'un blanc
jaunâtre marqué de très nombreuses taches noirâtres ou
plutôt bleuâtres, de couleur indécise, sous le cou et le corps,
et plus on regarde vers la queue, plus on voit la coloration
s'assombrir. Au moment de sa naissance, le Tropidonote
à collier a de 19 à 21 centimètres de longueur totale.
Le 18 août, il y a une vingtaine de naissances ; chaque jour
nous visitons notre caisse et chaque fois nous constatons
de nouvelles éclosions chez tous nos paquets d'œufs ; le
21 août, tous les œufs sont vides. Un œuf dont le vitellus
était en partie durci, contenait un fœtus très maigre ayant sa
coloration parfaite ; d'autres œufs, non fécondés ou dété-
riorés, renfermaient une matière en putréfaction. Quelques
œufs provenant des mêmes pontes, placés dans un endroit
plus frais, nous donnèrent des petits du 22 au 29 août.
Le 5 septembre suivant, en cherchant dans un tas de débris
situé à proximité de l'endroit où nous avions fait notre élevage, nous avons trouvé un grand nombre de nos jeunes
Tropidonotes. Plusieurs d'entre eux changeaient de peau ;
ayant pris dans la main un sujet dont l'épiderme de la tête
commençait à se détacher, nous le laissâmes glisser doucement entre nos doigts et en quelques instants sa dépouille,
parfaitement intacte, nous resta dans la main ; alors le
Reptile, devenu libre, retourna se cacher sous les débris.
Ces Couleuvres paraissaient déjà un peu plus fortes qu'au
moment de l'éclosion.

Dans son jeune âge, la Couleuvre à collier se nourrit de
Vers et d'Insectes ; elle vit assez longtemps dans le fumier
où elle est née et y passe ordinairement la mauvaise saison,

car à la fin de l'hiver, lorsque les cultivateurs enlèvent les fumiers pour les transporter dans les champs, ils trouvent un grand nombre de petits Serpents qui vont se réfugier dans les trous des vieux murs, sous les tas de pierres et jusque dans les étables. Plus tard, elle va souvent à l'eau, vit de larves de Batraciens et de jeunes Anoures, et, à mesure qu'elle grandit, elle avale des proies de plus en plus volumineuses, d'énormes Grenouilles ou de monstrueux Crapauds, qu'elle rend dans le sac ou dans la cage si on la capture peu de temps après son repas. Elle n'est en état de reproduire que vers l'âge de trois ou quatre ans et à ce moment elle n'a pas encore atteint toute sa taille.

Les mâles ont une forme plus svelte que les femelles. Ces dernières peuvent arriver à une très forte taille et nous avons remarqué que les vieilles femelles, que nous trouvions ordinairement dans les bois humides, n'avaient plus trace du beau collier blanc jaunâtre ; ce collier disparaît à mesure que la bête vieillit et, chez les sujets de très grandes dimensions, il est presque complètement invisible.

Maintes fois nous avons pris ce Tropidonote, maintes fois nous avons été aspergés par la liqueur nauséabonde de ses poches anales, car c'est là sa seule défense. Il n'a pas le caractère mauvais et ne cherche guère à mordre lorsqu'on le capture, tellement il est effrayé ; mais lorsqu'il est en cage et qu'il s'est habitué à la vue de l'Homme, il se gonfle, siffle et projette sa tête sur la toile métallique, comme s'il voulait mordre le visiteur qui s'approche de sa prison ; les jeunes de deux ou trois ans surtout, qui sont bien plus irascibles que les adultes, font ce simulacre pendant quelques jours mais finissent bientôt par se calmer et s'habituer à la captivité. Ce Reptile s'apprivoise assez vite et ne tarde pas à prendre sa nourriture devant son maître. Bien souvent, nous avons vu nos Couleuvres avaler les Batraciens que nous leur donnions : une de nos captives saisissait une Grenouille par

un des membres inférieurs, puis, en faisant avancer successivement ses maxillaires, elle finissait par faire disparaître
peu à peu la proie dans sa bouche énormément distendue ;
lorsque la Grenouille était saisie par la tête, l'opération était
plus rapide et durait deux ou trois minutes, si la victime
était de moyenne taille. Nous avons vu une grande Couleuvre
avaler trois Grenouilles en moins d'une demi-heure et nous
avons remarqué qu'elle choisissait toujours les plus petites
parmi celles qui étaient placées dans sa cage. La digestion
se faisait très lentement et, après un bon repas, nos bêtes restaient un certain nombre de jours sans prendre de nourriture.

Ce Serpent, ainsi que tous nos autres Ophidiens, change
de peau à des intervalles irréguliers ; il n'est pas rare de
trouver, dans les tas de joncs morts qui bordent les étangs,
de nombreuses dépouilles de Tropidonotes. Chez nos sujets
captifs, l'épiderme caduc se détachait ordinairement par
lambeaux ; pourtant, nous avons souvent eu des Couleuvres
adultes qui nous ont donné des dépouilles bien entières.
Quelques jours avant la mue, les couleurs se ternissent ;
l'œil paraît blanchâtre et l'animal semble aveugle ; l'épiderme commence à se détacher des écailles qui bordent la
bouche, puis des plaques de la tête, des yeux qui paraissent
alors vifs et brillants ; une sorte d'exsudation se produit
entre le nouvel et l'ancien épiderme, et ce dernier se détache
peu à peu de la peau ; le Reptile passe alors très lentement
sous les branches ou entre les pierres de sa cage, se débar-
rasse peu à peu de son vieux vêtement et apparaît revêtu de
brillantes couleurs. Entre le moment où l'épiderme commence à se détacher des bords de la bouche et la fin de la
mue, il se passe environ quarante-huit heures.

Cette espèce disparaît en novembre, au moment des premiers froids, et se réfugie dans les trous de terre, sous les
souches des vieux arbres, dans les cavités des rochers, où
elle passe la saison des frimas.

Nous avons exposé trois individus bien adultes à une température de 7° au-dessous de zéro ; deux de nos bêtes furent gelées et ne revinrent pas à la vie, la troisième, inerte et presque entièrement durcie par le froid, fut placée dans une chambre chauffée et, dès le lendemain, elle avait repris sa souplesse et sa vigueur.

La coloration de ce Tropidonote est très variable ; des individus ont une apparence grisâtre, d'autres sont noirâtres, enfin nous avons capturé, près de Tendu, un sujet presque entièrement mélanos.

9. — Tropidonote vipérin, *Tropidonotus viperinus* Duméril et Bibron.

Brun en dessus, légèrement jaunâtre par endroits avec des taches noirâtres presque carrées, disposées parfois en zigzag mais souvent placées assez régulièrement et ressemblant un peu aux cases d'un damier ; tête marquée de taches noirâtres. Jaunâtre en dessous, avec des taches noires 'ou noirâtres assez larges, très nombreuses et couvrant presque entièrement la couleur jaune chez certains individus. La coloration est assez variable. Gastrostèges : 154 ; urostèges : 50 paires. Longueur totale : 0 m. 50 à 0 m. 65.

Le Tropidonote vipérin, appelé aussi Couleuvre vipérine, est très commun sur les bords des étangs, mares, ruisseaux et rivières dans lesquels il trouve en abondance les Poissons et les petits Batraciens qui composent sa principale nourriture. Il nage très bien, plonge dans la perfection et se meut dans l'eau avec une grande agilité. Nous l'avons vu capturer de très gros Goujons, qu'il va chercher sous les pierres, non loin des rives, et c'est ordinairement sur le bord de l'eau qu'il avale sa proie. Il fait une guerre acharnée aux larves de Batraciens ; bien souvent nous l'avons vu, caché dans les herbes, la tête hors de l'eau, guetter et saisir l'imprudente Larve qui vient se promener près de la surface. Un

jour que nous étions à pêcher des Tritons, nous avons capturé un Tropidonote vipérin qui rendit dans notre sac deux
Larves de Grenouille verte à la troisième période et une Larve
d'Alyte à la fin de la quatrième période.

Lorsqu'elle a absorbé une quantité suffisante de nourriture,
la Couleuvre vipérine va s'étendre ou s'enrouler sur les
pierres des rives ou bien encore grimpe sur un buisson ou
une vieille souche d'arbre, sur un mur en ruine, d'où elle
fuit presque toujours à la moindre alerte.

Nous l'avons prise maintes fois et, effrayée, elle ne cherche guère à mordre. Il n'en est pas ainsi lorsqu'on la conserve
en cage ; elle reprend alors son assurance et, pendant
quelque temps, cherche à se défendre lorsqu'on veut la toucher. Nous nourrissions nos captives au moyen de Vairons et de
Goujons vivants que nous placions dans le bassin de leur cage.
Elles avalaient devant nous et sans répugnance les Poissons
morts, mais frais, que nous leur donnions ; elles saisissaient
leur proie par la tête et en une ou deux minutes environ
le Goujon était ingurgité. Elles prenaient les petits Vairons
vivants par le milieu du corps, appuyaient tantôt la tête,
tantôt la queue de leur victime contre l'une des parois de
leur cage et le Poisson minuscule disparaissait ainsi, en
travers, barrant presque la gueule du Reptile. Elles buvaient
souvent et aimaient à se baigner.

En juin ou juillet, la Vipérine pond de 5 à 15 œufs qu'elle
dépose dans les fissures profondes des glacis des voies ferrées,
des culées de ponts, ou dans des trous de terre, à proximité
des eaux ; elle utilise les trous des Lézards verts ou les
vieilles galeries abandonnées des Taupes ou des petits Rongeurs. En août ou septembre les petits naissent ; ils sont alors,
comme couleurs, les plus jolis Ophidiens de nos contrées ;
de même que les jeunes de l'espèce précédente, ils grandissent lentement et ceux qu'on trouve en juin suivant n'ont
guère que 20 ou 22 centimètres de longueur.

Le 28 juin 1893, nous avons trouvé cinq œufs dans un trou d'une petite banquette de la route d'Argenton à la Châtre, tout près de l'étang de Verneuil, à quelques kilomètres d'Argenton. Ces œufs, d'un blanc mat, avaient la même grosseur que ceux de l'espèce précédente mais étaient un peu plus allongés; ils n'étaient pas collés les uns aux autres. Nous avons ouvert deux de ces œufs et nous avons trouvé dans chacun d'eux un embryon extrêmement petit, ce qui prouvait que la ponte avait eu lieu récemment. Nous avons enfoncé obliquement un morceau de bois dans la terre de notre jardin, et, après l'avoir retiré, nous avons glissé dans le trou ainsi formé les trois œufs qui nous restaient. Le 4 septembre suivant, voulant savoir ce que devenaient nos œufs, nous enlevons la terre qui les recouvrait, car les parois du trou, peu solides, s'étaient affaissées; nous trouvons d'abord deux œufs desséchés chez lesquels l'embryon était mort, puis, à l'endroit où était placé le troisième, nous avons le plaisir de rencontrer une jeune Vipérine naissante qui, n'ayant pu sortir du trou par suite de l'affaissement de la terre, s'était enroulée près de l'enveloppe de l'œuf. Cette coque présentait des déchirures, ou plutôt des coupures aussi nettes que celles qu'on observe sur l'enveloppe des œufs de la Couleuvre à collier. La jeune Vipérine que nous venions d'exhumer était très vigoureuse; elle mesurait 176 millimètres de longueur; sa dent caduque était tombée, ce qui prouvait, par suite des expériences que nous avons faites sur les jeunes sujets de l'espèce précédente, que sa naissance remontait au moins à deux, trois ou quatre jours. En dessus, elle avait toutes les taches noirâtres et régulières de l'adulte, sur fond gris violet; en dessous, elle était d'un noir bleuâtre, avec des marques blanchâtres sous la tête et sur le bas des flancs. Sur le milieu des parties inférieures, on voyait la longue ligne sur laquelle se soudent les deux parties de chacune des gastrostèges; cette ligne formait un léger sillon très apparent; chez le jeune Tropidonote à collier, ce sillon est presque invisible. La teinte violette des parties supérieures et la coloration bleuâtre des parties inférieures ne durent pas très longtemps ; bientôt le jeune Tropidonote vipérin devient roussâtre et prend le costume de ses parents.

La Vipérine disparaît aux premiers froids et choisit pour domicile les vieux troncs d'arbres, les fissures des rochers, les trous de terre et les glacis des voies ferrées. En décembre 1887, lorsque nous faisions des fouilles dans les cavernes des bords de la *Creuse* pour y rechercher des fossiles, nous avons trouvé cette Couleuvre enfoncée et enroulée dans la terre, mais nullement engourdie. Elle reparaît à la même époque que l'espèce précédente.

Genre Coronelle, *Coronella* Laurenti.

Tête petite, portant de grandes plaques ; pupille ronde ; cou très peu distinct ; corps long, cylindrique ; queue assez longue, conique. Ecailles lisses.

10. — Coronelle lisse, *Coronella lævis* Lacépède.

Parties supérieures d'un brun roussâtre, avec deux ou quatre rangs de taches rousses bordées de noir. Lorsqu'il y a quatre rangs de ces taches, les rangs des flancs sont parfois à peine visibles. Deux grandes taches noirâtres se réunissant vers la base de la tête ; mâchoires bordées de blanc jaunâtre ; une ligne noirâtre sur les côtés du museau, de la tête et vers la naissance du cou. Parties inférieures presque noires, jaunâtres ou roussâtres sur les côtés ; dessous de la tête et gorge jaunâtres. Gastrostèges : 177 ; urostèges : 52 paires. Longueur totale : 0 m. 55 à 0 m. 66.

Cette espèce n'est pas rare pendant toute la belle saison dans les contrées sèches et couvertes de pierres ou de rochers. Nous l'avons capturée à Fontgombault, Sauzelles, Saint-Aigny, Argenton et Tendu ; elle est particulièrement commune sur les coteaux des bords de la *Bouzanne*, entre les châteaux de la Chaise et de la Rocherolle ; enfin M. Picaud l'a trouvée à Vigoux et nous a donné plusieurs individus qu'il avait pris près de cette localité.

La Coronelle lisse est assez agile, mais on s'en empare facilement car elle ne fuit pas avec la vitesse des autres Couleuvres. Elle n'est pas méchante, et jamais les sujets que nous capturions ou que nous conservions en captivité n'ont cherché à nous mordre.

Elle chasse les Lézards, les jeunes Orvets et les petits Mammifères ; nous avons souvent retiré de son tube digestif des Lézards gris, des Campagnols et des Mulots. Elle s'attaque surtout aux jeunes Rongeurs encore au nid : dans le corps d'une Coronelle de grande taille, nous avons trouvé quatre jeunes Campagnols.

C'est Wyder qui, le premier, a observé que cette espèce était ovo-vivipare, que chaque femelle faisait de 10 à 12 petits qui sortaient libres ou déchiraient leur enveloppe aussitôt après la ponte. D'après Lenz, la ponte a lieu dans les premiers jours de septembre ; les petits sortent immédiatement de l'œuf et ont 15 centimètres de longueur. Nous avons retiré 13 œufs du corps d'une femelle bien adulte.

La Coronelle disparaît aux premiers froids et hiverne sous terre ou dans les trous des rochers.

FAMILLE DES DIACRANTÉRIDÉS

Genre Zaménis, *Zamenis* Wagler.

Tête de moyenne grosseur, large au milieu, assez étroite à sa base et portant de grandes plaques ; pupille ronde ; cou très distinct ; corps très long, assez cylindrique ; queue très longue, conique. Ecailles lisses.

11. — Zaménis vert-jaune, *Zamenis viridiflavus* Wagler.

Parties supérieures d'un noir légèrement verdâtre, avec de très nombreuses taches jaunes formant des dessins variés sur la tête, le cou et le tronc ; ces taches jaunes ont une forme plus régulière vers la partie postérieure du tronc et sur la queue, et elles forment alors des sortes de raies longitudinales. Parties inférieures jaunes, marquées parfois de très petits et très rares points noirâtres à peine visibles. Gastrostèges : 224 ; urostèges : 89 paires. Longueur totale : 1 m. à 1 m. 50.

Ce beau Reptile, agile et vigoureux, est très rare dans l'Indre. Dans notre département, nous ne l'avons tué qu'une fois, dans le bois de la Fat, près de Saint-Hilaire, sur la lisière de l'Indre et de la Vienne. Ce Zaménis était une magnifique bête bien adulte. Les cultivateurs du domaine de la Fat connaissent ce Serpent et prétendent que les femelles vont cacher leurs œufs dans les grands tas de fumier.

Nous avons capturé cet Ophidien sept ou huit fois dans le département de la Vienne où il est beaucoup moins rare que dans l'Indre.

Mauduyt l'a observé dans la Vienne et dit qu'il dévore les petits Mammifères, les Oiseaux, les Batraciens et même les animaux de son espèce ; il grimpe facilement sur les buissons et sur les arbres.

D'après le Dr Fatio, qui l'a observé en Suisse, il pond de 8 à 15 œufs en juin ou juillet, et les cache dans un trou bien abrité.

M. Lataste l'a capturé souvent, dans la Gironde, sous les souches et les tas de pierres, dans les prairies, près des chemins et des maisons. Le Zaménis recherche les nids d'Oiseaux, détruit les nichées, et se nourrit de petits Mammifères, de Lézards, d'Orvets et de Serpents.

SOUS-ORDRE DES TOXODONTES

Les Reptiles de ce sous-ordre sont munis d'un appareil venimeux. Lorsqu'ils mordent, le venin est conduit dans la blessure par deux crochets longs et recourbés situés à la mâchoire supérieure. Les Toxodontes de l'Indre appartiennent à la division des Solénoglyphes. Chacun des grands crochets est pourvu d'un canal qui communique par sa base avec le réservoir à venin et s'ouvre en avant de la pointe du crochet. Ils ont des dents ordinaires au palais et à la mâchoire inférieure. Leur bouche peut se dilater.

FAMILLE DES VIPÉRIDÉS

Genre Vipère, *Vipera* Laurenti.

Tête large, surtout vers sa base, couverte de petites écailles ou de plaques ; le bout du museau retroussé ou non en dessus ; pupille verticale. A la mâchoire supérieure, en avant, deux longs crochets venimeux. Cou bien distinct ; corps un peu moins allongé que chez nos autres Ophidiens, gros, assez cylindrique ; queue courte, conique, pointue. Écailles des parties supérieures et des côtés carénées.

12. — Vipère aspic, *Vipera aspis* Linné.

Tête couverte de petites écailles ; parfois on trouve, vers le milieu de la tête, une, deux et même trois écailles un peu plus grandes que les autres, mais qui ne peuvent être confondues avec les plaques de la Vipère bérus. Bout du museau retroussé.

Parties supérieures brunes, noirâtres ou rougeâtres, avec des taches noires plus ou moins grandes, plus ou moins rapprochées selon chaque individu, et pouvant former un zigzag

sur le dessus du corps ; une ligne noire, bordée de blanchâtre en dessous, part de l'œil et se prolonge jusqu'à la
naissance du cou. Parties inférieures grisâtres ou noirâtres,
légèrement roussâtres par endroits, souvent très sombres et
même presque noires ; gorge d'un blanc jaunâtre. Gastrostèges : 150 ; urostèges : 40 paires. Longueur totale : 0 m. 60
à 0 m. 66.

Très commune dans les contrées chaudes et rocailleuses,
dans les bois, les brandes et les vignes.

Dès la fin de février, mais le plus souvent en mars, la
Vipère aspic sort du trou de rocher ou de terre, ou bien
encore de l'arbre creux qui lui a servi d'abri pendant la
mauvaise saision, et s'allonge ou s'enroule non loin de sa
demeure, dans un endroit bien abrité où elle reçoit les rayons
d'un soleil bienfaisant. A ce moment, ses mouvements sont
extrêmement lents ; aussi malheur à qui trouble son vo-
luptueux repos ; sachant que son salut n'est pas dans la fuite,
elle fera tête à l'adversaire et se servira immédiatement de
ses crochets redoutables. La première morsure au sortir de
l'hivernage est très dangereuse, car le réservoir étant plein,
le venin sera inoculé à plus forte dose.

Elle ne s'éloigne pas de son trou, où elle rentre dès que la
fraîcheur se fait sentir ; aussi lorsqu'à cette époque ou rencontre une Vipère, en cherchant bien on trouvera certainement
plusieurs individus à une petite distance du premier, car
presque toujours quelques sujets se réunissent et s'entassent
les uns sur les autres, dans le même trou, pour y passer
l'hiver.

Vers la fin de mars, lorsque la température est favorable,
ou en avril, cette espèce a repris toute son activité ; mais ses
mouvements sont toujours beaucoup plus lents que ceux des
Couleuvres, même pendant les temps chauds et orageux de l'été.

C'est en avril ou mai que l'accouplement a lieu. Le mâle
et la femelle s'enroulent autour l'un de l'autre et réunissent

leurs cloaques, que le double pénis du mâle, hérissé de papilles dures et longues, tient solidement joints ; parfois plusieurs couples sont enchevêtrés les uns dans les autres et forment un amas grouillant et soufflant dont l'apparition soudaine impressionne l'erpétologiste le plus endurci. Troublés dans leurs fonctions, les amoureux essayeront de fuir ; chacun tirera de son côté et bien souvent cette brusque séparation coûtera au mâle la perte d'un de ses pénis, qui, gonflé et retenu par ses papilles, se rompra et restera dans l'organe de la femelle. Plusieurs fois nous avons pris des mâles mutilés de la sorte.

La Vipère est ovo-vivipare ; les petits se développent dans le corps de la mère, et lorsqu'ils naissent, fin août ou en septembre, ils ont déjà 19 ou 20 centimètres de longueur. Nous avons ouvert un grand nombre de femelles pleines et nous avons trouvé de quatre à neufs petits, jamais plus. Quelques naturalistes disent que la Vipère fait jusqu'à vingt petits, mais nous n'avons pas eu la satisfaction de constater le fait ; pourtant nos observations ont porté parfois sur les femelles de 0 m. 65 et 0 m. 66 de longueur, c'est-à-dire sur des exemplaires de forte taille. Nous avons remarqué des fœtus bruns et d'autres rougeâtres dans le corps de la même femelle ; ces petits étaient sur le point de naître et leur coloration était parfaitement visible.

Les jeunes Vipéreaux se nourrissent de Lombrics et d'Insectes ; ils se développent lentement et ne commencent à reproduire que vers leur troisième année ; à ce moment ils n'ont pas encore atteint toute leur taille.

La forme de la pupille de ce Reptile semble indiquer que c'est un animal qui circule la nuit. La Vipère doit donc chasser au crépuscule, mais nous l'avons vue bien des fois ramper en plein jour à la recherche de sa nourriture. Nous avons souvent retiré de son tube digestif des petits Mammifères, de jeunes Oiseaux, des Lézards, jamais de Batraciens ou de Poissons. Elle s'introduit dans les terriers des petits Rongeurs et dévore les jeunes : le 6 mai 1889, nous avons trouvé, dans l'intérieur d'une Vipère, trois Mulots âgés de quelques jours et ne voyant pas encore clair. Elle s'embusque, repliée sur elle-même, près d'un tas de pierres ou de fagots, ou bien dans une haie, et lorsqu'un petit Mammifère passe à sa portée, elle le frappe de ses crochets. Comme la circulation est très active chez les Campagnols et les Mulots, le venin agit rapidement et la victime tombe foudroyée à une faible distance de la Vipère qui en fait bientôt sa proie. Il est certain qu'elle ne frappe pas inutilement et qu'elle saisit les très jeunes Rongeurs sans faire fonctionner son appareil venimeux. Les petits des Oiseaux qui nichent à terre sont souvent ses victimes : elle prend un jeune Oiseau et s'enfuit, puis revient et fait de même ; en deux heures, elle a dévoré les quatre ou cinq petits qui composaient la nichée. A défaut de Mammifères et d'Oiseaux, elle mange des Lézards ; elle s'attaque même à des sujets de grande taille. Nous avons pris une Vipère qui venait d'avaler un énorme Lézard vert dont la queue lui sortait encore par la bouche ; comme il n'y avait pas la place nécessaire pour loger cette proie, et comme la digestion est lente chez les Reptiles, il eût fallu un certain temps pour que l'appendice caudal du Saurien disparût entièrement. Il serait curieux d'assister à la prise d'un Lézard vert par cet Ophidien. Ce Lézard est extrêmement vigoureux ; nous avons été témoins de ses luttes avec la Belette, dont les mâchoires sont autrement puissantes que celles de la Vipère. Il faut donc croire que, dans cette circonstance, les crochets venimeux sont employés, et pourtant le venin doit agir plus lentement sur un Lézard que sur un petit Mammifère, à cause de la circulation bien moins rapide.

Aux premiers froids, fin octobre ou en novembre, elle se retire dans son trou, dans un rocher ou un arbre creux, sous les racines des grands arbres, et y passe la mauvaise saison dans un repos absolu, mais sans être pour cela entièrement engourdie. En plein hiver, nous avons tué une Vipère dans les rochers des Clous, près d'Argenton. Ce Reptile, dérangé probablement dans sa somnolence, était sorti de sa retraite, et, le froid l'ayant saisi, n'avait pu aller se cacher ailleurs et était resté en détresse ; il semblait mort, mais s'agita un peu sous le coup de bâton qui lui brisa l'échine.

Chez cette espèce on rencontre des sujets mélanos, mais ils sont très rares : une Vipère entièrement noire a été tuée il y a quelques années près du Pouzet, aux environs d'Argenton, par un garde du chemin de fer ; cet employé a tué des quantités de Vipères sur le terrain confié à sa garde et c'est la seule fois qu'il ait rencontré la variété noire.

L'appareil venimeux se compose d'une glande située en arrière de l'œil et qui sécrète le venin ; de cette glande part un canal assez large qui contient une partie du venin et communique avec la base du crochet creux. Ce crochet est placé sur un sus-maxillaire mobile ; il est couché en arrière et caché dans un repli de la gencive.

Lorsque le Reptile veut mordre, il ouvre largement la gueule ; les sus-maxillaires font bascule, non pas automatiquement, mais par la volonté de l'animal ; alors les crochets sont amenés en avant et leur pointe apparaît hors de la gencive. A ce moment, d'un mouvement rapide, il projette la partie antérieure de son corps ; le museau vient frapper la victime, les crochets s'enfoncent, les muscles qui entourent la glande et le réservoir se contractent et font sortir le venin qui entre dans la plaie par l'extrémité du crochet. Comme le crochet venimeux est exposé à se briser, trois ou quatre autres crochets plus ou moins développés sont situés près de lui, en arrière, et prendront successivement sa place en cas d'accidents réitérés.

Le venin a une coloration jaune pâle et est un poison violent lorsqu'il entre dans la circulation ; il n'a pas d'action, paraît-il, sur un tube digestif sain ; c'est un poison du sang et des nerfs. Quant à la rapidité et à la violence des accidents, tout dépend de la quantité de venin inoculée à la victime.

Les cas de morsures de Vipère ayant occasionné la mort chez l'Homme sont extrêmement rares dans le département ; nous n'avons connaissance que du fait suivant : un ouvrier, mordu à la cuisse, dans les bois de Luant, mourut moins de vingt-quatre heures après avoir été blessé.

Ordinairement, il y a gonflement de la partie atteinte et la tuméfaction peut envahir une partie du corps ; ce phénomène est accompagné de syncopes, de sueurs froides, de vomissements bilieux, de diarrhée et de frissons. Le seul moyen d'éviter les troubles graves est d'enlever le venin. Aussitôt qu'une personne est mordue, on doit établir une ligature, si la chose est possible, au moyen d'un mouchoir roulé et fortement serré, ou bien avec un morceau de lisière de drap. Avec un canif, on fait des incisions à l'endroit où les crochets ont pénétré, on suce la plaie ou on y applique une étroite et puissante ventouse. Une personne qui a la bouche saine peut sucer les plaies sans danger ; pour plus de précautions, elle devra cracher et se rincer la bouche après chaque succion. On cautérise au fer rouge ou, d'après le Dr Viaud-Grand-Marais, avec un mélange à parties égales d'acide phénique et d'alcool, et on enlève la ligature. M. Kauffmann, professeur à l'école vétérinaire d'Alfort, recommande d'injecter assez profondément, au moyen d'une seringue de Pravaz, à l'endroit de la blessure faite par chacun des crochets, deux ou trois gouttes d'une solution aqueuse à 1 pour 100, soit de permanganate de potasse, soit d'acide chromique. On fait ensuite trois ou quatre injections semblables autour du point mordu, sur les parties tuméfiées, et on peut renouveler les injections lorsque la tuméfaction augmente. Si ces soins sont donnés immédiatement après la morsure, les suites ne seront pas graves. Si, malgré cela, la tuméfaction devient considérable, on fera

des frictions légères d'huile d'olive ; on donnera au malade
des infusions sudorifiques auxquelles on ajoutera cinq ou six
gouttes d'ammoniaque et on relèvera ses forces par des bois-
sons alcooliques ; s'il y a des frissons, on pourra employer le
sulfate de quinine. Avec des soins énergiques, tous les troubles cessent bientôt et la convalescence est plus ou moins
longue selon la constitution de l'individu.

Depuis une quinzaine d'années, de nombreux cas de morsures ont été observés par les médecins d'Argenton, du Blanc
et de Saint-Benoît, où cette Vipère est très commune ; ils n'ont
pas constaté un seul accident mortel.

Chez le Chien, les cas de mort sont moins rares. Le
20 mars 1893, le piqueur de MM. Mercier-Génétoux prome-
nait sa meute dans un bois des environs de Tendu, lorsque tout
à coup une Chienne se mit à aboyer violemment à quelques
pas de lui, et il vit sa bête arrêtée devant deux Vipères. Il
avança vite et tua les Reptiles. Malheureusement, la Chienne
avait été mordue au museau par une des Vipères, peut-être
même par les deux, et quelques instants après elle gisait inerte
sur le sol. Cette Chienne, d'assez forte taille, fut portée dans
une voiture et ramenée à Argenton où nous la vîmes quatre
heures environ après l'accident. Il n'y avait pas d'enflure,
mais la victime ne faisait aucun mouvement et la respiration
seule indiquait qu'elle n'était pas morte. Malgré les soins,
cette bête succomba pendant la nuit. Sur le cadavre, pas la
moindre trace de tuméfaction. C'est la première fois que nous
avons vu une blessure de ce genre ne pas occasionner un
gonflement plus ou moins considérable, et ce cas est d'autant
plus curieux qu'il a été suivi de mort.

Nous avons constaté des accidents mortels sur plusieurs
Chiens, mais le plus souvent le blessé ne succombe pas. En
octobre 1885, un Basset nous appartenant fut mordu au pied
postérieur droit et tomba presque aussitôt complètement ané-
anti. Il nous fut impossible de trouver trace des blessures,

sous les poils, mais une très légère enflure se montra bientôt, augmenta rapidement et nous fit connaître l'endroit de la morsure. Nous fîmes immédiatement une ligature au-dessus du jarret, et trois ou quatre fois, de demi-heure en demi-heure, nous enlevâmes la ligature pour la remettre quelques instants après. De cette façon, l'empoisonnement se fit progressivement et notre bête ne succomba pas. Plusieurs de nos Chiens, mordus à la tête, se rétablirent promptement malgré un accablement profond, une tuméfaction considérable et l'absence absolue de soins.

Les grands Mammifères eux-mêmes ne sont pas à l'abri de tout danger. Rien que dans les environs de Saint-Gaultier, de Saint-Marcel, de Tendu et d'Argenton, M. de Braux, vétérinaire, nous a dit avoir constaté la mort de plusieurs Bœufs et d'un Cheval.

La Vipère a de nombreux ennemis. Elle est dévorée par les Blaireaux et les Hérissons, par le Circaëte Jean-le-Blanc, les Buses et les Busards. Certains Chiens la tuent très adroitement : nous avons une Chienne qui l'attaque avec fureur et en a tué plus de vingt-cinq ; elle s'est fait mordre une seule fois et a été malade pendant quatre jours, ce qui ne l'empêcha pas de recommencer dès qu'elle en trouva l'occasion.

13. — Vipère bérus ou Péliade, *Vipera berus* Daudin.

Tête portant en son milieu une grande plaque ayant la forme d'un écusson ; deux plaques sont situées en arrière de l'écusson et sont parfois suivies de deux autres plaques beaucoup plus petites ; museau non retroussé.

Parties supérieures brunes, parfois très légèrement olivâtres, avec des taches d'un brun très foncé, presque noir, formant zigzag sur le dessus du corps ; lèvres bordées de blanc. Parties inférieures d'un blanc jaunâtre sous la gorge, d'un gris bleuâtre, presque noir, sous le corps, et d'un gris bleuâtre foncé, marqué de taches roses, sous la queue. Gastrostèges : 143 ; urostèges : 25 paires environ, mais souvent plus. Longueur totale : 0 m. 56 à 0 m. 60.

Cette espèce est très rare dans l'Indre. Nous l'avons capturée plusieurs fois en Brenne dans les brandes de l'étang du Blanc, à la Gabrière, à Migné. Elle semble ne pas exister dans le sud du département ; nous ne l'avons jamais prise aux environs d'Argenton. Nous avons bien tué près de cette ville, et nous conservons dans notre collection, une Vipère ayant sur la tête trois plaques ressemblant à celles de la Vipère bérus, mais dont le museau est retroussé comme celui de l'Aspic. Ce sujet est une Vipère aspic et n'est pas même un hybride des deux espèces, car nous sommes certains que la Vipère bérus n'existe pas dans la contrée.

Les naturalistes qui voudront se procurer ce Reptile devront le rechercher en Brenne ; il doit exister aussi dans le nord du département.

Nons pensons que la Vipère bérus a les mêmes mœurs que l'Aspic et que son venin est aussi dangereux que celui de l'espèce précédente.

CLASSE DES BATRACIENS

Les Batraciens ont quatre membres, le sang froid, la peau nue, les mâchoires armées ou non de très petites dents ; ils n'ont pas d'ongles. Ils sont ovipares ou ovo-vivipares. Les œufs ou les petits sont déposés dans l'eau.

Les jeunes Batraciens subissent des métamorphoses ; ils vivent dans l'eau et respirent au moyen de branchies pendant les premiers temps de leur existence, lorsqu'ils sont à l'état larvaire ; ils prennent peu à peu les formes de leurs parents et sortent de l'eau lorsque leurs poumons sont formés et leurs branchies atrophiées.

Nous avons observé dans l'Indre 14 espèces de Batraciens :

Anoures. . . . . 9 espèces.
Urodèles. . . . . 5 »

ORDRE I. — ANOURES

Les Anoures n'ont pas de queue après l'état larvaire.

Ces Batraciens ont la tête assez large, les yeux gros, proéminents et munis de paupières plus ou moins mobiles ; ils n'ont pas de cou. Leur corps est trapu ; leurs membres antérieurs sont plus courts que leurs membres postérieurs.

Leur peau est plus ou moins couverte de tubercules, suivant les genres, et sécrète un poison violent pour la plupart des animaux. C'est par leur peau, très perméable, que s'introduit l'eau nécessaire à leur existence. Ils changent souvent d'épiderme et parfois avalent leur défroque.

A l'époque de l'accouplement, les mâles vont à l'eau et font entendre leur chant ; les femelles se rendent à cet appel. Le mâle saisit sa compagne aux lombes ou se hisse sur son dos et s'y maintient au moyen de ses bras gros et forts et des brosses copulartices qui ornent ses membres antérieurs au moment du rut ; il n'a pas d'organe externe et féconde les œufs au passage, au moment où ils sortent de la femelle. Chaque espèce a sa façon de s'accoupler. Les œufs sont entourés d'une enveloppe albumineuse nutritive et protectrice qui gonfle dans l'eau et devient très épaisse. L'embryon se forme plus ou moins vite selon les espèces et selon la température, enfin lorsque le petit Têtard sort de l'œuf, il est encore dans un état assez rudimentaire. Au bout de quelques jours, les yeux, la bouche, les branchies externes, les viscères, l'anus se forment ; puis les branchies externes se rétractent, la peau les recouvre et elles deviennent internes. L'eau entre par la bouche dans la chambre branchiale, prend contact avec les branchies et sort par l'ouverture du spiraculum. Alors le petit animal a la forme d'une boule un peu allongée et terminée par une queue qui lui sert de nageoire ; c'est la première période. Puis commence la deuxième période ; le Têtard mange les algues, les débris de végétaux ou d'animaux au moyen du bec corné et des lames pectinées qui arment sa petite bouche ; il devient actif, vigoureux, et grossit de jour en jour. Arrive la troisième période : sur les côtés du corps, non loin de l'anus, se montrent deux bourgeons qui se développent très lentement et représentent peu à peu des membres minuscules terminés par de petites proéminences qui formeront les orteils ; puis les cuisses, les

jambes, les orteils allongent et grossissent à l'extérieur, pendant que les membres antérieurs se développent sous la
peau. A force de secouer les coudes, le Têtard déchire la peau
de son corps et livre ainsi passage à un de ses membres
antérieurs ; c'est le début de la quatrième période. Peu de
temps après, le second membre sort à son tour et la Larve
est à la quatrième période. Mais bientôt les lames pectinées
et le bec corné de sa petite bouche tombent et le Têtard ne
prend presque plus de nourriture ; il semble vivre aux dépens
de sa queue qui se résorbe de plus en plus, pendant que
la grande bouche de l'état parfait se forme et s'ouvre. Les
branchies s'atrophient, les poumons achèvent de se développer, les paupières se forment et le petit animal, qui a
besoin d'air, vient souvent respirer à la surface du liquide
et finit même par vivre sur les plantes aquatiques flottant sur
l'eau. Il prend de plus en plus la forme de ses parents et ne
tarde pas à sortir de la mare, presque toujours porteur d'un
petit bout de queue qui disparaît bientôt. Le jeune Batracien,
arrivé à l'état parfait, se nourrira désormais de proies
vivantes, mais grandira lentement, car ce ne sera guère que
vers sa troisième ou sa quatrième année qu'il sera en état
de se reproduire, même avant d'avoir atteint toute sa taille.

Un seul Anoure, l'Alyte, fait exception à la règle commune. Il s'accouple à terre, fixe les œufs de sa femelle à ses
membres postérieurs et les garde ainsi pendant plusieurs
semaines ; puis il va les porter dans une mare, et lorsque les
petits sortent de l'œuf, ils sont à la deuxième période et même
à la troisième, car on voit les bourgeons des membres postérieurs. L'œuf de cette espèce a une enveloppe molle mais
résistante et n'est pas entouré de glaire.

La fécondité des Batraciens anoures est très grande.
D'après les travaux de notre savant et regretté ami M. Héron-
Royer, la Rainette pond environ 1000 œufs chaque année ; la
Grenouille verte en pond 10000 ; la Rousse, 2000 à 4000 ;

l'Agile, 600 à 1200 ; le Crapaud commun, 4000 à 6000 ; le Calamite, 3000 à 4000 ; le Pélobate brun, 1200 ; le Pélodyte, 1000 à 1600 ; l'Alyte, 90 environ ; le Sonneur, d'après M. Roësel, en pond 250 ou 300. Les œufs des Anoures sont souvent dévorés par quelques Urodèles ; nous avons vu une ponte d'Agile entièrement détruite en peu de jours par des Tritons palmés. Les Têtards sont mangés par les Couleuvres, les Tritons, les Insectes aquatiques et leurs Larves ; les Dytiques principalement sont pour eux des ennemis redoutables. Les Anoures adultes sont la proie des Couleuvres et de quelques Oiseaux ; enfin, ces Batraciens se dévorent entre eux : bien des fois nous avons vu les gros avaler les petits.

Ce sont des animaux très utiles en raison de l'énorme quantité d'Insectes nuisibles qu'ils détruisent ; ils doivent donc être protégés, car ce sont de précieux auxiliaires.

Les Anoures de l'Indre appartiennent tous au sous-ordre des Phanérogloses ; ils ont une langue charnue.

FAMILLE DES HYLIDÉS

Genre Rainette, *Hyla* Laurenti.

Museau court ; des dents très fines à la mâchoire supérieure et au vomer ; pas de parotides ; peau lisse en dessus, granuleuse en dessous ; quatre doigts aux membres antérieurs ; cinq orteils palmés aux membres postérieurs ; un disque formant ventouse à l'extrémité des doigts et des orteils ; membres postérieurs assez allongés.

Le mâle est un peu plus petit que la femelle ; il a un sac vocal externe formant des plis brunâtres sous la gorge ; au moment du rut, il porte une petite brosse copulatrice au pouce.

1. — Rainette verte, *Hyla viridis* Duméril et Bibron.
Parties supérieures d'un vert tendre ; parties inférieures

blanches, légèrement jaunâtres sous les membres et l'abdomen ; bouche légèrement bordée de brun et de blanc ; une ligne brune, bordée de blanc près des parties vertes, part des narines, s'élargit sur les côtés de la tête et du corps, forme un crochet sur chaque flanc, puis se prolonge sur les membres postérieurs, les contourne et vient se terminer à l'anus ; les membres antérieurs ont la même bande brune et blanche qui forme une sorte de demi-bracelet sur le poignet ; sur la partie externe des cuisses et la partie interne des jambes, la ligne brune est à peine visible. Iris doré ou cuivré ; pupille horizontale.

Tête et corps, du bout du museau à l'anus : 0 m. 047 ; membre postérieur : 0 m. 066 de longueur.

La coloration de cette espèce change souvent chez le même individu ; nous avons eu des Rainettes qui sont devenues brunes, grises ou marbrées de gris, pour redevenir vertes quelque temps après.

La Rainette se montre aux premiers jours d'avril et les mâles se rendent immédiatement à l'eau. Bientôt un bruit assourdissant commence, et nuit et jour, la nuit surtout, les *kra-kra-kra*, *kara-kara-kara* partant des mares ou des buissons voisins annoncent aux femelles que le temps des amours est arrivé. Les mâles attendent, le sac vocal souvent gonflé, ce qui leur donne un singulier aspect, et jettent de temps à autre un appel retentissant. Dès qu'une femelle se présente, elle ne tarde pas à avoir un mâle sur le dos. Le couple choisit un endroit où les herbes aquatiques sont assez nombreuses, et bientôt un petit paquet d'œufs est déposé et vient se fixer sur les plantes ou parfois tombe au fond de l'eau. Jusqu'à ce que la femelle ait terminé sa ponte, les amoureux se promèneront ainsi pendant toute la nuit, semant çà et là leurs petits paquets dont la glaire gonfle assez vite et devient de la grosseur d'un gland ou d'une noix ; les petits œufs contenus dans cette glaire sont légèrement bruns en dessus et jaunâtres en dessous. Puis les époux se séparent et chacun s'en va de son côté à la recherche des Insectes. Le mâle chante parfois après l'époque de l'accouplement et nous avons entendu sa voix pendant toute la belle saison.

La Rainette grimpe très facilement aux arbres et aux buissons et c'est presque toujours là qu'elle attend sa nourriture. Tapie sur une branche ou sur une feuille, elle reste immobile des heures entières, guettant l'Insecte imprudent qui se pose à sa portée. Alors elle se tourne du côté de sa proie, respire avec vivacité, ouvre des yeux démesurés et, d'un bond, s'élance sur sa victime ; elle la manque rarement et presque toujours sa langue gluante a rencontré l'Insecte, qui est bientôt englouti ; elle reprend ensuite son immobilité absolue.

Comme elle a besoin d'humidité pour vivre, elle se rend de temps à autre aux flaques d'eau des alentours et monte de nouveau sur son observatoire ; nous avons vu des Rainettes habiter le même arbre pendant plusieurs semaines.

A l'approche de la mauvaise saison, elle se réfugie dans les trous, les fentes des rochers, sous les souches, choisissant un endroit suffisamment humide où elle passe les longs mois d'hiver.

Ce joli Batracien vit très bien en captivité si on a soin de le nourrir avec des Mouches, des Blattes, et si on ne le prive pas d'eau.

Métamorphoses. — Le 11 avril 1892, nous trouvons les paquets d'une ponte fraîche dans une mare située à Vaux, près d'Argenton ; nous les plaçons le soir même dans un de nos bassins. La température étant assez froide, le développement de l'œuf ne se fit pas très vite. Au bout de quelques jours, l'embryon avait rompu sa première enveloppe, que l'on pouvait voir près de lui sous la forme de deux petites calottes ; puis il continuait à se développer dans l'œuf et ne tardait pas à rompre sa dernière enveloppe. Les premiers

Têtards sortent de l'œuf le 21 avril, les derniers le 24 du même mois. Les yeux, les branchies externes, la bouche, les viscères, l'anus se forment ; puis les branchies externes deviennent internes ; le spiraculum se forme et est ouvert sur le côté gauche du corps ; la nageoire dorso-caudale se développe. La première période a duré sept ou huit jours et le petit Têtard commence à brouter les plantes. Pendant la deuxième période, le jeune sujet grossit un peu. Vers le 16 mai, les bourgeons qui doivent former les membres postérieurs sont visibles chez quelques individus ; le 20 mai, ces bourgeons apparaissent chez un grand nombre de sujets et la troisième période commence. Le 21 mai, la plus forte Larve a 20 millimètres de longueur ; elle a les parties supérieures fortement pigmentées de noir sur fond légèrement verdâtre et jaunâtre ; l'abdomen est cuivré ; la nageoire dorso-caudale est légèrement pigmentée de noir, la queue a une teinte plus foncée. Le 31 mai, la Larve a 31 millimètres ; les membres postérieurs sont peu développés et on commence à apercevoir, au microscope, les bourgeons qui formeront les orteils. Le 10 juin, la plus forte Larve a 35 millimètres ; les membres postérieurs continuent à se développer ; les yeux sont saillants, la tête est large, le corps est court, la nageoire est très large et maculée de noir. Le 20 juin, la plus longue Larve a 37 millimètres ; les membres postérieurs sont presque entièrement formés. Quelques sujets sont à la fin de la troisième période et ont une coloration olivâtre. Une Larve est au début de la quatrième période et a délivré son membre antérieur gauche ; elle devient verdâtre.

Le 25 juin, la Larve qui était au début de la quatrième période est depuis quelques jours à la quatrième période ; elle a sorti son membre antérieur droit peu de temps après le gauche ; elle devient plus verte en dessus et blanche en dessous ; la queue conserve la coloration qu'elle avait lorsque le sujet était à la troisième période. Les autres Larves sont à la troisième période. Ce même jour, 25 juin, nous mettons la Larve à la quatrième période dans le bassin d'une cage ; le 28 juin, elle sort de l'eau, ayant encore un petit bout de queue ; le 30 juin, la queue a disparu, et le jeune Batracien, arrivé à l'état parfait, a 17 millimètres du museau à l'anus ; il prend peu à peu le costume de ses parents. Le 30 juin, la plupart des Larves sont encore à la troisième période, mais beaucoup sont à la quatrième et même chez quelques-unes la queue commence à se résorber. Le 10 juillet, les Larves à la troisième période sont encore nombreuses ; les plus longues ont 40 millimètres. D'autres sont à la quatrième ou à la fin de la quatrième période. Tous les jours des sujets sortent de l'eau, munis d'un petit bout de queue, et achèvent rapidement de se transformer au dehors. Le 20 juillet, des Larves sont toujours à la troisième période ; la plus longue d'entre elles a 46 millimètres. Beaucoup de Têtards sont à la quatrième période ; d'autres, à la fin de la quatrième période, quittent l'eau. Le 31 juillet, il ne reste plus dans le bassin que quatre Larves. Deux sont à la fin de la troisième période ; elles ont leurs membres postérieurs bien développés et les orteils palmés ; elles sont d'un brun foncé olivâtre en dessus, leur queue est fortement tachetée de noirâtre, la teinte métallique du dessous du corps blanchit de plus en plus ; elles ont 47 millimètres de longueur. Les deux autres Larves, à la fin de la quatrième période, verdissent et blanchissent de plus en plus ; elles sortent de l'eau le 1er août. Il ne reste plus que les deux Larves sur le point de passer à la quatrième période. Le 2 août, une de ces Larves est à la quatrième période et l'autre arrive à cette même période le lendemain. Nous les plaçons dans un aquarium avec rocher et plantes aquatiques. Bientôt les lames pectinées et le bec corné de leur petite bouche de Têtard tombent et la grande bouche de l'état parfait se forme ; les branchies internes s'atrophient, les poumons achèvent de se développer, et les

Larves, ayant besoin d'air, viennent se placer sur le rocher, le corps à demi plongé dans le liquide. Les 6 et 7 août, les jeunes Rainettes quittent l'eau ; les 8 et 9 août, elles sont à l'état parfait.

FAMILLE DES RANIDÉS

Genre Grenouille, *Rana* Linné.

Museau moins court que dans le genre précédent ; des dents à la mâchoire supérieure et au vomer ; pas de parotides ; peau granuleuse par endroits chez la Grenouille verte et la Rousse, plus lisse chez l'Agile. Des plis formant des bourrelets sur les côtés de la tête et le haut des flancs ; ces plis sont moins accusés chez l'Agile. Quatre doigts non palmés aux membres antérieurs ; membres postérieurs longs, ayant chacun cinq orteils palmés.

Les mâles sont de plus petite taille que les femelles, ont les membres antérieurs plus gros et sont munis de deux sacs vocaux, qui se montrent chez la Grenouille verte au moment du chant et sortent par deux fentes situées en arrière de la bouche ; chez les deux autres espèces, ces sacs sont internes. Ils ont, au moment du rut, des brosses copulatrices au pouce.

2. — Grenouille verte, *Rana viridis* Linné.

Verte en dessus, avec des taches noirâtres principalement sur le dos, les flancs et les membres postérieurs ; une raie d'un vert clair ou d'un jaune verdâtre sur le milieu du corps ; plis du haut des flancs ayant ordinairement des marques d'un brun clair. Blanche en dessous, souvent marbrée de noirâtre. Iris doré ou brun doré, pupille horizontale.

Tête et corps : 0 m. 085 à 0 m. 087 ; membre postérieur : 0 m. 13 à 0 m. 14.

La coloration de cette espèce est très variable ; de nom

breux individus sont presque entièrement bruns sur les parties supérieures, d'autres sont bleuâtres.

Extrêmement commune, on la rencontre sur les mares, les étangs, les bords des rivières herbues, pendant toute la belle saison, on pourrait presque dire durant toute l'année, puisqu'elle disparaît tard et reparaît dès le mois de février.

Elle reste presque tout le jour à la surface de l'eau et, à la nuit tombante, sort pour chasser les Insectes, les Vers, les Mollusques et les jeunes Batraciens. De temps à autre, les mâles poussent leur cri : *croac, couac, grok, groek, groek;* mais c'est surtout pendant l'accouplement, en mai et juin, qu'ils se réunissent et mènent grand tapage dans les pays couverts de mares ou d'étangs. Des cris nombreux se font entendre, puis tout se tait brusquement ; alors un, deux, trois individus jettent quelques notes et toute la bande entonne bientôt son chant assourdissant, se tait tout à coup et recommence ensuite.

Au moment du rut, ces Batraciens prennent leur costume de noces : les parties vertes deviennent d'un vert jaunâtre et les mâles sont armés de leurs brosses copulatrices.

Chaque couple choisit un endroit où l'eau est assez claire, où les plantes aquatiques sont nombreuses, et la femelle pond plusieurs masses d'œufs que le mâle féconde au moment de leur expulsion. La glaire qui enveloppe ces œufs gonfle vite et les fixe souvent aux plantes environnantes ; ces masses glaireuses, très limpides, ont parfois un volume assez considérable ; les œufs sont extrêmement nombreux et assez rapprochés les uns des autres ; leur face supérieure est brune, l'inférieure est d'un beau jaune clair.

Après l'accouplement, la Grenouille verte reste à l'eau ou à proximité de la mare ou de l'étang qu'elle habite. A l'approche des froids, elle se réfugie dans les trous de terre, sous les tas de détritus, ou bien encore dans la vase, au fond des eaux.

Les cuisses de cette espèce sont fort estimées d'un grand nombre de personnes ; c'est un mets excellent. Nous connaissons un habitant d'Argenton qui exerce pendant sept mois chaque année le métier de pêcher des Grenouilles. De la fin de mars à la fin d'octobre, il prend environ 40000 Batraciens et il en a capturé jusqu'à 1400 le même jour. La gent coassante lui rapporte ainsi, bon an, mal an, de six à huit cents francs et il n'explore les environs que dans un rayon de vingt kilomètres !

L'équipement nécessaire pour ce genre de pêche est peu coûteux. Il suffit de se procurer une perche de noisetier assez longue mais peu flexible, d'y attacher une ficelle très fine ayant exactement la même longueur et de se munir d'un sac assez profond pour que les Grenouilles ne puissent en sortir lorsqu'il est ouvert, car le Batracien dont nous nous occupons, quoique n'étant pas un acrobate aussi distingué que l'Agile (*Rana agilis*), a les jarrets vigoureux.

Lorsqu'on est arrivé sur le bord de la mare ou de l'étang, on cherche l'endroit où les Batraciens sont le plus agglomérés, et, après avoir attaché au bout de la ficelle, qui ne porte pas d'hameçon, un petit morceau de drap rouge, une fleur, ou simplement quelques brins d'herbe roulés en boule, on lance légèrement l'appât le plus près possible du museau d'une Grenouille. Cette première capture est la plus difficile à obtenir et elle se fait souvent attendre pendant plusieurs minutes. Enfin, sollicitée par l'appât qu'on fait sautiller délicatement devant elle, la bête se décide à le saisir dans ses mâchoires et achève de l'enfoncer dans sa bouche en s'aidant de ses mains ; on l'enlève alors sans secousse, et, puisque la ficelle est de même longueur que la perche, la Grenouille vient facilement à portée de la main gauche du pêcheur. Aussitôt prise, on l'écorche, on roule la peau de façon à ce qu'elle forme, une fois attachée à la place du premier appât, un petit paquet allongé ayant à peine la grosseur d'une olive ; ce nouvel appât durera pendant toute la journée.

Si les Grenouilles sont abondantes et le pêcheur patient, les captures seront nombreuses. Sous aucun prétexte on ne doit courir après celles qu'on échappe et qui, ahuries, affolées par l'enlèvement qu'elles viennent de subir, s'enfuient parfois du côté opposé à l'eau, dans laquelle du reste elles ne tardent pas à revenir ; en restant calme, on pourra les reprendre un peu plus tard et on n'aura pas effrayé, par des mouvements désordonnés, celles qui sont dans la mare. On change de place le moins souvent possible ; les Grenouilles, très curieuses, viennent peu à peu se placer en face du pêcheur et happent à qui mieux mieux l'appât qu'il leur présente. Là aussi le silence est d'or et il est parfaitement inutile de *coasser ;* quelque bien imitée que soit la voix, les Batraciens ne s'y laissent pas prendre et ne tardent pas à s'éloigner de l'orateur.

Parfois, on a la désagréable surprise de voir un Reptile saisir l'appât. Ce trouble-fête est toujours un Tropidonote à collier ou un Tropidonote vipérin, ces espèces étant très communes dans le pays. L'occasion de prendre des Couleuvres se présente assez souvent, trop souvent même, puisqu'il faut remplacer l'appât dès qu'un Tropidonote y a mordu, sans quoi les Batraciens n'y touchent plus que rarement.

Le Sonneur à pied épais (*Bombinator pachypus*), si commun dans le département, est un voisin fort ennuyeux qui ne se gêne nullement pour saisir l'appât qui ne lui est pas destiné ; mais, dans ce cas, il est inutile de changer l'amorce.

A l'époque du rut, du 15 mai à la fin de juin, les Grenouilles, occupées à se reproduire, dédaignent l'appât ; elles ont alors une coloration jaunâtre, ce qui fait dire aux pêcheurs que « lorsqu'elles sont jaunes, elles ne mordent pas ».

Nous avons souvent pratiqué avec grand succès cette pêche amusante.

Malgré les nombreux ennemis qu'elle compte parmi les

Mammifères, les Oiseaux et les Reptiles, la Grenouille verte
est tellement féconde que c'est encore un de nos Batraciens
les plus répandus.

Métamorphoses. — Le 16 mai 1892, nous trouvons une
ponte fraîche dans une mare du Terrier-Joli, aux environs
d'Argenton. Nous la plaçons dans un des bassins de notre
jardin. Le 21 mai, les premiers Têtards sortent de la glaire,
et, dès le lendemain soir, tous sont éclos. A sa naissance, la
Larve a une longueur de 6 millimètres ; les branchies externes
sont apparentes, les yeux ne sont pas encore formés, la bouche est représentée par une ouverture très petite, l'anus n'est
pas ouvert ; elle est d'un brun clair roussâtre et elle a la
queue et la nageoire caudale assez développées ; deux mamelons, situés sous la bouche, servent au petit animal à s'accrocher aux objets. Ces mamelons existent pendant la première
période chez presque toutes les larves d'Anoures. En cinq
jours, la bouche, les yeux, l'anus, les viscères se forment,
les branchies externes deviennent internes ; le spiraculum est
ouvert sur le côté gauche du corps ; les jeunes Têtards, qui
commencent déjà à brouter les plantes aquatiques minuscules,
passent de la première à la deuxième période. Le 31 mai, les
Larves ont 13 millimètres de longueur ; les bourgeons qui
doivent former les membres postérieures sont visibles au
miscroscope chez les sujets les plus avancés ; chez les autres,
ils sont invisibles. Le 10 juin, les Larves ont 16 millimètres ;
les bourgeons sont apparents chez la plupart des sujets, mais
on ne les aperçoit pas encore chez les individus peu développés.
Le 20 juin, la plus forte Larve a 22 millimètres de longueur ;
elle est d'un brun foncé olivâtre en dessus, l'abdomen est cuivré,
la nageoire est finement pointillée de noir. La troisième période commence, car les bourgeons sont visibles chez tous les
sujets. Le 30 juin, la larve a 33 millimètres ; elle a le museau
plus allongé que chez l'espèce précédente ; les bourgeons se
développent. Le 10 juillet, elle a 37 millimètres ; les mem-

bres postérieurs commencent à se former et, au miscroscope, on voit les bourgeons qui formeront les orteils. Le 20 juillet, les plus fortes Larves ont 46 millimètres ; les membres postérieurs allongent, les orteils se forment ; la nageoire dorso-caudale est de plus en plus maculée de taches noires ; le dessus du corps est d'un brun olivâtre ; le dessous a une teinte légèrement cuivrée, métallique. Une de ces Larves va passer à la quatrième période ; elle perd sa forme ovoïde et on aperçoit ses membres antérieurs remuer sous la peau. Le 31 juillet, les Larves à la troisième période ont de 45 à 53 millimètres. Le corps, chez les plus fortes, est brun verdâtre en dessus ; une raie plus pâle se montre sur le haut de chaque flanc, une autre raie est située sur la ligne médiane ; en dessous, la teinte est toujours métallique ; les membres postérieurs sont développés, les orteils sont formés et palmés. Une Larve est depuis quelques jours à la quatrième période et sa queue a même beaucoup diminué ; le dessus de son corps devient vert et est marqué de grandes taches brunes ; la raie des flancs est jaunâtre ; les membres antérieurs sont marqués de taches brunes, les postérieurs portent des taches transversales de même couleur ; le dessous du corps perd sa teinte métallique et devient blanc. Cette Larve sort de l'eau le 1er août, ayant encore un bout de queue ; nous la mettons en cage, et, le 6 août, la queue est entièrement résorbée. Le petit Batracien est arrivé à l'état parfait et prend de plus en plus le costume de ses parents ; il a 22 millimètres du museau à l'anus. Le 10 août, beaucoup de sujets sont à la fin de la quatrième période et vivent sur les plantes du bassin, car maintenant les poumons remplacent les branchies et les bêtes ont besoin d'air. D'autres individus sont à la quatrième période, d'autres à la troisième. Depuis le 1er août, un certain nombre de sujets sont arrivés à l'état parfait, et, le 20 du même mois, il ne reste dans l'eau qu'une quinzaine de Larves aux troisième et quatrième périodes. Le 20 août, nous mettons dans un aquarium un sujet sur le point de passer à la quatrième période. Le 21 août, dans la soirée, cette Larve est au début de la quatrième période et a dégagé un de ses membres antérieurs ; le 22 août, dans la matinée, elle dégage son second membre antérieur et elle est à la quatrième période. Elle sort de l'eau le 25 août, ayant encore un petit bout de queue ; le 29 août, la queue a disparu et le jeune Batracien est à l'état parfait. Le 31 août, il y a encore dans le bassin quelques Larves aux troisième et quatrième périodes ; le 10 septembre, il n'en reste plus que trois ; le 20 du même mois il n'y en a plus qu'une. Nous plaçons cette dernière Larve de la ponte dans un aquarium et elle est entièrement transformée le 28 septembre.

Les jeunes Grenouilles vertes, arrivées à l'état parfait, s'éloignent peu des bassins ; à la moindre alerte, elles sautent à l'eau.

Le Têtard de cette espèce arrive à une assez forte taille dans les grandes mares où il trouve une abondante nourriture ; nous avons pris des sujets ayant plus de 80 millimètres de longueur.

Parfois, mais rarement, la Grenouille verte dépose ses œufs dans les réservoirs des fontaines. En été, l'eau de source étant plus froide que celle des mares et la nourriture y étant moins abondante, les Têtards sont longs à se développer et n'atteignent jamais une grande taille : vers la fin d'octobre, nous avons trouvé des Larves de cette espèce dans des fontaines ; ces Têtards, aux troisième et quatrième périodes, étaient beaucoup plus petits que ceux que nous prenions dans les mares en juillet, août et septembre.

Cette Grenouille s'accouple rarement dans les grandes rivières, pourtant nous avons trouvé plusieurs fois sa ponte sur la *Creuse*, dans les endroits herbus, près des rives.

3. — Grenouille rousse, *Rana fusca* Rœsel.

Parties supérieures brunes, légèrement verdâtres ou jaunâtres sur les flancs et les côtés des membres postérieurs, maculées de noirâtre principalement sur les membres où ces taches forment des rayures transversales ; une grande tache d'un brun noirâtre sur les côtés de la tête, en arrière de l'œil ; parties inférieures d'un blanc jaunâtre souvent tacheté de roussâtre. Iris brun doré, pupille horizontale. Tête et corps : 0 m. 056 à 0 m. 070; membre postérieur : 0 m. 100 à 0 m. 103. En plaçant un des membres postérieurs le long du corps, le talon ne dépasse pas le museau.

Cette espèce habite le nord et le centre du département, mais n'existe pas dans le sud ; nous ne l'avons jamais rencontrée dans la vallée de la *Creuse*. Notre collègue et ami René Parâtre l'a capturée aux environs d'Issoudun, de Châteauroux, de Buzançais, de Palluau, de Sainte-Gemme ; la lisière nord de la forêt de Châteauroux paraît être sa limite méridionale.

La Grenouille rousse s'accouple de bonne heure, en février et mars. M. Parâtre a trouvé des couples dès le 2 février, aux fontaines du Montet, près Déols.

D'après M. Héron-Royer, l'accouplement peut durer très longtemps, jusqu'à ce que la femelle soit disposée à pondre. La ponte forme une pelote glaireuse assez considérable et n'est pas fixée aux plantes ; elle flotte souvent sur l'eau. Puis les couples se désunissent et vont se cacher sous terre pour prendre un peu de repos ; ils reprennent bientôt leur activité et se dispersent dans les champs, les bois, et y poursuivent les Insectes ; aux premiers froids de l'automne, ils s'enfouissent dans leurs retraites souterraines. Nous avons eu plusieurs fois en captivité des sujets capturés près de Châteauroux et d'Issoudun et qui nous avaient été donnés par M. Parâtre. Souvent, en février et mars, nous avons entendu chanter les mâles dans nos cages ; leur cri, très faible, peut s'exprimer ainsi : *Brouou, Grouou.*

Métamorphoses. — En février 1893, plusieurs couples de Rousses furent pris aux fontaines du Montet, par M. Parâtre, et placés dans un aquarium. Le 26 février, pendant la nuit, un de ces couples déposa un gros paquet d'œufs dont notre ami nous fit don quelques jours après. La ponte de *R. Fusca* est entourée d'une masse glaireuse très consistante, mais moins considérable que celle de *R. Agilis*; le vitellus est brun noirâtre en dessus et blanchâtre en dessous. Ayant placé les œufs dans un de nos bassins, les premiers Têtards noirs, dont on voit déjà les branchies externes lorsqu'ils sont encore dans l'œuf, sortent de la glaire le 14 mars. Les 15 et 16, beaucoup de sujets sont hors de l'œuf, s'étendent, se contractent et sortent peu à peu de la masse albumineuse; après de nombreux efforts, ils sont enfin libres et nagent avec rapidité, puis se reposent au fond ou sur les bords du bassin. Les derniers Têtards sortent de la glaire le 17 mars; ils sont noirs; leurs branchies externes sont longues, leur queue est allongée. La première période, pendant laquelle les yeux, la bouche, les viscères, l'anus se forment, en même temps que les branchies externes allongent, diminuent et deviennent internes, dure neuf ou dix jours; le spiraculum a son ouverture sur le côté gauche du corps. Si on fait commencer la troisième période dès l'apparition des bourgeons qui doivent former les membres postérieurs, il n'y a pas de deuxième période chez cette espèce, car, le deuxième jour, on voit déjà au microscope les bourgeons en question. Le Têtard broute les plantes, et, sa nageoire caudale étant bien développée, il se déplace souvent et avec aisance. Le 3 avril, les plus grands Têtards ont 21 millimètres de longueur; leur coloration est moins noire; les bourgeons des membres postérieurs ont un peu grossi. Le 15 avril, ces Têtards ont 35 millimètres; ils sont d'un brun légèrement olivâtre en dessus et incolores en dessous, car on voit très bien les viscères; leurs flancs ont une teinte légèrement cuivrée; leur queue est allongée et leur nageoire est marquée de points noirâtres; les membres postérieurs se forment et on voit les bourgeons qui formeront les orteils. Le

30 avril, les Larves ont beaucoup grossi et leur queue est maculée de quelques taches noirâtres ; chez les plus fortes, qui ont 40 millimètres, les membres postérieurs sont presque entièrement formés. Le 10 mai, les Larves à la troisième période ont 45 millimètres ; elles sont d'un brun foncé en dessus ; en dessous, elles ont une teinte cuivrée, métallique, surtout vers le bas des flancs ; leur gorge est moins violacée que chez l'Agile ; leur nageoire caudale est pointillée de noirâtre et porte des taches de même couleur dispersées çà et là ; leurs membres postérieurs sont bien développés. A cette période, les Larves d'Agile et de Rousse se ressemblent beaucoup ; aussi conseillons-nous, pour éviter toute erreur, d'examiner au microscope le bec corné des Têtards douteux ; la partie supérieure du bec corné de l'Agile porte une sorte de verrue cornée ; cette excroissance n'existe pas chez la Rousse. La bande brune et blanchâtre du haut de chaque flanc commence à se montrer chez les Larves qui sont à la fin de la troisième période ; les membres postérieurs ont des rayures transversales brunes ; la teinte métallique des parties inférieures disparaît et devient blanchâtre. Beaucoup de sujets sont à la quatrième période ou à son début et nous avons remarqué que chez cette espèce, qui a pourtant l'ouverture du spiraculum située sur le flanc gauche, le membre antérieur droit sortait souvent le premier alors que le membre gauche apparaissait seulement par l'ouverture du spiraculum et ne devenait libre qu'un peu plus tard ; c'est ordinairement le contraire qui a lieu chez les Larves à spiraculum situé à gauche.

Pendant cette période, les raies des flancs deviennent plus apparentes ; la teinte des parties supérieures s'éclaircit, alors que par endroits se montrent des taches d'un brun sombre ; les parties inférieures deviennent de plus en plus blanches. Plusieurs individus sont à la fin de la quatrième période et leur queue est presque résorbée. Nous les plaçons dans un aquarium ; ils sortent de l'eau le 12 mai, porteurs d'un petit bout de queue, et sont entièrement transformés le 14. A son arrivée à l'état parfait, la jeune Rousse a 15 millimètres du bout du museau à l'anus. Elle est brune en dessus, avec de petites proéminences plus foncées ; les lignes du haut des flancs sont bien visibles ; la tache post-oculaire est d'un brun peu foncé ; les membres postérieurs sont rayés de brun ; elle est blanchâtre en dessous. Chez quelques sujets on remarque la tache en forme de V renversé qu'on voit vers la base de la tête de l'Agile ; mais on reconnaîtra toujours la jeune Rousse aux minuscules mamelons d'un brun foncé qui ornent les parties supérieures de son corps. Du 14 au 22 mai, les transformations sont très nombreuses, et le 22 mai au soir il ne reste plus dans l'eau qu'une seule Larve sur le point de passer à la quatrième période. Cette Larve dégage son membre antérieur droit dans la matinée du 23 ; dans la soirée du même jour, son membre antérieur gauche sort par l'ouverture du spiraculum ; le 26, elle est hors de l'eau, mais elle a encore un bout de queue qui disparaît le 30.

Un de nos sujets à la troisième période eut un de ses membres postérieurs amputé ; ce membre ne se reforma pas. Chez les larves d'Urodèles, il n'en est pas ainsi ; bien souvent nos jeunes Salamandres à l'état larvaire s'arrachaient les pattes, et les membres mutilés ne tardaient pas à se reformer.

4. — Grenouille agile, *Rana agilis* Thomas.

Parties supérieures brunes ou variant du brun cendré au brun roussâtre, avec une large tache triangulaire noirâtre en arrière de l'œil et des marques de même couleur formant des rayures transversales sur les membres postérieurs ; quelques petites taches sont encore disséminées sur les membres antérieurs et quelquefois sur le dos, où elles forment, à la base de la tête, une sorte de V renversé ; une grande tache se montre sur le haut de l'avant-bras. Parties inférieures blanches, d'un blanc légèrement jaunâtre ou rose par endroits. Iris brun doré, pupille horizontale. Les mâles ont ordinairement un costume plus sombre que les femelles. Tête et corps : 0 m. 050 à 0 m. 065 ; membre postérieur : 0 m. 105 à 0 m. 125. En plaçant un des membres postérieurs le long du corps, le talon dépasse le museau.

Cette Grenouille est commune. Elle paraît dès le mois de février, lorsque la température n'est pas trop froide, et s'accouple immédiatement, puisque nous avons trouvé sa ponte le 18 de ce mois. Mais c'est principalement en mars qu'a lieu l'accouplement et qu'on entend le chant des mâles : *co-co-co-co, co-co-co-co-co, co-co-co*. Une femelle se présente à la mare et est bientôt accouplée ; alors les amoureux choisissent un endroit herbu et la femelle évacue ses œufs que le mâle féconde. La glaire gonfle et la ponte forme une grosse boule qui se trouve presque toujours fixée à une ou plusieurs tiges ; l'œuf est brun foncé en dessus et blanchâtre en dessous. Il arrive souvent que les plantes ne sont pas assez solides pour maintenir la ponte lorsqu'elle est vieille de quelques jours ; elle monte alors à la surface et s'étale plus ou moins. S'il gèle fort à ce moment, les embryons de la partie supérieure seront perdus. Mais il faut que la température baisse beaucoup, car la ponte est toujours plus chaude que l'eau qui l'environne ; on peut facilement s'en rendre compte en plongeant la main dans la mare et ensuite dans la masse glaireuse.

Nous avons trouvé des pontes en février, mars et avril, dans les fossés et les mares. Nous avons remarqué que dans un chemin dont les fossés contenaient l'un de l'eau courante et l'autre de l'eau dormante, les Agiles choisissaient l'eau dormante pour y pondre ; il est vrai que le fossé contenant cette eau était le mieux exposé au soleil, et c'est peut-être pour cela que de nombreux paquets d'œufs y étaient déposés.

Pourtant les fossés contenant de l'eau dormante tarissent souvent et les Larves périssent alors par milliers.

Les œufs de cette espèce sont détruits en grande quantité par les Tritons palmés : le 9 mars 1892, nous trouvons une ponte fraîche dans une petite mare très fréquentée par ces Tritons ; trois ou quatre Palmés étaient déjà en train de dévorer les œufs et faisaient de grands efforts pour s'introduire dans la masse albumineuse ; le 25 mars, la ponte était presque entièrement mangée et quelques jours après il ne restait plus que cinq ou six embryons sur le point d'éclore.

Les Agiles restent peu de temps accouplées et se séparent après la ponte, bien que les mâles demeurent à l'eau pendant quelques jours encore. Puis elles se répandent dans la campagne, fréquentant les bois humides et les prairies, s'égarant même sur les coteaux secs et ensoleillés ; elles font des bonds énormes et lancent souvent un jet d'urine lorsqu'on cherche à les prendre.

Au moment du rut, faute de femelles, les mâles sauteront sur l'échine du premier Batracien venu : nous avons trouvé des Agiles sur des Crapauds mâles qui, eux aussi, sont à l'eau en mars ; les malheureux Crapauds faisaient en vain des efforts inouïs pour se débarrasser de leur fardeau.

Cet Anoure se nourrit d'Insectes, de petits Mollusques et de Vers. Aux premiers froids, il se cache sous terre, dans les trous, sous les racines et les tas de détritus.

Métamorphoses. — Le 7 mars 1892, nous prenons une ponte fraîche dans un fossé, près d'Argenton, et nous la plaçons dans un de nos bassins. Les premiers Têtards bruns sortent de la masse glaireuse le 26 mars, les derniers le 3 avril ; ils s'agitent, circulent vivement, puis se reposent au fond du bassin, couchés sur le flanc. La température étant favorable, la première période dure peu, et, en six jours, les yeux, la bouche, les viscères, l'anus se forment ; les branchies externes, moins allongées que chez l'espèce précédente, deviennent internes ; le spiraculum s'ouvre sur le côté gauche du corps ; le Têtard, qui commence à brouter les plantes, passe à la deuxième période. Le 12 avril, les bourgeons qui doivent former les membres postérieurs se montrent et la troisième période commence ; le 12 mai, les Larves ont beaucoup grossi et les bourgeons ont un peu allongé. Le 21 mai, les plus fortes Larves ont 39 millimètres de longueur ; elles sont d'un brun légèrement olivâtre sur les parties supérieures, leur longue queue est tachetée de noir et les côtés de leur corps sont maculés de très petites lignes noirâtres sinueuses, enchevêtrées et à peine visibles ; l'abdomen est blanc argenté, cuivré sur les côtés et a une teinte métallique ; le raphé médian est peu apparent ; la gorge a une teinte violacée ; les bourgeons allongent et on commence à apercevoir les orteils. De même que nos autres Larves d'Anoures, elles mangent les Escargots écrasés que nous leur donnons. Le 31 mai, les plus grands Têtards ont 45 millimètres ; la queue, très longue, leur donne une forme élancée ; les membres postérieurs se développent sur la plupart des sujets et sont même presque formés chez quelques individus. Le 15 juin, la plus grande Larve à la troisième période a 45 millimètres ; elle est sur le point de passer à la quatrième période et ses membres postérieurs sont formés. A ce moment la coloration change et devient plus claire ; une bande brune se montre sur le haut de chaque flanc et une marque de même couleur, en forme de V renversé, apparaît sur le haut du dos ; le corps perd ses formes arrondies et on voit la forme des membres antérieurs encore cachés sous la peau. Deux Larves sont au début de la quatrième période et ont dégagé un de leurs membres antérieurs ; deux autres sont à la quatrième période et ont leurs quatre membres ; chez ces dernières, le bec corné et les lames pectinées de la petite bouche tombent et la grande bouche de l'état parfait va se former.

Une Larve est à la fin de la quatrième période ; sa queue se résorbe et sa bouche est presque formée ; les poumons remplacent les branchies et le Têtard vient souvent à la surface pour prendre de l'air ; la raie brune du haut de chaque flanc se borde de blanchâtre en dessus. De nombreuses Larves sont toujours à la troisième période et ont leurs membres postérieurs peu développés. Le 18 juin, la Larve qui était à la fin de la quatrième période le 15 juin, mise en cage, a entièrement résorbé sa queue et est à l'état parfait. Le 25 juin, de nombreux sujets sont sortis de l'eau, ayant encore un bout de queue, et achèvent de se transformer au dehors ; beaucoup d'individus sont à la quatrième période et quelques souffreteux sont encore à la troisième. Ce même jour, 25 juin, nous mettons dans le bassin d'une cage deux Larves au début de la quatrième période et huit Larves à la quatrième période : le 28 juin, elles sont presque toutes hors de l'eau, mais ont encore une très petite queue ; le 30 juin, huit sont à l'état parfait et deux seulement ont encore trois ou quatre millimètres de queue. Les transformations sont nombreuses dans le grand bassin où la ponte a été déposée ; le 5 juillet, tous les jeunes Batraciens sont arrivés à l'état parfait et ont quitté l'eau. Ils prennent de plus en plus le costume de leurs parents, se répandent dans tout le jardin et chassent les Pucerons et les très petits Insectes. Au moment de sa transformation, la jeune Grenouille agile a 15 millimètres du museau à l'anus.

FAMILLE DES BUFONIDÉS

Genre Crapaud, *Bufo* Laurenti.

Museau très court ; pas de dents ; des denticules osseux à l'os palatin ; en arrière des yeux, des parotides allongées formées d'un amas de glandes ; peau tuberculeuse en dessus, granuleuse en dessous ; quatre doigts non palmés aux membres antérieurs ; membres postérieurs peu allongés et portant cinq orteils palmés. Les mâles sont plus petits que les femelles, surtout chez *B. Vulgaris* ; leurs membres antérieurs sont plus gros que ceux des femelles ; ils portent, au moment du rut, des brosses copulatrices aux doigts internes. Le Crapaud calamite mâle a un sac vocal interne, le Crapaud commun n'en a pas.

5. — Crapaud commun, *Bufo vulgaris* Duméril et Bibron.

Parties supérieures brunes, plus ou moins roussâtres ou verdâtres, souvent maculées, chez les vieilles femelles, de taches grisâtres ou blanchâtres ; parties inférieures d'un blanc jaunâtre sale, marquées parfois de taches noirâtres très peu foncées et à peine visibles. Iris rouge, pupille horizontale. Tête et corps : 0 m. 09 à 0 m. 11 ; membre postérieur : 0 m. 095 à 0 m. 135. Dans l'Indre, la femelle du Crapaud commun est le Batracien qui atteint la plus forte taille.

Dès les premiers jours de mars, cette espèce sort du trou de terre qui lui a servi d'abri pendant la mauvaise saison, et d'un pas lourd et chancelant se rend à la rivière, à la mare, à l'étang ou au fossé voisin. Les mâles arrivent les premiers et font entendre leur chant : *couâ, ouah* ; les femelles viennent ensuite et sont bientôt accouplées ; vers le 20 mars, si le temps est beau, les couples sont nombreux à la surface des mares.

Lorsque la femelle est disposée à pondre, les amoureux choisissent un endroit herbu, et, la nuit ou le matin, la ponte commence. Ils fixent aux plantes l'extrémité des chapelets d'œufs et se promènent ensuite çà et là, pendant plusieurs heures, sur un petit espace ; la femelle évacue ses œufs pendant que le mâle les féconde au passage ; quelques heures après la ponte, le couple se désunit.

Les tubes glaireux reposent sur les brins d'herbes ou sur les joncs, à quelques centimètres de profondeur ; ils gonflent bientôt et leur diamètre est de 10 ou 12 millimètres environ. Pendant ce temps, les œufs, dont le vitellus est noirâtre dessus et brunâtre dessous, qui étaient un peu aplatis à leurs bouts, s'arrondissent et se rangent par quatre dans le cordon.

Nous avons remarqué, en différents endroits, que cette espèce, tout en s'accouplant un peu partout, même dans les rivières, semble avoir des lieux de prédilection pour se reproduire. Ainsi, par exemple, dans une mare située sur la route d'Argenton à Vaux, les couples sont nombreux en mars, alors qu'ils sont assez rares dans les mares qui se trouvent à peu de distance de celle indiquée plus haut et qui, autant qu'elle, contiennent des plantes aquatiques.

A défaut de femelle, le Crapaud commun saute sur les mâles de son espèce ou se hisse sans façon sur le dos d'une femelle de Grenouille verte qui fait alors des efforts inouïs pour s'en débarrasser. Il n'est pas facile à désarçonner, car il se cramponne tant qu'il peut sur sa glissante monture, et rien n'est comique comme de voir ce couple grotesque plonger, se débattre et cabrioler en tous sens ; enfin la Grenouille épuisée devient plus calme et se résigne à porter son fardeau. Cet accouplement est improductif et il n'en résulte aucun hybride ; la Grenouille verte, du reste, ne pond qu'en mai et juin. Tenace et patient, le Crapaud attend quand même une émission d'œufs qui ne doit pas se produire ; de longs jours passent, et la Grenouille, les aisselles ulcérées et à moitié étouffée par les poings de son amoureux, s'affaiblit de plus en plus et finit souvent par mourir.

La saison des amours dure peu de temps chez le Crapaud commun, et, lorsque l'accouplement bat son plein vers le 20 mars, dès le 31 du même mois il ne reste plus à l'eau que quelques mâles qui n'ont pas eu la chance de trouver une femelle et qui, de temps en temps, jettent leur cri monotone, bientôt eux aussi quittent l'eau et se répandent dans la campagne.

L'appétit ouvert, le ventre vide, le Crapaud s'en va à la recherche d'une nourriture qui doit réparer ses forces épuisées par le long jeûne d'hiver et par l'accouplement. Il retourne dans sa contrée tout en chassant les Insectes, les Mollusques, les Lombrics, et s'établit dans les tas de pierres, sous les fumiers, dans les galeries abandonnées par les petits Rongeurs, où il habite de compagnie, car nous avons trouvé cinq ou six Crapauds dans le même terrier ; il se creuse parfois un trou peu profond lorsque le terrain n'est pas trop dur ; il s'égare jusque dans les caves et les jardins des villes, passant sous les portes ou par les fissures des vieux murs. On le rencontre partout, dans les bois, les champs, les villages. Il sort quelquefois le jour, par les temps humides, mais le plus souvent il se met en chasse à la nuit tombante, marchant ou sautillant lourdement, jusqu'à ce qu'une proie attire son attention ; il s'arrête alors, s'embusque, et lorsque l'animal convoité passe près de lui, il projette brusquement sa langue gluante et la victime est avalée prestement. Il semble avoir une préférence marquée pour le Carabe doré et bien des fois nous avons trouvé ce beau Coléoptère dans son tube digestif. Il est vrai que le Carabe, chasseur infatigable, est plus exposé que tout autre Insecte à faire avec le Crapaud de dangereuses rencontres.

Nous avons dit que l'accouplement avait lieu vers le 20 mars : mais, lorsque les froids persistent, cette espèce se reproduit fin mars ou au commencement d'avril. Quelques femelles qui n'ont pu se rendre à l'eau en mars y arrivent en avril ou même beaucoup plus tard : le 18 juin 1891, nous avons pris, dans une mare, une énorme femelle portant un mâle sur son dos ; dans le corps de cette femelle, nous avons trouvé une grande quantité d'œufs sur le point d'être pondus.

Nous pensons que cette bête avait dû être retenue prisonnière dans sa retraite d'hiver, par suite de matériaux déposés sur sa demeure, et que, une fois libre, elle s'était rendue à la mare, accompagnée d'un mâle qu'elle avait trouvé en route.

En automne, plus le temps se refroidit, moins le Crapaud circule, et il finit par rester dans son trou pour y passer la saison des frimas ; c'est principalement sous les tas de fumier qu'il aime à creuser son domicile hivernal.

Métamorphoses. — Le 21 mars 1892, nous prenons deux Crapauds accouplés et nous les plaçons dans notre jardin. Ces bêtes, apportées de Vaux à Argenton, ne se désunirent pas pendant le trajet, quoiqu'elles aient été assez fortement secouées par le trot d'un Cheval ; il est vrai que la mousse placée dans le sac où elles étaient renfermées amortit considérablement les chocs. Pendant la nuit suivante et la matinée du 22, le couple dépose ses cordons d'œufs dans un de nos bassins. Les premiers Têtards sortent des cordons le 2 avril, les derniers le 6. Au moment de sa naissance, le petit Têtard noir est dans un état rudimentaire, mais en une semaine la bouche, les yeux, les viscères, l'anus sont formés ; les branchies externes paraissent, puis disparaissent, deviennent internes, et le spiraculum s'ouvre sur le côté gauche du corps ; la queue s'allonge et la nageoire caudale se développe. La petite Larve quitte le cordon albumineux sur lequel elle est restée pendant quelques jours, elle circule dans le liquide et commence à brouter les plantes aquatiques. Le 11 avril, presque tous les Têtards sont passés de la première à la deuxième période et chez quelques-uns des plus forts sujets on commence à apercevoir au microscope les bourgeons qui formeront les membres postérieurs. On voit, par cette dernière observation, que la deuxième période ne dure pas longtemps chez cette espèce. Le 11 mai, les Larves ont beaucoup grandi, mais les bourgeons ont à peine grossi ; le 16 du même mois, les bourgeons ont un peu allongé. Le 21 mai, les Larves

ont 25 millimètres de longueur ; elles sont noires ; l'abdomen
est un peu moins foncé ; les membres postérieurs commencent
à se former et on voit les bourgeons qui formeront les orteils.
Le 31 mai, les Larves à la troisième période ont 30 millimètres ; elles sont noires en dessus ; le dessous du corps
est un peu moins sombre et a une coloration légèrement
métallique ; chez quelques-unes, les membres postérieurs
sont très développés ; elles mangent avec avidité les Escargots écrasés que nous leur donnons. Des sujets précoces sont
à la quatrième période. Le 5 juin, beaucoup de Têtards sont
au début de la quatrième période et ont sorti de leur peau un
des membres antérieurs ; bientôt l'autre membre est délivré
et ils sont à la quatrième période. De noirs qu'ils étaient, ils
deviennent brunâtres en dessus avec des marbrures plus foncées sur les membres, et en dessous ils sont d'un blanc sale.
Les lames pectinées et le bec corné de leur petite bouche de
Têtard tombent et la grande bouche de l'état parfait se forme ;
pendant ce temps, ils ne prennent presque plus de nourriture
et vivent aux dépens de leur queue qui, en huit jours, se
résorbe de plus en plus ; c'est la fin de la quatrième période.
Les poumons remplacent les branchies, le spiraculum dis
paraît, et les jeunes Crapauds, ayant besoin d'air, vivent
sur les plantes à la surface de l'eau. Encore porteurs d'un
petit bout de queue, ils quittent le bassin et vont se cacher
sous les herbes, les pierres, les mottes de terre et dans les
moindres trous ; ce qui reste de leur queue se résorbe rapidement et les jeunes Batraciens, arrivés à l'état parfait, ont
12 millimètres de longueur du bout du museau à l'anus. Ils
ouvrent souvent la bouche pour la dilater et vivent de Pucerons et d'animaux minuscules ; leurs parotides sont d'un
beau roux clair ; ils prennent de plus en plus le costume de
leurs parents. Le 13 juin, beaucoup de sujets sont hors du
bassin ; il ne reste à l'eau que des individus à la quatrième
période et quelques souffreteux encore à la troisième période.

Le 30 juin, il n'y a plus dans le bassin que quatre Larves maladives qui se transforment lentement et qui quittent l'eau le 10 juillet. Lorsqu'il arrive à l'état parfait, le petit Crapaud a l'iris noirâtre et marqué de nombreux points dorés ; six semaines après, les points métalliques couvrent une grande partie de l'iris et sont devenus de la couleur du cuivre rouge ; plus tard cette teinte perd sa coloration métallique et devient rouge.

En juin, on trouve des quantités de jeunes Crapauds autour des étangs et des mares, et même, en quelques endroits, sur les berges de nos rivières. Encore peu verruqueux, ils sont la proie d'une foule d'animaux.

A l'état adulte, ce Batracien, protégé par le venin que sécrètent les glandes de sa peau, n'a guère pour ennemi que le Tropidonote à collier, qui peut l'avaler impunément ; maintes fois nous avons trouvé dans l'intérieur de ce Serpent les corps plus ou moins digérés d'un ou deux Crapauds.

6. — Crapaud calamite, *Bufo calamita* Daudin.

Parties supérieures d'un brun cendré avec de larges et très nombreuses marbrures verdâtres ou d'un brun verdâtre ; pustules d'un brun rougeâtre ; une raie d'un jaune clair part du museau ou du milieu de la tête et se prolonge jusqu'à l'anus. Parties inférieures blanches, avec de nombreuses petites taches noires. Iris vert-doré, marbré de noir ; pupille horizontale. Tête et corps : 0 m. 067 ; membre postérieur : 0 m. 080. Forme plus svelte que chez le Crapaud commun.

Dans notre département, cette espèce est presque aussi commune que la précédente.

Le Calamite paraît vers la fin de mars et s'accouple en avril, mai et juin, parfois même jusqu'en septembre. Il se reproduit dans les fossés peu profonds contenant de l'eau courante. Souvent aussi on trouve sa ponte dans les ornières des chemins, après une forte pluie ; si la sécheresse survient, l'eau disparaît et les Têtards sont perdus.

C'est le plus criard de nos Batraciens, qui comptent pourtant dans leurs rangs de si bruyants virtuoses, et les *raoa*, *craoa*, *crraoa*, *crrraou*, *raoa*... de son chant d'amour sont assourdissants. Dès qu'un mâle se fait entendre, ses camarades ne tardent pas à l'imiter et bientôt, au crépuscule, le vacarme est complet et dure une partie de la nuit. Trottinant comme un Campagnol, la mine éveillée, charmant dans son beau costume, il se faufile entre les herbes, cherche noise à un voisin, lui saute sur le dos, s'y maintient quelques instants, fait des cabrioles gracieuses dans la bousculade qui suit, car il a l'échine souple, et, la querelle terminée, recommence sa musique. Les femelles se rendent à l'appel des mâles et les couples ne tardent pas à se former ; en avril, mai et juin, en suivant les fossés d'eau courante, bien souvent à peu de distance des fontaines, il n'est pas rare de trouver ces jolies bêtes accouplées. La femelle tend ses cordons d'œufs sur le sable, de préférence dans les endroits où il y a à peine quelques centimètres d'eau, et forme de nombreux lacets. Les œufs, fécondés par le mâle au moment de leur sortie, se rangent par deux dans le cordon, puis, lorsque l'embryon se forme, se mettent en une seule file ; quand le petit Têtard devient libre, le cordon albumineux disparaît presque entièrement. Les œufs sont noirs, avec une teinte blanchâtre en dessous ; ils sont moins gros que ceux du Crapaud commun. Le très petit Têtard noir de cette espèce est extrêmement abondant dans les fossés au printemps et au commencement de l'été.

Pendant le jour, sauf par les temps humides, le Calamite reste sous terre, à une faible profondeur, dans le petit trou qu'il s'est creusé, et en sort le soir pour se mettre en chasse dans les fossés desséchés, dans les prairies, les jardins, le long des bois et des haies, cherchant les Coléoptères, les Crustacés, les Mollusques et les Vers qui sont sa nourriture habituelle. Il disparaît aux premiers froids d'automne, s'enfouit dans un endroit bien abrité, sous les fumiers, les amas de détritus, et y passe la mauvaise saison en compagnie de quelques sujets de son espèce.

Métamorphoses. — Deux des Calamites qui vivent en liberté dans notre jardin s'accouplent le 24 avril 1892 et le lendemain matin nous trouvons leurs cordons d'œufs dans un de nos bassins. Les premiers Têtards naissent le 27 avril, les derniers le 28. Au début de son existence, la Larve de ce Crapaud est presque informe; mais en quatorze jours les yeux, la bouche, les viscères, l'anus, la queue et la nageoire caudale se forment, les branchies externes paraissent, puis disparaissent et deviennent internes; le spiraculum a son ouverture sur le côté gauche du corps. La jeune Larve commence à brouter les plantes aquatiques et passe à la deuxième période, qui dure peu; car, dès le 16 mai, on voit, au microscope, les bourgeons qui doivent former les membres postérieurs. Le 21 mai, les plus fortes Larves ont 12 millimètres de longueur; elles sont noires. Le 31 mai, elles ont 14 millimètres; les bourgeons ont un peu allongé. Le 10 juin, elles ont 19 millimètres; les membres postérieurs se forment; elles ont la gorge un peu blanchâtre; leur nageoire est moins noire que chez l'espèce précédente; elles mangent les Escargots écrasés que nous plaçons dans leur bassin. Le 20 juin, les Larves à la troisième période ont 23 millimètres; leurs membres postérieurs sont presque entièrement formés; elles sont noires dessus, un peu moins sombres dessous. Quelques Têtards sont à la fin de la troisième période, leurs membres postérieurs sont formés et on commence à apercevoir la raie jaune du milieu du dos. D'autres Larves sont au début de la quatrième période et ont sorti un de leurs membres antérieurs; d'autres sont à la quatrième période et ont leurs quatre membres, leur coloration est moins sombre et leur raie jaune s'accentue. Le 30 juin, beaucoup de Têtards sont encore à la troisième période; d'autres sont à la quatrième et deviennent blanchâtres en dessous ; quelques-uns sont à la fin de la quatrième période, leur coloration se rapproche de plus en plus de celle de l'adulte, ils vivent sur les plantes de leur bassin et plusieurs sujets ont déjà quitté l'eau. Le 6 juillet, de nombreux individus sortent du bassin, porteurs d'un petit bout de queue qui se résorbe rapidement. Jusqu'à la fin de ce mois les transformations sont nombreuses, et, le 31, il ne reste plus à l'eau que quelques Larves maladives qui quittent le bassin vers le 17 août.

L'année précédente, nos Calamites se sont développés plus rapidement, parce qu'ils étaient moins nombreux dans leur bassin.

Chez une ponte observée dans un ruisseau peu profond contenant de l'eau de fontaine, situé près d'Argenton, nous avons constaté que les Têtards sortis des œufs les 17 et 18 avril 1892 étaient presque tous transformés vers le milieu de juillet.

Lorsqu'il arrive à l'état parfait, le Calamite est le plus petit de tous nos Batraciens ; il a de 8 à 10 millimètres du museau à l'anus. A un an, il a de 30 à 33 millimètres et quelques taches noires se montrent sur l'abdomen.

Le venin sécrété par la peau du Calamite adulte, inoculé ou ingurgité, est aussi dangereux que celui de l'espèce précédente ; mais, de même que tous nos Anoures et Urodèles, ce Crapaud peut être manié sans le moindre danger.

FAMILLE DES PÉLOBATIDÉS

Genre Pélobate, *Pelobates* Wagler.

Crâne bombé, épais, rugueux ; museau peu allongé ; de petites dents à la mâchoire supérieure et au vomer ; pas de parotides ; peau lisse, légèrement granuleuse par endroits ; quatre doigts non palmés aux membres antérieurs ; cinq orteils palmés aux membres postérieurs ; une lame cornée tranchante sous le pied, au métatarse ; membres postérieurs peu allongés.

Le mâle à les membres antérieurs plus forts que la femelle et porte sur le bras, au moment du rut, une plaque ovalaire lisse qui remplace les brosses copulatrices ; il n'a pas de sac vocal.

★ — **Pélobate brun**, *Pelobates fuscus* Wagler.

Nous n'avons pas encore, dans l'Indre, mis la main sur le Pélobate brun ; on le trouvera, nous pensons, dans le nord ou le nord-ouest du département.

C'est du 15 mars au 30 avril, au moment de l'accouplement, qu'on peut s'emparer de cette espèce en raclant, au moyen d'un troubleau, le fond des grandes mares aux eaux limpides ; à cette époque, lorsqu'on se rend de bon matin près des eaux qu'elle habite, il n'est pas rare d'entendre son faible chant : *clo-clo*, *clo-clo*, *clo-clo-clo*. On peut aussi capturer son énorme Têtard en mai, juin ou juillet.

Notre ami M. Héron-Royer nous a envoyé, en juin 1891, plus de deux cents Têtards à la troisième période qu'il avait capturés dans l'Indre-et-Loire, aux environs d'Amboise ; nous les avons élevés jusqu'à l'état parfait en les nourrissant d'Escargots écrasés et de Veau cru haché menu et mélangé de feuilles de salade ; au commencement d'août, ils étaient tous transformés et hors de l'eau. Nous avons gardé un certain nombre de sujets dans notre jardin et nous avons mis les autres en liberté aux environs d'Argenton ; nous espérons que cette espèce restera et se reproduira dans le pays.

Dans notre jardin, nos Pélobates sortent la nuit pour chasser les Insectes, les Vers et restent sous terre durant le jour. L'été, lorsque la terre est très sèche, ils s'enfoncent profondément pour avoir l'humidité nécessaire à leur existence ; en automne et en hiver, ils font de même pour se mettre à l'abri du froid, restent enfouis pendant toute la mauvaise saison et reprennent leur vie active au printemps.

Pour faciliter les recherches, nous donnons le signalement de l'adulte et de la Larve de cette intéressante espèce.

Adulte : Parties supérieures d'un brun foncé et d'un brun clair ; cette dernière teinte formant ordinairement sur les flancs des sortes de bandes larges et irrégulières qui convergent vers la tête ; une large bande d'un brun clair sur la ligne médiane ; quelques points rouges sur les membres et les flancs. Parties inférieures blanches, légèrement jaunâtres sous les membres postérieurs, avec des taches noirâtres à peine visibles. Iris doré, pupille verticale. Talon muni d'une lamelle cornée, blanchâtre, dure et tranchante, qui sert à l'animal à s'enfouir sous terre, à reculons. Tête et corps : 0 m. 055 ; membre postérieur : 0 m. 070. .

Têtard à la troisième période : 0 m. 095 à 0 m. 12 du bout du museau au bout de la queue ; spiraculum ouvert sur le côté gauche du corps. Brun foncé, nageoire sans taches.

Arrivé à l'état parfait, le jeune Pélobate a 0 m. 030 à 0 m. 032 du museau à l'anus et il prend le costume de ses parents ; à deux ans, il est presque aussi grand qu'eux ; à trois, il est adulte.

Genre Pélodyte, *Pelodytes* Fitzinger.

Museau un peu plus allongé que dans le genre précédent ; de petites dents à la mâchoire supérieure et au vomer ; peau granuleuse, lisse sous la gorge et la poitrine ; quatre doigts non palmés aux membres antérieurs ; membres postérieurs allongés, ayant cinq orteils très peu palmés.

Le mâle a les membres antérieurs un peu plus forts que ceux de la femelle et est muni d'un sac vocal interne. Il porte, au moment du rut, des brosses copulatrices au menton, aux doigts internes, au bras, à l'avant-bras, à la poitrine, et d'autres très petites brosses au ventre et aux orteils.

7. — Pélodyte ponctué, *Pelodytes punctatus* Dugès.

Parties supérieures d'un brun clair verdâtre plus foncé par endroits, marquées de grandes taches d'un vert plus ou moins sombre, les parties claires formant un X sur le dos; parfois les taches vertes sont à peine visibles. Parties inférieures blanchâtres, jaunâtres sur l'abdomen et décolorées sous les cuisses et les jambes. Iris doré dans sa moitié supérieure et brun-doré dans sa moitié inférieure; pupille verticale. Tête et corps : 0 m. 033 à 0 m. 041 ; membre postérieur : 0 m. 058 à 0 m. 065. Forme svelte.

Cette espèce n'est pas rare dans l'Indre. Nous l'avons capturée sur les hauteurs situées entre Argenton, Saint-Marcel et les bois de Nuits ; nous l'avons aussi rencontrée à Douadic. M. Héron-Royer l'a trouvée dans la plaine située entre Argenton, le Pêchereau et le Vivier ; René Parâtre l'a prise à Châteauroux, Villers, Vineuil et Villegongis.

Le Pélodyte ponctué se montre dès les premiers jours de mars et s'accouple aussitôt. Le mâle, bien caché dans une haie ou dans les herbes, près de l'eau, lance ses notes d'une voix chevrotante : *crain-crain, crain-crain, crouix-crouix* ; on croirait entendre une porte mal graissée ou le craquement des chaussures. Dès qu'une femelle se présente, un mâle la saisit à la région lombaire, et le couple se promène dans le fossé ou dans la mare jusqu'à ce que la femelle soit disposée à pondre. Les amoureux choisissent, à une faible profondeur, un brin d'herbe ou un morceau de bois mort fixé solidement et ils enroulent dessus les cordons d'œufs fécondés par le mâle ; très souvent, les cordons se rompent et les époux vont plus loin déposer un autre fragment de ponte; ils continuent ainsi jusqu'à ce que tous les œufs soient évacués. La ponte a lieu principalement la nuit, mais se termine souvent pendant le jour. La glaire des cordons gonfle et bientôt on ne voit plus les spirales ; le brin d'herbe, muni du paquet d'œufs, ressemble alors à une petite quenouille. Le vitellus est brun très foncé

dessus et blanchâtre déssous ; cette dernière teinte brunit très
vite. Le Pélodyte a la déplorable habitude de pondre dans les
fossés ; aussi, s'il survient une période de sécheresse, l'eau
disparaît et les Têtards périssent ; il meurt ainsi, presque
chaque année, des milliers de Larves de cette espèce.

Ce joli Batracien, agile et gracieux, reste ordinairement
caché pendant le jour sous les pierres, sous les racines des
arbres, dans les fortes haies ou dans le petit trou qu'il s'est
creusé ; au crépuscule, il sort de son abri et s'en va à la
recherche des Insectes et des Vers. A l'automne, dès que les
froids commencent, il se réfugie sous terre, dans les trous
des vieilles murailles, dans les carrières, et y passe la mauvaise saison.

Nous nourrissons les Pélodytes que nous avons dans nos
cages au moyen de Blattes et de petits Lombrics.

Métamorphoses. — Le 6 mars 1893, nous trouvons les
fragments d'une ponte fraîche dans les petits fossés du plateau situé entre la Caillaude et le Génétoux, près d'Argenton ; nous les plaçons dans un de nos bassins. Les premiers Têtards sortent de la glaire le 11 mars et les derniers
le 13 ; ils sont tous suspendus aux cordons albumineux et
font quelques mouvements de corps ; leur coloration est
brunâtre et leur queue très petite. En quelques jours,
les yeux, la bouche, les viscères, l'anus se forment ; les branchies externes paraissent, disparaissent et deviennent internes ; le spiraculum a son ouverture sur le côté gauche du
corps ; la queue se développe, ainsi que la nageoire. Les
petits Têtards quittent les cordons et vont se fixer, par
bandes nombreuses, sur les plantes aquatiques qu'ils ne
tardent pas à brouter ; le 19 mars, la première période
est terminée. Le 3 avril, les Larves, d'un brun noirâtre, ont
20 millimètres de longueur ; la deuxième période va se terminer, car chez beaucoup d'entre elles on aperçoit, au micro-
copes, les bourgeons qui formeront les membres postérieurs.

Le 15 avril, elles ont 26 millimètres ; leur nageoire caudale est presque incolore ; leurs bourgeons allongent. Le 30 avril, elles ont 33 millimètres ; leur peau est assez transparente ; elles sont d'un brun foncé en dessus et, chez quelques-unes, on commence à apercevoir les dessins particuliers à cette espèce ; en dessous elles ont des taches métalliques par endroits ; la membrane de leur queue est sans taches ; les bourgeons allongent toujours. Le 10 mai, les plus fortes Larves ont 45 millimètres ; les membres postérieurs se développent et on voit les bourgeons qui formeront les orteils. Elles sont d'un brun noirâtre en dessus et les dessins qui ornent la tête, le dos et les flancs paraissent de plus en plus ; ces dessins bizarres sont composés de lignes pointillées jaunâtres qui donnent un charmant aspect à ces belles et gracieuses Larves. Elles sont noirâtres en dessous et marquées de larges taches métalliques assez nombreuses ; leur membrane caudale est large, longue et très légèrement maculée et noirâtre. Le 1er juin, les Larves à la troisième période ont 56 millimètres ; elles sont d'un brun olivâtre en dessus ; les dessins sont très apparents ; elles sont d'un noir bleuâtre en dessous, avec des parties légèrement métalliques ; leur queue est finement maculée de noirâtre ; leurs membres postérieurs sont formés. Quelques sujets sont au début de la quatrième période et ont sorti leur membre antérieur gauche ; d'autres sont à la quatrième période et ont dégagé leur second membre ; d'autres sont à la fin de la quatrième période, n'ont plus qu'un petit bout de queue et vont sortir de l'eau. Pendant cette période, la Larve prend de plus en plus le costume de ses parents. Le 3 juin, quelques Larves sortent de l'eau ; elles ont encore une petite queue qui se résorbe vite. Arrivé à l'état parfait, le jeune Pélodyte a 19 millimètres du museau à l'anus ; il est olivâtre en dessus, avec des taches d'un vert sombre ; les flancs sont d'un brun clair, le ventre et la gorge blanchâtres. Du 3 au 17 juin, les transformations sont nombreuses et, ce jour-là, il ne reste plus dans le bassin que neuf Larves à la quatrième période ; le 23 juin, toutes ont quitté l'eau.

Moins les Têtards sont nombreux dans le même bassin ou dans la même mare, plus ils grandissent vite. Nous avons mis dans un bassin, quelques jours après leur naissance, deux Têtards provenant de la ponte dont nous venons de donner le développement. Le 30 avril, ils ont 54 et 60 millimètres de longueur et sont sur le point de passer à la quatrième période. Le 10 mai, il sont à la fin de la quatrième période et vont sortir du bassin. Nous les plaçons dans un aquarium muni d'un rocher ; ils sortent de l'eau le 12 mai et sont à l'état parfait le 15. Après leur transformation, ils mangent avec avidité les Pucerons que nous leur donnons.

FAMILLE DES BOMBINATORIDÉS

Genre Sonneur, *Bombinator* Wagler.

Museau assez court ; des dents à la mâchoire supérieure et au vomer ; pas de parotides ; peau très verruqueuse en dessus, presque lisse en dessous ; quatre doigts non palmés aux membres antérieurs ; membres postérieurs peu allongés, ayant cinq orteils palmés. Le mâle est légèrement plus petit que la femelle, a les membres antérieurs un peu plus forts et porte des brosses copulatrices aux doigts internes, à l'avant-bras et même aux orteils, au moment du rut. Il n'a pas de sac vocal.

8. — Sonneur à pied épais, *Bombinator pachypus* Fitzinger.

Parties supérieures brunes ou d'un brun grisâtre ; parties inférieures jaunes ou d'un jaune orangé, marbrées de grandes taches d'un noir bleuâtre ou légèrement grisâtre. Iris brun

doré ; pupille triangulaire. Tête et corps : 0 m. 047 à 0 m. 049 ;
membre postérieur : 0 m. 051 à 0 m. 055.

Pendant la belle saison, le Sonneur est très commun dans
toutes les petites mares et dans la plupart des fossés. Il est
peu sauvage et on le voit presque toujours revenir à la surface, après un premier plongeon, et rester longtemps immobile, les jambes écartées. Il est très curieux et aime à se
rendre compte du bruit qui l'inquiète : pendant la grande
sécheresse du printemps et de l'été de 1893, lorsque nous
nous rendions sur l'emplacement des mares desséchées, nous
voyions sortir des fissures du sol une foule de malheureux
petits Sonneurs qui disparaissaient après avoir constaté
notre présence et s'enfonçaient de nouveau sous terre pour y
trouver l'humidité dont ils avaient besoin.

Cet Anoure paraît ordinairement aux premiers jours
d'avril, mais nous l'avons plusieurs fois rencontré pendant
les derniers jours de mars, se chauffant aux rayons du soleil,
sur le bord de l'eau. Il s'accouple d'avril à la fin de juillet,
mais principalement en mai, juin et dans la première
quinzaine de juillet ; c'est pendant cette longue période qu'on
peut entendre son chant peu bruyant : *hue ; heu, heu ; hou,
hou ;* ou bien encore *é, é, é, é, é..., voi, voi, voi..., para, para,*
dits d'une petite voix très faible. Bien souvent, assis sur le
bord d'un fossé, nous avons entendu le chant de plusieurs Sonneurs se répondant et lançant leurs petites notes de ventrilo-
ques ; ces voix ressemblaient à s'y méprendre au bruit affaibli
d'une chasse aux Chiens courants passant dans le lointain.

Après une forte pluie, le lendemain ou le surlendemain,
lorsque les fossés sont encore pleins d'eau, le Sonneur
s'accouple et fixe ses œufs sur les herbes, non loin de la surface, par groupes de 3 à 10, quelquefois plus. La ponte a
ordinairement lieu dans la soirée et la femelle dépose, en
quelques heures, de 200 à 300 œufs dont le vitellus est grisâtre ou brun clair en dessus et blanchâtre en dessous ; on

trouve assez souvent des œufs isolés. Nous croyons que parfois les femelles ne pondent pas tous leurs œufs pendant la même soirée et qu'elles s'accouplent de nouveau quelques jours plus tard.

Le Sonneur se nourrit de Lombrics, de Mollusques, d'Insectes aquatiques et de leurs Larves.

Il est très venimeux et l'action de son venin nous a souvent occasionné, lorsque nous avions de petites écorchures aux doigts, une légère enflure assez douloureuse, mais qui disparaît vite. Lorsqu'on le tourmente et qu'on le jette en l'air, il reste sur le sol pendant plusieurs minutes, les poings sur les yeux, l'échine cambrée et les jambes repliées près des cuisses qui elles-mêmes touchent le corps.

Vers la fin de septembre ou en octobre, cette espèce s'enfonce sous terre, dans les trous ou les moindres fissures, où elle demeure pendant le reste de l'automne et tout l'hiver.

Métamorphoses. — Le 23 mai 1892, nous prenons, dans un fossé bordant la route d'Argenton au Pêchereau, les grappes d'une ponte fraîche et nous les plaçons dans un de nos bassins. Les premiers Têtards sortent de l'œuf le 28 mai, les derniers le 29. Lorsque le Têtard naît, il a la nageoire caudale assez développée ; ses mouvements sont vifs, mais de temps à autre il se repose sur le flanc et reste longtemps dans cette position ; il est d'un brun grisâtre ; l'œil est presque formé, les branchies externes sont assez développées. En cinq jours, la bouche, les viscères, l'anus se forment, la peau devient transparente ; la nageoire se développe ; les branchies deviennent internes ; le spiraculum, ou plutôt les spiraculums se rejoignent et forment une seule ouverture sur la ligne médiane du dessous du corps. Le petit Têtard commence à brouter les plantes aquatiques ; il est à la deuxième période. Bientôt les bourgeons qui doivent former les membres postérieurs, indices de la troisième période, sont visibles au microscope. Le 10 juin, la Larve a

22 millimètres de longueur ; la peau, très transparente, laisse
voir une petite dépression entre la tête et le corps, qui sont
noirâtres. Le 20 juin, elle a 25 millimètres ; les bourgeons
ont un peu allongé. Le 30 juin, elle a 29 millimètres ; la
nageoire est maculée de petites taches noirâtres. Le 10 juillet,
les plus fortes Larves ont 30 millimètres ; les membres
postérieurs commencent à se former et on voit les bourgeons
qui formeront les orteils ; elles sont d'un brun noirâtre ; le
dessous du corps est légèrement marqué de taches métalliques. Le 20 juillet, elles ont 33 millimètres ; les membres
postérieurs se développent, les orteils se forment. Le 31 juillet,
les plus forts Têtards ont 35 millimètres ; les membres postérieurs et les doigts sont formés. Toutes les Larves de la
ponte sont encore à la troisième période, sauf une qui est
à la quatrième. Cette dernière Larve est brune et se couvre
de tubercules en dessus ; le dessous des pieds commence à
prendre une teinte jaunâtre ; la pupille devient de plus en
plus triangulaire. Elle sort de l'eau le 4 août, encore munie
d'un petit bout de queue ; nous la mettons en cage, et sa
queue est entièrement résorbée le 6 août. Lorsque le jeune
Sonneur arrive à l'état parfait, il a 16 millimètres du museau à l'anus ; il est brun en dessus, avec des marbrures
plus foncées qui paraissent légèrement verdâtres ; en dessous, il est marbré de noir et de gris foncé légèrement verdâtre ; cette dernière teinte deviendra jaune en peu de
temps ; le dessous des membres est déjà jaunâtre et le
dessous des pieds et des mains est jaune. Le 10 août, des
Larves sont à la troisième période, d'autres à la quatrième,
d'autres à la fin de la quatrième période ; depuis le 31 juillet
quelques-unes ont quitté l'eau. Du 10 au 20 août, de nombreux sujets arrivent à l'état parfait ; il reste encore à l'eau
une vingtaine de Larves aux troisième et quatrième périodes.
Le 20 août, nous plaçons dans un aquarium un sujet à la
troisième période, mais sur le point de passer à la quatrième ;

dans la soirée il est au début de la quatrième période et quelques instants après il dégage son second membre antérieur ; il sort de l'eau le 25 août et se place sur le rocher de l'aquarium ; sa queue est entièrement résorbée le 29 août. Le 31 août, il y a encore dans le bassin deux Larves de 39 millimètres à la troisième période et quelques autres sujets à la quatrième période. Le 10 septembre, il n'y a plus qu'une Larve ; elle sort de l'eau le 12 septembre et arrive à l'état parfait le 18 du même mois.

Les petits Sonneurs s'éloignent peu de l'eau après leur transformation ; ils y reviennent souvent et habitent la plupart du temps sur les herbes des bassins, près des bords.

FAMILLE DES ALYTIDÉS

Genre Alyte, *Alytes* Wagler.

Museau peu allongé ; des dents à la mâchoire supérieure et au vomer ; de très petites parotides ; peau un peu tuberculeuse en dessus, granuleuse en dessous ; quatre doigts non palmés aux membres antérieurs ; membres postérieurs peu allongés, ayant cinq orteils peu palmés.

Le mâle a les membres antérieurs plus gros que ceux de la femelle ; il n'a pas de brosses copulatrices ni de sac vocal.

9. — Alyte accoucheur, *Alytes obstetricans* Laurenti.

Parties supérieures d'un brun clair cendré, avec de nombreuses marques d'un brun noirâtre ou olivâtre ; parfois quelques petites taches rougeâtres sur les parotides, le bourrelet du haut des flancs et sur les plus gros tubercules ; des sujets sont presque entièrement bruns en dessus. Parties inférieures blanchâtres, avec la peau du dessous des membres incolore. Iris doré, surtout dans sa partie supérieure ; pupille verticale. Tête et corps : 0 m. 040 ; membre postérieur : 0 m. 060. Forme trapue.

Dès la fin de février ou dans les premiers jours de mars, l'Alyte sort de sa retraite d'hiver et, lorsque la nuit arrive, il fait entendre son doux chant flûté : *cloc ! cluc !*

Il s'accouple de février à août et, d'après les observations de notre ami M. Héron-Royer, la femelle pond deux fois chaque année.

L'accouplement a lieu à terre, le soir ordinairement, et le mâle fixe à ses jambes les œufs de la femelle. Ces œufs ont une enveloppe transparente, souple et très résistante ; leur vitellus est d'un blanc jaunâtre. Lorsque le petit embryon se développe, on le voit fort bien à travers les enveloppes ; on aperçoit deux points noirâtres qui sont les yeux ; les branchies sont longues et rougeâtres ; puis la coloration du corps devient brunâtre. Quand la Larve sort de l'œuf, elle est déjà à la deuxième période et même à la troisième, car on voit souvent, dès le jour de la naissance, les bourgeons qui formeront les membres postérieurs.

L'accouplement terminé, le mâle, comme nous l'avons dit plus haut, fixe les œufs à ses jambes et va se cacher sous terre, dans une petite galerie oblique qu'il se creuse et qu'il habite seul ou en compagnie de quelques individus qui, eux aussi, peuvent être porteurs d'œufs : bien souvent nous en avons trouvé trois ou quatre dans le même trou ou sous la même pierre. Pendant la nuit, lorsque le temps est par trop sec, il va rafraîchir les œufs à la mare voisine. Au bout de 24 à 44 jours, selon la température, l'Alyte sent remuer autour de ses jambes les jeunes Larves retenues prisonnières dans leurs enveloppes et va porter la ponte à l'eau.

D'après M. Héron-Royer, chaque ponte comprend environ 45 œufs ; d'après le Dr Fatio, 40 à 60. Nous avons compté de 35 à 55 œufs chez les pontes provenant de vieilles femelles, et de 14 à 20 chez celles pondues par des jeunes. Nous avons pris dans notre jardin, le 17 mai, un mâle portant une énorme ponte de 155 œufs.

Cette espèce est très commune dans l'Indre, où on la trouve dans tous les endroits cultivés. Pendant toute l'année, on rencontre son Têtard dans les mares, les fossés et les grands réservoirs des fontaines. Les Larves nées au printemps ou au commencement de l'été arrivent à l'état parfait en moins de trois mois ; celles qui naissent à la fin de l'été ou au début de l'automne restent à l'état larvaire jusqu'au printemps suivant. La Larve de cet Anoure est énorme, et peut atteindre 86 à 87 millimètres de longueur ; nous avons pris souvent des exemplaires de cette taille.

Au moment de la sécheresse, l'Alyte se tient dans les endroits frais ; mais, s'il survient de fortes pluies, la trop grande humidité le gêne et il va se cacher dans les endroits moins exposés à l'eau, sous les pierres, les tas de bois, dans les trous des vieux murs. C'est le soir et la nuit qu'il sort de son trou et chasse les Insectes, les Mollusques et les Vers.

Aux premiers froids, il se terre profondément dans un endroit bien abrité, ou bien encore il se cache dans les caves des vieilles ruines et sous les grands amas de détritus ; il passe dans cet abri la plus grande partie de l'hiver.

Le chant de ce Batracien ressemble, lorsqu'il est produit par une nombreuse société, à un carillon de clochettes n'ayant pas toutes le même son ; cette différence des sons donne une certaine harmonie aux voix d'une réunion d'Alytes, et bien des fois nous avons écouté avec satisfaction, pendant les belles nuits de printemps et d'été, les tintements délicats de ces chanteurs nocturnes.

Métamorphoses. — Les Alytes mâles qui se sont accouplés dans nos cages ont porté les œufs de leurs femelles pendant des périodes variant de 40 à 44 jours. A l'état libre, l'incubation dure moins longtemps, car le mâle peut, à sa volonté, choisir des endroits dont la température et le degré d'humidité soient très favorables au développement de la ponte qu'il porte.

Le 6 mai 1892, nous prenons dans notre jardin un mâle
porteur d'œufs sur le point d'éclore, et ce même jour, à onze
heures du matin, nous plaçons la ponte dans une cuvette
pleine d'eau. Les premiers Têtards percent leurs enveloppes
et sortent de l'œuf à onze heures et demie ; à une heure de
l'après-midi, vingt et un ont quitté leur prison ; un autre,
retenu au passage des enveloppes, a été étranglé. Le vingt-
troisième Têtard sort à quatre heures, le vingt-quatrième à
six heures, les vingt-cinquième et vingt-sixième pendant la
nuit. Le 7 mai, il ne reste plus dans la ponte que deux Têtards,
l'un mort, l'autre n'étant pas encore en état de sortir ;
le 9 mai, ce dernier avait une partie du corps hors de l'œuf
et allait périr, lorsque nous l'avons délivré. A sa sortie de
l'œuf, la Larve de l'Alyte a 15 millimètres de longueur ; elle
est brune en dessus, avec des endroits plus foncés ; les
yeux, la bouche, l'anus, les viscères sont formés, elle a des
branchies internes, son spiraculum est ouvert sur le milieu
de la poitrine ; la nageoire caudale est bien développée et on
aperçoit les bourgeons qui formeront les membres postérieurs. Le petit être est vif, nage avec rapidité et peut brouter
les plantes aquatiques ; dès le lendemain de sa naissance, il
a 20 millimètres de longueur. Le 21 mai, les plus fortes
Larves ont 32 millimètres. Le 31 mai, elles ont 48 millimètres ;
elles sont brunes en dessus, de coloration cuivrée en dessous,
le raphé médian est très apparent et a une teinte métallique ;
la nageoire caudale est piquetée de très petits points noirs ;
les membres postérieurs se développent et on commence
à apercevoir les bourgeons qui formeront les orteils.
Le 10 juin, elles ont 56 millimètres ; les membres postérieurs allongent. Le 20 juin, elles ont 60 millimètres ;
elles sont brunâtres en dessus et marquées de points noirâtres ; leur nageoire est maculée de taches noires ; leurs
membres postérieurs sont presque entièrement formés. Le
30 juin, dix-sept Têtards vivent encore ; depuis l'éclosion,

deux ou trois sont morts, d'autres ont été tués pour nos études. Sept Larves sont à la troisième période et ont environ 61 millimètres. Dix Larves sont à la quatrième période ; une raie formée de points jaunâtres se montre sur les côtés de la tête et le haut des flancs, mais on ne peut la confondre avec les dessins de la Larve du Pélodyte ; chez deux de ces bêtes, la queue commence à se résorber ; le raphé médian disparaît ; elles deviennent d'un brun grisâtre en dessus. Nous mettons ces dix Larves à la quatrième période dans le petit bassin d'une cage ; quelques jours après elles sortent de l'eau, ayant encore un petit bout de queue, et, le 10 juillet, quatre d'entre elles sont à l'état parfait et n'ont plus d'appendice caudal ; des points d'un rouge brique se montrent sur les parotides et les flancs ; les jours suivants les autres Larves se transforment. Le 10 juillet, les Têtards qui étaient à la troisième période le 30 juin sont à la quatrième période ; le plus long a 63 millimètres. Le 15 juillet, il n'y a dans l'eau que deux Larves dont la queue est à moitié résorbée ; il n'en reste plus qu'une le 20. Cette dernière quitte l'eau le 22 juillet ; nous la mettons en cage, et le 26 du même mois elle est à l'état parfait. Au moment de sa transformation, le jeune Alyte a 18 ou 20 millimètres du museau à l'anus,

Le 25 mai 1892, à midi, un de nos mâles adultes captifs, porteur d'œufs, est mis dans un aquarium ; il se place sur le rocher, la tête seule hors de l'eau. A midi et demi, le premier Têtard sort de l'œuf ; à midi cinquante-cinq, l'Alyte fait de violents efforts et dégage de la ponte une de ses jambes ; dix minutes après, il délivre son autre patte en s'aidant du membre déjà libre. A ce moment, les deux tiers environ des Têtards sont sortis de l'œuf et n'ont pas attendu la délivrance de leur père pour conquérir leur liberté ; à deux heures et quart, trente-huit Larves sont hors de l'œuf ; six sont mortes et restent sous leur enveloppe. Ces Têtards arrivent à l'état parfait du 31 juillet au 18 août.

Nous avons remarqué, dans nos bassins où depuis quelques années nous avons élevé bon nombre de Larves d'Alyte, que les Têtards de certaines pontes, lorsqu'ils étaient à la fin de la troisième période et à la quatrième, portaient un petit point blanc jaunâtre entre les yeux; pendant le cours de la quatrième période ce point brillant s'atténue et finit par disparaître.

Dans certaines mares contenant de l'eau trouble, les Têtards d'Alyte ont une teinte très pâle.

** **Le Discoglosse à oreilles** (*Discoglossus auritus* Héron-Royer) a été acclimaté en France par notre ami M. Héron-Royer.

Cette magnifique espèce, aux brillantes couleurs, est commune au Maroc, en Algérie et en Tunisie.

Les Discoglosses qui nous ont été donnés il y a quelques années par M. Héron-Royer ont reproduit dans les bassins de nos jardins, et en 1892 et 1893 nous avons mis en liberté, près d'Argenton, plusieurs milliers de jeunes sujets. Les naturalistes qui, plus tard, rencontreront cette espèce dans notre département, se trouveront en présence des descendants de nos élèves.

Signalement : Parties supérieures d'un brun plus ou moins foncé avec des marques noires variant à l'infini ; chez beaucoup de sujets, on voit des bandes d'un brun jaunâtre sur le dos et les flancs. Parties inférieures blanchâtres. Taille : 0 m. 06 du museau à l'anus ; 0 m. 10 de l'anus à l'extrémité des orteils. La forme du Discoglosse se rapproche de celle des Grenouilles ; il est agile et peu pustuleux ; son chant est un roulement peu bruyant.

Nous ne savons si, en général, les mâles de cette espèce sont plus gros que les femelles ; mais, à l'inverse des Batraciens de nos pays, nos Discoglosses mâles étaient toujours de plus forte taille que leurs femelles.

ORDRE II. — URODÈLES

Les Urodèles ont une queue pendant et après l'état larvaire. Ils ont un peu la forme des Lézards, mais leurs mouvements sont beaucoup plus lents. Leur tête est de moyenne grosseur ; ils ont des paupières mobiles et des yeux plus ou moins gros et plus ou moins proéminents selon les espèces. Leur cou est assez apparent et leur corps, assez allongé, a une forme légèrement cylindrique. Leurs membres sont courts ; les antérieurs et les postérieurs ont à peu près la même longueur. Leur queue est conique lorsqu'ils vivent à terre ; chez les Tritons, elle devient haute et plate lorsque ces bêtes habitent l'eau. Chaque année les mâles adultes de quelques espèces du genre Triton ont, sur le corps, une crête élevée lorsqu'ils vivent dans l'eau, au moment des amours ; cette crête disparaît presque entièrement lorsqu'ils habitent dans les trous de terre, les tas de pierres, les caves et les souterrains. Leur peau est plus ou moins couverte de tubercules contenant des glandes qui sécrètent une liqueur blanchâtre qui, comme celle des Anoures, est un poison violent pour les petits animaux et aussi pour les grands lorsqu'elle est inoculée ou ingurgitée à forte dose. De même que les Anoures, les Urodèles répandent une odeur désagréable lorsqu'on les tourmente. Ils changent souvent d'épiderme et se rendent ordinairement à l'eau pour cette opération. Une Salamandre adulte, placée seule dans une cage munie d'un bassin, changea entièrement de peau le 2 novembre, puis le 9 du même mois, puis le 4 décembre suivant ; elle resta ensuite plusieurs semaines sans se dépouiller de son vieil épiderme. Dans les bassins des cages contenant des Tritons ou des Salamandres, nous trouvons souvent des dépouilles bien entières ; on ne voit qu'une fente sur la tête et la partie antérieure du corps. Si le changement de peau se fait hors de l'eau, l'Urodèle se sert de ses mâchoires lorsque le bourrelet formé par le vieil épiderme arrive vers la partie postérieure du corps ; il maintient ainsi sa dépouille entre ses dents pendant que les muscles du corps et de la queue exécutent des mouvements qui font détacher l'épiderme caduc ; l'opération terminée, il avale immédiatement son vieux vêtement, ainsi que nous avons pu le constater chez nos sujets captifs.

Les Urodèles n'ont pas de chant ; lorsqu'on les prend, ils font entendre parfois un bruit spécial quand ils ouvrent brusquement la bouche.

Nous ne savons si la Salamandre s'accouple à terre ou dans l'eau. Après l'accouplement, les œufs se développent dans le corps de la femelle. Lorsque les petits naissent, ils ont leurs quatre membres, leurs branchies externes et leur queue. Chaque Larve est entourée d'une enveloppe souple et transparente qu'elle déchire immédiatement. Elle vit dans l'eau durant plusieurs mois ; pendant ce temps ses poumons se forment, puis ses branchies s'atrophient, disparaissent peu à peu, et la jeune Salamandre sort de l'eau et va se réfugier dans les trous de terre, les fentes des rochers ou sous les racines des arbres.

Les Tritons s'accouplent dans l'eau et c'est ce liquide qui porte les spermatozoïdes dans les oviductes de la femelle. Ils pondent des œufs à vitellus arrondi et entouré d'une petite enveloppe albumineuse transparente et ovale. A sa sortie de l'œuf, la Larve a les branchies externes encore peu développées ; elle a une queue, mais pas de membres ; des tentacules situés sur les côtés de la tête lui servent à se fixer aux objets ; ses yeux sont formés. L'iris brillant et la forme allongée du petit être le font ressembler à un jeune Poisson. Bientôt la bouche s'ouvre, les viscères se forment et la Larve broute les plantes minuscules à la façon des Têtards d'Anoures. En quelques jours, la bouche est entièrement formée et la bête vit d'Insectes aquatiques, de leurs œufs et de leurs Larves. Les bourgeons qui doivent former les membres antérieurs allongent, les doigts se forment, et les tentacules, désormais inutiles, disparaissent. Les membres antérieurs se développent les premiers, les membres postérieurs ensuite ; tous croissent extérieurement et non sous la peau comme les membres antérieurs des Anoures. Les branchies externes deviennent touffues, puis diminuent et disparaissent pendant que les poumons se forment ; la nageoire dorso-caudale se résorbe et la queue s'arrondit ; alors le jeune Batracien quitte l'eau.

Les Urodèles grandissent lentement et ne reproduisent que vers leur troisième ou leur quatrième année ; ils sont beaucoup moins féconds que la plupart des Anoures. Adultes, ils n'ont pas beaucoup d'ennemis. A l'état larvaire, ils sont la proie des Couleuvres et d'une foule d'Insectes et de Larves qui vivent dans l'eau ; leurs parents ne se font aucun scrupule de les dévorer et ils se mangent même entre eux! Les œufs des Tritons sont détruits par de nombreux Insectes aquatiques.

Ces Batraciens vivent de Lombrics, de Mollusques, de Crustacés, d'Insectes et de Larves, d'œufs d'Anoures et parfois de jeunes Têtards.

Tous nos Urodèles appartiennent au sous-ordre des Caducibranches ; ils n'ont des branchies que pendant l'état larvaire.

FAMILLE DES SALAMANDRIDÉS

Genre Salamandre, *Salamandra* Laurenti.

Museau assez court ; yeux gros et très proéminents ; des parotides ; les deux mâchoires et le palais armés de petites dents ; membres courts, les antérieurs ayant quatre doigts courts non palmés, les postérieurs munis de cinq orteils courts non palmés ; queue un peu arrondie, longue, conique. Peau plissée, assez tuberculeuse en dessus, plus lisse en dessous.

Le mâle est un peu plus petit que la femelle, les parties
avoisinant le cloaque sont plus grosses que chez cette dernière,
sa tête est proportionnellement un peu plus large.

10. — **Salamandre tachetée**, *Salamandra maculosa* Laurenti.

Noire en dessus, avec deux larges bandes d'un beau jaune
vif plus ou moins interrompues et se réunissant parfois sur
le museau et la queue ; quelques petits points noirs sur les
parotides ; vers le bas de chaque flanc, une large bande jaune
plus ou moins interrompue. Noirâtre en dessous, avec des
taches jaunâtres assez grandes ; gorge jaune ; membres tachetés de jaune ; iris d'un brun presque noir. Taille : 0 m. 18 à
0 m. 21 du bout du museau au bout de la queue.

Nous avons vu un assez grand nombre de Salamandres et
nous avons remarqué qu'il est fort rare de trouver deux individus portant les marques jaunes disposées exactement de la
même façon. Chez les mâles, les bandes jaunes sont ordinairement moins interrompues que chez les femelles ; nous avons
souvent capturé des individus chez lesquels ces larges bandes
allaient de la tête à la queue sans interruption.

La Salamandre tachetée n'est pas rare dans l'Indre ; elle est
particulièrement commune dans le sud du département.

Elle n'a pas de période d'inactivité ; nous avons trouvé des
sujets dans tous les mois de l'année, même en plein hiver,
car cette espèce ne reste dans son abri que pendant les grands
froids et sort de sa retraite dès que la température devient
plus douce.

Elle circule rarement dans la journée ; pourtant, par les
temps humides, on nous a apporté des sujets capturés en plein
jour. C'est le soir qu'elle va à la recherche de sa nourriture
qui se compose d'Insectes, de Crustacés, de Mollusques et de
Vers ; c'est un animal utile. Nous avons disséqué beaucoup
d'individus de cette espèce et nous avons presque toujours

rencontré, même en hiver, des Limaces, de jeunes Hélices, des Cloportes et des Lombrics dans leur tube digestif. La peau de cet Urodèle laisse pénétrer l'eau déposée sur les herbes par la fraîcheur des nuits et cela suffit souvent pour fournir à l'animal la quantité de liquide nécessaire à son existence ; par les temps de grande sécheresse, la Salamandre va prendre un bain salutaire à la fontaine voisine et rentre dans son trou de rocher ou de terre dès les premières lueurs du jour.

Elle habite les endroits accidentés, frais et humides, se cache dans les trous situés à la base des vieilles murailles, sous les racines des arbres ou des haies, dans les fentes des rochers et les moindres fissures de la terre, sous les tas de bois ou de fagots. On la trouve parfois dans les caves des grands villages et des villes ; mais elle n'arrive là que parce qu'elle a été transportée dans les rivières par l'eau des fontaines et des ruisseaux, lorsqu'elle était encore à l'état larvaire, et que, après avoir échappé aux mille dangers auxquels elle était exposée dans les grands cours d'eau, elle s'est réfugiée sous les racines, les pierres, ou dans les glacis des rives, au moment de sa transformation ; elle a grandi là lentement et isolément ; puis, plus tard, ses pérégrinations nocturnes l'ayant amenée dans une cave, elle y vit comme elle peut pendant longtemps si elle y trouve une nourriture suffisante et l'humidité indispensable.

Il est fort difficile de capturer la Salamandre ; quoique abondante, cette bête ne se rencontre qu'accidentellement, presque toujours lorsqu'on ne la cherche pas. Comme il nous fallait un certain nombre de sujets pour nos études, nous avions prié les bûcherons, les chasseurs, les gardes, les cultivateurs des environs d'Argenton, de nous apporter cette espèce toutes les fois qu'ils la rencontreraient ; nous nous sommes procuré ainsi bon nombre de beaux exemplaires.

Nous nourrissons nos Salamandres captives au moyen de Blattes et de Lombrics. Nous avons remarqué qu'elles ne se montraient ordinairement qu'au crépuscule, circulaient toute la nuit et allaient de temps à autre se rafraîchir dans les petits bassins de leurs cages; dès l'aurore, elles se cachaient sous la mousse.

A quelle époque et de quelle façon s'accouple cet Urodèle? Nous l'ignorons. Ni dans les fontaines, ni dans nos cages, où pourtant nous avons de nombreux sujets qui s'y reproduisent, nous n'avons pu voir cet acte important. Nous avons vu, à différentes reprises, deux têtes, appliquées à peu près l'une sur l'autre, émerger de la mousse et rester ainsi très longtemps sans bouger; mais chaque fois que nous avons essayé d'ouvrir la cage et d'enlever la mousse qui nous cachait les corps, nos bêtes se sont dérangées; nous avons pourtant pu constater que c'était toujours la tête d'un mâle qui était sur celle d'une femelle. Nous pensons que l'accouplement a lieu pendant la belle saison, soit à terre par abouchement des cloaques, soit dans l'eau à la façon des Tritons; il ne doit pas avoir lieu à la même époque pour tous les individus, car dans les premiers jours d'octobre on trouve des femelles sur le point de mettre bas, alors qu'en janvier, février et mars on en trouve d'autres dans le même état.

La Salamandre met bas d'octobre à avril et dépose ses Larves dans les fontaines ou dans l'eau très limpide des petits ruisseaux. Elle ne fait qu'une seule portée par an et cette portée se compose de 40 à 50 Larves, quelquefois plus.

Elle ne dépose pas tous ses petits le même jour, puisque d'octobre à avril on trouve des femelles ayant dans les oviductes un nombre plus ou moins considérable de Larves.

Citons quelques exemples de Salamandres dans lesquelles nous avons trouvé des Larves très développées ou sur le point de naître.

Femelle capturée le 1er octobre: Oviductes remplis de Larves; la mise bas n'est pas commencée.

Femelle capturée le 11 octobre: Oviducte droit plein de

Larves; quelques petits sont sortis de l'oviducte gauche.

Femelle capturée le 12 octobre : Oviducte droit contenant 25 Larves, celui de gauche 26 Larves et un œuf déformé, durci et n'ayant pas été fécondé ; la mise bas n'est pas commencée, mais les petits sont sur le point de naître.

Femelle capturée le 20 novembre : La mise bas est à moitié faite, il ne reste plus que 24 Larves dans les oviductes.

Femelle capturée le 22 décembre : La mise bas est presque terminée ; il ne reste plus que 5 Larves dans les oviductes.

Femelle capturée le 12 janvier : Oviductes pleins de petits ; la mise bas n'est pas commencée.

Femelle capturée le 28 janvier : Oviductes pleins de petits ; la mise bas n'est pas encore commencée.

Femelle capturée le 6 mars : Oviductes pleins de petits ; la mise bas est à peine commencée.

Femelle capturée le 25 mars : Oviductes vides.

Femelle capturée le 10 avril : Oviductes vides.

En février, mars et dans les premiers jours d'avril, on trouve des femelles vides ou ayant un nombre plus ou moins considérable de Larves dans les oviductes.

Les petits se développent dans le corps de leur mère ; chaque Larve est contenue dans une enveloppe mince, souple et transparente qu'elle déchire aussitôt qu'elle est déposée dans l'eau.

A sa naissance, la jeune Larve a 30 à 33 millimètres de longueur, son museau est large, ses branchies externes sont assez touffues et ses quatre membres sont formés ; elle se déplace avec facilité au moyen de sa nageoire dorso-caudale assez large et longue, moins effilée que celle des Larves des Tritons et remontant moins haut sur le dos ; elle est d'un brun plus ou moins foncé, marqué de taches noirâtres plus ou moins apparentes sur les parties supérieures ; la nageoire dorso-caudale est maculée de taches noires ; les membres sont marqués de jaune blanchâtre près de l'endroit où ils touchent au corps ; les parties inférieures sont incolores et la peau, très transparente, laisse apercevoir les viscères. La jeune bête se nourrit d'Insectes aquatiques et de leurs Larves ; plus tard, lorsqu'elle sera plus forte, elle avalera les sujets de son espèce nés récemment, et plus la nourriture sera abondante, plus son développement sera rapide. A mesure qu'elle grandit sa coloration s'assombrit, mais vers la fin de la période larvaire des taches jaunâtres se montrent par endroits sur les parties supérieures. Puis les poumons se forment pendant que les branchies s'atrophient de plus en plus, et la jeune Salamandre, ayant besoin d'air, vit sur les pierres ou les plantes, près de la surface ; sa nageoire dorso-caudale diminue, sa queue s'arrondit, enfin elle sort de l'eau et va se cacher sous les pierres ou dans les trous humides. Elle a alors un costume plus ou moins noir marqué de taches jaunâtres et ne tarde pas à prendre la coloration de ses parents. Au moment de sa transformation, elle a 55 à 65 millimètres de longueur ; à un an, elle a de 95 à 115 millimètres ; à deux ans, 120 à 140 millimètres. Elle n'est en état de reproduire que vers sa quatrième année et à cette époque elle n'a pas encore atteint toute sa taille.

Lorsque les Larves sont nombreuses dans le même endroit, il n'est pas rare de trouver des sujets dont les branchies ou les pattes ont été arrachées par les autres Larves ; le premier cas est toujours assez grave ; quant au second, le mal n'est pas irréparable, car les membres ne tardent pas à se reformer. Nous avons vu des Larves naissantes, affamées, avaler jusqu'à des fragments d'épiderme de Salamandre adulte ; il est probable qu'elles dévorent aussi parfois, faute de nourriture, les poches dans lesquelles elles étaient contenues.

On a dit que la Salamandre mettait peut-être bas dans les cavernes humides et que les branchies des petits se résorbaient vite, alors que leurs poumons se développaient rapidement. Nous avons placé des Larves naissantes sur du sable humide recouvert de mousse humide ; nous avons mis des Vers de vase près des Larves, mais trois jours après ces dernières étaient mortes.

Dès les premiers jours d'octobre, aux environs d'Argenton, on rencontre des Larves naissantes dans la plupart des fontaines. MM. R. Parâtre et P. Tardivaux, à qui nous avions fait part de nos observations, ont trouvé eux aussi de nombreux sujets dans les fontaines des environs de Lourdoueix-Saint-Michel. Ces Larves se transforment fin février, en mars, en avril ou même plus tard si elles ont manqué de nourriture.

D'octobre à avril on trouve, avec les Larves dont nous venons de parler, d'autres sujets naissants ; c'est que des femelles sont venues, de temps à autre, déposer un certain nombre de petits ; mais alors, comme nous l'avons dit, ces derniers servent presque toujours de nourriture aux Larves déjà fortes. Les jeunes Larves nées les dernières, en mars ou dans les premiers jours d'avril, lorsqu'elles ont la chance d'échapper à la mort, se transforment en juillet ; mais lorsqu'elles ont été déposées dans des fontaines où la nourriture est rare, elles ne sortent de l'eau que beaucoup plus tard, car nous avons trouvé des Larves jusqu'à la fin d'août et même dans les premiers jours de septembre.

Le 5 avril 1892, nous prenons, dans les fontaines de Lavernier et de la Colombe, près d'Argenton, un certain nombre de Larves nées en février et mars. (En enlevant toutes les Larves d'une fontaine qu'on veut observer et en la visitant ensuite tous les huit jours, il est facile de connaître l'âge des Larves qu'on y rencontre de nouveau.) Nous plaçons nos Larves dans un aquarium muni d'un rocher et nous leur donnons des Vers de vase ; nous maintenons toujours l'eau très claire et nous mettons notre aquarium à l'abri des rayons du soleil. Du 8 au 30 mai, nos jeunes Salamandres quittent leurs branchies et vivent sur le rocher. Elles ont les parties supérieures noires et marquées de grandes taches dorées du plus bel effet ; ces taches perdront peu à peu leur coloration métallique et deviendront d'un beau jaune clair ; en dessous la peau est mince, incolore et laisse apercevoir un peu les viscères. Chez les jeunes sujets qu'on place dans des cages immédiatement après leur transformation et qui vivent sous la mousse, dans l'obscurité, on remarque que la teinte dorée, métallique, est moins brillante que chez ceux qui vivent sur les rochers des aquariums dans lesquels on les a élevés. Après sa sortie de l'eau, la jeune Salamandre transformée est avide de Pucerons et d'une foule de petits Insectes ; elle dévore aussi les Vers de vase qu'on place près d'elle, sur le rocher ou sur la mousse. La coloration noirâtre du dessous du corps ne tarde pas à se montrer et, au bout de deux ou trois mois, la bête a entièrement le costume de ses parents.

Le 5 avril 1892, nous avions laissé dans les fontaines de Lavernier et de la Colombe une vingtaine de Larves semblables à celles que nous voulions élever dans nos aquariums et nous avons souvent visité ces fontaines pendant que ces Larves s'y développaient. Moins bien nourries que leurs sœurs captives, elles se développèrent moins rapidement et ne sortirent de l'eau que vers la fin de juin et en juillet.

Du 14 au 22 octobre 1892, nous prenons un assez grand nombre de Larves naissantes dans les fontaines de Lavernier et de la Colombe, et MM. R. Parâtre et P. Tardivaux nous envoient, de Lourdoueix-Saint-Michel, des Larves nouvellement nées et ayant exactement la même taille que les nôtres, soit 32 à 33 millimètres. Nous plaçons toutes ces Larves dans un aquarium et nous leur donnons une abondante nourriture composée de Vers de vase. Elles se transformèrent et sortirent de l'eau du 8 janvier 1893 au 10 mars suivant. On voit que les Larves nées à la même époque ne se transforment pas toutes en même temps ; cela tient à ce que des sujets ont une constitution plus forte et se nourrissent mieux que d'autres.

Dans la nuit du 15 au 16 octobre 1892, une femelle dépose quelques Larves dans une fontaine des environs d'Argenton ; pendant les nuits suivantes, cette femelle (ou une autre) vient placer au même endroit un certain nombre de petits, car le 26 octobre les Larves y sont nombreuses. Le 3 décembre suivant, ces Larves ont à peine grossi, les vivres étant rares dans la fontaine ; le 9 janvier 1893, elles sont un peu plus fortes ; le 28 janvier, une d'elles a 54 millimètres de longueur, mais les autres sont beaucoup plus petites. Le 14 février, la grande Larve a 58 millimètres ; quelques Larves naissantes ont été déposées récemment dans la fontaine et servent de nourriture aux autres. Le 2 mars, la grande Larve a 62 millimètres ; les moyennes ont de 40 à 50 millimètres ; il y a avec elles un assez grand nombre de très jeunes sujets de 30 à 33 millimètres déposés depuis peu par les femelles. Le 22 mars, la grande Larve a toujours 62 millimètres, ses branchies sont presque entièrement résorbées et elle va sortir de l'eau ; ses autres compagnes ont grandi ; nous trouvons encore des Larves naissantes et l'une d'elles est dévorée devant nous par une de ses grandes sœurs. Le 20 avril, beaucoup de sujets n'ont presque plus de branchies et vont se transformer ; depuis notre dernière visite, les plus forts individus ont quitté l'eau. Le 13 mai, nous enlevons toutes les Larves qui restent et nous les portons dans un ruisseau. Nous voulions voir si d'autres petits seraient déposés dans la fontaine à la fin du printemps ou en été : jusqu'au mois d'octobre suivant, il n'est pas né une seule Larve dans cette fontaine.

De toutes ces expériences d'élevage en captivité ou en liberté, nous concluons que la Larve de la Salamandre peut se développer en trois mois lorsqu'elle est fortement constituée et si elle trouve une nourriture abondante dans l'endroit où elle est placée, mais qu'elle peut rester le double de ce temps à l'état larvaire si la nourriture est très rare dans la

fontaine. Quant à la température de l'eau, elle ne joue aucun
rôle dans le développement ; en plein hiver, l'eau contenue
dans nos aquariums avait une température plus basse que
celle des fontaines et pourtant les Larves se développaient
plus rapidement chez nous qu'en liberté.

La Salamandre ne dépose pas toujours ses petits pendant
la nuit ; elle vient aussi à l'eau en plein jour pour y mettre
bas. La fontaine du parc de Lavernier avait été mise à notre
disposition par le propriétaire, M. Maurice Chenou, capitaine
au long cours, — un vieux camarade que nous tenons à
remercier ici des beaux Reptiles exotiques qu'il nous a
rapportés de ses nombreux voyages, — et plusieurs fois le
jardinier, que nous avions chargé de regarder dans cette
fontaine, deux ou trois fois dans la journée, d'octobre à
avril, est venu nous prévenir que des femelles venaient de
se rendre à l'eau en plein jour.

En 1892 et 1893, nos femelles captives ont parfois mis bas
quelques Larves pendant le jour ; mais c'était principalement
la nuit qu'elles venaient déposer leurs petits dans le bassin
de leur cage.

Cette espèce ne nage pas avec la même facilité que les
Urodèles du genre suivant et, d'octobre à avril, il n'est pas
rare de trouver des femelles noyées dans les fontaines ; elle
ne va à l'eau que lorsque c'est absolument nécessaire et
elle n'y reste que peu de temps.

Genre Triton, *Triton* Laurenti.

Museau assez court ; yeux moins gros et un peu moins
proéminents que dans le genre précédent ; de petites dents
aux deux mâchoires et au palais ; pas de parotides ; membres
courts, les antérieurs ayant quatre doigts non palmés, les
postérieurs cinq orteils palmés ou non selon les espèces ;
queue longue, arrondie et conique lorsque l'animal vit à

terre, élevée et comprimée latéralement lorsqu'il vit dans l'eau ; peau lisse ou granuleuse selon les espèces.

Le mâle est très légèrement plus petit que la femelle ; au moment du rut, son costume spécial le fait facilement reconnaître.

Les Larves des Tritons ont le museau moins large et la queue plus effilée que les Larves de Salamandre.

11. — **Triton crêté,** *Triton cristatus* Laurenti.

Parties supérieures d'un brun foncé marqué de noir ; doigts et orteils annelés de jaune ; parties inférieures d'un jaune orangé, marquées de grandes taches noires ; gorge et flancs d'un brun noirâtre pointillé de blanc. Iris plus ou moins doré ou cuivré. Taille : 0 m. 15 à 0 m. 16 du bout du museau au bout de la queue.

Le mâle en noces porte sur le dos une crête élevée et dentelée, d'un brun foncé presque noir, partant de la tête et se terminant avant d'arriver à la queue ; cette crête devient très basse lorsque l'époque du rut est passée. La queue, qui était arrondie lorsque l'animal vivait à terre, devient plate, élevée lorsqu'il habite l'eau, et elle lui sert de nageoire ; elle est alors argentée sur les côtés et parfois plus ou moins jaunâtre dans sa moitié postérieure.

La femelle n'a pas de crête et est souvent marquée, sur le milieu du corps et de la queue, d'une ligne jaunâtre à peine visible.

La coloration de cette espèce varie du brun foncé, presque noir, au brun cendré.

Le Triton crêté est très commun dans l'Indre. En janvier, il est enfoui sous le sol ; mais quand les derniers jours de ce mois ne sont pas trop froids, quelques individus sortent de leur trou et se rendent à la mare voisine. En février, on rencontre, en fouillant les mares au moyen d'un troubleau, des couples dont les mâles ont déjà revêtu le costume de

nôces. Si à ce moment il survient des froids, ces Urodèles
quittent l'eau et retournent sous terre ; mais quelques imprudents sont restés dans les mares; aussi, lorsque la couche
de glace devient très épaisse, il n'est pas rare, au dégel, de
trouver leurs cadavres à demi décomposés.

Le beau temps revenu, les Tritons regagnent l'eau, et, en
mars, ils y arrivent en grand nombre pour s'y accoupler
pendant ce mois et les deux mois suivants.

En grand costume, sa haute crête dorsale ondulant gracieusement, le mâle s'approche de la femelle, la touche de son museau, agite l'eau au moyen de sa queue qu'il replie sur l'un
des côtés de son corps, approche son cloaque le plus près
possible de celui de sa compagne et lance sa liqueur fécon-
dante. La femelle ouvre son cloaque, et le liquide sperma-
tique, transporté par l'eau, entre et féconde les quelques
œufs contenus dans les oviductes. Ces œufs pondus, un nouvel
accouplement est nécessaire, aussi cet acte se répète-t-il,
assez souvent pendant plusieurs semaines, tant que dure la
ponte de la femelle. Bien entendu, les couples formés se
désunissent à chaque instant et un mâle va indifféremment
d'une femelle à l'autre.

La femelle choisit un endroit rempli d'herbes aquatiques
pour y déposer ses œufs. Elle saisit une feuille dans ses
membres postérieurs, la ploie sur son cloaque et pond dans
ce pli ordinairement un œuf, rarement deux. Au moyen de
ses pieds, elle maintient son œuf pendant quelques instants
pour lui donner le temps de se coller et elle va plus loin
continuer sa ponte, ou bien, si la feuille est longue, elle y
fait plusieurs plis qui contiennent chacun un œuf.

L'œuf du Crêté est oblong ; son vitellus arrondi est d'un
blanc jaunâtre. L'embryon se forme peu à peu et est très
visible par suite de la transparence des enveloppes de l'œuf ;
pendant les derniers jours, il s'agite beaucoup et finit par
s'échapper de sa prison.

Dans le courant de mai, les mâles perdent leur costume de
noces ; leurs couleurs se ternissent, leur crête diminue et devient toute petite, leur queue s'arrondit ; ils quittent les
mares et vivent à terre, sous les pierres ou dans les moindres
fissures du terrain. En juin, il n'y a plus que quelques sujets
dans l'eau ; en juillet et août on y rencontre parfois de très
rares individus, des jeunes de un ou deux ans surtout, venus
aux mares pour s'y rafraîchir ; en septembre, ils sont un peu
plus nombreux.

Vers la fin d'octobre et en novembre, beaucoup de sujets
sont à l'eau ; la crête des mâles commence à grandir de
nouveau, alors que se montre la coloration argentée des côtés
de la queue. Fin novembre, si le temps devient froid, ces bêtes
quittent l'eau et se réfugient sous terre pour y passer, à moitié
engourdies, les mois de décembre et de janvier ; pourtant, si
la température n'est pas trop basse, on rencontre encore accidentellement quelques individus dans les mares.

A terre, le Triton crêté se nourrrit de Lombrics, de Mollusques, de Crustacés et d'Insectes ; dans l'eau, il dévore les
Insectes aquatiques et leurs Larves, les Têtards d'Anoures et
les Larves d'Urodèles.

Dans presque toutes les mares, il habite en compagnie du
Triton palmé ; dans d'autres, il vit avec le Palmé et le Marbré,
et alors il s'accouple souvent avec ce dernier, et l'hybride
qui en résulte est le Triton de Blasius, dont nous parlerons
lorsque nous décrirons l'espèce suivante.

Métamorphoses. — Le 1ᵉʳ mai 1892, dans une mare des
environs d'Argenton habitée par le Crêté et par le Palmé,
mais dans laquelle nous n'avons jamais capturé le Marbré,
qui existe pourtant dans d'autres mares situées à quelques
centaines de mètres de là, nous prenons une cinquantaine
d'œufs de Crêté fixés aux feuilles des plantes aquatiques.
Comme il est impossible de confondre l'œuf de cette espèce
avec celui du Palmé, nous étions donc absolument certains

d'avoir en notre possession l'œuf du Crêté. Quelques-uns de ces œufs étaient sur le point d'éclore et laissèrent échapper leur Larve le soir même ; chez d'autres, frais pondus, les petits ne sortirent que le 21 mai.

A sa naissance, la Larve a 10 millimètres de longueur ; ses yeux sont formés, mais sa bouche n'est pas ouverte. Au microscope, on voit très bien ses branchies assez longues mais peu ramifiées, ses tentacules situés de chaque côté de sa tête, et aussi les bourgeons qui formeront ses membres antérieurs. Elle a la queue assez longue et la nageoire dorso-caudale bien développée ; elle nage très bien et se repose souvent au fond du bassin. Elle est d'un jaune clair, porte une bande longitudinale noire sur chaque flanc et une autre bande de même couleur sur la queue et le dos ; cette dernière bande se bifurque en arrivant à la tête. Le 22 mai, chez les Larves les plus âgées nées dans les premiers jours du mois, les membres antérieurs sont longs, grêles et ont trois doigts ; chez d'autres Larves, un peu plus jeunes, ces membres n'ont que deux doigts. Les plus fortes Larves sont longues de 18 millimètres ; leur coloration devient un peu plus noirâtre sur les parties supérieures ; leurs branchies sont très développées ; leurs tentacules existent toujours ; on n'aperçoit pas encore les bourgeons qui formeront les membres postérieurs ; leur tube digestif est plein d'œufs et de très jeunes Larves d'Insectes aquatiques. Le 26 mai, les plus fortes Larves ont 20 millimètres ; leurs membres antérieurs se forment de plus en plus ; on voit les bourgeons des membres postérieurs. Le 31 mai, elles ont 26 millimètres ; elles sont brunes en dessus, et, en dessous, la peau très transparente et incolore laisse apercevoir les viscères ; leur nageoire dorso-caudale est maculée de taches noires et lisérée de blanchâtre ; leurs branchies sont touffues ; leurs membres antérieurs sont formés mais toujours grêles et ont chacun quatre doigts dont les deux du milieu sont très longs ; leurs tentacules ont disparu. Le 6 juin, elles ont 35 millimètres ; leurs membres postérieurs se développent et leurs orteils sont déjà assez longs. Le 1ᵉʳ juillet, les grandes Larves ont 70 millimètres ; leurs quatre membres, un peu grêles, sont bien formés ; leurs branchies sont longues et touffues. Elles sont d'un brun olivâtre en dessus, avec des taches noirâtres sur le corps et sur la queue ; le dessous est d'un blanc jaunâtre. Le 15 juillet, elles ont à peu près la même longueur et sont d'un brun noirâtre foncé avec des marbrures d'un brun plus clair. Les côtés de la tête, du corps et de la queue sont fortement pointillés de blanc ; la queue se borde de jaune en dessous ; le corps est jaune clair en dessous, avec quelques points noirs ; les branchies et la nageoire dorso-caudale diminuent. Le 1ᵉʳ août, les plus fortes Larves ont 80 millimètres ; les points blanchâtres sont plus nombreux sur les flancs et la queue ; une raie d'un brun clair se montre sur le dessus du corps et de la queue ; les parties inférieures deviennent de plus en plus jaunes et de nombreuses taches noirâtres paraissent sous la gorge et la poitrine. La nageoire diminue toujours ; les branchies s'atrophient, les poumons se forment et quelques sujets vont sortir de l'eau. Du 1ᵉʳ au 15 août, les transformations sont nombreuses ; ce jour-là il ne reste plus dans le bassin que douze Larves très avancées dont les branchies disparaissent peu à peu. A son arrivée à l'état parfait, le jeune Crêté est noirâtre en dessus, avec les flancs et les côtés de la queue piquetés de blanc ; il est jaune en dessous, avec des taches noires ; sa gorge est noirâtre et finement pointillée de blanc ; ses doigts semblent moins longs que lorsqu'il était à l'état larvaire ; il prend de plus en plus le costume de ses parents. Le 1ᵉʳ septembre, une seule Larve est encore à l'eau, et, arrivée à l'état parfait, elle sort du bassin le 19 du même mois. Nous avons nourri nos Larves de Crêté en plaçant dans leur bassin des Larves et des pontes d'Insectes aquatiques, de jeunes Larves d'Anoures, mais surtout des Vers de vase.

Nous avons souvent remarqué qu'alors que nos bassins contenant des Têtards d'Anoures étaient remplis d'Insectes et de
leurs Larves, ceux qui contenaient des Larves d'Urodèles en
renfermaient fort peu ; aussi étions-nous obligés de temps à
autre de transporter nos Urodèles dans les bassins des Anoures
où ils trouvaient une nourriture abondante, et *vice versa*. Les
Larves d'Urodèles sont tellement voraces qu'elles se mangent entre elles ; les plus grosses dévorent les petites, puis
s'arrachent l'extrémité de la queue, qui, du reste, se reforme
assez vite. Lorsque le jeune Crêté quitte l'eau, il va se cacher
sous terre, de préférence dans les endroits humides ; parfois
nous retrouvions dans nos bassins quelques sujets qui venaient
s'y rafraîchir, mais ils n'y restaient que peu de temps.

Dans les mares, ou trouve des Larves de cette espèce jusqu'à la fin de novembre ; ce sont des sujets souffreteux ou
provenant de pontes tardives et qui se développent lentement.

Un an après sa transformation, ce Triton a 10 centimètres
de longueur ; il ne reproduit qu'à sa troisième ou à sa quatrième année ; les mâles sont plus précoces que les femelles.

12. — Triton marbré, *Triton mamoratus* Latreille.

Museau un peu plus large que chez l'espèce précédente.
Parties supérieures vertes, marbrées de noir ; parties inférieures noirâtres, pointillées de blanc ; iris plus ou moins
doré ou cuivré. Taille : 0 m. 14 à 0 m. 16 du bout du museau
à l'extrémité de la queue.

Le mâle en noces porte, de la tête à la queue, une crête
colorée de noir et de brun clair, moins élevée que celle du
Triton crêté, à peine dentelée, s'abaissant beaucoup au niveau des membres postérieurs, mais reliée à la partie membraneuse de la queue. Celle-ci est ornée sur les côtés, dans toute
sa longueur, d'une large bande argentée et dorée ; elle est
parfois légèrement jaunâtre à son extrémité et sur la membrane du dessous. Elevée et aplatie lorsque l'animal vit dans

l'eau, la queue s'arrondit lorsqu'il vit à terre après l'époque des amours.

La femelle n'a pas de crête ; elle porte une ligne rougeâtre sur le dessus du corps.

La coloration de cette espèce varie beaucoup et les parties vertes sont souvent d'un vert jaunâtre ou brunâtre. René Parâtre nous a même montré un Triton marbré mâle dont les parties vertes étaient entièrement remplacées par du brun clair ; il avait pris ce sujet dans une mare des environs de Thenay. Nous avons capturé dans le même endroit des individus presque semblables à celui qui avait été pris par notre ami.

Le Triton marbré est très commun aux environs du Blanc et d'Argenton ; il n'est pas rare dans le sud du département, mais il est beaucoup moins répandu dans le nord.

Vers le milieu d'octobre, quelques individus se rendent aux mares et dans les réservoirs des grandes fontaines ; bientôt le mouvement s'accentue et à la fin du même mois ou en novembre on peut capturer bon nombre de Tritons de cette espèce en pêchant au troubleau. Ils commencent à prendre leur costume d'eau, ou costume de noces. S'il survient de grands froids fin novembre ou en décembre et janvier, presque tous les Marbrés quittent l'eau et vont se réfugier sous terre. Lorsque les mares gèlent profondément, on voit, après le dégel, les cadavres des imprudents flotter à la surface.

Aux premiers jours de février, lorsque la température est favorable, notre Urodèle met le museau hors de son trou et se décide à se rendre à la mare voisine ; si les grands froids recommencent, il sortira encore de l'eau, s'enfoncera sous terre dans la première fissure ou dans le premier trou qu'il trouvera sur son chemin et en sortira dès que le temps sera moins inclément. A cette époque, les mares gèlent ordinairement peu profondément et les Tritons restés dans le liquide ne périssent que rarement. Le costume d'eau s'atténue ou s'accentue selon que la bête vit à terre ou dans les mares et les larges fossés.

C'est surtout à la fin de février ou au commencement de mars que cette espèce se rend à l'eau. Les mâles se parent rapidement des brillantes couleurs de leur costume de noces ; les femelles, elles aussi, sont assez joliment colorées et, vers le milieu de mars, commencent la fécondation et la ponte, qui s'opèrent de la même façon que chez le Crêté ; les amours dureront jusqu'à la fin de mai. Pendant cette période, les Marbrés sont très communs dans les mares où ils viennent s'accoupler.

Durant son long séjour à l'eau, cette espèce se nourrit d'Insectes aquatiques et de leurs Larves, de Mollusques, de Crustacés, de Larves d'Anoures et d'Urodèles ; elle dévore même les Tritons de petite taille : un Marbré que nous venions de capturer rendit un Palmé adulte à moitié digéré !

En juin, on trouve dans les mares quelques couples de retardataires dont les mâles perdent le costume de noces et qui ne tarderont pas à sortir de l'eau. En juillet, août et septembre, les Marbrés vivent à terre, dans les fissures du sol, dans les trous, sous les pierres, et se nourrissent d'Insectes, de Mollusques et de Lombrics ; on ne rencontre dans l'eau que de très rares sujets qui sont venus s'y rafraîchir ; en octobre la migration vers les mares recommence.

Dans les eaux fréquentées par le Marbré, on trouve la Larve de cette espèce en avril, mai, juin, juillet, août et même en septembre. Dans les anciennes marnières contenant de l'eau blanchâtre, on rencontre des Larves incolores n'ayant que quelques taches noires sur la nageoire dorso-caudale ; dans les mêmes eaux, les Têtards d'Anoures sont aussi en partie décolorés.

Le venin sécrété par la peau du Marbré est aussi dangereux pour les petits animaux que celui du Crêté. Nous avions mis, dans le même aquarium, quelques Palmés en compagnie de Marbrés ; ces derniers aimaient à se reposer sur les grandes plaques de liège flottant à la surface de l'eau et les Palmés avaient la déplorable habitude de se percher sur le dos de leurs grands congénères. Les Marbrés, agacés par le sans-gêne des Palmés, exsudèrent leur venin qui pénétra à travers la peau très perméable des importuns ; aussi, presque chaque jour, trouvions-nous dans notre aquarium les cadavres d'un ou deux Palmés, et nous ne comprenions rien à cette épi-démie, lorsqu'un matin que nous observions nos bêtes, nous vîmes un Palmé, juché sur un Marbré, se laisser choir de sa monture et dégringoler sur le liège en se tordant dans des convulsions terribles ; de là, la victime tomba dans l'eau où elle ne tarda pas à périr ; nous avions le mot de l'énigme et nos Palmés, séparés des Marbrés, se portèrent à merveille.

A nos Crêtés et Marbrés captifs nous donnons des Lombrics comme principale nourriture.

Métamorphoses. — Le 22 avril 1893, nous prenons, dans quelques mares des environs d'Argenton, un certain nombre de femelles de Triton marbré et nous les plaçons dans un aquarium muni de nombreuses plantes aquatiques. Dès le 24 avril, ces bêtes nous donnèrent des œufs fécondés. Les mâles que nous mettions dans notre aquarium ne s'occupaient pas des femelles ; aussi, pour avoir des œufs susceptibles de se développer, étions-nous obligés de prendre des femelles, de les laisser pondre pendant quelques jours et de les rem-placer par de nouvelles recrues.

Il nous a été facile d'observer minutieusement la façon de pondre de cette espèce. La femelle saisit un brin d'herbe dans ses pattes postérieures et le ploie en deux en l'appuyant sur son cloaque, qu'elle frotte vigoureusement en y tenant la feuille appliquée. Après quelques efforts et des pressions réi-térées, l'œuf sort et la bête le tient fixé dans le pli de la feuille au moyen de ses pieds dont les orteils se croisent ; parfois, il sort deux œufs l'un après l'autre et ils se trouvent ainsi fixés dans le même pli. La femelle, immobile, maintient son œuf

dans le pli pendant quatre minutes pour lui donner le temps
de se coller ; puis elle s'en va ailleurs déposer un autre œuf
ou bien elle continue sa ponte sur la même feuille à laquelle
elle fait de nombreux plis. Au moment exact de la sortie de
l'œuf du cloaque, la bête relève ordinairement sa queue à
droite ou à gauche. L'œuf du Marbré ressemble beaucoup à
celui du Crêté ; il a une forme ovale, est transparent, son vitellus
arrondi est jaune ou le plus souvent d'un blanc jaunâtre.

Les premières Larves sortent de l'œuf le 10 mai, après
16 jours d'incubation (nous employons ce mot pour les Classes
des Reptiles, Batraciens et Poissons quoiqu'il ne soit pas
exact, puisque les femelles ne restent pas sur leurs œufs ;
nous nous en servons seulement pour indiquer la durée du
développement entre la ponte et l'éclosion). A sa naissance,
la jeune Larve du Marbré a 10 millimètres de longueur ; elle
ressemble beaucoup à celle de l'espèce précédente, mais elle
a la tête un peu plus grosse ; elle est jaunâtre, avec une raie
noirâtre sur chaque flanc ; le dessus du corps est noirâtre,
puis, avant d'arriver à la tête, cette teinte noire se bifurque
et se réunit ensuite vers l'extrémité du museau. Il y a deux
tentacules à la tête et on voit, au microscope, les bourgeons
qui formeront les membres antérieurs ; les branchies externes
sont très peu touffues ; la bouche n'est pas ouverte ; la queue
et la nageoire dorso-caudale sont assez développées. Le
24 mai, les plus fortes Larves ont 15 millimètres ; elles sont
légèrement verdâtres en dessus et finement pointillées de
noir ; on ne voit plus les bandes noires qui existaient pendant
les premiers jours. Leur tête est large, leurs branchies sont
un peu plus touffues ; les tentacules ont disparu ; la bouche
est formée et ouverte, les viscères et l'anus sont formés depuis
longtemps et nos jeunes élèves se nourrissent de Larves et
de pontes d'Insectes aquatiques ; les membres antérieurs se
forment, les doigts sont grêles et allongés ; on ne voit pas
encore trace des membres postérieurs ; la membrane dorso-

caudale est maculée de taches noires. Le 10 juin, les plus grandes Larves ont 28 millimètres ; elles sont d'un jaune verdâtre en dessus, avec de très petits points noirs ; la nageoire dorso-caudale est maculée de taches noires sur ses bords ; les membres antérieurs sont formés ainsi que les doigts et sont toujours grêles ; on ne voit pas encore les bourgeons des membres postérieurs ; les branchies sont longues et assez touffues. Le 20 juin, ces Larves ont beaucoup grandi et mesurent 42 millimètres ; elles sont un peu plus foncées en dessus ; en dessous, la coloration est d'un blanc légèrement cuivré, métallique ; la gorge est incolore ; la nageoire porte de grandes taches noires, est légèrement bordée de blanchâtre et très effilée ; les branchies sont longues, touffues, d'un brun rougeâtre ; les membres antérieurs et postérieurs sont formés, mais encore très grêles. Le 10 juillet, les plus grandes Larves ont 58 et 60 millimètres ; elles sont d'un brun verdâtre en dessus, avec de très gros points noirs qui se touchent par endroits et formeront plus tard les marbrures ; une raie roussâtre, ou plutôt rougeâtre, part de la tête et se prolonge jusque sur la queue ; le dessous du corps est jaunâtre, métallique ; la gorge est incolore ; la nageoire dorso-caudale est toujours très développée ainsi que les branchies ; les membres sont plus gros, les doigts et les orteils paraissent moins allongés. Nous plaçons la plus forte des Larves dans un aquarium ; elle sort de l'eau le 13 juillet et se place sur le rocher, le corps à demi plongé dans le liquide ; les branchies ont déjà commencé à se résorber avant la sortie de l'eau et elles disparaissent rapidement lorsque le petit animal vit à l'air et respire au moyen de ses poumons ; la nageoire dorso-caudale diminue rapidement et la queue s'arrondit de plus en plus. Le jeune Marbré devient vert en dessus, avec des marbrures noires ; la raie des parties supérieures est encore plus rougeâtre ; les parties inférieures n'ont pas changé de couleur et ce n'est que beaucoup plus tard qu'elles ressembleront à celles de l'adulte. Le

petit Urodèle quitte l'eau complètement et vit sur le rocher ;
ses branchies ont disparu et, le 17 juillet, on ne voit plus à
leur place que de très petites excroissances noirâtres ; nous
le nourrissons avec des Vers de vase et des Pucerons. Les
Larves restées dans le bassin et provenant des œufs pondus
les derniers continuent à se développer et la dernière sort de
l'eau le 24 août.

Comme nous possédons des Marbrés que nous avons élevés
les années précédentes, nous pouvons donner quelques détails
sur leur croissance après leur transformation. A un an, ces
Tritons ont de 77 à 95 millimètres de longueur ; chez les sujets
les moins forts, la coloration des parties inférieures n'est pas
encore absolument semblable à celle des adultes, elle est
plus pâle ; les plus grands individus ont ces parties semblables
à celles de leurs parents. A deux ans, ils ont 11 à 12 centimètres.

Nous avons dit que le Crêté reproduisait avec le Marbré et
que l'hybride qui en résultait était le **Triton de Blasius**,
Triton Blasii A. de l'Isle.

Ce Triton est très commun aux environs du Blanc et
d'Argenton, dans les mares où viennent s'accoupler les
Crêtés et les Marbrés. Nous l'avons toujours pris dans les
endroits où cohabitent les deux espèces et nous ne l'avons
jamais trouvé dans les contrées habitées seulement par l'une
ou l'autre de ces espèces ; cet Urodèle est donc bien l'hybride du Crêté et du Marbré. Nous avons vu, dans quelques
mares aux eaux claires et peu profondes, les espèces pro-
créatrices procéder à l'acte de la fécondation.

A l'état adulte, le Triton de Blasius est de plus forte taille
que le Marbré et le Crêté. Il présente de nombreuses variétés
qui le rapprochent tantôt d'un type, tantôt de l'autre. Cet
hybride est fécond et il s'accouple non seulement avec ses
semblables, mais encore avec les espèces dont il provient.

Plusieurs fois, des femelles hybrides nous donnèrent, dès le lendemain de leur capture, des œufs qu'elles fixaient aux plantes comme les autres femelles des Tritons ; ces œufs se développèrent.

Le Triton de Blasius a les mêmes mœurs que le Crêté et le Marbré et on le trouve dans les mares aux mêmes époques qu'eux.

La tête de cet hybride a plutôt la forme de celle du Marbré. En dessus, il a les couleurs du Marbré, mais elles sont très atténuées, brunâtres, et parfois les parties vertes sont à peine visibles ; en dessous, il a une teinte plus ou moins jaunâtre, avec des taches noirâtres et des points blanchâtres ; sa crête est assez élevée, plus ou moins sombre, et souvent dentelée comme celle du Crêté. C'est en le plaçant dans de l'eau très claire et en l'exposant au soleil pendant quelques instants qu'on verra paraître, plus ou moins distinctement selon chaque individu, la coloration verte des parties supérieures.

13. — Triton ponctué, *Triton punctatus* Dugès.

Parties supérieures d'un brun plus ou moins clair ; parties inférieures jaunâtres et parfois rougeâtres sous le ventre. En dessus et en dessous, de grosses taches noires arrondies ; des rayures de même couleur ornent la tête ; iris cuivré ou doré.

Chez le mâle en noces, la crête est peu élevée et ondulée ; les orteils sont lobés. La femelle a les taches noires beaucoup moins apparentes que le mâle ; elle ressemble en dessus à celle du Palmé, mais elle est plus grande.

Longueur totale : 0 m. 085 à 0 m. 090.

Le costume de terre est moins brillant que la tenue de noces, la queue est arrondie et la crête du mâle devient très petite.

Le Ponctué et le Palmé sont beaucoup plus lisses que les

Tritons précédents, dont la peau, celle des parties supérieures surtout, est granuleuse et comme chagrinée.

Le Triton ponctué est rare dans l'Indre. Nous l'avons capturé dans une mare des environs du Blanc et R. Parâtre l'a pris près de Valençay. Nous ne l'avons jamais rencontré aux environs d'Argenton et notre ami l'a cherché en vain près de Châteauroux.

Nous ne connaissons ni son œuf, ni sa larve.

Il est peut-être moins aquatique que l'espèce suivante, mais il doit avoir à peu près les mêmes mœurs.

14. — **Triton palmé**, *Triton palmatus* Schneider.

Parties supérieures brunes ou d'un brun clair parfois olivâtre, avec de nombreuses taches irrégulières d'un brun noirâtre ; parties inférieures jaunâtres, rarement marquées de quelques points noirs ; gorge incolore. Chez quelques femelles, on voit une teinte noirâtre, ondulée, sur le haut de chaque flanc ; ordinairement ces bêtes ont une coloration légèrement verdâtre et ont peu de taches brunes. Iris cuivré.

Le mâle en noces porte sur le dos une petite crête non dentelée qui se prolonge sur la queue et un pli très prononcé sur le haut de chaque flanc ; il a la partie inférieure de la queue marquée de blanc. Ses orteils sont largement palmés et sa queue est terminée par un mince filet assez allongé.

En costume de terre, cet Urodèle est brunâtre en dessus et jaunâtre en dessous ; ses belles couleurs se ternissent, sa queue est moins haute et le petit filet qui la termine disparaît presque ; les plis du haut de chaque flanc et la petite crête du dos sont à peine visibles ; la palmure des orteils diminue beaucoup.

Longueur totale : 0 m. 070 à 0 m. 085.

Ce Triton est très commun dans l'Indre. C'est vers le milieu du mois d'octobre que les Palmés commencent à se rendre aux mares, aux fossés et aux fontaines ; dès la fin de

ce mois et en novembre les sujets y sont nombreux ; ils prennent peu à peu le costume d'eau ou costume de noces.
En décembre, janvier et février, la plupart restent à l'eau,
attendant l'époque des amours qui débute en mars ou au
commencement d'avril, parfois même en mai.

La fécondation et la ponte s'opèrent de la même façon
que chez les autres Tritons ; le mâle agit comme ses congénères et a les mêmes manières lorsqu'il s'approche de la
femelle. En arrachant les herbes aquatiques, on trouve fréquemment les œufs de cette espèce sur les mêmes plantes
que celles que choisissent les Crêtés et les Marbrés ; là
coloration brunâtre de leur vitellus et leur petitesse les font
facilement reconnaître de ceux des grandes espèces. La ponte
continue en mai et dure jusque vers le milieu de juin pour
les retardataires. Les couleurs brillantes du costume de
noces disparaissent et les Palmés quittent l'eau vers la fin
de juin, pour vivre à terre cachés sous les pierres, dans les
fissures du sol, dans les trous, sous les racines des arbres.
En juillet, août, septembre et jusqu'au milieu d'octobre, on
ne les trouve à l'eau qu'accidentellement ; les très rares
Palmés qu'on prend dans les mares pendant cette période
sont des individus en costume de terre venus là pour y
prendre un bain et qui retournent bientôt dans leurs retraites.

Dans l'eau, cette espèce se nourrit d'Insectes aquatiques
et de leurs Larves, de petits Mollusques et de Crustacés,
d'œufs et de jeunes Têtards d'Anoures, de petites Larves
d'Urodèles ; à terre, elle vit d'Insectes, de Vers, de Mollusques et de Crustacés.

Dans les mares et les fossés, on prend la larve du Palmé
en avril, mai, juin, juillet et août ; elle met deux mois ou
deux mois et demi pour se développer et sortir de l'eau.
Dans les fontaines un peu herbues, nous avons souvent rencontré jusqu'en novembre la larve de ce Triton ; nous pen-

sons même qu'elle passe parfois l'hiver dans l'eau et qu'elle achève de se développer en mars ou avril. L'eau des fontaines étant plus froide au printemps que celle des mares, l'accouplement et la ponte doivent être retardés ; de plus, la nourriture y étant beaucoup moins abondante que dans les mares, les Larves se transforment moins vite.

Métamorphoses. — En novembre 1892, nous plaçons dans un aquarium six couples de Tritons palmés. Ces bêtes vivent ordinairement dans l'eau, montent à la surface pour respirer et plongent aussitôt ; parfois elles se reposent sur le rocher de leur prison. Pendant les froids, nos Urodèles mangent peu ; mais dès le mois de mars ils dévorent les Vers de vase et les petits Lombrics que nous leur donnons.

A la fin de novembre, des femelles pondirent quelques œufs qui n'étaient pas fécondés.

Dans les premiers jours d'avril 1893, les mâles s'approchèrent de leurs compagnes et la période de fécondation commença pour ne se terminer qu'en juin ; les femelles nous donnèrent les premiers œufs fécondés le 12 avril et les derniers vers le 15 juin. Lorsqu'une femelle est disposée à pondre, elle se place près des plantes aquatiques, saisit une feuille avec ses membres postérieurs et se l'applique sur le cloaque ; des mouvements latéraux de la queue indiquent l'instant exact de la sortie de l'œuf. Alors elle retire son cloaque de la feuille, serre cette dernière entre ses pieds à l'endroit où se trouve l'œuf et reste ainsi dans une immobilité absolue ; au bout de deux ou trois minutes, l'œuf est collé dans le pli. La femelle s'en va ailleurs continuer sa ponte ; mais si la feuille est longue, elle lui fait de nombreux plis qui contiennent chacun un œuf, parfois deux et rarement trois ; souvent aussi elle pond à l'aisselle d'une feuille, sans faire de pli. Lorsqu'elle a déposé un certain nombre d'œufs, elle se repose plus ou moins longtemps, puis elle s'accouple de nouveau et recommence à pondre. L'œuf est petit, ovale,

transparent ; le vitellus est arrondi et a une teinte d'un brun
clair, mais il est parfois brunâtre dans une partie et jaunâtre
ou blanchâtre dans l'autre ; à mesure que l'embryon se développe, l'œuf s'élargit et s'allonge un peu. L'éclosion des
Larves a lieu du quinzième au dix-septième jour après la
ponte.

Tous les huit jours, pendant le temps de la reproduction,
nous renouvelons les plantes de l'aquarium et nous portons
dans un des bassins de notre jardin celles qui sont chargées
d'œufs. En laissant éclore les Larves dans l'aquarium, nous
nous exposions à les perdre, car elles n'y auraient pas
trouvé la nourriture nécessaire à leur existence et elles
auraient pu être dévorées par leurs parents. Pendant les premiers temps de leur vie, il faut à ces bêtes des algues micro-
scopiques et des pontes ou de très jeunes larves d'Insectes
aquatiques.

Les Larves provenant des premiers œufs pondus par nos
Palmés naissent le 28 avril. Au moment de l'éclosion, la
petite Larve a 8 millimètres de longueur ; elle est d'un brun
clair légèrement jaunâtre, est marquée de taches noires
formant une bande sur chaque flanc et, en dessus, d'une
autre bande qui se bifurque en arrivant à la tête. Les branchies externes sont allongées et peu touffues ; les yeux sont
formés ; les bourgeons qui formeront les membres antérieurs
sont assez longs et on aperçoit, au microscope, les très petits
bourgeons qui, en s'allongeant, formeront les doigts ; on ne
voit pas trace des membres postérieurs ; les viscères ne sont
pas entièrement formés ; la bouche et l'anus ne sont pas
ouverts ; des tentacules sont situés de chaque côté de la tête
et permettent à l'animal de se fixer aux objets ; la queue
et la nageoire dorso-caudale sont formées, mais encore peu
développées. La Larve reste au même endroit pendant des
heures entières, puis se déplace avec vivacité et retombe
dans une immobilité presque absolue. En quelques jours,

elle a grandi un peu ; sa bouche est ouverte ainsi que son anus ; ses viscères sont formés ; elle mange des algues, mais ce régime dure peu et bientôt elle se nourrit de pontes, de très jeunes Larves d'Insectes et de tous les animalcules qui vivent dans l'eau. Sa coloration change ; son corps est très finement pointillé de noir en dessus et on ne distingue plus les bandes noires ; ses membres antérieurs sont presque formés mais très grêles ; les bourgeons qui formeront les membres postérieurs apparaissent ; les tentacules ont disparu ; les branchies sont assez touffues. Le 24 mai, la plus forte Larve a 16 millimètres ; en dessus, elle est d'un brun jaunâtre très clair, finement pointillé de noir ; la membrane dorso-caudale n'a pas de grandes taches noires, elle est finement pointillée comme le dessus du corps ; les membres antérieurs et les doigts sont toujours très grêles ; les bourgeons des membres postérieurs sont déjà longs et on voit ceux qui formeront les orteils. Le 10 juin, elle a 30 millimètres ; les branchies sont longues et touffues, les quatre membres sont entièrement formés ; elle est d'un brun olivâtre ou plutôt jaunâtre en dessus, avec une série de petites taches blanchâtres ou jaunâtres, de coloration parfois métallique, formant une sorte de ligne sur chaque flanc ; la membrane dorso-caudale est finement pointillée de noirâtre, mais ne porte pas de taches noires. Le 25 juin, elle a 38 millimètres ; elle est d'un brun clair en dessus avec des parties sombres ondulées sur le haut des flancs et une bande très claire sur la ligne médiane, sauf sur la tête ; en dessous, elle est d'un jaune à reflets un peu métalliques ; sa gorge est incolore ; ses branchies commencent à se résorber, ses poumons achèvent de se former ; ses membres sont moins grêles ; sa nageoire dorso-caudale est moins large. Nous la mettons dans un aquarium ; le 26 juin, elle sort de l'eau et se place sur le rocher. Sa queue s'arrondit ; ses branchies se résorbent rapidement et, le 29 juin, on ne les voit presque plus. Cette bête étant arrivée à l'état parfait, nous lui donnons la liberté et elle se cache immédiatement sous une motte de terre. Les Larves du bassin continuent à se développer ; les plus grandes mangent les petites et, de temps à autre, des sujets transformés quittent l'eau. Cela continue ainsi jusqu'au 29 août ; ce jour-là, il ne reste plus à l'eau qu'une Larve albinos mesurant 40 millimètres de longueur et ayant ses quatre membres très bien formés.

Lorsque nous visitions notre bassin, nous voyions toujours une jolie Larve blanche qui se développait bien et ne paraissait nullement maladive ; nous étions loin de penser qu'elle allait nous fournir l'occasion d'observer un cas extrêmement curieux de durée prolongée de l'état larvaire. Toutes nos autres Larves, provenant comme elle de nos couples de Palmés, avaient une coloration normale et même assez foncée, car l'eau de leur bassin était toujours maintenue très limpide et on sait que plus le liquide est clair, plus les Larves ont de belles couleurs. Cette bête présentait donc un cas d'albinisme complet, et cela ne paraissait nuire en rien à sa santé, puisqu'elle avait 40 millimètres au moment où la dernière de ses sœurs quittait l'eau ; c'est dire qu'elle était un peu plus forte que la plus grande des autres Larves. Nous la plaçons dans un aquarium muni d'un rocher et nous lui donnons des Vers de vase en abondance. Il ne faudrait pas croire qu'une Larve qui a atteint presque tout son développement se transforme moins vite dans un aquarium que dans un vaste bassin ; bien au contraire, car nous avons constaté que les larves d'Urodèles, lorsqu'elles sont déjà très fortes, arrivent à l'état parfait bien plus vite lorsqu'on les met dans un aquarium que lorsqu'on les laisse dans le bassin où elles ont été élevées. Le 10 septembre, cette Larve a 45 millimètres ; elle est d'un blanc très légèrement jaunâtre et sa peau est tellement transparente qu'on voit tous les viscères ; ses branchies sont rougeâtres. Elle passe encore tout

l'automne et tout l'hiver sans se transformer, puisque le
jour où nous écrivons ces lignes, 22 mars 1894, elle est toujours à l'état larvaire ; sa nageoire dorso-caudale très développée et ses branchies longues et touffues ne montrent
aucun indice d'une transformation prochaine. Elle est d'un
blanc très légèrement jaunâtre en dessus, avec des points
dorés plus ou moins allongés, formant une sorte de ligne sur
le haut des flancs et les côtés de la queue ; en regardant
attentivement cette Larve, on aperçoit quelques points noirâtres, presque imperceptibles, disséminées sur le corps et
la queue ; ses branchies sont d'un brun rougeâtre, ses parties inférieures sont incolores ; sa peau est moins transparente. Elle mesure 53 millimètres de longueur et il est bien
rare de trouver des Larves de son espèce ayant une aussi
forte taille. Voilà donc une bête qui, quoique très développée
et bien portante, est en retard de près de sept mois sur la
plus faible de ses sœurs et qui ne semble pas être sur le point
de se transformer.

On peut observer chez les Urodèles le phénomène de la
rédintégration, c'est-à-dire que les parties non indispensables
à la vie qui ont été enlevées par suite d'accident peuvent se
reformer.

Nous donnons comme exemple le fait suivant : le 15 mai 1892,
nous prenons un Triton palmé adulte nouvellement amputé
du membre antérieur gauche ; ce membre était représenté
par un bourgeon pointu mesurant un millimètre de longueur.
Nous installons notre bête dans une cage et nous lui donnons
en abondance des Vers de vase et des Lombrics. Le 15 juin,
le nouveau membre a cinq millimètres de longueur ; le coude
est formé, les doigts apparaissent. Le 15 juillet, il a sept millimètres ; il est assez gros et les doigts continuent à se
former. Le 15 août, il a neuf millimètres. Le 15 septembre,
il est presque semblable au membre qui n'a pas été amputé.

Le 15 mai 1893, un an après la capture de l'animal, le membre reformé est presque semblable à l'autre ; pourtant, en l'examinant attentivement on s'aperçoit qu'il est un peu plus court. Cet accident n'a pas affaibli notre Triton ; c'était une femelle et elle a reproduit en 1893 avec nos autres Palmés.

★★ **Le Triton alpestre,** *Triton alpestris* Laurenti, n'existait pas dans l'Indre il y a quelques années ; nous l'y avons acclimaté et maintenant il se reproduit dans les mares situées entre Argenton et le Pêchereau. Les sujets adultes nous avaient été envoyés de Turin (Italie), par le docteur Peracca, et de Saint-Germain (Seine-et-Oise), par R. Parâtre. Ces Tritons ont d'abord reproduit chez nous, puis nous en avons mis de nombreux couples en liberté et, depuis cette époque, nous avons eu plusieurs fois le plaisir de rencontrer cette charmante espèce et sa larve dans les mares désignées ci-dessus et dans les grands fossés du voisinage.

Le mâle en noces a les parties supérieures bleuâtres et porte une crête noire et jaune, petite et non dentelée ; ses flancs sont dorés, pointillés de noir et bordés de bleu clair en dessous. Les parties inférieures sont d'un jaune très foncé presque rouge. Taille : 0 m. 090.

La femelle est un peu plus grande que le mâle ; elle a les parties supérieures brunes ou d'un brun marbré de verdâtre, les flancs bleuâtres, pointillés de noir, les parties inférieures d'un jaune plus ou moins foncé maculé parfois de quelques points noirs.

L'œuf de cette espèce est plus gros que celui du Palmé, son vitellus est brun clair.

La Larve est généralement plus grande que celle du Palmé ; elle a la nageoire dorso-caudale large et fortement tachetée de noir ; elle est beaucoup plus noirâtre en dessus que la larve du Palmé. Au moment de sa transformation l'Alpestre prend la coloration de ses parents, mais pendant quelque temps les couleurs des jeunes mâles ressemblent un peu à celles des femelles.

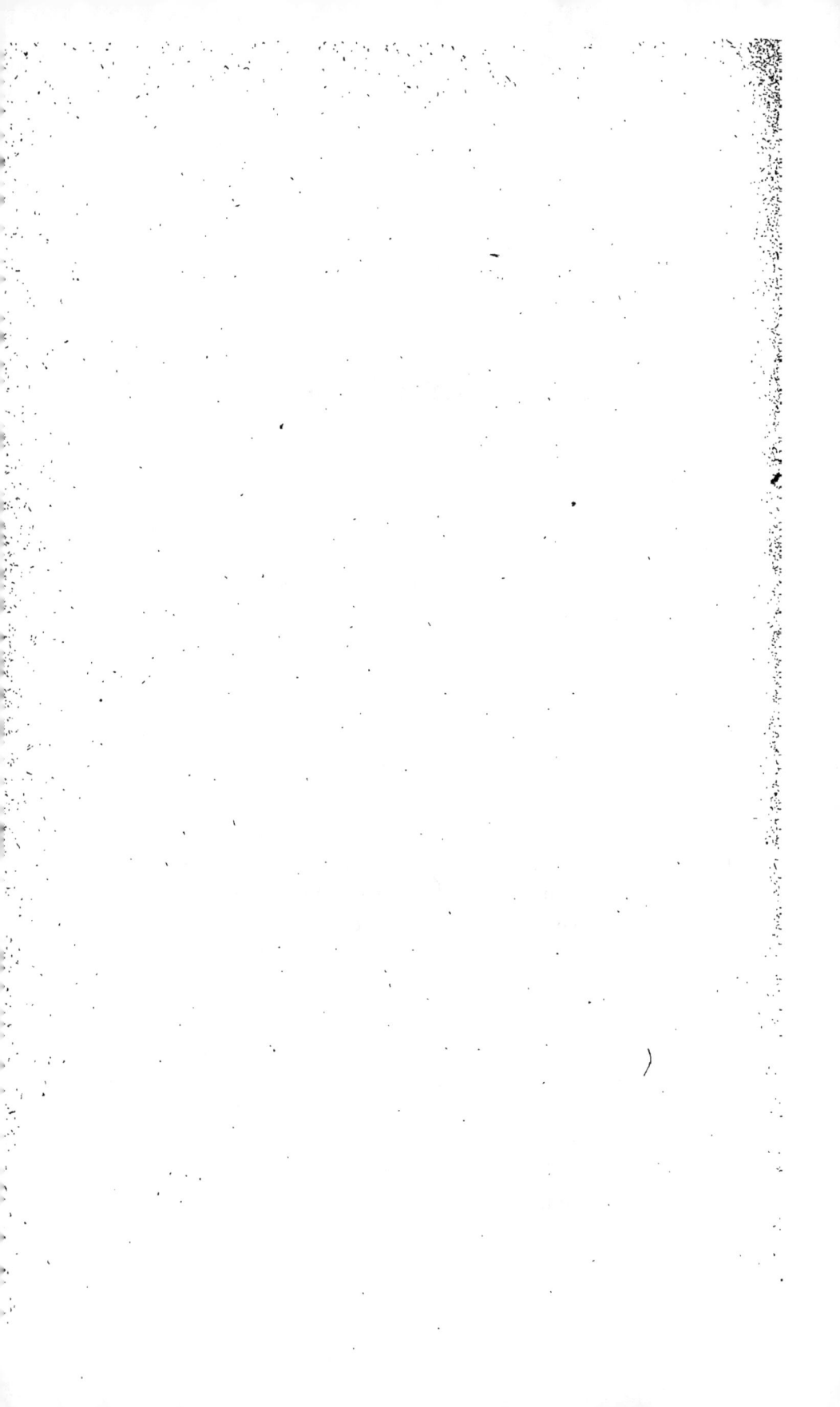

)

CLASSE DES POISSONS

Les Poissons ont le sang froid. Leur peau, sur laquelle on distingue plus ou moins la ligne latérale, est nue ou couverte d'écailles. La ligne latérale est formée d'écailles munies d'un tuyau minuscule par où passe le mucus qui recouvre l'animal ; chez les espèces à peau nue, elle est figurée par une série de très petites cavités ou de très petits mamelons percés d'un conduit.

Leur corps est plus ou moins allongé, arrondi ou comprimé. Ils ont les membres représentés par des nageoires : pectorales, ventrales ; ils possèdent aussi d'autres organes qui leur servent à se déplacer dans le liquide et qu'on nomme nageoires médianes : dorsales, anale ; enfin, leur queue est terminée par la nageoire caudale. Les nageoires sont formées d'une membrane portée par des rayons plus ou moins osseux, souples ou rigides, simples ou rameux ; les rayons simples sont souvent très près les uns des autres et semblent parfois former un seul rayon.

Leurs dents sont plus ou moins développées et plus ou moins nombreuses selon les genres. Ils vivent dans l'eau et respirent au moyen de branchies. Beaucoup d'espèces ont une vessie natatoire remplie d'air.

Les Poissons de l'Indre sont ovipares et pondent généralement une grande quantité d'œufs. Lorsque la femelle a pondu,

le mâle passe immédiatement après et féconde les œufs; l'é-
closion a lieu après un temps plus ou moins long selon chaque
espèce.

On divise la Classe des Poissons en deux Sous-Classes :
Poissons osseux et Poissons cartilagineux.

Nous avons observé dans le département 31 espèces de
Poissons :

        Acanthoptérygiens. . . . . . .   5 espèces.

        Malacoptérygiens.   23   »

        Cyclostomes.   3   »

POISSONS OSSEUX

ORDRE I. — ACANTHOPTÉRYGIENS

Les Acanthoptérygiens ont pour caractère principal la
présence d'un ou plusieurs rayons épineux ou pseudo-
épineux à la plupart des nageoires.

FAMILLE DES PERCIDÉS

Genre Perche, *Perca* Linné.

Tête de moyenne grosseur ; yeux latéraux ; opercule pointu ;
préopercule dentelé ; corps et queue peu allongés, comprimés
latéralement ; corps voûté dans sa partie antérieure ; écailles
petites. Deux nageoires dorsales séparées : l'antérieure élevée,
large, arrondie, portée par 13 à 15 rayons simples épineux ;
la postérieure élevée, beaucoup moins arrondie, portée par
1 rayon simple épineux et 14 rayons rameux. Pectorales
ovalaires, munies de 2 rayons simples et 12 rameux ; ven-

trales situées en dessous et légèrement en arrière des pectorales, plus allongées que ces dernières et portées par 1 rayon simple épineux et 6 rayons rameux ; anale assez développée, portée par 2 rayons simples épineux et 7 ou 8 rameux ; caudale assez large et échancrée. Ligne latérale formée de 60 à 62 écailles et ayant la forme de la courbure des parties supérieures du corps et de la queue.

1. — **Perche de rivière,** *Perca fluviatilis* Linné.

Verdâtre en dessus, avec quelques très larges bandes verticales noirâtres sur le corps et la queue ; bas des flancs et parties inférieures blanchâtres ou d'un blanc jaunâtre. Dorsale antérieure d'un brun noirâtre, jaunâtre à sa base et ayant une grande tache noire à sa partie postérieure ; dorsale postérieure jaunâtre à sa base et d'un brun légèrement noirâtre à son extrémité ; pectorales d'un brun jaunâtre, plus claires vers leur base ; ventrales et anale rougeâtres, puis jaunâtres vers leur extrémité ; caudale rougeâtre, puis brunâtre dans sa partie postérieure. Iris doré.

Ce Poisson peut peser 4 kilogrammes, mais les sujets de ce poids sont extrêmement rares dans nos rivières où les plus gros individus pèsent environ 5 livres.

La Perche de rivière est très rare dans la *Creuse* à Argenton et en amont de cette ville ; elle est beaucoup moins rare au Blanc. On la trouve assez communément dans presque toutes nos autres rivières, principalement dans la *Bouzanne,* la *Claise,* l'*Indre,* la *Théols,* le *Cher,* le *Fouzon* et le *Nahon ;* on la rencontre dans quelques étangs de la Brenne.

Les jeunes forment des bandes nombreuses qui circulent non loin des rives et les Perches adultes vivent isolées ou par petites troupes dans les creux et les herbes ; elles se cachent sous les racines ou sous les grosses pierres et de là s'élancent sur les Poissons qui leur servent de nourriture.

La Perche fraye en mars et avril, parfois en mai, dans les

endroits herbus où la femelle dépose des milliers d'œufs qui forment un long cordon soutenu par les tiges et les feuilles des plantes aquatiques.

On la prend à l'épervier, à la nasse, à la ligne amorcée d'un Ver ou d'un Poisson ; on peut même se servir d'un Poisson métallique comme amorce.

Genre Gremille, *Acerina* Cuvier.

Tête de moyenne grosseur, remarquable par ses nombreuses fossettes ; opercule pointu ; préopercule épineux ; yeux moins latéraux que chez la Perche ; corps et queue peu allongés, comprimés ; corps moins voûté que chez la Perche ; écailles petites. Dorsales réunies, formant une seule nageoire d'abord élevée, arrondie, puis plus basse et s'élevant ensuite dans la partie qui correspond à la dorsale postérieure ; cette large nageoire est portée par 13 ou 14 rayons simples épineux et par 12 rayons rameux. Pectorales ovalaires, portées ordinairement par 1 ou 2 rayons simples et 12 rameux ; ventrales larges, situées sous les pectorales et portées par 1 rayon simple épineux et 5 rameux ; anale munie de 2 rayons simples épineux et de 6 rameux ; caudale plutôt petite, échancrée. Ligne latérale d'abord presque droite, puis suivant à peu près la courbure des parties supérieures du corps et de la queue et formée de 38 à 40 écailles.

2. — Gremille commune, *Acerina cernua* Von Siebold.

Parties supérieures d'un brun jaunâtre parfois légèrement olivâtre, maculées de petites taches noirâtres ; parties inférieures blanchâtres. Dorsale, pectorales et caudale jaunâtres, marquées de nombreuses petites taches noires ; ventrales et anale d'un jaune pâle pointillé de noir. Iris argenté, marbré de brun et de jaune. Longueur : 15 à 17 centimètres.

La, Gremille ou Perche goujonnière est extrêmement rare

dans nos contrées. Des pêcheurs dignes de foi nous ont affirmé qu'ils avaient pris quelques sujets dans la *Bouzanne*, aux environs de Tendu ; mais, pour notre part, nous n'avons jamais eu entre les mains de Gremille capturée dans cette rivière.

Notre ami René Parâtre, qui a fait une enquête très sérieuse sur les Poissons du bassin de la *Loire*, nous a dit que cette espèce descendait peu à peu vers le sud par les canaux et que l'endroit le plus rapproché de l'Indre dans lequel il l'avait observée était Vierzon (Cher), où elle est très rare. M. G. Ducluzeau nous a envoyé dernièrement un beau sujet capturé à Saint-Aignan (Loir-et-Cher) ; d'après les vieux pêcheurs, c'est le premier individu de cette espèce pris dans le pays. La partie du *Cher* qui touche au département de l'Indre étant située entre les deux points où nos amis ont observé la Perche goujonnière, nous pouvons affirmer d'une façon certaine que ce Poisson appartient à notre faune.

FAMILLE DES GASTÉROSTÉIDÉS

Genre Épinoche, *Gasterosteus* Linné.

Tête assez forte ; yeux gros et saillants, placés latéralement ; corps et queue assez comprimés ; peau nue, plus ou moins protégée par des plaques osseuses.

Chez l'Épinoche il y a trois épines sur le dos ; la postérieure est la plus petite et se trouve immédiatement en avant de la dorsale ; ces épines sont pourvues, en arrière, d'une très petite membrane. Nageoire dorsale assez large, élevée dans sa partie antérieure et portée par une douzaine de rayons dont un est simple et les autres rameux ; pectorales peu arrondies portées chacune par une dizaine de rayons ; ventrales représentées chacune par une grande épine qui soutient une petite membrane terminée par un rayon mou ; une épine en avant de l'anale ; anale portée par 8 ou 9 rayons mous ; caudale très peu échancrée, presque droite.

Chez l'Epinochette, la tête est moins forte, le corps et la queue ont une forme un peu plus allongée que chez l'Epinoche. Neuf épines sur le dos ; une à la place de chaque ventrale ; une en avant de l'anale. Nageoires ressemblant assez à celles de l'Epinoche, sauf la caudale qui est arrondie.

3. — Épinoche à queue lisse, *Gasterosteus leiurus* Cuvier.

Parties supérieures plus ou moins verdâtres, marquées de noirâtre ; parties inférieures blanches, à coloration métallique. Iris argenté, parfois bleuâtre. Longueur : 5 centimètres.

L'Epinoche est très rare dans notre département ; nous l'avons rencontrée dans l'*Anglin* et le *Salleron.* Elle vit par petites bandes et se nourrit de Vers, d'Insectes et de très jeunes Poissons.

Elle fraye en mai, juin et juillet ; les mâles construisent, au fond de l'eau, des nids dans lesquels les femelles viennent déposer leurs œufs.

4. — Épinochette lisse, *Gasterosteus lævis* Cuvier.

Parties supérieures verdâtres, marquées de noirâtre ; parties inférieures blanchâtres ou jaunâtres, métalliques. Longueur : 4 à 5 centimètres.

Très commune dans tous les ruisseaux herbus aux eaux claires et calmes. Nous l'avons capturée en grand nombre dans les ruisseaux des environs du Blanc, d'Argenton et de Châteauroux ; M. A. Ducluzeau nous a donné des sujets pris dans la *Creuse*, à Saint-Gaultier.

Cette espèce se tient de préférence parmi les herbes aquatiques et c'est là qu'il faut la rechercher. En mai, juin et juillet, les mâles construisent des nids composés de petites racines, de conferves, d'herbes fines qu'ils engluent de mucus,

et auxquels ils ménagent deux ouvertures pour l'entrée et la
sortie des femelles ; ces nids sont suspendus aux tiges et aux
feuilles des plantes aquatiques. La femelle dépose un certain
nombre d'œufs dans le nid, le mâle les féconde aussitôt et se
met à la recherche d'une autre femelle qu'il conduit vers
son petit édifice. Lorsque la quantité d'œufs lui paraît suffisante, il ferme une des ouvertures du nid, veille sur ses
œufs pendant une quinzaine de jours et ensuite protège ses
petits pendant quelque temps encore, ne les laissant pas
s'éloigner et les défendant contre leurs nombreux ennemis.
D'après M. E. Blanchard, la femelle pond une centaine d'œufs
chaque année.

L'Epinochette se nourrit de la même façon que l'Epinoche.
Bien souvent, l'hiver, nous avons pris cette espèce dans les
fontaines qui communiquent avec les ruisseaux.

FAMILLE DES TRIGLIDÉS

Genre Chabot, *Cottus* Linné.

Tête grosse, large ; yeux petits, saillants, assez rapprochés
de la ligne médiane ; préopercule armé d'une épine recourbée
vers le haut ; une autre très petite épine située non loin de
la première ; corps et queue peu allongés, cylindro-coniques ;
peau nue. Deux nageoires dorsales : la première, arrondie,
portée par 7 rayons simples ; la seconde, large et qui vient
immédiatement après la première, portée par 16 rayons
simples. Pectorales très développées, ovalaires, dentelées,
ayant 14 rayons simples ; ventrales situées sous les pectorales,
étroites, allongées, portées par 4 rayons ; anale large, dentelée, munie de 13 ou 14 rayons simples ; caudale arrondie.

5. — Chabot de rivière, *Cottus gobio* Linné.

Parties supérieures d'un brun clair marqué de grandes

taches d'un brun foncé presque noir ; parties inférieures jaunâtres ou d'un brun jaunâtre. Rayons des nageoires colorés en brun foncé et en brun jaunâtre, ceux des ventrales souvent incolores. Iris brun. Longueur : 10 à 13 centimètres.

Très commun dans nos ruisseaux et rivières. Il vit isolément ou par très petites troupes dans les endroits peu profonds ; il aime à se cacher sous les pierres, dans les raides. Il se nourrit d'Insectes, de Vers et de très petits Poissons ; il fraye au printemps.

C'est un très joli Poisson que nous avons souvent eu dans nos aquariums et qui, comme l'Epinoche et l'Epinochette, est facile à nourrir avec des Vers de vase.

ORDRE II. — MALACOPTÉRYGIENS

Les Malacoptérygiens ont pour caractère principal la présence de rayons flexibles à toutes les nageoires ; parfois quelques rayons sont très osseux et raides.

FAMILLE DES PLEURONECTIDÉS

Genre Pleuronecte, *Pleuronectes* Linné.

Tête de moyenne grandeur, aplatie ; yeux situés sur le même côté de la tête ; corps et queue aplatis ; écailles très petites. Nageoire dorsale très large, munie de 63 ou 64 rayons simples ; pectorales petites, ayant chacune 2 ou 3 rayons simples et 6 ou 7 branchus ; ventrales petites, portées par 5 ou 6 rayons simples ; anale large, composée de 45 ou 46 rayons simples ; caudale bien développée et légèrement arrondie.

6. — Pleuronecte flet, *Pleuronectes flesus* Linné.

Le côté où se trouvent les yeux est d'un brun plus ou moins foncé, marqué parfois de grandes taches rousses ; le côté opposé est blanc ou d'un blanc légèrement jaunâtre. Iris argenté sur les bords de la pupille, puis jaunâtre et brun. Longueur : 20 à 24 centimètres.

Lorsque ce Poisson nage, la partie brune se trouve en dessus. Il ressemble beaucoup à la Sole, Poisson de mer que tout le monde connaît.

Le Pleuronecté flet remonte les fleuves et rivières jusqu'à une assez grande distance de la mer ; il arrive accidentellement dans la *Creuse* jusqu'au Blanc, où l'on a capturé quelques sujets, à de longs intervalles.

Il vit de Vers, Mollusques, Insectes, jeunes Poissons, et fréquente les endroits sableux.

FAMILLE DES GADIDÉS

Genre Lote, *Lota* Cuvier.

Tête assez large, de moyenne longueur ; un barbillon de 18 ou 20 millimètres au menton ; yeux petits ; corps et queue allongés, subcylindriques ; écailles très petites. Deux nageoires dorsales : l'antérieure petite, munie de 11 ou 12 rayons peu branchus ; la postérieure très large, portée par 72 à 78 rayons plus ou moins branchus. Pectorales assez développées, arrondies, portées par 16 à 18 rayons rameux ; ventrales situées presque sous la gorge, étroites, allongées, effilées, portées par 6 ou 7 rayons plus ou moins branchus ; anale très large, munie de 72 à 73 rayons peu branchus ; caudale peu développée, très arrondie.

7. — Lote commune, *Lota vulgaris* Cuvier.

Parties supérieures d'un brun marbré de jaunâtre ; parties

inférieures d'une coloration plus claire, avec le dessous de la tète et du corps d'un blanc jaunâtre ; nageoires brunes, marquées de jaunâtre et de brun noirâtre. Iris doré. Longueur : 30 à 50 centimètres.

La Lote est très rare dans la *Creuse* depuis que des barrages ont été établis en aval et hors des limites du département de l'Indre ; on ne la trouve plus qu'accidentellement dans cette rivière, après de fortes crues. Autrefois elle y était commune ; les pêcheurs d'Argenton, de Saint-Gaultier et du Blanc la prenaient assez souvent dans leurs filets, mais aujourd'hui ils ne la rencontrent plus que de temps à autre à de longs intervalles. Elle est commune dans le *Cher*, moins commune dans la *Théols* et l'*Arnon*. On la prend le plus souvent en novembre, décembre et janvier, à l'époque du frai. Elle mange des Vers, des Mollusques, des Poissons, et plusieurs fois nous avons trouvé des débris de ces derniers dans son tube digestif. R. Parâtre a capturé cette espèce dans l'*Indre* où elle est commune de Châtillon à Buzançais et plus rare vers Villedieu et Châteauroux. M. G. Ducluzeau nous a donné plusieurs beaux sujets pris dans le *Cher*.

Le foie de la Lote est énorme ; chez un individu de 0 m. 38 de longueur et du poids de 460 grammes, le foie pesait 62 grammes.

FAMILLE DES CYPRINIDÉS

Genre Loche, *Cobitis* Linné.

Tête assez petite, surtout chez la Loche de rivière ; yeux petits ; bouche portant six barbillons ; une petite épine mobile et fourchue au-dessous de l'œil chez la Loche de rivière. Corps et queue allongés, peu comprimés chez la Loche franche, très comprimés chez la Loche de rivière ; écailles très petites. Nageoire dorsale assez haute, mais peu large ; pectorales ovalaires ; ventrales situées en face de la dorsale ; anale assez allongée ; caudale peu arrondie, parfois presque droite et même légèrement échancrée chez la Loche franche. Ligne latérale plus apparente chez la Loche franche que chez la Loche de rivière.

8. — Loche franche, *Cobitis barbatula* Linné.

D'un brun clair, avec de nombreuses et grandes taches irrégulières d'un brun très foncé ; gorge et abdomen d'un blanc jaunâtre. Longueur : 8 à 11 centimètres.

Commune dans toutes nos rivières et dans la plupart de nos ruisseaux ; nous l'avons capturée bien souvent sous les pierres, dans les raides, près des rives.

Elle fraye en avril et se nourrit d'Insectes, de Mollusques et de Vers.

Nous avons pris une Loche franche dont la bouche était ornée de sept barbillons.

★ — Loche de rivière, *Cobitis tænia* Linné.

Parties supérieures d'un brun clair, marquées de séries longitudinales de taches d'un brun noirâtre plus ou moins grandes, mais alignées assez régulièrement ; sous la ligne latérale, une série de grandes taches d'un brun noirâtre ; de chaque côté, une tache noire à la base supérieure de la nageoire caudale ; parties inférieures d'un blanc jaunâtre. Longueur : 7 à 10 centimètres.

Beaucoup de pêcheurs nous ont dit avoir pris cette espèce dans nos cours d'eau, et les tireurs de sable de rivière à qui nous l'avons montrée nous ont affirmé l'avoir capturée dans la *Creuse* aux environs d'Argenton. N'ayant jamais eu entre les mains un sujet pris dans le département, nous ne donnons pas de numéro d'ordre à cette espèce ; nous l'indiquons seulement comme pouvant se trouver dans nos eaux, car R. Parâtre nous a donné quelques Loches de rivière qu'il avait capturées dans le sud du Loir-et-Cher, département voisin du nôtre.

Genre Goujon, *Gobio* Cuvier.

Tête de moyenne grosseur ; yeux de moyenne grandeur ; un barbillon de chaque côté de la bouche ; corps et queue peu comprimés ; écailles de moyenne grandeur. Nageoire dorsale assez élevée mais peu large, munie de 3 rayons simples très rapprochés et de 7 ou 8 rameux ; pectorales assez développées, portées par 1 rayon simple et 11 ou 12 rameux ; ventrales situées en face de la dorsale, portées par 2 rayons simples et 7 rameux ; anale étroite, assez longue, munie de 3 rayons simples et 6 rameux ; caudale échancrée, de grandeur moyenne. Ligne latérale peu courbée, composée de 40 écailles environ.

9. — Goujon de rivière, *Gobio fluviatilis* Cuvier et Valenciennes.

D'un brun plus ou moins jaunâtre marqué de noirâtre, avec la gorge, l'abdomen et le dessous de la queue blanchâtres ou d'un blanc jaunâtre ; flancs à reflets dorés. Longueur : 10 à 17 centimètres.

Très commun partout. Il fréquente les gués, le voisinage des écluses, et se plaît sur le sable et le gravier. Il fraye en mai, juin et parfois en juillet, dans les raides.

Il vit par petites troupes, chasse les Vers, les Insectes et leurs Larves, et gagne les creux pendant les grandes chaleurs et aux approches de l'hiver.

On le prend à l'épervier ou à la ligne amorcée d'un Ver, ou bien encore dans des appareils en verre, nommés tambours ou bouteilles, selon la forme, dans lesquels on met un peu de son.

Genre Barbeau, *Barbus* Cuvier.

Tête de moyenne grosseur ; yeux petits ; quatre barbillons
à la bouche ; corps et queue allongés, peu comprimés ; écailles
assez petites. Nageoire dorsale assez élevée, portée par 1 très
fort rayon osseux et dentelé précédé de 2 ou 3 petits rayons
simples et suivi de 8 rayons rameux ; pectorales de moyenne
grandeur, portées par 1 rayon simple et 13 à 16 rameux ; ventrales situées en face de la dorsale, portées par 2 rayons simples et 8 rameux ; anale étroite, longue, portée par 3 rayons
simples, dont un très petit, et 6 rameux ; caudale bien développée et très échancrée. Ligne latérale presque droite, surtout dans sa partie postérieure, et formée de 58 à 60 écailles.

10. — Barbeau commun, *Barbus fluviatilis* Valen-
ciennes.

Parties supérieures d'un brun verdâtre foncé ; flancs dorés ;
parties inférieures blanches ou d'un blanc légèrement jaunâtre. Peut peser 6 à 8 kilogrammes.

Le Barbeau, plus connu sous le nom vulgaire de Barbillon,
est commun dans la plupart de nos rivières. Il vit par bandes
de quelques individus dans les endroits profonds et il circule
surtout pendant la nuit ; il se réfugie dans les creux pendant
les fortes chaleurs et les grands froids. Il fréquente presque
toujours les mêmes cavités et, à Argenton, nous avons vu
prendre à différentes époques, dans le même trou et d'un seul
coup d'épervier, cinq ou six énormes Barbeaux qui reposaient
tranquillement au fond de la *Creuse*. En hiver, ce Poisson
vient parfois chercher un abri sous les racines des rives ; on
découvre alors, en explorant attentivement les bords de la
rivière, le Barbeau immobile et semblant plongé dans un engourdissement profond. Nous avons connu un pêcheur qui,
pendant les froids, faisait une guerre continuelle à cette

espèce et s'en emparait au moyen d'un trident ; presque chaque jour, il capturait un ou deux individus de grande taille. Pendant la belle saison, on prend le Barbeau à l'épervier, à la nasse ou à la ligne amorcée d'un petit morceau de fromage de Gruyère ou d'un Ver.

Il fraye en mai et juin. Les très jeunes individus habitent dans les droits remplis d'herbes aquatiques, et si, pendant les premières semaines de leur existence, il survient de grandes crues, les Barbeaux minuscules sont entraînés avec les herbes, roulés par le courant, et périssent en grand nombre. Lorsqu'il est un peu plus vieux, il vit en compagnie des Goujons et fréquente les gués et les bords des écluses, dans les endroits couverts de gravier et de sable ; il aime à se réfugier dans les cavités des rochers. Il se nourrit d'herbes, d'Insectes, de Mollusques, de Vers et même de petits Poissons.

Genre Tanche, *Tinca* Cuvier.

Tête de grosseur moyenne ; yeux assez petits ; un petit barbillon de chaque côté de la bouche ; corps et queue peu allongés, peu comprimés ; écailles petites. Nagoires arrondies ; dorsale assez haute et portée par 3 rayons simples, dont un très petit, et 6 ou 8 rameux ; pectorales munies d'un rayon simple et de 15 ou 16 rameux ; ventrales un peu en avant de la perpendiculaire descendant de la partie antérieure de la dorsale, portées par 2 rayons simples (le premier petit, le second long et large) suivis de 8 ou 9 rameux ; anale munie de 3 rayons simples et de 7 ou 8 rameux ; caudale non échancrée. Ligne latérale d'abord courbée, puis droite, composée de 106 à 110 écailles environ.

11. — Tanche commune, *Tinca vulgaris* Cuvier.

Parties supérieures d'un brun verdâtre, parties inférieures

jaunâtres ; iris rouge. Peut peser 2 ou 3 kilogrammes, rarement 4.

Assez rare dans la *Creuse*, l'*Indre* et le *Cher*, elle est commune dans la *Bouzanne* et les autres rivières à fond vaseux. Elle vit isolément dans les endroits où poussent les plantes aquatiques et elle aime à s'enfoncer dans la vase. Elle est excessivement commune dans certains étangs et même elle existe de temps immémorial dans quelques mares. La Tanche de rivière est jaunâtre, de coloration métallique ; celle des étangs est noirâtre.

Elle fraye en mai ou en juin et est très féconde, ainsi que la plupart des Cyprinidés.

Elle mange les végétaux et poursuit les Insectes, les Vers et les Mollusques. On la prend à la nasse ou à l'épervier.

Genre Carpe, *Cyprinus* Linné.

Tête de moyenne grosseur ; yeux de moyenne grandeur ; de chaque côté de la bouche, un grand barbillon à la commissure des lèvres ; un autre barbillon plus petit au-dessus du grand ; corps et queue peu allongés, un peu comprimés latéralement ; partie antérieure du corps légèrement voûtée ; écailles grandes. Nageoire dorsale large, élevée dans sa partie antérieure, portée par 3 rayons simples et environ 19 ou 20 rameux ; les deux premiers rayons simples très petits, le troisième assez grand, raide, dentelé. Pectorales assez grandes, un peu arrondies, portées chacune par 1 rayon simple et 13 à 15 rameux ; ventrales situées en face de la partie antérieure de la dorsale, munies chacune de 2 rayons simples et 8 rameux. Anale peu large, assez élevée, portée par 3 rayons simples et 5 ou 6 rameux ; les deux premiers rayons simples très petits, soudés au troisième qui est plus grand, rigide et dentelé. Caudale bien développée, échancrée. Ligne latérale peu courbée, formée par 37 ou 38 écailles.

12. — Carpe commune, *Cyprinus carpio* Linné.

Parties supérieures d'un brun légèrement verdâtre, parties inférieures jaunâtres. Iris doré ou brun doré. Ce Poisson peut peser 10 à 15 kilogrammes ; on a pris un sujet de 22 livres dans la *Creuse*, à Chitray.

La Carpe est commune dans la plupart de nos rivières ; on l'élève dans presque tous les étangs de la Brenne et elle est l'objet d'un commerce considérable. Elle vit par troupes plus ou moins nombreuses dans les creux et les eaux calmes ; elle aime à se cacher dans les empierrements des ponts et sous les rochers. Pendant les fortes chaleurs on peut voir, à Argenton, aux environs du pont du chemin de fer, des bandes considérables de Carpes de grande taille nager lentement près de la surface des eaux de la *Creuse* ; à la moindre alerte, elles disparaissent pour reparaître quelques instants après.

Elle est très rusée et mord rarement aux appâts les plus perfectionnés ; elle se laisse difficilement prendre à l'épervier.

Elle se nourrit de plantes, de végétaux en décomposition et de Vers. Elle fraye en mai, juin, juillet et aussi en août, dans les endroits herbus où elle dépose une grande quantité d'œufs ; l'éclosion a lieu, d'après M. E. Blanchard, environ 7 ou 8 jours après la ponte. Elle grandit assez vite pendant les premières années et le Dr Fatio dit qu'elle peut reproduire dès l'âge de trois ans.

En 1883, on a capturé, dans un étang des environs de Migné, une Carpe présentant un très intéressant cas tératologique. Cette bête, qui nous a été donnée par M. Charpentier-Massicot et qui figure maintenant dans notre collection, n'a pas la moindre trace de bouche ; elle se nourrissait, probablement par les ouïes, de substances en suspension dans l'eau. Elle était très maigre, mesurait 30 centimètres de longueur et pesait 258 grammes ; une Carpe du même âge, bien confirmée, capturée le même jour, dans le même étang, avait 32 centimètres de longueur et pesait 428 grammes.

Genre **Cyprinopsis**, *Cyprinopsis* Fitzinger.

Tête assez grosse ; yeux plutôt grands ; corps et queue peu allongés, un peu comprimés ; écailles grandes. Nageoire dorsale élevée dans sa partie antérieure, large, munie de 3 rayons simples et de 16 ou 17 rameux ; les deux premiers rayons simples très petits, le troisième plus grand, fort et dentelé. Pectorales larges, arrondies, portées par 1 ou 2 rayons simples et 13 ou 16 rameux. Ventrales situées en face de la partie antérieure de la dorsale, munies de 1 ou 2 rayons simples et 8 rameux. Anale assez élevée, munie de 2 ou 3 rayons simples et 6 rameux, les deux premiers rayons simples très petits, le troisième grand, fort et dentelé. Caudale bien développée, échancrée. Ligne latérale assez courbée dans sa partie antérieure et ensuite presque droite, formée de 28 à 29 écailles.

13. — **Cyprinopsis doré**, *Cyprinopsis auratus* Fitzinger.

Rouge foncé en dessus, plus clair en dessous ; iris rougeâtre. Sa coloration est très variable, sa taille ordinairement petite.

Le Cyprinopsis doré est plus connu sous le nom de Poisson rouge. Originaire de la Chine, il s'est parfaitement acclimaté en France. Dans le département, il se reproduit depuis longtemps dans une grande mare herbue située près du domaine des Marauts, aux environs de Thenay. Là on trouve des sujets rouges, blancs et rouges, noirs et rouges, cuivrés, verdâtres, d'autres entièrement blancs, d'autres de la couleur de la Carpe ; l'iris a ordinairement les mêmes couleurs que le corps. On rencontre aussi ce Poisson dans les bassins de beaucoup de châteaux.

Il se nourrit d'herbes et de Vers.

Genre Bouvière, *Rhodeus* Agassiz.

Tête de moyenne grosseur, plutôt petite ; yeux grands ; corps et queue peu allongés, assez comprimés ; écailles grandes. Nageoire dorsale élevée dans sa partie antérieure, de largeur moyenne, portée par 3 rayons simples et 9 rameux ; pectorales portées par 1 ou 2 rayons simples et 7 à 9 rameux ; ventrales situées en face et parfois un peu en avant de la partie antérieure de la dorsale, munies de 2 rayons simples et 6 rameux ; anale haute, assez large, munie de 2 ou 3 rayons simples et de 9 ou 10 rameux ; caudale bien développée, échancrée. Ligne latérale courte, courbée, et visible seulement à la partie antérieure du corps.

14. — Bouvière commune, *Rhodeus amarus* Agassiz.

Parties supérieures d'un brun verdâtre ; de chaque côté, une large bande d'un bleu verdâtre part de la base de la caudale, suit les côtés de la queue et se termine sur les flancs ; parties inférieures blanches, argentées ou d'un blanc jaunâtre ; tout le corps a des reflets violets, surtout au printemps ; iris argenté ou très légèrement cuivré, avec la partie supérieure rougeâtre. Longueur : 5 à 7 centimètres.

La Bouvière est assez commune dans l'*Indre* et dans beaucoup de nos rivières ; nous l'avons capturée bien des fois dans la *Creuse*, à Argenton, et M. A. Dupuy nous a envoyé de beaux sujets pris dans le *Nahon*. Elle vit par bandes nombreuses et fréquente les endroits herbus.

Au printemps, à l'époque du frai, la femelle est munie d'un long tube situé en arrière de l'anus ; d'après le Dr Noll, ce tube lui sert à introduire ses œufs dans le bec des Moules d'eau douce ; le mâle éjacule sa laitance en même temps, et les œufs se développent sur les branchies des Mollusques.

On pêche cette espèce au moyen de petites nasses ou de bouteilles, et beaucoup des pêcheurs qui la prennent croient qu'ils capturent de très jeunes Carpes.

Dans nos aquariums, nous nourrissions nos Bouvières avec des Vers de vase et des conferves.

Genre Brême, *Abramis* Cuvier.

Tête assez petite ; yeux latéraux, grands ; corps élevé, peu allongé, très comprimé ; queue comprimée ; écailles grandes. Nageoire dorsale très élevée dans sa partie antérieure, munie de 3 rayons simples et 9 rameux ; pectorales allongées, portées par 1 rayon simple et environ 16 rameux ; ventrales situées en avant de la perpendiculaire descendant de la partie antérieure de la dorsale, portées par 2 rayons simples et 7 ou 8 rameux ; anale très élevée dans sa partie antérieure, large, munie de 3 rayons simples et environ 25 rameux ; caudale très développée, très échancrée. Ligne latérale assez courbée dans sa partie antérieure, puis presque droite, et formée par 53 écailles environ.

15. — Brême commune, *Abramis brama* Valenciennes.

Parties supérieures d'un brun noirâtre ou verdâtre ; côtés argentés ; parties inférieures blanches, argentées, ou d'un blanc légèrement jaunâtre ; iris argenté.

La Brême peut peser 3 ou 4 kilogrammes, mais elle arrive rarement à ce poids dans nos contrées ; on en a pris de 5 livres dans la *Bouzanne*, aux environs de Tendu.

Assez rare dans la *Creuse* et la *Claise*, commune dans l'*Indre*, le *Cher* et la *Théols*, très commune dans la *Bouzanne*, on la trouve aussi dans quelques étangs de la Brenne, mais c'est un Poisson peu estimé des éleveurs.

Elle vit ordinairement par troupes, fréquente les creux et les faibles courants et fraye en mai et juin. Elle mange des végétaux, des Insectes, des Mollusques et des Vers.

Le **Gardon Brême, ou Brême de Buggenhagen,** a été trouvé dans le *Cher* et dans l'*Indre* par René Parâtre. D'après le Dᴿ Fatio, ce Poisson est l'hybride de la Brême et du Gardon. Voici le signalement d'un sujet qui nous a été donné par R. Parâtre : parties supérieures brunes ; côtés argentés ; parties inférieures blanches, argentées ; iris légèrement doré ; tête assez petite ; corps moins comprimé que chez la Brême commune ; dorsale haute, portée par 3 rayons simples et 8 rameux ; pectorales d'un rouge brun, portées par 1 rayon simple et 15 rameux ; ventrales d'un rouge brun, portées par 2 rayons simples et 8 rameux ; anale d'un brun noirâtre, portée par 3 rayons simples et 23 rameux ; caudale échancrée, d'un brun rougeâtre à sa base et brune ensuite ; ligne latérale peu courbée, formée par 47 écailles ; bouche fendue comme chez le Gardon et non comme chez la Rotengle.

* — **La Brême bordelière,** *Abramis bjœrkna,* nous a été signalée plusieurs fois comme existant dans la *Bouzanne* et la *Théols.* N'ayant pu nous procurer un seul sujet capturé dans les limites de notre département, nous pensons que cette espèce nous a été indiquée à tort comme faisant partie de notre faune.

Genre Spirlin, *Spirlinus* Fatio.

Tête de moyenne grosseur ; yeux grands ; corps assez élevé et allongé ; corps et queue comprimés ; écaille assez grandes. Nageoire dorsale assez élevée, portée par 2 ou 3 rayons simples et 8 rameux ; pectorales portées par 1 rayon simple et 13 rameux ; ventrales situées en avant de la perpendiculaire descendant de la partie antérieure de la dorsale, munies chacune de 2 rayons simples et 8 rameux ; anale munie de 3 rayons simples et de 16 à 18 rameux ; caudale bien développée, échancrée. Ligne latérale courbée dans sa partie antérieure, puis droite et formée de 43 à 45 écailles.

16. — Spirlin, *Spirlinus bipunctatus* Bloch.

Parties supérieures d'un brun olivâtre en dessus, avec une ligne brillante irisée de chaque côté du corps et de la queue et située bien au-dessus de la ligne latérale ; de nombreuses taches noirâtres de chaque côté de la ligne latérale, principalement vers la partie antérieure du corps. Parties inférieures blanchâtres, argentées. Iris argenté ou légèrement doré. Longueur : 10 à 11 centimètres.

Le Spirlin, plus connu dans l'Indre sous le nom d'Ablette large ou Ablette charbonnière, est commun dans notre département ; on le trouve dans presque toutes nos rivières. Il aime les courants, vit par troupes, et se nourrit de végétaux, d'Insectes et de Vers ; il fraye en mai, et, l'hiver, va se réfugier dans les creux. On le prend à l'épervier, au carrelet, à la nasse et à la carafe, ou bien à la ligne amorcée d'un Ver ou d'une Mouche.

Genre Ablette, *Alburnus* Rondelet.

Tête de moyenne grosseur ; yeux latéraux, grands ; corps et queue allongés, comprimés ; écailles assez grandes. Nageoire dorsale élevée, munie de 2 ou 3 rayons simples et de 8 rameux ; pectorales assez longues, portées chacune par 1 rayon simple et 14 rameux ; ventrales situées en avant de la perpendiculaire descendant de la partie antérieure de la dorsale, portées chacune par 2 rayons simples et 8 rameux ; anale munie de 3 rayons simples et 18 rameux ; caudale bien développée, échancrée. Ligne latérale assez courbée, formée par 50 écailles environ.

17. — Ablette commune, *Alburnus lucidus* Heckel et Kner.

Parties supérieures brunâtres, olivâtres, bleuâtres ou noirâtres ; parties inférieures blanches, argentées ; iris argenté ou légèrement doré. Longueur : 14 centimètres.

L'Ablette est très commune dans la plupart de nos rivières. On la trouve par troupes nombreuses, dans les raides en été, dans les creux en hiver. Elle aime à circuler non loin de la surface, guettant les Insectes qui se laissent choir dans l'eau ; elle se nourrit aussi de Vers et d'herbes aquatiques. Elle fraye en mai, dans les courants ; à cette époque, la tête de l'Ablette devient parfois rugueuse, ainsi que chez beaucoup d'espèces de Poissons blancs. On la prend à la ligne amorcée d'un Ver rouge ou d'une Mouche, ou bien à la nasse, à la bouteille et à l'épervier. Au moment des crues, nous avons vu des pêcheurs en capturer d'énormes quantités au moyen d'un carrelet; cette pêche est heureusement prohibée aujourd'hui.

Genre Rotengle, *Scardinius* Bonaparte.

Tête assez petite ; bouche fendue obliquement ; yeux assez grands ; corps et queue assez comprimés ; corps élevé, peu allongé ; écailles très grandes. Nageoire dorsale assez élevée, portée par 2 ou 3 rayons simples et 9 rameux ; pectorales portées par 1 rayon simple et 14 ou 15 rameux ; ventrales situées en avant de la perpendiculaire descendant de la partie antérieure de la dorsale, portées par 2 rayons simples et 8 rameux ; anale assez élevée, munie de 3 rayons simples et de 11 rameux ; caudale assez développée et échancrée. Ligne latérale courbée, formée de 42 écailles environ.

18. — Rotengle commune, *Scardinius erythrophthalmus* Heckel et Kner.

Parties supérieures d'un brun noirâtre ou verdâtre ; parties inférieures blanchâtres ou jaunâtres ; pectorales, ventrales, anale rougeâtres. Iris légèrement rougeâtre et doré. Longueur : 30 centimètres.

La Rotengle est assez commune partout, mais principalement dans la *Creuse* et la *Bouzanne ;* on la trouve aussi dans beaucoup d'étangs. Elle fréquente les creux et les endroits herbus, vit par petites troupes et mange des plantes, des Vers et des Insectes. Elle fraye en avril et mai.

On la prend à l'épervier, à la nasse, ou à la ligne amorcée d'un grain de blé bouilli.

Genre Gardon, *Leuciscus* Rondelet.

Tête assez petite ; bouche fendue moins obliquement que chez la Rotengle ; yeux assez grands ; corps et queue assez comprimés, peu allongés ; corps moins élevé que chez le genre précédent ; écailles grandes. Nageoire dorsale assez élevée, principalement dans sa partie antérieure, munie de 3 rayons simples et de 11 rameux ; pectorales portées par 1 rayon simple et 17 rameux ; ventrales situées en face de la partie antérieure de la dorsale, munies de 2 rayons simples et 7 ou 8 rameux ; anale assez haute dans sa partie antérieure, portée par 3 rayons simples et 10 ou 11 rameux ; caudale bien développée, échancrée. Ligne latérale peu courbée, formée de 42 écailles environ.

19. — Gardon commun, *Leuciscus rutilus* Linné.

Parties supérieures d'un brun verdâtre ou noirâtre ; parties inférieures blanchâtres ; pectorales jaunâtres, ventrales et anale rougeâtres. Iris rougeâtre et légèrement doré.

Peut atteindre 30 centimètres de longueur et même plus ; on a pris des sujets de 3 livres dans la *Creuse.*

Commun dans toutes les rivières ; on l'élève dans un grand nombre d'étangs, où il sert de nourriture aux Brochets et aux Perches. Il vit par petites troupes, dans les parties calmes et profondes. Il fraye en avril et mai, et se nourrit de Vers, d'Insectes et de végétaux.

On le pêche de la même façon que la Rotengle ; nous en avons vu prendre des quantités dans une seule nasse.

Nous avons capturé dans la *Creuse*, à Argenton, un individu de cette espèce n'ayant nulle trace de nageoires ventrales ; on verra plus loin que cette monstruosité n'est pas rare chez le Chaboisseau.

Genre Chevaine, *Squalius* Bonaparte.

Tête assez grosse ; museau assez large chez la Chevaine ; yeux assez grands ; corps et queue assez allongés, peu élevés et peu comprimés ; écailles grandes. Nageoire dorsale élevée, munie de 3 rayons simples et ordinairement de 9 rameux chez la Chevaine, de 3 rayons simples et ordinairement de 8 rameux chez la Vandoise ; pectorales assez allongées, portées chacune par 1 rayon simple et 17 rameux ; ventrales situées un peu en avant de la perpendiculaire abaissée de la partie antérieure de la dorsale, munies de 2 rayons simples et 8 rameux ; anale élevée, presque carrée chez la Chevaine, munie de 3 rayons simples et de 8 rameux ; caudale très développée, légèrement échancrée chez la Chevaine, un peu plus échancrée chez la Vandoise. Ligne latérale peu courbée, formée de 45 écailles environ chez la Chevaine et de 48 ou 49 chez la Vandoise.

20. — Chevaine commune, *Squalius cephalus* Linné.

Parties supérieures d'un brun olivâtre plus ou moins foncé ; côtés argentés ; parties inférieures blanches ; iris légèrement doré ou argenté. On a pris un sujet de 10 livres dans la *Creuse*, aux environs d'Argenton.

Ce Poisson, connu sous le nom vulgaire de Chaboisseau, est très commun dans toutes nos rivières et dans beaucoup de ruisseaux. Les adultes vivent isolément ou par petites troupes et fréquentent les creux ; ils aiment aussi à se cacher sous les racines des rives ou dans les cavités des rochers. Au moment des amours, fin avril, en mai ou au commencement de juin, ils se réunissent en bandes nombreuses et vont frayer sur les pierres, dans les raides. Les jeunes, lorsqu'ils ont atteint une taille assez forte, forment des troupes de dix ou quinze individus qu'on voit nager rapidement le long des bords ; les pêcheurs en détruisent alors des quantités en les pêchant au moyen d'une ligne amorcée d'un Insecte.

Le Chaboisseau se nourrit d'herbes et de petits animaux. On le prend à l'épervier, à la nasse, à la ligne amorcée d'un Ver, d'un Poisson, d'une petite Grenouille, d'une Écrevisse ou d'un fruit.

Nous avons pris un sujet n'ayant qu'une nageoire ventrale. Plusieurs fois on nous a apporté des Chevaines, capturées à Argenton, n'ayant aucune trace de nageoires ventrales ; d'après les pêcheurs, ce cas tératologique n'est pas rare chez les individus qu'on prend dans la *Creuse*.

On élève le Chaboisseau dans quelques étangs, où il paraît se plaire et dans lesquels il devient assez gros.

21. — Vandoise commune, *Squalius leuciscus* Linné.

Parties supérieures d'un brun noirâtre ; parties inférieures blanches ou blanchâtres, argentées ; iris doré et argenté.

Cette espèce ressemble beaucoup à la Chevaine, mais on peut la distinguer facilement de cette dernière par sa tête moins massive, son museau moins large et sa nageoire anale moins carrée. Elle n'atteint pas une aussi forte taille que l'espèce précédente ; on a pris un sujet de deux livres dans la *Creuse*, à Argenton.

Commune dans toutes nos rivières, la Vandoise vit par troupes dans les courants, au moment du frai, c'est-à-dire en février, mars et avril ; elle va dans les creux en hiver et aussi pendant les fortes chaleurs. Elle se nourrit d'herbes, de Vers, d'Insectes, et même parfois de jeunes Poissons.

Genre Vairon, *Phoxinus* Agassiz.

Tête de moyenne grosseur ; yeux grands ; corps et queue allongés, très peu comprimés ; écailles très petites. Nageoire dorsale assez élevée dans sa partie antérieure, portée par 3 rayons simples et 7 ou 8 rameux ; pectorales portées par 1 rayon simple et 11 à 13 rameux ; ventrales situées en avant de la perpendiculaire abaissée de la partie antérieure de la dorsale, munies de 2 rayons simples et 7 ou 8 rameux ; anale portée par 3 rayons simples et 7 rameux ; caudale bien développée, échancrée. Ligne latérale un peu courbée dans sa partie antérieure et ensuite presque droite.

22. — Vairon commun, *Phoxinus lævis* Agassiz.

Parties supérieures brunes, plus ou moins marquées de taches noirâtres ; une ligne cuivrée, brillante, située au-dessus de la ligne latérale, part de la tête et se prolonge jusqu'à la caudale ; côtés dorés ; parties inférieures blanchâtres, à reflets métalliques verdâtres ; iris doré. On voit souvent des points noirs sur le corps et les nageoires. Chez le mâle, au moment des amours, on trouve des rugosités sur la tête et, sous le corps, de chaque côté et en avant des nageoires pectorales. Longueur : 6 à 9 centimètres.

Le Vairon, rare dans la *Claise* et le *Cher*, est très commun dans la *Creuse*, la *Bouzanne*, l'*Anglin*, l'*Indre*, la *Théols*, le *Fouzon* et dans presque toutes nos autres rivières. On le rencontre aussi dans la plupart de nos ruisseaux et dans les larges fossés qui communiquent avec les rivières. L'hiver il se retire dans les creux, ou, lorsqu'il peut y parvenir, dans les réservoirs des fontaines ; il fait de même au moment des fortes chaleurs. Il fraye en avril, mai et juin. Il se nourrit d'herbes, de Vers, d'Insectes, vit ordinairement près des rives et forme des bandes nombreuses avides d'immondices de toutes sortes.

On le prend au moyen d'une bouteille munie d'un trou à sa partie postérieure et dont l'ouverture antérieure est fermée par une toile métallique ; on amorce cet engin au moyen d'une poignée de son. La pêche à la bouteille est prohibée depuis quelques années ; nous ne savons trop pourquoi, car on ne prend, par ce moyen, que des Ablettes, des Goujons et des Vairons, très rarement de jeunes Chaboisseaux ; par contre, on tolère la pêche à la *ligne volante*, qui détruit d'immenses quantités de petits Chaboisseaux et de petites Vandoises.

★ Le **Chondrostome nase**, *Chondrostoma nasus*, n'a pas encore été trouvé dans nos limites ; il peut arriver que quelque individu de cette espèce se fasse prendre un jour ou l'autre dans le *Cher*, car ce Poisson n'est pas rare dans la *Loire* où notre ami R. Parâtre l'a observé.

FAMILLE DES SALMONIDÉS

Genre Saumon, *Salmo* Linné.

Tête de moyenne grosseur ; yeux latéraux, relativement petits ; mâchoire inférieure relevée en forme de crochet chez les mâles, au moment du frai ; corps et queue allongés, un peu comprimés ; écailles petites. Nageoire dorsale assez élevée mais peu large, portée par 3 rayons simples et environ 11 rameux ; une très petite nageoire adipeuse, sans rayons, située entre la nageoire dorsale et la caudale, mais plus près de cette dernière ; pectorales assez développées, portées chacune par 2 rayons simples et 11 ou 12 rameux ; ventrales situées en face de la moitié postérieure de la dorsale, munies chacune de 2 rayons simples et 8 rameux ; anale portée par 3 rayons simples et 8 ou 9 rameux ; caudale bien développée, échancrée. Ligne latérale presque droite, composée de 110 à 120 écailles.

23. — Saumon commun, *Salmo salar* Linné.

Parties supérieures brunâtres, marquées de gros points noirs et de grandes marbrures noirâtres ; flancs d'un blanc rose, argentés, piquetés de points roses ou rougeâtres ; dessus de la tête d'un brun verdâtre. Parties inférieures d'un blanc jaunâtre. Dorsale et caudale d'un brun légèrement bleuâtre ; adipeuse brune ; les autres nageoires bleuâtres chez les adultes, d'un brun jaunâtre chez les jeunes. Iris d'un brun verdâtre doré. Ce Poisson peut peser 25 kilogrammes et même plus.

Les Saumons qu'on prend dans nos contrées pèsent en général de 8 à 15 livres, mais nous avons vu une femelle de 32 livres et un Bécard de 22 livres capturés dans la *Creuse*, aux environs de Saint-Gaultier et d'Argenton.

Les Saumoneaux qu'on pêche dans la *Creuse*, au moment de leur migration vers la mer, sont connus à Argenton et au Blanc sous le nom de Tacots ou Tacons ; ils ont de 10 à 21 centimètres de longueur. Ces Tacons ont les parties supérieures brunes ou d'un brun bleuâtre, avec de gros points noirs ; huit, neuf ou dix grandes taches d'un noir bleuâtre, plus ou moins apparentes, descendent jusqu'au-dessous de la ligne latérale, qui est presque droite et marquée de six, huit ou neuf gros points rouges s'éloignant peu de cette ligne. Les flancs sont légèrement dorés ou très argentés et les parties inférieures ont cette dernière teinte. Les pièces operculaires sont dorées ou argentées et souvent marquées de trois taches noires. L'iris est doré. On les reconnaîtra des Truites par leur nageoire caudale toujours échancrée, celle de la Truite étant ordinairement presque droite lorsqu'on la tend entre les doigts.

Le Saumon aime les rivières à eaux vives ; aussi le trouve-t-on assez souvent dans la *Creuse* et l'*Anglin*, alors qu'il est rare dans le *Cher* et qu'il n'existe pas ou est extrêmement rare dans la *Bouzanne*, la *Claise*, l'*Indre*, la *Théols* et le *Fouzon*.

Par la *Creuse*, malgré les barrages, malgré les pêcheurs qui leur font une poursuite continuelle, d'assez nombreux sujets remontent jusque dans le département de l'Indre et gagnent le département de la Creuse où ils vont se reproduire. Dès le mois de juillet, dans nos contrées, on prend des individus qui montent, descendent, remontent, jusqu'à ce qu'en octobre, novembre, décembre et janvier ils se décident à se rendre le plus haut possible vers les sources de la rivière pour y frayer.

Ce Poisson se déplace avec une grande rapidité et profite des crues pour voyager.

C'est au moment où ils remontent pour se reproduire qu'on prend un assez grand nombre de Saumons dont les mâles, appelés Bécards, sont facilement reconnaissables par leur laitance énorme et par l'extrémité de leur mâchoire inférieure relevée en forme de crochet ; les femelles sont pleines d'œufs, mais très rarement elles ont la mâchoire recourbée comme chez les mâles.

Arrivés aux frayères, les voyageurs choisissent un endroit favorable et bientôt les femelles, aidées des mâles, creusent de petites excavations allongées en se frottant le ventre sur le sable ou le gravier. Selon sa taille, la femelle dépose dans cette cavité un nombre d'œufs plus ou moins considérable ; le mâle les féconde aussitôt et les amoureux recouvrent parfois la ponte au moyen des matériaux qu'ils ont enlevés en creusant le sillon. D'après le professeur E. Blanchard, l'incubation dure de 90 à 140 jours selon la température. Les jeunes Saumoneaux portent pendant cinq semaines environ la vésicule qui sert à les nourrir ; ils vivent ensuite d'Insectes, de frai, et plus tard de petits Poissons. Ils restent dans les parties hautes de la rivière jusqu'à l'âge de quinze ou seize mois et, en avril ordinairement, se mettent à descendre vers l'Océan, souvent au moment des crues. Dans ce voyage plein de périls, d'innombrables sujets tombent dans les engins des pêcheurs : un habitant d'Argenton a pris huit cent quarante Tacons en quelques heures. Ceux qui ont eu la chance d'arriver à la mer y restent quelques mois, se développent considérablement pendant ce court espace de temps, et ensuite reviennent dans l'eau douce pour regagner plus ou moins vite les contrées où ils sont nés et où ils iront se reproduire. Chez cette espèce, les mâles sont plus précoces que les femelles.

Les Saumons qui sont allés frayer dans la *Haute Creuse* traversent de nouveau notre département en décembre, janvier ou février ; ils sont alors très fatigués, très maigres, et bien souvent quelques individus meurent en route.

Parfois, jusqu'en mai, on prend de rares traînards qui, pour une cause qui nous est inconnue, n'ont pas émigré aux mêmes époques que leurs semblables ; ces Saumons, ainsi que ceux qui arrivent en juillet, fréquentent le voisinage des sources et les courants. Peut-être les adultes qu'on rencontre après l'époque de la descente vers la mer sont-ils des sujets qui, n'étant pas préparés pour reproduire, attendent dans l'eau douce jusqu'à l'automne suivant.

Le Dr L. Bureau, de Nantes, dit que le Saumon n'est apte à la reproduction que tous les deux ans, alors que le Dr E. Moreau croit que la reproduction est annuelle, au moins pendant un certain temps. On voit qu'il y a encore beaucoup à observer avant de connaître exactement les mœurs de ce Poisson.

Les Tacons, eux aussi, ne descendent pas toujours en avril ; ceux d'entre eux qui ne sont pas assez développés attendent les crues de novembre pour gagner l'eau salée, aussi en prend-on assez souvent à cette époque.

Le Dr E. Moreau, dans son *Manuel d'Ichtyologie française*, prouve que le Saumon peut vivre et se reproduire dans les lacs d'eau douce, que l'eau de la mer ne lui est pas absolument indispensable, et il cite les expériences concluantes qui ont été faites à ce sujet. Pourquoi un amateur intelligent, ami de la Nature, n'essaierait-il pas de s'entendre avec les propriétaires de quelques-uns de nos immenses étangs de Brenne, véritables lacs aux eaux limpides, et pourquoi ne tenterait-il pas d'y élever ce magnifique Poisson? A défaut d'amateur, l'administration pourrait essayer de mener à bien cette utile expérience.

Genre Truite, *Trutta* Nilsson.

Tête assez grosse ; yeux de moyenne grandeur ; corps et queue peu allongés, assez comprimés ; écailles petites. Nageoire dorsale munie de 3 rayons simples et 10 rameux ; nageoire adipeuse petite, peu éloignée de la caudale ; pectorales portées par 1 rayon simple et 12 rameux ; ventrales situées en face de la partie postérieure de la dorsale, portées par 2 rayons simples et 8 rameux ; anale assez allongée, portée par 2 ou 3 rayons simples et 8 ou 9 rameux ; caudale bien développée, droite ou très peu échancrée. Ligne latérale presque droite, formée de 110 à 120 écailles, parfois plus.

24. — Truite commune, *Trutta fario* Von Siebold.

Parties supérieures d'un brun olivâtre tacheté de noir ; parties inférieures d'un blanc jaunâtre métallique ; côtés plus ou moins marqués de points rouges. Nageoire dorsale brune, avec de gros points noirs ; caudale d'un brun foncé, anale plus claire ; pectorales et ventrales d'un brun jaunâtre ; iris ordinairement doré, parfois teinté de brun. Des sujets ont une coloration foncée ; d'autres, au contraire, ont des couleurs très claires et très brillantes.

La Truite peut peser 10 kilogrammes, mais on en prend rarement de ce poids dans nos eaux.

Commune dans la *Creuse* et l'*Anglin*, elle fréquente le voisinage des sources, des petits cours d'eau, et se tient de préférence près des écluses et dans les courants ; rare dans la *Bouzanne*, elle s'éloigne peu du confluent de cette rivière avec la *Creuse* ; rare dans l'*Indre*, sauf en amont de La Châtre où on la trouve assez communément ; assez rare dans le *Cher*, et très rare dans la *Théols* et le *Fouzon*.

Dans la *Creuse*, où elle est très commune en amont d'Argenton, elle fraye en novembre, décembre et janvier, sur les bords des écluses et dans les courants ; à cette époque, elle vit par bandes nombreuses. En mars et avril, bon nombre de sujets descendent la rivière et exécutent de petits voyages, montant ou descendant selon leur fantaisie, séjournant dans les endroits où la nourriture est abondante.

On prend cette espèce à la ligne ou à l'épervier. Les pêcheurs ont remarqué bien des fois que certaines Truites avaient la chair rose, alors qu'ils prenaient, dans les mêmes endroits, des sujets à chair blanche ; ils donnent le nom de Truites saumonées aux premières et prétendent que la Truite à chair blanche n'est pas la même que celle dont la chair est colorée. Ils sont dans l'erreur, car ces Truites appartiennent à la même espèce.

La Truite commune se nourrit de Vers, d'Insectes et de jeunes Poissons. Sa voracité la pousse jusqu'à avaler des Reptiles : une Truite, capturée à Gargilesse, rendit une petite Couleuvre vipérine !

★ Nous ne connaissons pas de capture authentique de la **Truite de mer**, *Trutta argentea*, dans les limites du département de l'Indre. Plusieurs pêcheurs nous ont dit qu'ils avaient pris cette espèce dans la *Creuse*. D'après eux, ce Poisson est extrêmement rare et sa capture tout à fait accidentelle ; ils l'appellent aussi Truite saumonée. Nous pensons que ces pêcheurs ont dû se trouver en présence de grandes Truites communes présentant une coloration spéciale, ce qui leur a fait croire qu'ils venaient de capturer la Truite de mer.

★ Il en est de même pour l'**Ombre commune**, *Thymallus vulgaris*, que nous n'avons jamais pu avoir entre les mains quoique des pêcheurs nous aient affirmé l'avoir capturée plusieurs fois dans la *Creuse*, aux environs d'Argenton. Pourtant, nous ne serions pas étonnés de voir une prise de ce genre s'opérer dans le département.

Quant à l'Omble-Chevalier, *Umbla salvelinus*, il ne se trouve pas dans nos rivières.

FAMILLE DES CLUPÉIDÉS

Genre Alose, *Alosa* Cuvier.

Tête de moyenne grosseur ; yeux latéraux, assez grands ; corps et queue assez allongés, comprimés ; écailles grandes, formant en dessous une sorte de carène dentelée. Nageoire dorsale portée par 4 rayons simples et 15 ou 16 branchus ; pectorales portées par 1 rayon simple et 14 ou 15 branchus ; ventrales situées en face de la dorsale, portées par 1 rayon simple et 8 ou 9 branchus ; anale peu élevée, munie de 3 rayons simples et de 20 à 23 branchus ; caudale bien développée, très échancrée. Pas de ligne latérale. Les Aloses ont un peu la forme du Hareng, espèce marine bien connue.

D'après le Dr E. Moreau, l'Alose commune a plus de 50 appendices lamelliformes au premier arc branchial, l'Alose finte en a moins de 50 au même arc.

25. — Alose commune, *Alosa vulgaris* Cuvier.

Parties supérieures d'un brun verdâtre ou blanchâtre, avec

une tache noire en arrière des côtés de la tête ; flancs et parties inférieures d'une coloration métallique argentée. Peut peser 3 kilogrammes.

L'Alose est commune dans le *Cher* en mai, juin et juillet. Dans la *Creuse*, on ne la prend qu'à de longs intervalles ; depuis quelques années, nous n'en avons vu prendre que trois à Argenton, en juillet. Autrefois, elle était beaucoup plus commune dans cette rivière ; elle montait au printemps et descendait en septembre ; on la prenait à l'épervier, et elle pesait généralement 3 à 5 livres ; elle se tenait surtout dans les gués. Les vieux pêcheurs, qui capturaient cette espèce dans la *Creuse*, nous ont dit que les grandes chaleurs faisaient périr les Aloses. Ce sont les barrages qui empêchent ce Poisson de mer de remonter plus souvent et en plus grand nombre jusqu'à nous.

L'Alose est très rare dans la *Bouzanne*, la *Claise*, l'*Indre*, la *Théols* et le *Fouzon*.

Elle fraye en mai, juin et juillet dans les rivières, et se nourrit d'Insectes, de Vers et de petits Poissons.

26. — Alose finte, *Alosa finta* Cuvier.

Presque semblable à l'espèce précédente ; la tache noire située en arrière des côtés de la tête est suivie de plusieurs autres taches plus petites.

L'Alose finte fréquente les mêmes rivières que l'Alose commune, mais on la prend ordinairement un peu plus tard que cette dernière.

FAMILLE DES ÉSOCIDÉS

Genre Brochet, *Esox* Cuvier.

Tête longue ; museau large ; yeux assez grands ; corps allongé, peu comprimé ; queue de moyenne longueur ;

écailles assez petites. Nageoire dorsale haute, située vers la partie postérieure du corps, munie de 5 à 7 rayons simples et 12 à 15 rameux ; pectorales portées par 1 rayon simple et 12 à 14 rameux ; ventrales situées vers la moitié de la longueur du corps, portées par 1 ou 2 rayons simples et 9 rameux ; anale longue, portée par 5 rayons simples et 12 rameux ; caudale bien développée, échancrée. Ligne latérale presque droite, sur laquelle on compte environ 110 à 120 écailles ; beaucoup de ces écailles ne portent pas l'ouverture qui laisse passer la mucosité, mais un assez grand nombre d'écailles situées en dehors de la ligne latérale sont pourvues de ce conduit.

27. — Brochet commun, *Esox lucius* Linné.

Parties supérieures d'un brun verdâtre ou olivâtre ; flancs marqués de taches jaunâtres ; parties inférieures blanches ou d'un blanc jaunâtre. Iris brun ou brun clair doré. Peut peser plus de 20 kilogrammes.

Très rare dans la *Creuse* en amont d'Argenton, il est moins rare en aval ; il y a quelques années, on a pris un Brochet de 18 livres à Saint-Gaultier, et un autre de 22 livres à Rivarennes ; de temps en temps on prend des sujets de 5 à 10 livres. Il est assez commun dans l'*Anglin* et le *Cher*, et commun dans la *Bouzanne*, la *Claise*, l'*Indre*, la *Théols* et le *Fouzon*.

On le trouve dans presque tous les étangs, même lorsqu'on ne l'y a pas mis ; il est apporté là à l'état d'œuf par les Oiseaux aquatiques. Certains de ces Oiseaux avalent les œufs des Brochets, les digèrent mal, et, dans leurs déjections, il se trouve des œufs qui peuvent encore se développer ; de plus, quelques œufs s'attachent aux pattes et aux plumes et sont ainsi transportés d'un étang dans l'autre.

Dans les étangs, il sert à empêcher les Alevins de devenir trop nombreux et de nuire au développement des sujets

destinés à être vendus. Il détruit en immense quantité les
Carpes, les Gardons et les autres Poissons ; au besoin il
dévore les Rats d'eau, les petits des Oiseaux aquatiques et
même les Batraciens. Dans les immenses étangs de la Brenne,
il sert aussi à déplacer les Carpes, à les faire changer de
canton, à les empêcher de trop se rassembler sur un même
point ; c'est lui qui, selon l'expression populaire, *les mène
aux champs*, les force, par la chasse qu'il leur donne constamment, à aller dans les endroits où souvent la nourriture
est plus abondante ; on avouera que c'est là un terrible
berger et que ce pâtre d'un nouveau genre doit prélever un
large tribut sur le troupeau qu'il est chargé, non pas de
garder, mais de bousculer et disperser impitoyablement.

Si, lorsqu'on pêche un étang, on a soin de remettre à l'eau
les plus gros Brochets, on peut les faire arriver à une taille
considérable ; en Brenne, on a pris des sujets de 20 à
23 livres.

Dans nos rivières, il vit presque toujours isolément et
s'embusque dans les creux, les herbes, d'où il s'élance sur
les autres Poissons.

Il fraye en février et mars, principalement du 15 février au
15 mars, dans les endroits herbus.

D'après le D' Fatio, la femelle pond de 120 à 150.000 œufs
dont l'éclosion a lieu 10 à 18 jours après la ponte. Dans son
jeune âge, le Brochet se nourrit d'Insectes, de Larves et de
Vers. Il peut reproduire dès sa seconde année.

Les petits Brochets sont détruits par les Hérons, et bien
souvent nous avons trouvé leurs cadavres plus ou moins
digérés dans le tube digestif de ces Oiseaux ; quant aux
adultes, ils ne craignent que la Loutre.

FAMILLE DES MURÉNIDÉS

Genre Anguille, *Anguilla* Thunberg.

Tête de moyenne grosseur ; yeux assez petits ; corps allongé, cylindrique ; queue très allongée, comprimée vers sa partie postérieure ; écailles très petites, cachées dans la peau. Dorsale, caudale, anale réunies, formant une seule nageoire peu élevée qui prend naissance vers la partie postérieure du corps, contourne la queue et se termine à l'anus ; cette nageoire est munie de nombreux rayons. Pectorales petites, munies de 1 rayon simple et 16 à 18 branchus ; pas de ventrales. Ligne latérale presque droite.

28. — Anguille commune, *Anguilla vulgaris* Yarrell.
Parties supérieures d'un noir bleuâtre ou brunâtre ; flancs argentés ; parties inférieures blanches ; iris doré. Peut peser 3 à 4 kilogrammes.

Commune dans toutes nos rivières, cette espèce se reproduit dans la mer. En février, mars et avril, des myriades de petites Anguilles de coloration très pâle, mesurant environ 5 à 8 centimètres de longueur, entrent dans les fleuves et de là se rendent dans les rivières ; elles grandissent assez vite et, en automne, elles retournent à la mer. La plupart des sujets restent plusieurs années dans l'eau douce, s'y développent, et il n'est pas rare, dans nos contrées, de prendre des individus pesant de 3 à 7 livres. Pendant les grands froids, les bêtes qui restent s'enfouissent dans la vase ou dans le sable.

Dans nos rivières, l'Anguille se tient dans les cavités des rochers, sous les racines des rives et sous les pierres ; elle vit presque toujours isolément. A l'époque du retour vers la mer, les Anguilles forment des bandes assez nombreuses qui, au moment des crues, se laissent rouler par le courant et tombent en grand nombre dans les engins des pêcheurs ; nous en avons vu prendre des quantités considérables dans la *Creuse*, en amont d'Argenton.

Elle chasse presque toujours la nuit et dévore les petits Poissons et une foule de Mollusques, d'Insectes et de Vers.

On a essayé d'introduire l'Anguille dans les étangs de la Brenne, mais on n'a pu réussir à l'y conserver longtemps. Lorsqu'après quelques années elle arrivait au poids de 4 ou 5 livres, elle s'échappait des étangs, gagnait les ruisseaux et les rivières et ne tardait pas à se rendre à la mer pour s'y reproduire. Elle peut sortir de l'eau et ramper sur terre pendant un certain temps, car, l'ouverture de ses ouïes étant très petite, il lui est facile de conserver un peu d'eau autour de ses branchies.

On prend l'Anguille à l'épervier, dans des nasses, ou à la ligne tendue pendant la nuit et amorcée d'un Goujon ou d'un Ver.

POISSONS CARTILAGINEUX

ORDRE I. — CYCLOSTOMES

Les Cyclostomes ont la bouche en forme de suçoir ou de ventouse dont le bord est formé par une lèvre assez épaisse ; ils ont le corps très allongé, cylindrique, la queue légèrement comprimée, le squelette cartilagineux et un seul orifice nasal. Ils n'ont ni nageoires pectorales, ni ventrales.

FAMILLE DES PÉTROMYZONIDÉS

Genre Lamproie, *Petromyzon* Linné.

Tête de moyenne grosseur ; bouche circulaire, en forme de ventouse, arrondie chez l'adulte ; yeux plutôt petits ;

sept orifices branchiaux de chaque côté. Corps très allongé, cylindrique ; queue légèrement comprimée. Peau nue. Pas de nageoires pectorales, pas de ventrales. Première nageoire dorsale arrondie, assez large, peu élevée ; seconde dorsale large, s'étendant sur une partie de la queue, réunie à la caudale ; caudale peu développée, lancéolée ; anale très peu élevée, réunie à la caudale et à peine visible dans sa partie antérieure ; nageoires munies de rayons cartilagineux. Pas de ligne latérale ; de très nombreux plis verticaux sur le corps, principalement chez la Larve.

Les jeunes subissent des métamorphoses chez la Lamproie fluviatile et chez la Lamproie de Planer ; on ignore s'il en est de même chez la Lamproie marine.

Sauf la différence de taille, il est très difficile de reconnaître les caractères spéciaux qui distinguent chacune des espèces.

Le Dr Moreau cite les caractères suivants :

Lamproie marine : Pièce maxillaire supérieure à deux pointes rapprochées.

Lamproie fluviatile : Pièce maxillaire supérieure à deux pointes écartées ; dorsales éloignées.

Lamproie de Planer : Pièce maxillaire supérieure à deux pointes écartées ; dorsales rapprochées.

29. — Lamproie marine, *Petromyzon marinus* Linné.

Parties supérieures d'un brun plus ou moins noirâtre marbré de taches foncées ; parties inférieures blanchâtres. Peut avoir 1 mètre de longueur et peser 3 ou 4 livres.

Cette espèce marine, qui remontait assez fréquemment jusque dans la *Creuse* il y a vingt ans, devient de plus en plus rare. D'anciens pêcheurs d'Argenton nous ont raconté qu'ils prenaient la grande Lamproie au moyen d'un trident lorsque, fixée par sa bouche à une grosse pierre, elle agitait son corps dans tous les sens ; parfois ils en prenaient plusieurs de 3 à 4 livres fixées au même endroit, ce qui leur faisait supposer que cette grande espèce voyageait parfois en petites bandes ; ils avaient aussi remarqué que la Lamproie maigrissait lorsque la température augmentait. Depuis une dizaine d'années on ne prend plus cette espèce que de loin en loin. La dernière capture qui, à notre connaissance, a été faite dans la *Creuse*, a eu lieu en 1885 : un individu qui pêchait à l'épervier près du pont de Saint-Marin, en aval d'Argenton, prit une Lamproie de 80 centimètres de longueur et du poids de 3 livres.

30. — **Lamproie fluviatile**, *Petromyzon fluviatilis* Linné.

Parties supérieures brunâtres ou noirâtres ; parties inférieures blanchâtres. Longueur : 35 à 40 centimètres.

Commune autrefois dans la *Creuse*, et même dans l'*Anglin*, elle y est très rare aujourd'hui. Elle remontait en mars et descendait en septembre. On la trouvait dans les gués. Elle se faisait une fosse dans le sable et il était facile de l'apercevoir et de la prendre avec des pinces.

Les Lamproies sont encore si peu connues que des naturalistes disent que la Lamproie fluviatile et la Lamproie de Planer appartiennent à la même espèce ; pourtant, nous n'avons pas connaissance de captures de sujets ayant une taille intermédiaire.

D'après le Dr Fatio, la Lamproie fluviatile habite la mer et remonte chaque année dans les fleuves et rivières pour y frayer.

31. — **Lamproie de Planer**, *Petromyzon Planeri* Bloch.

Parties supérieures d'un brun noirâtre parfois légèrement bleuâtre, parties inférieures blanchâtres ou d'un blanc jaunâtre. Longueur : 16 à 17 centimètres.

Dans l'Indre, les pêcheurs disent qu'il y a la petite Lamproie aveugle et la petite Lamproie pourvue d'yeux ; ils en

font deux espèces alors qu'il n'y en a qu'une. La Lamproie
dont les yeux sont représentés par deux petits points noirâtres plus ou moins apparents est la Larve de celle qui est
munie d'yeux à iris argenté.

La Lamproie de Planer subit des métamorphoses. Lorsqu'elle naît elle est encore dans un état rudimentaire et, peu
à peu, elle prend la forme de ses parents et devient semblable
à eux ; la transformation s'opère lentement, en deux ou
trois ans selon les naturalistes qui ont étudié cette espèce, et
pendant ce temps l'animal grandit toujours ; il nous est arrivé
bien des fois de trouver des Larves ayant la taille des adultes.

Cette Lamproie est commune dans l'*Anglin*, la *Creuse*, la
Bouzanne, la *Théols* et dans quelques ruisseaux qui se jettent
dans ces rivières ; elle est moins commune dans la *Claise*,
l'*Indre*, le *Fouzon* et le *Cher*. Elle vit dans la vase et dans le
sable et se nourrit de petits Vers, d'Insectes, de détritus
et d'une foule de petits animaux aquatiques. Elle fraye en
avril ; à cette époque on voit les Lamproies circuler à la poursuite les unes des autres et on trouve de nombreux sujets
qui viennent, en troupes de 15 à 20, se fixer par leur bouche
aux pierres et aux rochers, près des rives.

Dans la *Creuse*, à Argenton, il est très facile de se procurer
cette Lamproie et sa Larve en fouillant, au moyen d'une
pelle, la vase et le sable des bords de la rivière. Elle vit bien
en captivité si on a soin de mettre une grande quantité de
sable fin dans l'aquarium qu'elle habite et si on lui donne
une nourriture suffisante.

Les pêcheurs ne la mangent pas ; elle sert d'amorce pour
capturer d'autres Poissons.

Nous pensons que cette espèce reste dans l'eau douce et ne
va pas à la mer ; pourtant, comme on prend ordinairement
beaucoup plus de Larves que de vieux sujets, il peut arriver
que ces derniers descendent jusqu'à l'Océan.

LISTE DES ESPÈCES

MAMMIFÈRES

CHIROPTÈRES

INSECTIVORES

RONGEURS

CARNIVORES

ONGULÉS

OISEAUX

RAPACES

PASSÉREAUX

COLOMBIENS

GALLINACÉS

LIMICOLES

FULICARIENS

HÉRODIONS

ANSÉRIENS

BRACHYPTÈRES

REPTILES

CHÉLONIENS

BATRACIENS

ANOURES

URODÈLES

POISSONS

POISSONS OSSEUX

ACANTHOPTÉRYGIENS

MALACOPTÉRYGIENS

POISSONS CARTILAGINEUX

CYCLOSTOMES

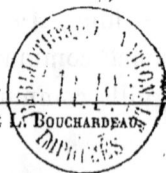

Châteauroux. — Typ. et Stéréotyp. A. MAJESTÉ et L. BOUCHARDEAU.

Châteauroux. — Typ. et Stéréotyp. A. MAJESTÉ et L. BOUCHARDEAU.